高等学校工程管理系列教材

建设工程定额及概预算

（第 2 版　修订本）

郭婧娟　主编

清 华 大 学 出 版 社
北京交通大学出版社
·北京·

内 容 简 介

本书包括概论、建设工程定额原理和建设工程概预算三部分内容。第一部分介绍了建设工程概预算概论和建筑安装工程费用；第二部分介绍了建设工程定额编制的原理，并分别对施工定额、预算定额、概算定额和概算指标的编制方法和内容特点做了详细介绍；第三部分除详细介绍了施工图预算、设计概算、施工预算的编制方法外，还特别介绍了工程结算和竣工决算、铁路工程、公路工程概预算的编制方法；最后专门介绍了应用计算机编制施工图预算的方法及发达国家和地区工程造价管理的模式。

本书可用作工程管理、土木工程等相关专业的教材，也可供工程造价从业人员参考使用。

图书在版编目（CIP）数据

建设工程定额及概预算/郭婧娟主编. —2版（修订本）. —北京：清华大学出版社；北京交通大学出版社，2008.10（2018.6重印）

（高等学校工程管理系列教材）

ISBN 978 - 7 - 81082 - 446 - 0

Ⅰ. 建…　Ⅱ. 郭…　Ⅲ.①建筑概算定额-高等学校-教材　②建筑预算定额-高等学校-教材　Ⅳ. TU723.3

中国版本图书馆 CIP 数据核字(2008)第 139385 号

责任编辑：吴嫦娥

出版发行：清 华 大 学 出 版 社　　邮编：100084　　电话：010 - 62776969
　　　　　北京交通大学出版社　　邮编：100044　　电话：010 - 51686414

印　刷　者：北京泽宇印刷有限公司

经　　销：全国新华书店

开　　本：185×230　印张：25　字数：569 千字　　插页：1

版　　次：2018 年 6 月第 2 版第 3 次修订　2018 年 6 月第 11 次印刷

书　　号：ISBN 978 - 7 - 81082 - 446 - 0/TU · 8

印　　数：25 001～26 500 册　　定价：49.00 元

本书如有质量问题，请向北京交通大学出版社质监组反映。对您的意见和批评，我们表示欢迎和感谢。

投诉电话：010 - 51686043，51686008；传真：010 - 62225406；E-mail：press@bjtu.edu.cn。

出 版 说 明

　　基本建设是发展我国国民经济、满足人民不断增长的物质文化生活需要的重要保证。随着社会经济的发展和建筑技术的进步，现代建设工程日益向着大规模、高技术的方向发展。投资建设一个大型项目，需要投入大量的劳动力和种类繁多的建筑材料、设备及施工机械，耗资几十亿元甚至几百亿元。如果工程建设投资决策失误，或工程建设的组织管理水平低，势必会造成工程不能按期完工，质量达不到要求，损失浪费严重，投资效益低等状况，给国家带来巨大损失。因此，保证工程建设决策科学，并对工程建设全过程实施有效的组织管理，对于高效、优质、低耗地完成工程建设任务，提高投资效益具有极其重要的意义。

　　随着 21 世纪知识经济时代的到来和世界经济一体化、产业国际化、市场全球化的发展趋势，以及我国改革开放进程的加快和加入 WTO，为我国建筑业的进一步发展带来了机遇和挑战，对我国建筑业提出了更高的要求。为了增强国际竞争力，我们在重视硬件（主要指建筑技术、建筑材料、建筑机械等）发展的同时，不能忽视软件（工程管理）的发展。必须在实践中研究和采用现代化的工程管理新理论、新方法和先进的手段，培养造就一大批工程建设管理人才，逐步缩小我们与世界领先水平的差距。

　　工程管理专业在我国的发展历史并不长，属于新兴专业。由于种种原因，目前还没有一套完整的工程管理系列教材。为满足教学与实际工作的需要，我们根据工程管理专业的主干课程，专门组织具有丰富教学与实践经验的教师编写了高等学校工程管理系列教材。这套教材包括：《建设项目管理》、《工程建设监理》、《建设工程监理案例分析（第2版）》、《建设工程招投标与合同管理》、《房地产开发与经营》、《建筑企业管理（第2版）》、《建设工程定额及概预算》（第2版修订本）、《国际工程管理》、《工程估价管理》、《工程项目评估》、《建设工程质量控制》等。

　　本套教材的主要特点：①内容新颖。整套教材力求反映现代工程管理科学理论和方法，反映我国工程建设管理体制改革的新成果及当前有关工程建设的法律、法规及行政规章制度。②实用性强。整套教材遵循理论与实践相结合的原则，在详细阐述管理理论的同时，更加注重管理方法的实用性和可操作性。

　　本套教材能够顺利出版，得益于北京交通大学出版社与清华大学出版社的大力支持，在此表示衷心的感谢！

高等学校工程管理系列教材编委会
2009 年 7 月

✧ 修 订 前 言 ✧

本书第 1 版于 2003 年 1 月出版以来，得到大中专院校的广泛采用，受到了广大读者的厚爱。在总结经验和吸纳新知识的基础上，2004 年修订出版了第 2 版，2008 年根据我国工程造价管理制度的进一步健全，又对第 2 版进行修订。

修订后本书共有 15 章，包括概论、建设工程定额原理、建设工程概预算、工程量清单计价及发达国家和地区的工程造价管理四部分内容。第一部分包括建设工程概预算概论和建筑安装工程费用；第二部分包括建设工程定额编制的原理、施工定额、预算定额、概算定额和概算指标的编制方法和内容；第三部分介绍施工图预算、设计概算、施工预算的编制方法和工程结算和竣工决算、铁路工程、公路工程概预算的编制方法及应用计算机编制施工图预算的方法；第四部分介绍工程量清单计价及发达国家和地区工程造价管理的模式。

本次修订的原则是保持原书的特色、风格，增加和调整了新内容，以适应新时代工程管理发展的要求。本次主要修订了以下内容：

（1）按照建设部发布的"《建筑安装工程费用项目组成》的通知（建标〔2003〕206号）"文件精神重新调整了建筑安装工程费用的构成；

（2）在新的建筑安装工程费用构成的基础上，相应修改了建筑安装工程费用的计算方法和建筑安装工程计价程序；修改了定额消耗量和人工、材料、机械台班单价的计算方法；

（3）调整了工程施工图预算和设计概算的取费和编制方法；

（4）取消了建筑工程费用定额编制的相关内容；

（5）根据"建设工程量清单计价规范"的相关内容增加工程量清单计价的相关内容；

（6）调整了铁路、公路工程概预算的编制内容和方法。

修订后，本书第 1～8 章，第 12 章、第 14、15 章由郭婧娟编写，第 9 章、第 11 章、第 13 章由刘菁编写，第 10 章由刘菁和郭婧娟共同编写。

编 者

2009 年 7 月

❖ 再 版 前 言 ❖

随着招投标法的实施和加入 WTO 对建设工程领域市场化的推进,我国的工程造价管理体制正在以较快的速度向着国际惯例靠拢。为了培养符合新时代要求的工程造价管理人员,我们按照工程管理系列教材编委会的要求,组织有关教师编写了《建设工程定额与概预算》一书。

本书的基本任务是研究建设工程的计价依据、计价方法、计价手段和市场经济条件下建设工程概预算编制的最新动态。教材的编写力求做到专业面宽、知识面广、适用面大;既注意介绍接近国际惯例的估价原理和方法,又着眼于现实的工程概预算方法;理论概念的阐述、实际操作的要点、法律法规、规章制度的引用及工程实例的介绍,都尽量反映我国工程概预算领域的最新内容。本书在常见内容的基础上,增设了铁路工程、公路工程概预算的编制方法,增加了发达国家和地区工程造价管理的内容,同时介绍了目前广受欢迎的概预算软件的基本特点和使用方法等。

本书第 1 版于 2003 年 1 月出版以来,得到大中专院校的广泛采用,受到了广大读者的厚爱。在总结经验和吸纳新知识的基础上,对原书进行了修订再版。

修订后本书共有 14 章,包括概论、建设工程定额原理和建设工程概预算三部分内容。第一部分包括建设工程概预算概论和建筑安装工程费用;第二部分包括建设工程定额编制的原理、施工定额、预算定额、概算定额和概算指标的编制方法及内容;第三部分介绍了施工图预算、设计概算、施工预算的编制方法、工程结算和竣工决算、铁路工程、公路工程概预算的编制方法,以及应用计算机编制施工图预算的方法和发达国家和地区工程造价管理的模式。

本次修订的原则是保持了第 1 版的特色、风格和基本结构,增加和调整了新内容,以适应新时代工程管理发展的要求。本书再版主要修订了以下内容:

(1) 按照建设部发布的《建筑安装工程费用项目组成》的通知(建标〔2003〕206 号)文件精神重新调整了建筑安装工程费用的构成;

(2) 在新的建筑安装工程费用构成的基础上,相应修改了建筑安装工程费用的计算方法和建筑安装工程计价程序;修改了定额消耗量和人工、材料、机械台班单价的计算方法;

(3) 调整了工程施工图预算和设计概算的取费和编制方法;

(4) 删除了建筑工程费用定额编制的相关内容;

(5) 对第 1 版图书中的错误进行了修订。

为适应不同地区读者学习的需要和工程造价管理改革的需要,本书第 7 章基于中华人民共和国建设部发布的《全国统一建筑工程基础定额》(土建部分)(GJD—101—95)、《全国统一建筑工程预算工程量计算规则》（土建工程）（GJD_{GZ}—101—95）、《全国统一安装工程预算定额》（第一～十一册）（GYD—201—2000～GYD—211—2000）和《全国统一安装工程预算工程量计算规则》（GYD_{GZ}—20—2000）编写。

修订后，本书第1～8章，第12章、第14章由郭婧娟编写，第9章、第11章、第13章由刘菁编写，第10章由刘菁和郭婧娟共同编写。全书由郭婧娟主编。

本书可用作工程管理、土木工程等相关专业的教材，也可供工程造价从业人员参考使用。

目前适逢我国建设工程造价管理制度的变革时期，相关的法律、法规、规章、制度陆续出台，许多问题亟待解决，本书不能完全与新制度、新思路同步，加之编者学术水平和实践经验有限，书中缺点和谬误难免存在，恳请读者批评指正。

编　者

2004 年 11 月

✧ 目 录 ✧

第1篇 概 论

第2篇 建设工程定额原理

第3篇 建设工程概预算

第4篇　工程量清单计价及发达国家和地区的工程造价管理

第1篇　概　　论

第1章　建设工程概预算概论

1.1　建设项目及其建设程序

1.1.1　建设工程概念

建设工程属于固定资产投资对象。具体而言，建设工程包括建筑工程、设备安装工程、桥梁、公路、铁路、隧道、水利工程、给水排水等土木工程等。

固定资产的建设活动一般是通过具体的建设项目实施的。建设工程项目是指为完成依法立项的新建、改建、扩建的各类工程而进行的、有起止日期的、达到规定要求的一组相互关联的受控活动组成的特定过程，包括策划、勘察、设计、采购、施工、试运行、竣工验收和考核评价等过程。建设项目应满足下列要求：①技术上，满足在一个总体设计或初步设计范围内；②构成上，由一个或几个相互关联的单项工程所组成；③在建设过程中，实行统一核算、统一管理。

一般以建设一个企业、一个事业单位或一个独立工程作为一个建设项目，如一座工厂、一个农场、一所学校、一条铁路、一座独立的大桥或独立枢纽工程等。

1.1.2　建设项目分类

建设工程项目可以从不同的角度进行分类。

1. 按建设性质划分

（1）新建项目。指从无到有，"平地起家"，新开始建设的项目。有的建设项目原有基础很小，经扩大建设规模后，其新增的固定资产价值超过原有固定资产价值3倍以上的，也视为新建项目。

（2）扩建项目。指为扩大原有产品生产能力（或效益）或增加新的产品生产能力，而新建主要车间或工程的项目。

（3）改建项目。指为提高生产效率，改进产品质量，或改变产品方向，对原有设备或工程进行改造的项目。有的企业为了平衡生产能力，增建一些附属、辅助车间或非生产性工程，也视为改建项目。

（4）迁建项目。指由于各种原因经上级批准搬迁到另地建设的项目。迁建项目中符合新建、扩建、改建条件的，应分别视为新建、扩建或改建项目。迁建项目不包括留在原址的部分。

（5）恢复项目。指由于自然灾害、战争等原因使原有固定资产全部或部分报废，以后又投资按原有规模重新恢复起来的项目。在恢复的同时进行扩建的，应视为扩建项目。

2. 按用途划分

（1）生产性项目。指直接用于物质生产或直接为物质生产服务的项目，主要包括工业项目（含矿业）、建筑业和地区资源勘探事业项目、农林水利项目、运输邮电项目、商业和物资供应项目等。

（2）非生产性项目。指直接用于满足人民物质和文化生活需要的项目，主要包括住宅、教育、文化、卫生、体育、社会福利、科学实验研究项目、金融保险项目、公用生活服务事业项目、行政机关和社会团体办公用房等项目。

3. 按行业性质和特点划分

（1）竞争性项目。指投资回报率比较高、市场调节比较灵活、竞争性比较强的一般性建设工程项目。如商务办公楼项目、酒店项目、度假村项目、高档公寓项目等。

（2）基础性项目。指具有自然垄断性、建设周期长、投资额大而收益低的基础设施和需要政府重点扶持的一部分基础工业项目，以及直接增强国力的符合经济规模的支柱产业项目。如交通、通信、能源、水利、城市公用设施等。

（3）公益性项目。指主要为社会发展服务、难以产生直接经济回报的项目。如科技、文教、卫生、体育和环保等设施，公、检、法等政权机关以及政府机关、社会团体办公设施，国防建设设施等。

4. 按建设规模划分

基本建设项目按项目的建设总规模或总投资可分为大型、中型和小型项目三类。新建项目按项目的全部设计规模（能力）或所需投资（总概算）计算；扩建项目按扩建新增的设计能力或扩建所需投资（扩建总概算）计算，不包括扩建以前原有的生产能力。其中，新建项目的规模是指经批准的可行性研究报告中规定的近期建设的总规模，而不是指远景规划所设想的长远发展规模。明确分期设计、分期建设的，应按分期规模计算。更新改造项目按照投资额分为限额以上项目和限额以下项目两类。按总投资划分的项目，现行标准是：能源、交通、原材料工业项目 5 000 万元以上，其他项目 3 000 万元以上的作为大中型（或限额上）项目，否则为小型（或限额以下）项目。

1.1.3　建设项目的组成

1. 单项工程

单项工程是指在一个建设项目中具有独立的设计文件，竣工后可以独立发挥生产能力或效益的工程。它是建设项目的组成部分，如工业项目中的各个车间、办公楼、食堂、住宅等，民用项目中如学校的教学楼、图书馆、食堂等。

单项工程按其最终用途不同可分为许多种类。如工业建设项目中的单项工程可分为主要工程项目（如生产某种产品的车间）、附属生产工程项目（如为生产车间维修服务的机修车间）、公用工程项目（如给排水工程）、服务项目（如食堂、浴室）等。单项工程的价格，通过编制单项工程综合预算确定。

2. 单位工程

单位工程是竣工后一般不能独立发挥生产能力或效益，但具有独立的设计图纸，可以独立组织施工的工程。它是单项工程的组成部分。按其构成，又可将其分解为建筑工程和设备安装工程。如车间的土建工程是一个单位工程，设备安装又是一个单位工程，电气照明、室内给水排水、工业管道、线路敷设都是单项工程中所包含的不同性质的单位工程。

一般情况下，单位工程是进行工程成本核算的对象。单位工程的产品价格通过编制单位工程施工图预算来确定。

3. 分部工程

分部工程是单位工程的组成部分。按照工程部位、设备种类、使用材料的不同，可将一个单位工程分解为若干个分部工程。如房屋的土建工程，按其不同的工种、不同的结构和部位可分为基础工程、砖石工程、混凝土及钢筋混凝土工程、木结构及木装修工程、金属结构制作及安装工程、混凝土及钢筋混凝土构件运输及安装工程、楼地面工程、屋面工程、装饰工程等。

4. 分项工程

分项工程是分部工程的组成部分。按照不同的施工方法、不同的材料、不同的规格，可将一个分部工程分解为若干个分项工程。如可将砖石分部工程分为砖砌体、毛石砌体两类，其中砖砌体又可按部位不同分为外墙和内墙等分项工程。

分项工程是计算工、料、机及资金消耗的最基本的构造要素。建设工程预算的编制就是从最小的分项工程开始，由小到大逐步汇总而成的。

下面以某大学为例，来说明建设项目的组成，如图 1-1 所示。

以上对于建设项目的划分，适合于工程造价的确定与控制。另外，按照国家《建筑工程施工质量验收统一标准》（GB 50300—2001）规定，工程建设项目分为单位工程、分部工程和分项工程，标准规定的"单位工程"指具备独立施工条件并能形成独立使用功能的建筑物或构筑物。

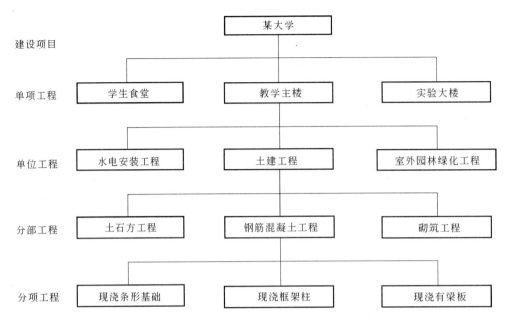

图1-1 建设项目结构图

1.1.4 项目建设程序

项目建设程序也称为项目周期，是指建设项目从策划决策、勘察设计、建设准备、施工、生产准备、竣工验收和考核评价的全过程中，各项工作必须遵循的先后次序。项目建设程序是人们在认识客观规律的基础上制定出来的，是建设项目科学决策和顺利实施的重要保证。

按照建设项目发展的内在联系和发展过程，建设程序分成若干阶段，这些发展阶段有严格的先后次序，可以合理交叉，但不能任意颠倒。

我国项目建设程序依次分为策划决策、勘察设计、建设准备、施工、生产准备、竣工验收和考核评价7个阶段。

1. 策划决策阶段

项目策划决策阶段包括编报项目建议书和可行性研究报告两项工作内容。依据可行性研究报告进行项目评估，根据项目评估情况，对建设工程项目进行决策。

1）编报项目建议书

对于政府投资工程项目，编报项目建议书是项目建设最初阶段的工作。项目建议书是建设某一具体工程项目的建议文件，是投资决策前对拟建项目的轮廓设想。其主要作用是为了推荐建设项目，以便在一个确定的地区或部门内，以自然资源和市场预测为基础，选择建设项目。

项目建议书经批准后，可进行可行性研究工作，但并不表明项目非上不可，项目建议书不是项目的最终决策。

2）可行性研究

可行性研究是在项目建议书被批准后，对项目在技术和经济上是否可行所进行的科学分析和论证。

可行性研究主要评价项目技术上的先进性和适用性、经济上的盈利性和合理性、建设的可能性和可行性，它是确定建设项目、进行初步设计的根本依据。

可行性研究是一个由粗到细的分析研究过程，可以分为初步可行性研究和详细可行性研究两个阶段。

（1）初步可行性研究。初步可行性研究的目的是对项目初步评估进行专题辅助研究，广泛分析、筛选方案，界定项目的选择依据和标准，确定项目的初步可行性。通过编制初步可行性研究报告，判定是否有必要进行下一步的详细可行性研究。

（2）详细可行性研究。详细可行性研究为项目决策提供技术、经济、社会及商业方面的依据，是项目投资决策的基础。研究的目的是对建设项目进行深入细致的技术经济论证，重点对建设项目进行财务效益和经济效益的分析评价，经过多方案比较选择最佳方案，确定建设项目的最终可行性。本阶段的最终成果为可行性研究报告。

可行性研究工作完成后，需要编写出反映其全部工作成果的"可行性研究报告"。一般工业项目的可行性研究报告应包括以下内容：①项目提出的背景、项目概况及投资的必要性；②产品需求、价格预测及市场风险分析；③资源条件评价（对资源开发项目而言）；④建设规模及产品方案的技术经济分析；⑤建厂条件与厂址方案；⑥技术方案、设备方案和工程方案；⑦主要原材料、燃料供应；⑧总图、运输与公共辅助工程；⑨节能、节水措施；⑩环境影响评价；⑪劳动安全卫生与消防；⑫组织机构与人力资源配置；⑬项目实施进度；⑭投资估算及融资方案；⑮财务评价和国民经济评价；⑯社会评价和风险分析。

根据《国务院关于投资体制改革的决定》（国发〔2004〕20 号），对于政府投资项目，采用直接投资和资本金注入方式的，政府投资主管部门需要从投资决策角度审批项目建议书和可行性研究报告。可行性研究报告经过审批通过之后，方可进入下一阶段的建设工作。

对于企业不使用政府资金投资建设的项目，一律不再实行审批制，区别不同情况实行核准制或登记备案制。其中，政府仅对重大项目和限制类项目从维护社会公共利益角度进行核准，其他项目无论规模大小，均改为备案制。企业投资建设实行核准制的项目，仅需向政府提交项目申请报告，不再经过批准项目建议书、可行性研究报告和开工报告的程序。

2. 勘察设计阶段

1）勘察阶段

根据建设项目初步选址建议，进行拟建场地的岩土、水文地质、工程测量、工程物探等方面的勘察，提出勘察报告，为设计做好充分准备。勘察报告主要包括拟建场地的工程地质条件、拟建场地的水文地质条件、场地、地基的建筑抗震设计条件、地基基础方案分析评价及相关建议、地下室开挖和支护方案评价及相关建议、降水对周围环境的影响、桩基工程设计与施工建议、其他合理化建议等内容。

2）设计阶段

落实建设地点、通过设计招标或设计方案比选确定设计单位后，即开始初步设计文件的编制工作。根据建设项目的不同情况，设计过程一般划分为两个阶段，即初步设计阶段和施工图设计阶段，对于大型复杂项目，可根据不同行业的特点和需要，在初步设计之后增加技术设计阶段（扩大初步设计阶段）。初步设计是设计的第一步，如果初步设计提出的总概算超过可行性研究报告投资估算的 10％以上或其他主要指标需要变动时，要重新报批可行性研究报告。初步设计经主管部门审批后，建设项目被列入国家固定资产投资计划，可进行下一步的施工图设计。

根据建设部 2000 年颁布的《建筑工程施工图设计文件审查暂行办法》规定，建设单位应当将施工图报送建设行政主管部门，由建设行政主管部门委托有关审查机构，进行结构安全和强制性标准、规范执行情况等内容的审查。审查的主要内容包括：①建筑物的稳定性、安全性，包括地基基础和主体结构体系是否安全、可靠；②是否符合消防、节能、环保、抗震、卫生、人防等有关强制性标准、规范；③施工图是否达到规定的深度要求；④是否损害公众利益。

施工图一经审查批准，不得擅自进行修改，如遇特殊情况需要进行涉及审查主要内容的修改时，必须重新报请原审批部门，由原审批部门委托审查机构审查后再批准实施。

3. 建设准备阶段

广义的建设准备阶段包括对项目的勘察、设计、施工、资源供应、咨询服务等方面的采购及项目建设各种批文的办理。采购的形式包括招标采购和直接发包采购两种。鉴于勘察、设计的采购工作已落实于勘察设计阶段，此处的建设准备阶段的主要内容包括：落实征地、拆迁和平整场地，完成施工用水、电、通信、道路等接通工作，组织选择监理、施工单位及材料、设备供应商，办理施工许可证等。按规定做好建设准备，具备开工条件后，建设单位申请开工，即可进入施工阶段。

4. 施工阶段

建设工程具备了开工条件并取得施工许可证后方可开工。通常，项目新开工时间，按设计文件中规定的任何一项永久性工程第一次正式破土开槽时间而定，不需开槽的以正式打桩作为开工时间，铁路、公路、水库等以开始进行土石方工程作为正式开工时间。

施工阶段主要工作内容是组织土建工程施工及机电设备安装工作。在施工安装阶段，主要工作任务是按照设计进行施工安装，建成工程实体，实现项目质量、进度、投资、安全、环保等目标。具体内容包括：做好图纸会审工作，参加设计交底，了解设计意图，明确质量要求；选择合适的材料供应商；做好人员培训；合理组织施工；建立并落实技术管理、质量管理体系和质量保证体系；严格把好中间质量验收和竣工验收环节。

5. 生产准备阶段

对于生产性建设项目，在其竣工投产前，建设单位应适时地组织专门班子或机构，有计划地做好生产或动用前的准备工作，包括：招收、培训生产人员；组织有关人员参加设备安装、调试、工程验收；落实原材料供应；组建生产管理机构，健全生产规章制度等。生产准备是由建设阶段转入经营的一项重要工作。

6. 竣工验收阶段

工程竣工验收是全面考核建设成果、检验设计和施工质量的重要步骤，也是建设项目转入生产和使用的标志。根据国家规定，建设项目的竣工验收按规模大小和复杂程度分为初步验收和竣工验收两个阶段进行。规模较大、较复杂的建设项目应先进行初验，然后进行全项目的竣工验收。验收时可组成验收委员会或验收小组，由银行、物资、环保、劳动、规划、统计及其他有关部门组成，建设单位、接管单位、施工单位、勘察单位、监理单位参加验收工作。验收合格后，建设单位编制竣工决算，项目正式投入使用。

7. 考核评价阶段

建设项目考核评价是工程项目竣工投产、生产运营一段时间后，对项目的立项决策、设计施工、竣工投产、生产运营和建设效益等进行系统评价的一种技术活动，是固定资产管理的一项重要内容，也是固定资产投资管理的最后一个环节。建设项目考核主要从影响评价、经济效益评价、过程评价三个方面进行评价，采用的基本方法是对比法。通过建设项目考核评价，可以达到肯定成绩、总结经验、研究问题、吸取教训、提出建议、改进工作、不断提高项目决策水平和投资效果的目的。

项目建设程序如图 1-2 所示。

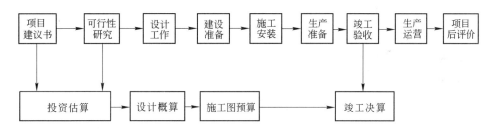

图 1-2　项目建设程序框图

1.2　建设工程概预算概述

1.2.1　建设工程概预算的概念

建设工程概预算是建设工程设计文件的主要组成部分，它是根据不同设计阶段设计图纸的具体内容和国家规定的定额、指标及各项费用取费标准等资料，在工程建设之前预先计算其工程建设费用的经济性文件。由此所确定的每一个建设项目、单项工程或单位工程的建设费用，实质上就是相应工程的计划价格。建设概预算包括设计概算和施工图预算，它们是建设项目在不同实施阶段经济上的反映。

概预算作为一种专业术语，实际上又存在两种理解。广义理解应指概预算编制的工作过程；狭义理解则指这一过程必然产生的结果，即概预算文件。

建设概预算是国家对基本建设实行管理和监督的重要方面，建设概预算的编制必须遵循国家、地方和主管部门的有关政策、法规和制度，建设概预算的实施还必须遵循报批、审核制度。由于我国长期以来实行投资体制的集权管理模式，政府既是宏观政策的制定者，又是微观项目建设的参与者，因此实行统一的概预算编制方法和统一的计价依据，能够为政府进行宏观的投资调控和微观的建设项目管理提供有力的方法和手段。健全和加强建设概预算制度，对于加强企业管理和经济核算、合理使用建设资金、降低建设成本、充分发挥基建投资经济效果等，都起到了十分重要的作用。但是，随着我国改革开放力度不断加大，经济加速向有中国特色的社会主义市场经济转变，投资主体多元化和投资资金来源的多渠道化已经初步形成，国有投资在全社会固定资产投资总额中所占的比重也不断下降，过去那种不分项目的统一管理模式已经越来越不适应现代经济发展的需求，所以我国造价管理的改革力度也在不断加大。

1.2.2　建设产品及其生产的特点

在建设活动中，建设产品的计划价格，要通过单独编制建设概预算的方法确定，这是由于建设产品及其生产不同于一般工业产品及其生产的技术经济特点所决定的。

1. 建设产品生产的单件性

一般的工业产品大多数是标准化并大量重复生产的，而建设产品不但要满足各种不同使用功能、建设标准、造型艺术等要求，且受到建设地点的水文地质条件的制约，还受到地区自然和经济条件的影响，使得建设产品在规模、形式、结构、构造、装饰和基础等诸多方面各不相同。因此，一般都由设计和施工部门根据建设单位的委托进行单独设计和单独施工，这就造成了建设产品生产的单件性，其价格的确定也具有单件性的特点。

2. 建设产品生产的流动性

一般工业产品都是在固定的地点（工厂）进行生产，而任何建设产品都是在选定的地点上建造和使用，因不能搬动而具有固定性。由于建设产品的生产是在不同的地区、或同一地区的不同现场、或同一现场的不同位置上进行的，即生产具有流动性，所以不但使生产因地区自然、技术、经济条件的不同而有很大变化，施工生产的方法和组织也要因地制宜，造成建设产品价格的地区差异和不同变化。

3. 建设产品生产露天作业多和高空作业多

一般工业产品都是在车间内生产，生产条件一般不会因时间、气候的不同而发生变化；而建设产品因地点固定且体形庞大，决定了其生产具有露天作业多的特点。由于受到气候的直接影响，使建设产品的价格中有雨季施工、冬季施工增加费的变化；而且随着高层建筑物的日趋增多，使建设产品生产高空作业多的特点日趋明显；由于高度不同使生产效率、垂直运输机械、水压、通信、上下交通等均发生很大变化，又引起了建设产品价格中建筑物超高施工增加费的变化。

4. 建设产品生产周期长

一般工业产品生产周期较短，而建设产品不但体积庞大，且生产程序复杂，需要多专业、多工种之间按照合理的施工程序进行配合和衔接，因而使其具有生产周期长的特点，很多工程往往需要几年才能完成。同时，由于建设产品的最终建成需要不断地消耗大量的人力和物资，这就必须投入大量的资金且占用时间长，势必造成建设产品的价格受到时间和筹资利息的影响。

正是由于建设产品的这些特点，使得其造价的确定就不能与一般工业产品一样，由物价部门统一核定价格，而必须根据不同的工程对象，按国家规定的特殊计价程序，采用单独编制工程概预算的方法来计算和确定工程造价。所以，实行建设概预算制度，也是在我国社会主义市场经济条件下，服从产品价值规律的客观要求。

1.2.3 建设工程造价的分类

建设工程概预算，包括设计概算和施工图预算，都是确定拟建工程预期造价的文件，而在建设项目完全竣工以后，为反映项目的实际造价和投资效果，还必须编制竣工决算。除此之外，由于建设工程工期长、规模大、造价高，需要按建设程序分段建设，在项目建设全过程中，根据建设程序的要求和国家有关文件的规定，还要编制其他有关的经济文件。按照工程建设的不同阶段，分为以下计价文件（如图1-3所示）。

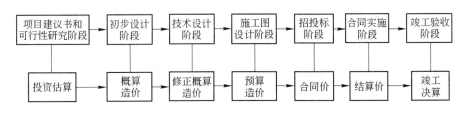

图1-3 建设工程计价文件

1. 投资估算

投资估算一般是指在工程项目建设的前期工作（规划、项目建议书和设计任务书）阶段，项目建设单位向国家计划部门申请建设项目立项，或国家、建设主体对拟建项目进行决策，确定建设项目在规划、项目建议书、设计任务书等不同阶段的投资总额而编制的造价文件。

任何一个拟建项目，都要通过全面的可行性论证后，才能决定其是否正式立项或投资建设。在可行性论证过程中，除考虑国民经济发展上的需要和技术上的可行性外，还要考虑经济上的合理性。投资估算是在初步设计前期各个阶段工作中，作为论证拟建项目在经济上是否合理的重要文件。

2. 设计概算和修正概算造价

设计概算是设计文件的重要组成部分，它是由设计单位根据初步设计图纸、概算定额规定的工程量计算规则和设计概算编制方法，预先测定工程造价的文件。设计概算文件较投资估算准确性有所提高，但又受投资估算的控制，它包括建设项目总概算、单项工程综合概算和单位工程概算。修正概算是在扩大初步设计阶段对概算进行的修正调整，较概算造价准确，但受概算造价控制。

3. 施工图预算造价

施工图预算是指施工单位在工程开工前，根据已批准的施工图纸，在施工方案（或施工组织设计）已确定的前提下，按照预算定额规定的工程量计算规则和施工图预算编制方法预先编制的工程造价文件。在广义上，按照施工图纸以及计价所需的各种依据在工程实施前所计算的工程价格，均可称为施工图预算价格，该施工图预算价格可以是按照政府统一规定的预算单价、取费标准、计价程序计算得到的计划中的价格，也可以是根据企业自身的实力和市场供求及竞争状况计算的反映市场的价格。施工图预算可以划分为两种计价模式，即传统计价模式和工程量清单计价模式。施工图预算造价较概算造价更为详尽和准确，但同样要受前一阶段所确定的概算造价的控制。

4. 合同价

合同价是指在工程招投标阶段，通过签订总承包合同、建筑安装工程承包合同、设备材料采购合同，以及技术和咨询服务合同所确定的价格。合同价属于市场价格，它是由承发包双方，即商品和劳务买卖双方，根据市场行情共同议定和认可的成交价格，但它并不等同于实际工程造价。按计价方式不同，建设工程合同一般表现为三种类型，即总价合同、单价合同和成本加酬金合同。对于不同类型的合同，其合同价的内涵也有所不同。

5. 结算价

结算价是指一个单项工程、单位工程、分部工程或分项工程完工后，经建设单位及有关部门验收并办理验收手续后，施工企业根据施工过程中现场实际情况的记录、设计变更通知书、现场工程更改签证、预算定额、材料预算价格和各项费用标准等资料，在工程结算时按合同调价范围和调价方法，对实际发生的工程量增减、设备和材料价差等进行调整后计算和确定的价格。结算价是该结算工程的实际价格。结算一般有定期结算、阶段结算和竣工结算等方式，它们是结算工程价款、确定工程收入、考核工程成本、进行计划统计、经济核算及竣工决算等的依据。其中竣工结算是反映上述工程全部造价的经济文件。以此为依据，通过建设银行向建设单位办理完工程结算后，就标志着双方所承担的合同义务和经济责任的结束。

6. 竣工决算

竣工决算是指在竣工验收后，由建设单位编制的建设项目从筹建到建设投产或使用的全部实际成本的技术经济文件；它是最终确定的实际工程造价，是建设投资管理的重要环节，是工程竣工验收、交付使用的重要依据，也是进行建设项目财务总结，银行对其实行监督的必要手段。竣工决算的内容由文字说明和决算报表两部分组成。

　　上述几种造价文件之间存在的差异，如表 1-1 所示。

表 1-1　不同阶段工程造价文件的对比

项目 \ 类别	投资估算	设计概算 修正概算	施工图预算	合 同 价	结 算 价	竣工决算
编制阶段	项目建议书 可行性研究	初步设计 扩大初步设计	施工图设计	招投标	施　工	竣工验收
编制单位	建设单位 工程咨询机构	设计单位	施工单位或设计单位、工程咨询机构	承发包双方	施工单位	建设单位
编制依据	投资估算指标	概算定额	预算定额、工程量清单计价规范	预算定额、工程量清单计价规范	预算定额、设计及施工变更资料	预算定额、工程建设其他费用定额、竣工决算资料
用　途	投资决策	控制投资及造价	编制标底、投标报价等	确定工程承发包价格	确定工程实际建造价格	确定工程项目实际投资

第2章 建筑安装工程费用

2.1 建筑安装工程费用概述

2.1.1 建筑安装工程费用内容

1. 建筑工程费用

建筑工程费用主要包括以下4个方面。①各类房屋建筑工程和列入房屋建筑工程预算的供水、供暖、卫生、通风、煤气等设备费用及其装饰、油饰工程的费用，列入建筑工程预算的各种管道、电力、电信和敷设工程的费用。②设备基础、支柱、工作台、烟囱、水塔、水池、灰塔等建筑工程，以及各种炉窑的砌筑工程和金属结构工程的费用。③为施工而进行的场地平整，工程和水文地质勘察，原有建筑物和障碍物的拆除，以及施工临时用水、电、气、路和完工后的场地清理、环境绿化、美化等工作的费用。④矿井开凿、井巷延伸、露天矿剥离，石油、天然气钻井，修建铁路、公路、桥梁、水库、堤坝、灌渠及防洪等工程的费用。

2. 安装工程费用

安装工程费用主要包括以下两个方面。①生产、动力、起重、运输、传动和医疗、实验等各种需要安装的机械设备的装配费用，与设备相连的工作台、梯子、栏杆等装设工程费用，附属于被安装设备的管线敷设工程费用，以及被安装设备的绝缘、防腐、保温、油漆等工作的材料费和安装费。②为测定安装工程质量，对单台设备进行单机试运转、对系统设备进行系统联动无负荷试运转工作的调试费。

2.1.2 我国现行建筑安装工程费用构成

建筑安装工程费用即建筑安装工程造价，是指在建筑安装工程施工过程中直接发生的费用和施工企业在组织管理施工中间接地为工程支出的费用，以及按国家规定施工企业应获得的利润和应缴纳税金的总和。

根据建设部颁布的《建筑安装工程费用项目组成》（建标〔2003〕206号）（自2004年1月1日施行）文件规定，我国建筑安装工程费用包括直接费、间接费、利润和税金四大部分。建筑安装工程费用的构成如图2-1所示。

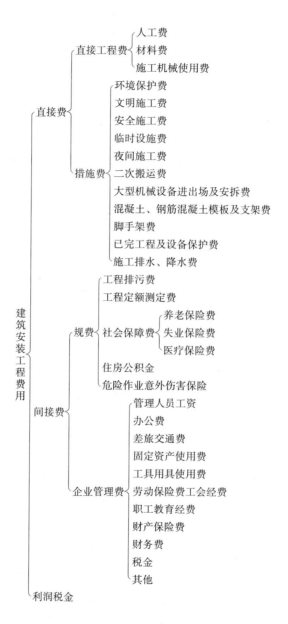

图 2-1　我国现行建筑安装工程费用构成

2.2 建筑安装工程费用具体内容

2.2.1 直接费

建筑安装工程直接费由直接工程费和措施费构成。

1. 直接工程费

直接工程费是指施工过程中耗费的构成工程实体的各项费用，包括人工费、材料费、施工机械使用费。

1）人工费

人工费是指直接从事建筑安装工程施工的生产工人开支的各项费用，计算公式为

$$人工费 = \sum (工日消耗量 \times 日工资单价)$$

其中，相应等级的日工资单价包括生产工人基本工资、工资性补贴、生产工人辅助工资、职工福利费及生产工人劳动保护费。随着劳动工资构成的改变和国家推行的社会保障和福利政策的变化，人工单价在各地区、各行业有不同的构成。

2）材料费

材料费是指施工过程中耗费的构成工程实体的原材料、辅助材料、构配件、零件、半成品的费用。材料费由材料原价、运杂费、运输损耗费、采购及保管费、检验试验费构成，计算公式为

$$材料费 = \sum (材料消耗量 \times 材料基价) + 检验试验费$$

其中，材料基价包括材料原价、运杂费、运输损耗费、采购及保管费。

3）施工机械使用费

施工机械使用费是指施工机械作业所发生的机械使用费，以及机械安拆费和场外运费。计算公式为

$$施工机械使用费 = \sum (施工机械台班消耗量 \times 机械台班单价)$$

其中，机械台班单价内容包括折旧费、大修理费、经常修理费、安拆费及场外运输费、燃料动力费、人工费及运输机械养路费、车船使用税及保险费等。租赁施工机械台班单价的构成除上述费用外，还包括租赁企业的管理费、利润和税金。

2. 措施费

措施费是指为完成工程项目施工，发生在该工程施工前和施工过程中非工程实体项目的费用。措施费可根据专业和地区的情况自行补充。各专业工程的专用措施费项目的计算方法由各地区或国务院有关专业主管部门的工程造价管理机构自行制定。

1) 环境保护费

它是指施工现场为达到环保部门的要求而需要的各项费用，计算公式为

$$环境保护费＝直接工程费×环境保护费费率$$

2) 文明施工费

它是指施工现场文明施工所需要的各项费用，计算公式为

$$文明施工费＝直接工程费×文明施工费费率$$

3) 安全施工费

它是指施工现场安全施工所需要的各项费用，计算公式为

$$安全施工费＝直接工程费×安全施工费费率$$

4) 临时设施费

它是指施工企业为进行建筑工程施工所必须搭设的生活和生产用的临时建筑物、构筑物和其他临时设施费用等。临时设施包括临时宿舍、文化福利及公用事业房屋与构筑物、仓库、办公室、加工厂，以及规定范围内道路、水、电、管线等临时设施和小型临时设施。临时设施费包括临时设施的搭设、维修、拆除费或摊销费，具体包括周转使用临建（如活动房屋）费、一次性使用临建（如简易建筑）费和其他临时设施（如临时管线）费，计算公式为

$$临时设施费＝（周转使用临建费＋一次性使用临建费）×（1＋其他临时设施所占比例）$$

5) 夜间施工增加费

它是指因夜间施工所发生的夜班补助费，夜间施工降效引起的损失费、夜间施工照明设备摊销及照明用电等费用，计算公式为

$$夜间施工增加费＝\left(1-\frac{合同工期}{定额工期}\right)×\frac{直接工程费中的人工费合计}{平均日工资单价}×每工日夜间施工费开支$$

6) 二次搬运费

它是指因施工场地狭小等特殊情况而发生的二次搬运费用，计算公式为

$$二次搬运费＝直接工程费×二次搬运费费率$$

7) 大型机械设备进出场及安拆费

它是指机械整体或分体自停放场地运至施工现场或由一个施工地点运至另一个施工地点，所发生的机械进出场运输、转移费用，以及机械在施工现场进行安装、拆卸所需要的人工费、材料费、机械费、试运转费和安装所需要的辅助设施的费用，计算公式为

$$大型机械设备进出场及安拆费＝\frac{一次进出场及安拆费×年平均安拆次数}{年工作台班}$$

8) 混凝土、钢筋混凝土模板及支架费

它是指混凝土施工过程中所需要的各种钢模板、木模板、支架等的支、拆、运输费用及模板、支架的摊销（或租赁）费用。

$$模板及支架费＝模板摊销量×模板价格＋支、拆、运输费$$

$$租赁费＝模板使用量×使用日期×租赁价格＋支、拆、运输费$$

9）脚手架费

它是指施工所需要的各种脚手架搭、拆、运输费用及脚手架的摊销（或租赁）费用，计算公式为

$$脚手架搭拆费＝脚手架摊销量×脚手架价格＋搭、拆、运输费$$

$$租赁费＝脚手架每日租金×搭设周期＋搭、拆、运输费$$

10）已完工程及设备保护费

它是指竣工验收前，对已完工程及设备进行保护所需要的费用，计算公式为

$$已完工程及设备保护费＝成品保护所需机械费＋材料费＋人工费$$

11）施工排水、降水费

它是指为确保工程在正常条件下施工，采取各种排水、降水措施所发生的各种费用，计算公式为

$$排水降水费 = \sum(排水、降水机械台班费×排水、降水周期)＋排水、降水使用材料费、人工费$$

2.2.2　间接费

按现行规定，建筑安装工程间接费由规费、企业管理费组成。

1. 规费

规费是指政府和有关权力部门规定必须缴纳的费用，主要包括以下内容。

（1）工程排污费。指施工现场按规定缴纳的工程排污费。

（2）工程定额测定费。指按规定支付工程造价（定额）管理部门的定额测定费。

（3）社会保障费。①养老保险费，指企业按规定标准为职工缴纳的基本养老保险费；②失业保险费，指企业按照国家规定标准为职工缴纳的失业保险费；③医疗保险费，指企业按照规定标准为职工缴纳的基本医疗保险费。

（4）住房公积金。指企业按规定标准为职工缴纳的住房公积金。

（5）危险作业意外伤害保险。指按照建筑法规定，企业为从事危险作业的建筑安装施工人员支付的意外伤害保险费。

规费根据本地区典型工程发包、承包价的分析资料综合取定。

2. 企业管理费

企业管理费是指建筑安装企业组织施工生产和经营管理所需费用，它包括以下几方面内容。

（1）管理人员工资。指管理人员的基本工资、工资性补贴、职工福利费、劳动保护费等。

（2）办公费。指企业管理办公用的文具、纸张、账表、印刷、邮电、书报、会议、水电、烧水和集体取暖（包括现场临时宿舍取暖）用煤等费用。

（3）差旅交通费。指职工因公出差、调动工作的差旅费，住勤补助费，市内交通费和误餐补助费，职工探亲路费，劳动力招募费，职工离退休、退职一次性路费，工伤人员就医路费，工地转移费及管理部门使用的交通工具的油料、燃料、养路费及牌照费。

（4）固定资产使用费。指管理和试验部门及附属生产单位使用的属于固定资产的房屋、设备仪器等的折旧、大修、维修或租赁费。

（5）工具用具使用费。指管理使用的不属于固定资产的生产工具、器具、家具、交通工具，以及检验、试验、测绘、消防用具等的购置、维修和摊销费。

（6）劳动保险费。指由企业支付离退休职工的易地安家补助费、职工退职金、6 个月以上的病假人员工资、职工死亡丧葬补助费、抚恤费，以及按规定支付给离休干部的各项经费。

（7）工会经费。指企业按职工工资总额计提的工会经费。

（8）职工教育经费。指企业为职工学习先进技术和提高文化水平，按职工工资总额计提的费用。

（9）财产保险费。指施工管理使用的财产、车辆保险。

（10）财务费。指企业为筹集资金而发生的各种费用。

（11）税金。指企业按规定缴纳的房产税、车船使用税、土地使用税、印花税等。

（12）其他。包括技术转让费、技术开发费、业务招待费、绿化费、广告费、公证费、法律顾问费、审计费、咨询费等。

3. 间接费的计算

间接费是按相应的计取基础乘以间接费费率（指导性费率）确定的。其中，间接费费率的计算公式为

$$间接费费率＝规费费率＋企业管理费费率$$

间接费的计算按所取费基数的不同分为以下三种情况。

1）以直接费为计算基础

土建工程的间接费计算公式为

$$间接费＝直接费合计×间接费费率$$

2）以人工费和机械费合计为计算基础

设备安装工程的间接费计算公式为

$$间接费＝人工费和机械费合计×间接费费率$$

3）以人工费为计算基础

装饰装修工程及其他安装工程的间接费计算公式为

$$间接费＝人工费合计×间接费费率$$

2.2.3　利润及税金

建筑安装工程费用中的利润及税金是建筑安装企业职工为社会劳动所创造的价值在建筑安装工程造价中的体现。

1. 利润

利润是指施工企业完成所承包工程获得的盈利，它是按相应的计取基础乘以利润率确定

的。利润的计算参见下文。随着工程建设管理体制改革和建设市场的不断完善，以及建设工程招标、投标的需要，利润在投标报价中可以上、下浮动，以利于公平、合理的市场竞争。

2. 税金

建筑安装工程税金是指国家税法规定的应计入建筑安装工程造价内的营业税、城市维护建设税及教育费附加。建筑安装企业营业税税率为3%。城乡维护建设税的纳税人所在地为市区的，其适用税率为营业税的7%；所在地为县镇的，其适用税率为营业税的5%；所在地为农村的，其适用税率为营业税的1%。教育费附加按应纳营业税额乘以3%确定。税金的计算公式为

$$税金＝(税前造价＋利润)×税率$$

其中，税率的计算有以下三种情况。

（1）纳税地点在市区的企业

$$税率(\%)＝\left(\frac{1}{1-3\%-3\%×7\%-3\%×3\%}-1\right)×100\%＝3.41\%$$

（2）纳税地点在县城、镇的企业

$$税率(\%)＝\left(\frac{1}{1-3\%-3\%×5\%-3\%×3\%}-1\right)×100\%＝3.35\%$$

（3）纳税地点不在市区、县城、镇的企业

$$税率(\%)＝\left(\frac{1}{1-3\%-3\%×1\%-3\%×3\%}-1\right)×100\%＝3.22\%$$

2.2.4 工程施工发包与承包计价办法

根据建设部第107号部令《建筑工程施工发包与承包计价管理办法》的规定，发包与承包价的计算方法分为工料单价法和综合单价法。

1. 工料单价法

工料单价法是以分项工程量乘以单价后的合计为直接工程费，其中分项工程单价是人工、材料、机械的消耗量乘以相应价格合计而成的直接工程费单价，计算公式为

$$分项工程工料单价＝工日消耗量×日工资单价＋材料消耗量×材料预算单价＋$$
$$机械台班消耗量×机械台班单价$$

$$直接工程费＝\sum(工程量×分项工程工料单价)$$

$$工程发包、承包价＝直接工程费＋措施费＋间接费＋利润＋税金$$

工程发包、承包价的计算程序分为以下三种。

1）以直接费为计算基础（用于土建工程取费）

计价过程如表2-1所示。

表 2-1 建筑安装工程取费表 (以直接费为基础)

序号	费用项目	计 算 方 法	序号	费用项目	计 算 方 法
(1)	直接工程费	按预算表	(5)	利　润	[(3)+(4)]×利润率
(2)	措 施 费	按规定标准计算	(6)	合　计	(3)+(4)+(5)
(3)	直接费小计	(1)+(2)	(7)	含税造价	(6)×(1+税率)
(4)	间 接 费	(3)×间接费率			

2) 以人工费和机械费为计算基础（用于设备安装工程取费）

计价过程如表 2-2 所示。

表 2-2 建筑安装工程取费表 (以人工费和机械费为基础)

序号	费用项目	计 算 方 法	序号	费用项目	计 算 方 法
(1)	直接工程费	按预算表	(6)	人工费和机械费小计	(2)+(4)
(2)	其中，人工费和机械费	按预算表	(7)	间 接 费	(6)×间接费率
(3)	措 施 费	按规定标准计算	(8)	利　润	(6)×利润率
(4)	其中，人工费和机械费	按规定标准计算	(9)	合　计	(5)+(7)+(8)
(5)	直接费小计	(1)+(3)	(10)	含税造价	(9)×(1+税率)

3) 以人工费为计算基础（用于装饰装修工程和其他安装工程取费）

计价过程如表 2-3 所示。

表 2-3 建筑安装工程取费表 (以人工费为基础)

序号	费用项目	计 算 方 法	序号	费用项目	计 算 方 法
(1)	直接工程费	按预算表	(6)	人工费小计	(2)+(4)
(2)	其中人工费	按预算表	(7)	间 接 费	(6)×间接费率
(3)	措 施 费	按规定标准计算	(8)	利　润	(6)×利润率
(4)	措施费中人工费	按规定标准计算	(9)	合　计	(5)+(7)+(8)
(5)	直接费小计	(1)+(3)	(10)	含税造价	(9)×(1+税率)

2. 综合单价法

综合单价法是以各分项工程综合单价乘以工程量得到该分项工程的合价后，汇总所有分项工程合价而形成工程总价的方法。综合单价法中的分项工程单价为全费用单价，全费用单价经综合计算后生成，其内容包括直接工程费、间接费、利润和税金（措施费也可按此方法生成全费用价格，即

$$分项工程综合单价＝分项工程直接工程费＋分项工程间接费＋$$
$$分项工程利润＋分项工程税金$$

因而，利用综合单价法计算的工程发包、承包价的计算公式为

$$工程发包、承包价 ＝ \sum (工程量 \times 分项工程综合单价)$$

由于各分项工程中的人工、材料、机械含量的比例不同，各分项工程综合单价可根据其材料费占人工费、材料费、机械费合计的比例（以"C"代表该项比值）在以下三种计算程序中选择一种计算。

① 当 $C > C_0$（C_0 为本地区原费用定额测算所选的典型工程材料费占人工费、材料费和机械费合计的比例）时，可以人工费、材料费、机械费合计数为基数计算该分项工程的间接费和利润。分项工程综合单价计算步骤如表 2-4 所示。

表 2-4   分项工程综合单价计算表 1

序号	费用项目	计算方法	序号	费用项目	计算方法
(1)	分项工程直接工程费	人工费＋材料费＋机械费	(4)	分项工程税前单价合计	(1)＋(2)＋(3)
(2)	分项工程间接费	(1)×间接费率	(5)	分项工程综合单价	(4)×(1＋税率)
(3)	分项工程利润	[(1)＋(2)]×利润率			

② 当 $C < C_0$ 的下限时，可以人工费和机械费合计数为基数计算该分项工程的间接费和利润。分项工程综合单价计算步骤如表 2-5 所示。

表 2-5   分项工程综合单价计算表 2

序号	费用项目	计算方法	序号	费用项目	计算方法
(1)	分项工程直接工程费	人工费＋材料费＋机械费	(4)	分项工程利润	(2)×利润率
(2)	其中人工费和机械费	人工费＋机械费	(5)	分项工程税前单价合计	(1)＋(3)＋(4)
(3)	分项工程间接费	(2)×间接费率	(6)	分项工程综合单价	(5)×(1＋税率)

③ 如该分项的直接工程费仅为人工费，无材料费和机械费时，可以人工费为基数计算该分项工程的间接费和利润。分项工程综合单价计算步骤如表 2-6 所示。

表 2-6   分项工程综合单价计算表 3

序号	费用项目	计算方法	序号	费用项目	计算方法
(1)	分项工程直接工程费	人工费＋材料费＋机械费	(4)	分项工程利润	(2)×利润率
(2)	其中人工费	人工费	(5)	分项工程税前单价合计	(1)＋(3)＋(4)
(3)	分项工程间接费	(2)×间接费率	(6)	分项工程综合单价	(5)×(1＋税率)

第 2 篇　建设工程定额原理

第 3 章　建设工程定额概论

3.1　概述

3.1.1　建设工程定额的概念

1. 定额的概念

在社会生产中，为了生产某一合格产品，都要消耗一定数量的人工、材料、机械设备台班和资金。这种消耗数量，由于受到各种生产条件的影响而各不相同。消耗越大，产品成本就越高，因而当产品的价格一定时，企业的盈利就会减少，对社会的贡献也会减小。因此，降低产品生产过程中的消耗，有着十分重要的意义。但是这种消耗不可能无限制地降低，它在一定的生产条件下，必有一个合理的数额，为此规定出完成某一单位合格产品的合理消耗标准，这就是生产性的定额。

从广义上理解，定额就是规定的额度或限额，即标准或尺度。由于不同的产品有不同的质量要求和安全规范要求，因此定额不单纯是一种数量标准，而是数量、质量和安全要求的统一体。

建设工程定额是专门为建设生产而制定的一种定额，是生产建设产品消耗资源的限额规定。具体而言，建设工程定额是指在正常施工条件下，在合理的劳动组织、合理地使用材料和机械的条件下，完成建设工程单位合格产品所必须消耗的各种资源的数量标准。所谓正常的施工条件，是指生产过程按生产工艺和施工验收规范操作，施工条件完善，劳动组织合理，机械运转正常，材料储备合理。在这样的条件下，对完成单位合格产品进行定员、定质量、定数量（即劳动工日数、材料用量、机械台班用量），定额中同时规定了工作内容和安全要求等。

2. 定额的水平

定额水平是规定完成单位合格产品所需各种资源消耗的数量水平，它是一定时期社会生产力水平的反映，代表一定时期的施工机械化和构件工厂化程度，以及工艺、材料等建筑技术发展的水平。一定时期的定额水平，应是在相同的生产条件下，大多数人员经过努力可以达到而且可能超过的水平。定额水平并不是一成不变的，应随着社会生产力水平的提高而提高；但是在一定时期内必须是相对稳定的。

3.1.2　建设工程定额的作用

实行定额的目的是为了力求用最少的资源消耗，生产出更多合格的建设工程产品，取得更加良好的经济效益。

建设工程定额是建设工程计价的依据。在编制设计概算、施工图预算、竣工决算时，无论是划分工程项目、计算工程量，还是计算人工、材料和施工机械台班的消耗量，都以建设工程定额作为标准依据。所以，定额既是建设工程的计划、设计、施工、竣工验收等各项工作取得最佳经济效益的有效工具和杠杆，又是考核和评价上述各阶段工作的经济尺度。

建设工程定额是建筑施工企业实行科学管理的必要手段。使用定额提供的人工、材料、机械台班消耗标准，可以编制施工进度计划、施工作业计划，下达施工任务，合理组织调配资源，进行成本核算。在建筑企业中推行经济责任制、招标承包制，贯彻按劳分配的原则等，也以定额为依据。

3.1.3　建设工程定额的特性

1. 定额的法令性

建设工程定额是由国家或地方的被授权部门编制并颁发的一种法令性指标。在定额规定范围内，任何建设工程、任何单位都必须严格遵照执行。未经原编制部门批准，不能任意改变其内容和水平；定额的管理、修订和解释权，也属被授权部门。因此，定额具有经济法规的性质，是贯彻国家方针政策的重要经济手段。

2. 定额的科学性与群众性

建设工程定额的制定是依据一定的理论知识，在认真调查研究和总结生产实践经验的基础上，运用系统的、科学的方法制定的，它反映的是经过实践证明是成熟的先进技术和先进操作方法。因此，定额不仅具有严密的科学性和先进性，而且具有广泛的群众基础，其水平是建设行业群体生产技术水平的综合反映。总之，定额来自于群众，又贯彻于群众。

3. 定额的可变性与相对稳定性

定额水平的高低，是根据一定时期社会生产力水平确定的。随着科学技术的进步，社会生产力的水平必然提高。当原有定额不能适应生产需要时，就要对它进行修订和补充。但社会生产力的发展有一个由量变到质变的过程，因此定额的执行也有一个相应的时间过程。所以，定额既有显著的时效性，又有一个相对稳定的执行期间。

3.1.4　定额的产生和发展

19世纪末、20世纪初，在技术最发达、资本主义发展最快的美国，形成了系统的经济管理理论。现在被称为"古典管理理论"的代表人物是美国人泰勒、法国人法约尔和英国人厄威克等。泰勒的科学管理主要着眼于提高生产率，提高工作效率，他创立了作业时间的标准化、作业步骤的标准化、作业条件的标准化和改进工厂组织机构等一系列科学管理技术。从泰勒制的主要内容来看，工时定额在其中占有十分重要的位置。

与泰勒同时期的吉尔布瑞斯创立了"动作研究"的理论和方法，为后来的时间合成技术奠定了基础。继泰勒和吉尔布瑞斯之后，定额的研究和应用又不断地向前发展。第二次世界大战期间，在欧美出现了运筹学和工效学，其后工（企）业管理学及其作业研究在各工业发达国家得到迅速的发展，对生产效率和定额水平的提高，产生了促进作用。

定额虽然是管理科学发展初期的产物，但随着科学的发展，也有了进一步的发展。一些新的技术方法在制定定额中得到运用，制定定额的范围大大突破了工时定额的内容。1945年出现的事前工时定额制定标准，以新工艺投产之前就已经选择好的工艺设计和最有效的操作方法为制定基础，编制出工时定额，目的是控制和降低单位产品上的工时消耗，这样就把工时定额的制定提前到工艺和操作方法的设计过程中，以加强预先控制。

综上所述，定额伴随着管理科学的产生而产生，伴随着管理科学的发展而发展，它在西方企业的现代化管理中一直占有重要地位。

3.1.5　我国建设工程定额的发展过程

我国建设工程定额，是在新中国成立以后从零开始逐渐建立和日趋完善的。最初，吸取了原苏联定额工作的经验；20 世纪 70 年代后期，又参考了欧洲多国和美日等国家有关定额方面的管理科学内容。在各个时期结合我国建筑工程施工的实际情况，编制了适合我国的切实可行的定额。

1951 年，在东北地区制定了统一劳动定额，其他地区也相继编制了劳动定额或工料消耗定额，从此定额工作在我国开始试行。1953 年以后，伴随着大规模的社会主义经济建设的展开，定额工作也相应地获得发展。1955 年，劳动部和原建筑工程部联合编制了全国统一劳动定额，这是定额集中管理的起步。1956 年，国家建委对 1955 年统一劳动定额进行了修订，增加了材料消耗和机械台班定额部分，颁发了 1956 年全国统一施工定额，定额水平提高了 5.2%。至 1957 年末，执行劳动定额的计件工人占生产工人总数的 70%，这时期的定额工作，无论在深度和广度方面都有较快的发展，发挥了为生产和分配服务的双重作用。1958 年，受"左"倾错误思想影响，否定了社会主义按劳分配的原则，因而也否定了劳动定额。1959 年底，建筑工程企业实行计件工资的工人，只占生产工人的 13%，1960 年大约不到 5%，劳动生产率大幅度下降。

1962 年原建筑工程部又正式修订、颁发了《全国建筑安装工程统一劳动定额》，定额水平比 1956 年提高了 4.58%，由于统一定额再次得到贯彻执行，实行计件和奖励的人数，已占生产工人总数的 70%。为了适应用定额工日计算劳动生产率的需要，原建筑工程部颁发了 1966

年全国统一劳动定额。1966 年开始的"文化大革命",使前述定额遇阻,"文化大革命"时期也是定额工作遭到破坏的时间最长、损失最大的时期。国家建筑工程总局于 1979 年颁发了《建筑安装工程统一劳动定额》,定额水平按可比项目,比 1966 年提高了 4.39%,其后三年间统计,按新定额实行计件和奖励的工人,已占生产工人总数的 70% 左右。1985 年,城乡建设环境保护部又颁发了《全国建筑安装工程统一劳动定额》,它是在原国家建筑工程总局 1979 年《建筑安装工程统一劳动定额》的基础上,参照各地近期的劳动定额调查研究资料,进行综合分析和平衡后修订的。1995 年,建设部颁发了《全国统一建筑工程基础定额》。

3.2 建设工程定额的分类

建设工程定额的种类很多,根据内容、用途和使用范围的不同,可分为以下几类。

1. 按生产要素分类

建设工程定额按生产要素分类可分为劳动定额、机械台班使用定额和材料消耗定额。这三种定额是编制其他各种定额的基础,也称为基础定额。

2. 按编制程序和用途分类

建设工程定额按编制程序和用途分类可分为工序定额、施工定额、预算定额、概算定额、概算指标、投资估算指标等。

3. 按制定单位和执行范围分类

建设工程定额按制定单位和执行范围分类可分为全国统一定额、行业统一定额、地区统一定额、企业定额和补充定额等。我国过去主要采用全国、行业、地区统一定额,随着社会经济的发展,在工程量的计算和人工、材料、机械台班的消耗量计算中,将逐渐以全国统一定额为依据,而单价的确定,将逐渐为企业定额所替代或完全实现市场化。

4. 按适用专业分类

建设工程定额按适用专业分类可分为建筑工程定额(也称土建定额)、设备安装工程定额、市政工程定额、仿古建筑及园林定额、公路工程定额、铁路工程定额和井巷工程定额等。

以上这些定额的具体内容和编制将在后文中详细介绍。

3.3 工时研究和施工过程分解

3.3.1 工时研究的概念

劳动者在生产过程中的劳动消耗量,体现为作业时间的消耗;为了分析研究劳动消耗量,就必须对工人工作时间给予研究。研究作业时间的消耗及其性质,是技术测定的基本步骤和内容之一,也是编制劳动定额的基础工作。

作业时间的研究，就是把劳动者在整个生产过程中所消耗的作业时间，根据其性质、范围和具体情况，予以科学的划分，归纳类别，分析取舍，明确规定哪些属于定额时间，哪些为非定额时间，找出原因，以便拟订技术和组织措施，消除产生非定额时间的因素，充分利用作业时间，提高劳动效率。在劳动过程工时消耗中，并不是所有的工时消耗都是必要的，还有若干不必要的工时消耗，有的工时消耗则应大大缩减，对必要的工时消耗也可以考虑更合理的利用。所以，分析研究工时消耗的任务，不仅要对其分类，更重要的是分清哪些是必要的，哪些是可以改善或取消的，研究具体措施以减少或消除损失时间，保证工作的充分利用，为制定先进合理的劳动定额提供良好的条件，促进劳动生产率的提高。

作业时间的研究，通常分为两个系统进行，即工人作业时间消耗和机械作业时间消耗。

3.3.2　施工过程的分解

施工过程是在建筑工地范围内所进行的生产过程，其最终目的是要建造、改建、扩建、修复或拆除建筑物、构筑物的全部或部分，例如砌筑墙体、粉刷墙面、安装门窗和敷设管道等都是施工过程。

按照不同的劳动分工、不同的操作方法、不同的工艺特点及不同的复杂程度，将施工过程进行分解，区别和认识其内容和性质，以便采取技术测定的方法，研究其必需的作业时间消耗，进而取得编制定额和改进施工管理所需要的技术资料。

分析施工过程的目的，在于研究各部分在组成及安排上的必要性与合理性，以便设计、制定最合理的工序结构；研究机械化程度的可能性，以便改善劳动条件，减轻工人的劳动强度；研究各项操作或动作是否可以取消、简化或改进，以便制定科学的操作方法或工作规程；研究如何组织好工序之间的衔接配合及交叉作业，以便达到整个施工过程的连续性、均衡性、平行性和比例性的要求，实现施工周期短、劳动效率高、产品质量优、工程成本低的目标。在实际工作中，施工过程的分解及工序本身的分解并无固定的标准，主要是根据施工工艺、技术特点和施工组织形式来确定，可粗也可细。

根据施工组织的复杂程度，施工过程一般可分解为综合工作过程、工作过程、工序、操作和动作。

1. 综合工作过程

凡是同时进行的，并在组织上彼此有直接关系，而又为一个最终产品结合起来的各个工作过程的总和，称为综合工作过程。例如浇灌混凝土的施工过程，是由搅拌、运输、浇灌和捣实等工作过程所组成的。

2. 工作过程

由同一工人或同一小组所完成的，在技术上相互联系的工序的总和，称为工作过程。工作过程的特征是劳动者不变、工作地点不变，而仅仅是使用的材料和工具可以改变。工作过程有个人工作过程与小组工作过程、手动工作过程与机械工作过程之分，如浇混凝土和在其上抹面是一个工作过程。一个工作过程，又可分解为若干个工序。

3. 工序

工序是施工过程中一个基本的施工活动单元，即一个工人或一个工人班组在一个工作地点对同一劳动对象连续进行的生产活动。它的特征是劳动者、劳动对象和劳动手段均不改变；如果其中有一个发生变化，就意味着从一个工序转入另一个工序。在工序特征的前提下，由一个人来完成的作业过程，叫作个人工序；由一个小组来完成的作业过程，叫作小组工序。按完成作业的方式，又可分为手工工序和机械工序。一个工序按劳动过程又可以分解为若干个操作，完成一项施工活动一般要经过若干道工序。如现浇混凝土或钢筋混凝土梁、柱，就需要经过支模板、绑扎钢筋、浇灌混凝土这三个工艺过程，而每一工艺过程又可划分为若干工序，如支模板可分为模板制作、安装、拆除三道工序，当然这些工序前后还有搬运和检验工序。

4. 操作

操作是指劳动者使用一定的方法，为完成某一作业而进行的若干动作的完整行动。如现浇钢筋混凝土柱安装模板这一工序，就是由下列操作组成：把材料运至安装地点，立模板，安柱箍，校正，钉支撑。

5. 动作

操作可以分解为一系列连续的动作。所谓动作，是指工人在完成某一操作时的一举一动。如上述立模板这一操作，就可分为下列几个动作：从堆放处拿起模板，把模板组装到位，拿出钉锤、铁钉，在模板连接处钉钉子，等等。

3.4 工作时间分析

3.4.1 人工工时的分析

人工工时的分析，是指将工人在整个生产过程中消耗的时间予以科学的划分、归纳，明确哪些属于定额时间，哪些属于非定额时间；而对于非定额时间，在确定单位产品用工标准时，其时间消耗均不予考虑。人工工时可分解为定额时间和非定额时间，具体构成如图 3-1 所示。

1. 定额时间

定额时间是指工人在正常施工条件下，为完成一定数量的产品或符合要求的工作所必须消耗的工作时间。定额时间由有效工作时间、不可避免中断时间和休息时间三个部分组成。

1）有效工作时间

有效工作时间指用于执行施工工艺过程中规定工序的各项操作所必须消耗的时间，是定额时间中最主要的组成部分，包括准备与结束工作时间、基本工作时间和辅助工作时间。

（1）准备与结束时间（准束时间）。指生产工人在执行施工任务前的准备工作及施工任务完成后结束整理工作所消耗的时间。准束时间按其内容不同，又可分为工作班的准束时间

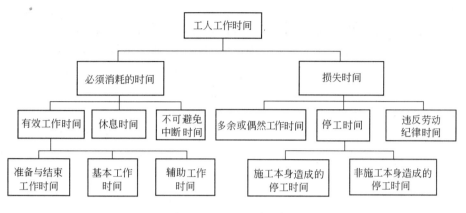

图 3-1 人工工时的分析

与任务的准束时间。工作班的准束时间是指用于工作班开始时的准备与结束工作及交接班所消耗的时间，如更换工作服、领取料具、工作地点布置、检查安全措施、调整和保养机械设备、收拣工具等，它的特点是随工作班次重复出现。任务的准束时间是指生产工人为完成技术交底、熟悉图纸、明确施工工艺和操作方法、任务完成后交回图纸等所消耗的时间，它的特点是每完成一项工作就消耗一次，其时间消耗的多少与该任务量的大小无关，而与该任务的技术复杂程度和施工条件直接相关。

（2）基本工作时间。指施工活动中直接完成基本施工工艺过程的操作所需消耗的时间，也就是生产工人借助于劳动手段，直接改变劳动对象的性质、形状、位置、外表、结构等所需消耗的时间，如生产工人进行钢筋成形、砌砖墙、门窗油漆等的时间消耗。

（3）辅助工作时间。指为保证基本工作顺利进行所需消耗的时间，如机械上油，砌砖过程中的起线、收线、检查、搭设临时跳板等所消耗的时间，它一般与任务的大小成正比。

2）不可避免中断时间

不可避免中断时间又称工艺性中断时间，是指生产工人在施工活动中，由于工艺上的要求，在施工组织或作业中引起的难以避免或不可避免的中断操作所消耗的时间。如抹水泥砂浆地面，压光时抹灰工因等待收水而造成的工作中断，汽车司机在等待装卸货物或交通信号而引起的工作中断等。这类时间消耗的长短，与产品的工艺要求、生产条件、施工组织情况等有关。通常，根据上述条件为不同产品或作业规定一个适当比例作为中断时间。

3）休息时间

休息时间指生产工人在工作班内为恢复体力和生理需要而消耗的时间，应根据工作的繁重程度、劳动条件和劳动保护的规定，将其列入定额时间内。

2. 非定额时间

非定额时间是指与完成施工任务无关的时间消耗，即明显的工时损失。按产生时间损失的原因，非定额时间又可分为停工时间、多余或偶然工作时间、违反劳动纪律时间。

1）停工时间

停工时间指非正常原因造成的工作中断所损失的时间。按照造成原因的不同，又可分为施工本身原因造成的停工和非施工本身原因造成的停工。施工本身造成的停工，包括因施工组织不善、材料供应不及时、施工准备工作不够充分而引起的停工；非施工原因造成的停工，包括因突然停电、停水、暴风、雷雨等造成的停工。

2）多余或偶然工作时间

多余或偶然工作时间指工人在工作中因粗心大意、操作不当或技术水平低等原因造成的工时浪费，如寻找工具、质量不符合要求时的整修和返工、对已加工好的产品做多余的加工等。

3）违反劳动纪律时间

违反劳动纪律时间指工人不遵守劳动纪律而造成的工作中断所损失的时间，如迟到早退、工作时擅离岗位、闲谈等损失的时间。

3.4.2　机械工时的分析

机械工时，是指机械在工作班内的时间消耗。按其与产品生产的关系，可分为与产品生产有关的时间和与产品生产无关的时间。通常把与生产产品有关的时间称为机械定额时间，而把与生产产品无关的时间称为非机械定额时间。机械工时分析如图3-2所示。

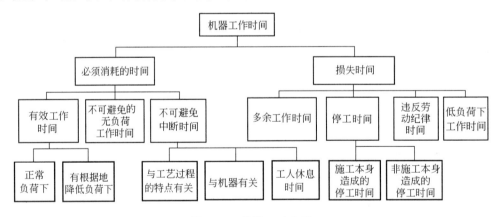

图3-2　机械工时分析

1. 定额时间

机械定额时间是指机械在工作班内消耗的与完成合格产品生产有关的工作时间，包括有效工作时间、不可避免中断时间和不可避免的无负荷工作时间。

1）有效工作时间

有效工作时间指机械直接为完成产品生产而工作的时间，包括正常负荷下和降低负荷下两种工作时间的消耗。

（1）正常负荷下的工作时间。指机械与其说明规定负荷相等的负荷下（满载）进行工作的时间。

（2）有根据地降低负荷下的工作时间。由于技术上的原因，个别情况下机械可能在低于规定负荷下工作，如汽车载运重量轻、体积大的货物时，不能充分利用汽车载重吨位而不得不降低负荷工作，此种情况亦属正常负荷下的工作。

2）不可避免中断时间

不可避免中断时间指施工中由于技术操作和组织的原因而造成机械工作中断的时间，包括下列三种情况。

（1）与操作有关（即与工艺过程特点有关）的不可避免中断时间。如汽车装、卸货的停歇中断、喷浆机喷浆时从一个地点转移到另一个地点的工作中断。

（2）与机械有关的不可避免中断时间。如机械开动前的检查、给机械加油加水时的停驶等。

（3）工人休息时间。如机械不可避免的停转机会，组织轮班又不方便的工人休息所引起的机械工作中断时间。

3）不可避免的无负荷工作时间

不可避免的无负荷工作时间指由于施工的特性和机械本身的特点所造成的机械无负荷工作时间，又可分为以下两种。

（1）循环的不可避免的无负荷工作时间。指由于施工的特性所引起的机械空运转所消耗的时间。它在机械的每一工作循环中重复一次，如铲运机返回铲土地点、推土机的空车返回等。

（2）定时的不可避免的无负荷工作时间。指工作班的开始或结束时的无负荷空转或工作地段转移所消耗的时间，如压路机的工作地段转移，工作班开始或结束时运货汽车来回放空车等。

2. 非定额时间

机械非定额时间亦称损失时间，是指机械在工作班内与完成产品生产无关的时间损失，并不是完成产品所必须消耗的时间。损失时间按其发生的原因，可分为以下几种。

（1）多余工作时间。指产品生产中超过工艺规定所用的时间，如搅拌机超过规定的搅拌时间而多余运转的时间等。

（2）违反劳动纪律所损失的时间。如因迟到早退、闲谈等所引起的机械停运转的损失时间。

（3）停工时间。指由于施工组织不善和外部原因所引起的机械停运转的时间损失，如机械停工待料，保养不好的临时损坏，未及时给机械供水和燃料而引起的停工时间损失，水源、电源的突然中断，大风、暴雨、冰冻等影响而引起的机械停工时间损失。

（4）低负荷下的工作时间。即由于工人、技术人员和管理人员的过失，使机械在降低负荷的情况下进行工作的时间。如工人装车的数量不足而引起汽车在降低负荷下工作，装入搅拌机的材料数量不够而使搅拌机降低负荷工作等。此项工作时间不能作为必须消耗的时间。

3.5 工时研究的方法

3.5.1 计时观察法

工时研究最基本的方法为计时观察法。计时观察法是以研究工时消耗为对象，以观察测时为手段，通过密集抽样和粗放抽样等技术进行直接时间研究的一种技术测定方法，它在机械水平不太高的建筑施工企业中得到较为广泛的应用。

计时观察法的特点，是能够把现场工时消耗情况和施工组织技术条件联系起来加以考察。它在施工过程分类和工作时间分类的基础上，利用一整套方法，对选定的过程进行全面观察、测时、计量、记录、整理和分析研究，以获得该施工过程的技术组织条件和工时消耗的有技术根据的基础资料，分析出工时消耗的合理性和影响工时消耗的具体因素，以及各个因素对工时消耗影响的程度。所以，它不仅能为制定定额提供基础数据，而且也能为改善施工组织管理、改善工艺过程和操作方法、消除不合理的工时损失和进一步挖掘生产潜力提供技术根据。计时观察法的局限性，是因为考虑人的因素不够。

3.5.2 计时观察法的准备工作

1. 确定需要进行计时观察的施工过程

计时观察之前的第一个准备工作，是研究并确定有哪些施工过程需要进行计时观察。对于需要进行计时观察的施工过程要编出详细的目录，拟定工作进度计划，制定组织技术措施，并组织编制定额的专业技术队伍，按计划认真开展工作。

2. 对施工过程进行预研究

对于已确定的施工过程的性质应进行充分的研究，目的是为了正确地安排计时观察和收集可靠的原始资料。研究的方法，是全面地对各个施工过程及其所处的技术组织条件进行实际调查和分析，以便设计正常的（标准的）施工条件和分析研究测时数据。

预研究施工过程，应该把施工过程划分为若干个组成部分（一般划分到工序），目的是便于计时观察。划分组成部分，要特别注意确定定时点和各组成部分，以及整个施工过程的产品计量单位。所谓定时点，即上下两个相衔接的组成部分之间的分界点。确定定时点，对于保证计时观察的精确性是不容忽略的因素。产品计算单位，要能具体地反映产品的数量，并具有最大限度的稳定性。

3. 选择施工的正常条件

绝大多数企业和施工队、组，可合理组织施工的条件，称为施工的正常条件。选择施工的正常条件，是技术测定中的一项重要内容，也是确定定额的依据。

选择施工的正常条件，应该具体考虑下列问题：①所完成的工作和产品的种类，以及对其质量的技术要求；②所采用的建筑材料、制品和装配式结构配件的类型；③采用的劳动工具和机械的类型；④工作的组成，包括施工过程的各个组成部分；⑤工人的组成，包括小组成员的专业、技术等级和人数；⑥施工方法和劳动组织，包括工作地点的组织、工人配备和劳动分工、技术操作过程、完成主要工序的方法等。

4. 选择观察对象

所谓观察对象，就是指进行计时观察的施工过程和完成该施工过程的工人。选择计时观察对象时必须注意：所选择的施工过程要完全符合正常施工条件，所选择的建筑安装工人应具有与技术等级相符的工作技能和熟练程度，所承担的工作应与其技术等级相适应，同时应该能够完成或超额完成现行的施工劳动定额。

此外，还必须准备好必要的用具和表格。如测时用的秒表或电子计时器，测量产品数量的工器具，记录和整理测时资料用的各种表格等。如果有条件，还可配备电子摄像和电子记录设备。

3.5.3　计时观察的常用方法

对施工过程进行观察、测时，计算实物和劳务产量，记录施工过程所处的施工条件和确定影响工时消耗的因素，是计时观察法的三项主要内容和要求。计时观察法种类很多，其中最主要的有以下三种。

1. 测时法

测时法主要适用于测定那些定时重复的循环工作的工时消耗，是精确度比较高的一种计时观察法，有选择法和接续法两种。

采用选择法测时，当被观察的某一循环工作的组成部分开始时，观察者立即启动秒表；当组成部分终止时，立即停止秒表，此刻秒表显示的时间就是所测工作组成部分的持续时间。当下一个工作组成部分开始时，再启动秒表。如此依次观察，并依次记录延续时间。

接续法测时较选择法测时准确、完善，但观察技术也较之复杂。它的特点是：在工作进行中和非循环组成部分出现之前一直不停止秒表，秒针走动过程中，观察者根据各组成部分之间的定时点，记录每项组成部分的开始和持续时间。由于这个特点，在观察时要使用双针秒表，以便使其辅助针停止在某一组成部分的结束时间上。

对每一组成部分进行多次测时的记录所形成的数据序列，称为测时数列。对测时数据需加以修正，以剔除那些不正常的数值，并在此基础上求出算术平均值。测时法记录时间的精确度较高，一般可达到 0.2～15 s。

2. 写实记录法

写实记录法是一种研究各种性质工作时间消耗的方法。采用这种方法，可以获得分析工作时间消耗的全部资料，如基本工作时间、辅助工作时间、不可避免中断时间、准备与结束时间、休息时间和各种损耗时间等，从而得到制定定额的基础技术数据，并且精确程度能达到 0.5～1 min。

　　写实记录法的观察对象，可以是一个工人，也可以是一个工人小组；测时用普通表进行，按记录时间的方法不同分为数示法、图示法和混合法三种。

　　数示法写实记录，是三种写实记录法中精确度较高的一种，可以同时对两名工人以内的工人进行观察，观察的工时消耗，记录在专门的数示法写实记录表中。数示法用来对整个工作班或半个工作班进行长时间的观察，因此能反映工人或机器工作日全部情况，适用于作业组成部分少且稳定的施工过程，记录的时间精度可达到 5～15 s。

　　图示法写实记录，可同时对三个以内的工人进行观察，观察资料记入图示法写实记录表中（见表 3-1），观察所得时间消耗资料记录在表的中间部分。表的中部是由 60 个小纵行组成的网格，每一小纵行等于 1 min。观察开始后根据各组成部分的延续时间用横线画出，这段横线必须和该组成部分的开始与结束时间相符合。为便于区分两个以上工人的工作时间消耗，再设一辅助直线，将属于同一工人的横线段连接起来。观察结束后，再分别计算出每一工人在各个组成部分上的时间消耗，以及各组成部分的工时总消耗，观察时间内完成的产品数量记入产品数量栏。

表 3-1　图示法写实记录表

观察对象：五级瓦工1人 三级瓦工1人	建筑机构名称	工地名称	日期	开始时间	终止时间	延续时间	观察号次	页　次
	××建筑公司	××工地	1985年9月20日	8:00	12:00	4h	3	3/4

号次	组成部分名称（时间/min）		工时总计		产品数量		附注
			每一执行者	全部执行者	每一执行者	全部执行者	
1	铺灰浆		16	16			完成产品数量按一个工作班测量
2	搬石块放于墙上		15	15			
3	斩块石		21/5	26			
4	砌墙身两侧块石		31	31			
5	砌墙身中心块石		21	21			
6	填缝		2	2			
7			2	2			
8	休息		4/3	7			
9							
			60/60	120			

观察者：　　　　　复核者：　　　　总计：

　　混合法写实记录，可以同时对三个以上工人进行观察，记录观察资料的表格仍采用图示法写实记录表。填写表格时，各组成部分延续时间用图示法填写，完成每一组成部分的工人人数则用数字填写在该组成部分时间线段的上面。

混合法的方法，是将表示分钟数的线段与标在线段上面的工人人数相乘，算出每一组成部分的工时消耗，记入图示法写实记录表工分总计栏，然后再将总计垂直相加，计算出工时消耗总数，该总计数应符合参加该施工过程的工人人数乘观察时间。对于写实记录的各项观察资料，也要在事后加以整理。

3. 工作日写实法

工作日写实法，是一种研究整个工作班内的各种工时消耗的方法。运用该法主要有两个目的：一是取得编制定额的基础资料；二是检查定额的执行情况，找出缺点，改进工作。当它被用来达到第一个目的时，工作日写实的结果要获得观察对象在工作班内工时消耗的全部情况，以及产品数量和影响工时消耗的影响因素，其中工时消耗应该按它的性质分类记录。当它被用来达到第二个目的时，通过工作日写实应该做到：查明工时损失量和引起工时损失的原因，制定消除工时损失、改善劳动组织和工作地点组织的措施；查明熟练工人是否能发挥自己的专长，确定合理的小组编制和合理的小组分工；确定机器在时间利用和生产率方面的情况，找出使用不当的原因，提出改善机器使用情况的技术组织措施；计算工人或机器完成定额的实际百分比和可能百分比。

工作日写实法和测时法、写实记录法比较，具有技术简便、费力不多、应用面广和资料全面的优点，在我国是一种采用较广的编制定额的方法。

利用写实记录表记录观察资料，记录方法也同图示法或混合法。记录时间时不需要将有效工作时间分为各个组成部分，只需划分适合于技术水平和不适合技术水平两类，但是工时消耗还需按性质分类记录。

工作日写实结果填入工作日写实结果表中（见表 3-2），多次观察的结果汇总在工作日写实结果汇总表中（见表 3-3）。

表 3-2-A　工作日写实结果表（正面）

工作日写实结果表	观察的对象和工地：造船厂工地甲种宿舍						
	工作队（小组）：小组组成　　　工种：瓦工						

工作过程名称：砌筑 2 砖混水墙　观察日期：1984 年 7 月 20 日　工作班：自 8:00 到 17:00，共 8 小时	工作队（小组）的工人组成						
	1 级	2 级	3 级	4 级	5 级	6 级	7 级	共计
				2		2		4

号次	工 时 平 衡 表			
	工时消耗种类	消耗量/工分	百分比/%	劳动组织的主要缺点
1	1. 必须消耗的时间			（1）架子工搭设脚手板的工作没有保证质量，同时架子工的工作未按计划进度完成，以致影响了砌砖工人的工作
2	适合于技术水平的有效工作	1 120	58.3	
3	不适合于技术水平的有效工作	67	3.5	
4	有效工作共计	1 187	61.8	

工作日写实结果表	观察的对象和工地：造船厂工地甲种宿舍						
	工作队（小组）：小组组成　　工种：瓦工						

工作过程名称：砌筑2砖混水墙	工作队（小组）的工人组成						
观察日期：1984年7月20日 工作班：自8：00到17：00，共8小时	1级	2级	3级	4级	5级	6级	7级	共计
				2		2		4

号次	工 时 平 衡 表			
	工时消耗种类	消耗量/工分	百分比/%	劳动组织的主要缺点
5	休息	176	9.2	（2）由于灰浆搅拌机时有故障，使灰浆不能及时供应
6	不可避免的中断			（3）工长和工地技术人员，对于工人工作指导不及时，并缺乏经常的检查、督促，致使砌砖返工，架子工搭设脚手架后未经校验，又由于没有及时指导，而造成砌砖工停工
7	必须消耗的时间共计	1 363	71.0	
8	2. 损失时间			
9	由于砖层砌筑不正确而加以更改	49	2.6	
10	修正未铺好的脚手架	54	2.8	
11	多余和偶然工作共计	403	5.4	
12	因为没有灰浆而停工	112	5.9	（4）由于工人宿舍距施工地点远，工人经常迟到
13	因脚手板准备不及时而停工	64	3.3	
14	因工长耽误指示而停工	100	52	
15	由于施工本身原因而停工共计	276	14.4	
16	因雨停工	96	5.0	
17	因电流中断而停工	12	0.6	
18	因施工本身原因而停工共计	108	5.6	
19	工作班开始时迟到	34	1.7	
20	午后迟到	36	1.9	
21	违反劳动纪律共计	70	3.6	
22	损失时间共计	557	29.0	
23	总消耗时间	1 920	10	
24	现行定额总消耗时间			

完成工作数量：6.66（千块）　　　　　　　　测定者：

表3-2-B　工作日写实结果表（反面）

序　号	完成定额情况的计算						
	定额编号	定额项目	计量单位	完成工作数量	定额工时消耗		备　注
					单　位	总　计	
1	瓦10	2砖混水墙	千块	6.66	4.3	28.64	
2							
3							
4							
5							
6	总　　计					28.64	

续表

完成定额情况的计算

序 号	定额编号	定额项目	计量单位	完成工作数量	定额工时消耗		备 注
					单 位	总 计	
完成定额情况		实际：60×28.64/1 920×100%＝89.5%					
		可能：60×28.64/1 363×100%＝126%					

建 议 和 结 论

建 议	1. 建议工长和技术人员加强对砌砖工人工作的指导，并及时检查监督。 2. 工人开始工作前要先检查脚手板，工地领导和安全技术员必须负责贯彻技术安全措施。 3. 立即修好灰浆搅拌机。 4. 采取措施，消除上班迟到现象。
结 论	全工作日中时间损失占9%，主要原因是技术人员指导不力，如能保证对工人小组的工作给予切实有效的指导，改善施工组织管理，劳动生产率就有可能提高到35%以上。

表 3-3 工作日写实结果汇总表

写 实 汇 总		工作日写实结果汇总												
工地：第×车间		日期：自1984年7月20日到8月1日												
		工种：瓦工												

观察日期及编号		A1	A2	A3	A4	A5	A6	A7	A8	A9	A10	A11	A12	加权平均数	备注
		7/20	7/21	7/22	7/23	7/24	7/25	7/26	7/28	7/29	7/30	7/31	8/1		
号次	工作队（小组）工时消耗分类														
	每 班 人 数	4	2	2	3	4	3	2	2	2	2	4	3	35	
一	必须消耗的时间														
1	适合于技术水平的有效工作	58.3	67.3	67.7	50.3	56.9	50.6	77.1	62.8	75.9	53.1	51.9	69.1	61.1	
2	不适合技术水平的有效工作	3.5	17.3	7.6	31.7	—	21.8	—	6.5	12.8	3.6	26.4	10.2	12.3	
3	有效工作共计	61.8	84.6	75.3	82.0	56.9	72.4	77.1	69.3	88.7	56.7	78.3	79.3	73.4	
4	休 息	9.2	9.0	8.7	10.9	10.8	11.4	8.6	17.8	11.3	13.4	15.1	10.1	11.4	
5	不可避免的中断	—	—	—	—	—	—	—	—	—	—	—	—		
6	必须消耗时间共计	71.0	93.6	84.0	92.9	67.7	83.8	85.7	87.1	100	70.1	93.4	89.4	84.8	
7	损 失 时 间														
二	多余和偶然时间	5.4	5.2	6.7			3.3	6.9					3.2	2.2	
1	由于施工本身原因而停工	14.4	—	6.3	2.6	26.0	3.8	4.4	11.3		29.9	6.6	5.1	9.4	
2	非施工本身原因而停工	5.6	—	1.3	3.6	6.3	9.1	3.0					1.7	2.8	
3	违反劳动纪律	3.6	1.2	1.7	0.9			1.6					0.6	0.8	
4	损失时间共计	29.0	6.4	16.0	7.1	32.3	16.2	14.3	12.9		29.9	6.6	10.6	15.2	
5	总消耗时间	100	100	100	100	100	100	100	100	100	100	100	100	100	
完成定额/%	实际	89.5	115	107	113	95	98	102	110	116	97	114	101	104.5	
	可能	126	123	128	122	140	117	199	126	116	138	122	120		

制表： 复核：

第 4 章　施 工 定 额

4.1　施工定额概述

4.1.1　施工定额的概念

1. 概念

施工定额是规定在正常的施工条件下，为完成一定计量单位的某一施工过程或工序所需人工、材料和机械台班消耗的数量标准，所以施工定额包括劳动定额、材料消耗定额和机械台班使用定额。其中，劳动定额目前实行全国统一指导并分级管理，如《全国建筑安装工程劳动定额》、《全国市政工程劳动定额》等，而材料消耗定额和机械台班使用定额则由各地方或企业根据需要进行编制和管理。

施工定额是直接用于建设工程施工管理中的定额，是建筑安装企业的生产定额。它是以同一性质的施工过程为标定对象，以工序定额为基础编制的。为了适应生产组织和管理的需要，施工定额划分得很细，是建设工程定额中分项最细、定额子目最多的一种定额，也是工程建设中的基础性定额。

2. 施工定额的水平

在施工定额编制中，为了体现其鼓励建筑施工企业内部提高生产效率、降低生产要素消耗的目的，定额水平采用社会平均先进水平。平均先进水平是指在正常的施工条件下，大多数施工班组或生产者通过努力可以达到、少数班组或生产者可以接近、个别先进班组或生产者可以超越的水平。通常，它低于先进水平，略高于平均水平。贯彻平均先进水平，有利于企业科学管理，提高劳动生产率和降低材料消耗，以达到提高企业经济效益的目的。

4.1.2　施工定额的任务和作用

施工定额是施工企业内部使用的定额，是施工企业内部管理的依据，其作用主要体现在以下几个方面。

（1）施工定额是衡量施工企业劳动生产率的主要依据。

（2）施工定额是施工企业编制施工预算的基本依据。施工预算确定的费用是企业计划成本的主要组成部分，它为企业内部实行经济责任制提供了成本考核的依据，同时也为承包者的成本管理提出了明确的目标。

（3）施工定额是施工企业编制施工组织设计、施工作业计划及劳动力、材料、机械台班使用计划的依据。施工企业可以根据施工定额，拟定使用资源的最佳时间安排，编制进度计划；以施工定额和施工企业的实际施工水平为尺度，进行劳动力、施工机械和运输力量的安排，计算材料构件的需要量，以安排形象进度等。

（4）施工定额是向班组签发施工任务书和限额领料单的依据。施工任务书是施工企业把施工任务落实到班组或个人执行的技术经济文件，也是记录班组或个人完成任务情况和计算劳动报酬的凭证。施工工日数是根据施工任务的工程量和劳动定额的单位消耗指标计算出来的。限额领料单是根据施工任务和材料消耗定额计算确定的作为施工班组或个人完成规定施工任务所需材料消耗的最高限额。依据限额领料单统计实际消耗，作为工资结算的依据。

（5）施工定额是施工企业进行经济核算的依据。

（6）施工定额是编制预算定额的依据。

4.1.3　施工定额的编制原则

施工定额能否在施工管理中促进生产力水平和经济效益的提高，决定于定额本身的质量。所以，保证定额的编制质量十分重要。衡量定额质量的主要依据是定额水平及其表现形式，因此在定额编制中要贯彻以下原则。

1. 定额水平要符合平均先进原则

施工定额的水平应是平均先进水平。因为只有依据这样的标准进行管理，才能不断提高企业的劳动生产率水平，进而提高企业的经济效益。

2. 成果要符合质量要求的原则

完成后的施工过程质量，要符合国家颁发的施工及验收规范和现行《建筑安装工程质量检验评定标准》的要求。

3. 采用合理劳动组织原则

根据施工过程的技术复杂程度和工艺要求，合理组织劳动力，按照国家规定的《建筑安装工人技术等级标准》，配套安排适应技术等级的工人及合理数量。

4. 明确劳动手段与对象的原则

采用不同的劳动手段（设备、工具等）和劳动对象（材料、构件等）得到不同的生产率。因此，必须规定使用的设备、工具，明确材料与构件的规格、型号等。

5. 内容和形式的简明适用原则

内容和形式的简明适用首先表现为定额内容的简明适用，要求做到项目齐全，项目划分粗细适当，适应施工管理的要求，如符合编制施工作业计划、签发施工任务书、计算投标报价、企业内部考核的作用要求。要求步距合理，同时注意选择适当的计量单位，以准确反映产品的特性。结构形式要合理，要反映已成熟和推广的新结构、新材料、新技术、新机具的内容。

6. 以专业队伍和群众相结合的编制原则

施工定额的编制，应由有丰富经验的专门机构和人员组织，同时由有丰富专业技术经验的人员为主，由工人群众配合，共同编制。这样才能体现定额的科学性和群众性。

4.1.4 施工定额的编制依据

1. 经济政策和劳动制度

经济政策和劳动制度具体包括建筑安装工人技术等级标准、建筑安装工人及管理人员工资标准、劳动保护制度、工资奖励制度、用工制度、利税制度、8 小时工作日制度等。

2. 技术依据

技术依据具体包括现行建筑安装工程施工验收规范、建筑安装工程安全操作规程、建筑安装工程质量检验评定标准、生产要素消耗技术测定及统计数据、建筑工程标准图集或典型工程图纸。

3. 经济依据

经济依据具体包括建筑材料预算价格和现行定额。

4.1.5 施工定额的编制方法与步骤

施工定额的编制方法与编制步骤主要包括以下三个方面。

1. 施工定额项目的划分

为了满足简明适用原则的要求并具有一定的综合性，施工定额的项目划分应遵循三项具体要求：一是不能把隔日的工序综合到一起；二是不能把由不同专业的工人或不同小组完成的工序综合到一起；三是应具有可分可合的灵活性。

施工定额项目划分，按其具体内容和工效差别，一般可采用以下 6 种方法。

1）按手工和机械施工方法的不同划分

由于手工和机械施工方法不同，使得工效差异很大，即对定额水平的影响很大，因此在项目划分上应加以区分，如钢筋、木模的制作可划分为机械制作、部分机械制作和手工制作项目。

2）按构件类型及形体的复杂程度划分

同一类型的作业，如混凝土及钢筋混凝土构件的模板工程，由于构件类型及结构复杂程度不同，其表面形状及体积也不同，模板接触面积、支撑方式、支模方法及材料的消耗量也不同，它们对定额水平都有较大的影响，因此定额项目要分开。如基础工程中按满堂基础、独立基础、带形基础、桩承台、设备基础等分别列项；并且满堂基础按箱式和无梁式分别列项，独立基础按 2 m³ 以内、5 m³ 以内（含 5 m³）和 5 m³ 以外分别列项，设备基础按一般和复杂分别列项等。

3）按建筑材料品种和规格的不同划分

建筑材料的品种和规格不同，对工人完成某种产品的工效影响很大。如水落管安装，要按铸铁、石棉、陶土管及不同管径进行划分。

4）按构造做法及质量要求的不同划分

不同的构造做法和不同的质量要求，其单位产品的工时消耗、材料消耗都有很大的不同。如砖墙按双面清水、单面清水、混水内墙、混水外墙等分别列项，并在此基础上还按墙厚划分为1/2砖、3/4砖、1砖、1.5砖、2砖及2砖以上。又如墙面抹灰，按质量等级划分为高级抹灰、中级抹灰和普通抹灰项目。

5）按施工作业面的高度划分

施工作业面的高度越高，工人操作及垂直运输就越困难，对安全要求也就越高，因此施工面高度对工时消耗有着较大的影响。一般地，采取增加工日或乘系数的方法计算，将不同高度对定额水平的影响程度加以区分。

6）按技术要求与操作的难易程度划分

技术要求与操作的难易程度对工时消耗也有较大的影响，应分别列项。如人工挖土，按土壤类别分为四类，挖一、二类土就比挖三、四类土用工少，又如人工挖地槽土方，由于槽底宽、槽深各有不同，即应按槽底宽、槽深及土壤类别的不同分别列项。

2. 定额项目计量单位的确定

一个定额项目，就是一项产品，其计量单位应能确切反映出该项产品的形态特征。为此，应遵循下列原则：①能确切、形象地反映产品的形态特征；②便于工程量与工料消耗的计算；③便于保证定额的精确度；④便于在组织施工、统计、核算和验收等工作中使用。

3. 定额册、章、节的编排

1）定额册的编排

定额册的编排一般按工种、专业和结构部位划分，以施工的先后顺序排列。如建筑工程施工定额可分为人工土石方、机械打桩、砖石、脚手架、混凝土及钢筋混凝土、金属构件制作、构件运输、木结构、楼地面、屋面等分册。各分册的编排和划分，要同施工企业劳动组织的实际情况相结合，以利于施工定额在基层的贯彻执行。

2）章的编排

章的编排和划分，通常有以下两种方法。

（1）按同工种不同工作内容划分。如木结构分册分为门窗制作、门窗安装、木装修、木间壁墙裙和护壁、屋架及屋面木基层、天棚、地板、楼地面及木栏杆、扶手、楼梯等章。

（2）按不同生产工艺划分。如混凝土及钢筋混凝土分册，按现浇混凝土工程和预制混凝土工程进行划分。

3）节的编排

为使定额层次分明，各分册或各章应设若干节。节的划分主要有以下两种方法。

（1）按构件的不同类别划分。如"现浇混凝土工程"一章中，分为现浇基础、柱、梁、板、其他等多节。

（2）按材料及施工操作方法的不同划分。如装饰分册分为白灰砂浆、水泥砂浆、混合砂浆、弹涂、干粘石、剁假石、木材面油漆、金属面油漆、水质涂料等节，各节内又设若干子项目。

4）定额表格的拟定

定额表格内容一般包括项目名称、工作内容、计量单位、定额编号、附注、人工消耗量指标、材料和机械台班消耗量指标等。表格编排形式可灵活处理，不强调统一，应视定额的具体内容而定。

4.1.6　施工定额手册的内容构成

施工定额手册是施工定额的汇编，其内容主要包括以下三个部分。

1. 文字说明

包括总说明、分册说明和分节说明。

1）总说明

一般包括定额的编制原则和依据、定额的用途及适用范围、工程质量及安全要求、劳动消耗指标及材料消耗指标的计算方法、有关全册的综合内容、有关规定及说明。

2）分册说明

主要对本分册定额有关编制和执行方面的问题与规定进行阐述，如分册中包括的定额项目和工作内容、施工方法说明、有关规定（如材料运距、土壤类别的规定等）的说明和工程量计算方法、质量及安全要求等。

3）分节说明

主要内容包括具体的工作内容、施工方法、劳动小组成员等。

2. 定额项目表

定额项目表是定额手册的核心部分和主要内容，包括定额编号、计量单位、项目名称、工料消耗量及附注等。附注是定额项目的补充，主要说明没有列入定额项目的分项工程执行的定额、执行时应增（减）工料（有时乘系数）的具体数值等，它不仅是对定额使用的补充，也是对定额使用的限制。

3. 附录

附录一般放在定额册的最后，主要内容包括名词解释及图解、先进经验及先进工具介绍、混凝土及砂浆配合比表、材料单位重量参考表等。

以上三部分组成定额手册的全部内容。其中以定额项目表为核心，但同时必须了解另外两部分的内容，这样才能保证准确无误地使用施工定额。

4.2　劳动定额

4.2.1　劳动定额及其作用

劳动定额是指在一定的技术装备和劳动组织条件下，生产单位合格产品或完成一定工作所必需的劳动消耗量的额度或标准，或在单位时间内生产合格产品的数量标准。

劳动定额的作用体现在以下 5 个方面。

1. 劳动定额是计划管理的基础

企业编制施工进度计划、施工作业计划和签发施工任务书，都是以劳动定额作为依据。例如施工进度计划的编制，首先是根据施工图纸计算出分部分项工程量，再根据劳动定额计算出各分项工程所需的劳动量，然后再根据拥有的工种工人数量安排工期，组织工人进行生产活动。再如，各施工队可根据施工进度计划确定的各分部分项工程所需的劳动量和计划工期，编制劳动力计划和施工作业计划。通过施工任务书的形式，将施工任务和劳动定额下达到班组或工人，作为生产指令，组织工人达到或超过定额，按质按量地完成施工任务。所以，劳动定额在计划管理中具有重要的作用。

2. 劳动定额是科学组织施工生产与合理组织劳动的依据

劳动定额为各工种和各类人员的配备比例提供了科学的数据，企业据此才能编制出合理的定员标准并组织生产，以保证生产连续、均衡地进行。现代化施工企业的施工生产过程分工精细、协作紧密，为了保证施工生产过程的紧密衔接和均衡施工，企业需要在时间和空间上合理地组织劳动者协作配合。要达到技术要求，就要用劳动定额比较准确地计算出每个工人的任务量，规定不同工种工人之间的比例关系等。

3. 劳动定额是衡量工人劳动生产率的尺度

由于劳动定额是完成单位产品的劳动消耗量的标准，与劳动生产率有着密切的关系，以劳动定额衡量、计算劳动生产率，从中可以发现问题，找出原因并对生产操作加以改进，以不断提高劳动生产率，推广先进的生产技术。

4. 劳动定额是贯彻按劳分配原则的重要依据

作为劳动者付出劳动量和贡献大小的尺度，在贯彻按劳分配原则和实行计件工资时，都应以劳动定额为依据。

5. 劳动定额是企业实行经济核算的重要依据

单位工程的用工及人工成本，是企业经济核算的重要内容。为了考核、计算和分析工人在生产中的劳动消耗和劳动成果，就必须以劳动定额为依据进行人工核算，以便控制和降低生产中的人工费用，达到经济核算的目的。

4.2.2 劳动定额的表现形式

　　生产单位产品的劳动消耗量可用劳动时间来表示，同样在单位时间内劳动消耗量也可以用生产的产品数量来表示。因此，劳动定额有以下两种基本的表现形式。

1. 时间定额

　　时间定额是指在一定施工技术和组织条件下，完成单位合格产品所需消耗工作时间的数量标准。一般用"工时"或"工日"作为计量单位，每个工日的工作时间按现行劳动制度规定为 8 小时。时间定额公式表示为

$$单位产品时间定额（工日）＝\frac{1}{每工产量}$$

或

$$单位产品时间定额（工日）＝\frac{小组成员工日数总和}{小组每班产量}$$

2. 产量定额

　　产量定额是指劳动者在单位时间（工日）内生产合格产品的数量标准，或指完成工作任务的数量额度。产量定额的单位以产品的计量单位来表示，如 m^3，m^2，m，kg，t 以及块、套、组、台等。计算公式为

$$每工产量＝\frac{1}{单位产品时间定额}$$

或

$$小组每班产量＝\frac{小组成员工日数总和}{单位产品时间定额}$$

　　从以上公式可以看出，时间定额与产量定额之间存在互为倒数的关系。时间定额降低，则产量定额相应提高，即

$$时间定额＝\frac{1}{产量定额}$$

或

$$时间定额×产量定额＝1$$

　　时间定额和产量定额是同一劳动定额的不同表现形式，它们都表示同一劳动定额，但各有其用途。时间定额的特点是单位统一，便于综合，便于计算分部分项工程的总需工日数和计算工期、核算工资；而产量定额具有形象化的特点，可使工人的奋斗目标直观明确，便于小组分配任务、编制作业计划和考核生产效率。

　　目前实施的《全国建筑安装工程劳动定额》和《全国建筑装饰工程劳动定额》，其劳动

消耗量均以时间定额来表示。定额中不但规定了完成某分部分项工程的劳动消耗的数量标准，而且在各分部中还详细规定了完成该分部工程的一般工作内容、工程量计算规则、水平和垂直运输方式、建筑物高度等，在各分项工程中也规定了具体工作内容。

建筑工程劳动定额的表示方法不同于其他行业的劳动定额，有单式表示法、复式表示法、综合与合计表示法。

单式表示法一般只列出时间定额；复式表示法则既列出时间定额又给出产量定额；综合与合计定额都表示同一产品中各单项（工序或工种）定额的综合，按工序合计的定额称为综合定额，按工种综合的定额称为合计定额，其计算方法为

$$综合时间定额 = \sum 各单项工序时间定额$$

$$合计时间定额 = \sum 各单项工种时间定额$$

$$综合产量定额 = \frac{1}{综合时间定额}$$

$$合计产量定额 = \frac{1}{合计时间定额}$$

表 4-1 和表 4-2 为砌体工程分部中砖墙分项的劳动定额摘录，该定额为单式表示法和综合表示法相结合的表示方法。

例如，该定额中每砌 $1\,\text{m}^3$ 1.5 砖双面清水砖墙，砌砖时间定额为 0.653 工日，机吊运输为 0.652 工日，调制砂浆为 0.106 工日，则综合时间定额为 0.653＋0.652＋0.106＝1.41（工日/m^3）。

表 4-1 砖墙劳动定额（1） 工日/m^3

项　　目		双 面 清 水			单 面 清 水					序　　号
		1 砖	1.5 砖	2 砖及以外	0.5 砖	0.75 砖	1 砖	1.5 砖	2 砖及以外	
综合	塔吊	1.27	1.2	1.12	1.52	1.48	1.23	1.14	1.07	一
	机吊	1.48	1.41	1.33	1.73	1.69	1.44	1.35	1.28	二
砌　　砖		0.726	0.653	0.568	1.00	0.956	0.684	0.593	0.52	三
运输	塔吊	0.44	0.44	0.44	0.434	0.437	0.44	0.44	0.44	四
	机吊	0.652	0.652	0.652	0.642	0.645	0.552	0.652	0.652	五
调制砂浆		0.101	0.106	0.107	0.085	0.089	0.101	0.106	0.107	六
编　　号		4	5	6	7	8	9	10	11	

表4-2　砖墙劳动定额（2）　　　　　　　　工日/m³

项　目		混　水　内　墙				混　水　外　墙					序　号
		0.5砖	0.75砖	1砖	1.5砖及以外	0.5砖	0.75砖	1砖	1.5砖	2砖及以外	
综合	塔吊	1.38	1.34	1.02	0.994	1.5	1.44	1.09	1.04	1.01	一
	机吊	1.59	1.55	1.24	1.21	1.71	1.65	1.3	1.25	1.22	二
砌　砖		0.865	0.815	0.482	0.448	0.98	0.915	0.549	0.491	0.458	三
运输	塔吊	0.434	0.437	0.44	0.44	0.434	0.437	0.44	0.44	0.44	四
	机吊	0.642	0.645	0.654	0.654	0.642	0.645	0.652	0.652	0.652	五
调制砂浆		0.085	0.089	0.101	0.106	0.085	0.089	0.101	0.106	0.107	六
编　号		12	13	14	15	16	17	18	19	20	

4.2.3　劳动定额的制定方法

劳动定额的制定方法是随着建筑业生产技术水平的不断提高而不断改进的。目前仍采用以下几种方法，即技术测定法、统计分析法、比较类推法和经验估计法。

1. 技术测定法

技术测定法是指在正常的施工条件下，对施工过程中的具体活动进行现场观察，详细记录工人和机械的工作时间和产量，并客观分析影响时间消耗和产量的因素，从而制定定额的一种方法。这种方法有较高的科学性和准确性，但耗时多，常用于制定新定额和典型定额。该方法已发展成为一个多种技术测定体系，包括计时观察测定法、工作抽样测定法、回归分析法和标准时间资料法等。

1）计时观察测定法

计时观察测定法是最基本的一种技术测定法，它是一种在一定的时间内，对特定作业进行直接连续的观察和记录，从而获得工时消耗数据并据以分析制定劳动定额的方法。按其测定的具体方法，计时观察测定法又分为秒表时间研究法和工作日写实法。计时观察法的优点是对施工作业过程的各种情况记录比较详细，数据比较准确，分析研究比较充分；但缺点是测定工作量大，一般适用于重复程度比较高的工作过程或重复性手动作业。

2）工作抽样测定法

工作抽样测定法又称瞬间观察法，是通过对操作者或机械设备进行随机瞬间观测，记录各种作业项目在生产活动中发生的次数和发生率，由此取得工时消耗资料，推断各个观测项目的时间结构及其演变情况，从而掌握工作状况的一种测定技术。同计时观察测定法比较，工作抽样测定法无须观测人员连续在现场记录，具有省力、省时、适应面广的优点；但缺点是不宜测定周期很短的作业，不能详细记录操作方法，观察结果不直观等。工作抽样测定法，一般适用于间接劳动等工作的定额制定，如工时利用率、设备利用率等。

3）回归分析测定法

回归分析测定法是应用数理统计的回归与相关原理，对施工过程中从事多种作业的一个或几个操作者的工作成果与工时消耗进行分析的一种工作测定技术。其优点是速度较快，工作量小，特别对于一些难以直接测定的工作尤为有效；缺点是所需的技术资料来自统计报表，往往不够具体准确。

4）标准时间资料法

标准时间资料法是利用计时观察测定法所获得的大量数据，通过分析、综合，整理出用于同类工作的基本数据而制定劳动定额的一种方法。其优点是不必进行大量的直接测定即可制定劳动定额，加快了定额制定的速度。由于标准资料是过去多次研究的成果，是统一的衡量标准，可提高定额的准确性，因而具有极大的适应性。

2. 统计分析法

统计分析法是根据过去完成同类产品或完成同类工序的实际耗用工时的统计资料与当前生产技术组织条件的变化因素相结合，进而分析研究制定劳动定额的一种方法。该方法适用于施工条件正常、产品稳定且批量大、统计工作健全的施工过程。由于统计资料反映的是工人过去已达到的水平，在统计时并没有也不可能剔除施工活动中的不合理因素，因而这个水平一般偏于保守。为了克服这个缺陷，可采用二次平均法作为确定定额水平的依据，其步骤如下所述。

（1）剔除统计资料中明显偏高、偏低的不合理数据。

（2）计算一次平均值，即

$$\bar{t} = \sum_{i=1}^{n} \frac{t_i}{n}$$

式中：$\bar{t}$ 为一次平均值；t_i 为统计资料的各个数据；n 为统计资料的数据个数。

（3）计算平均先进值，即

$$\bar{t}_{\min} = \sum_{i=1}^{x} \frac{t_{i,\min}}{x}$$

式中：$\bar{t}_{\min}$ 为平均先进值；$t_{i,\min}$ 为小于一次平均值的统计数据；x 为小于一次平均值的统计数据个数。

（4）计算二次平均值，即

$$\bar{t}_0 = \frac{\bar{t} + \bar{t}_{\min}}{2}$$

例 4-1 某种产品工时消耗的资料为 21，40，60，70，70，70，60，50，50，60，60，105，试用二次平均法制定该产品的时间定额。

解 （1）剔除明显偏高、偏低值，即 21，105。

（2）计算一次平均值

$$\bar{t}=\frac{40+60+70+70+70+60+50+50+60+60}{10}=59$$

（3）计算平均先进值

$$\bar{t}_{\min}=\frac{40+50+50}{3}=46.67$$

（4）计算二次平均值

$$\bar{t}_0=\frac{59+46.67}{2}=52.84$$

3. 比较类推法

比较类推法又称典型定额法，是以生产同类型产品（或工序）的定额为依据，经过分析比较，类推出同一组定额中相邻项目定额水平的方法。这种方法简便、工作量小，只要典型定额选择恰当，切合实际，具有代表性，类推出的定额水平一般比较合理。这种方法适用于同类型产品规格多、批量小的作业过程。

应用比较类推法测算定额，首先选择好典型定额项目，并通过技术测定或统计分析，确定出相邻项目或类似项目的比例关系，然后算出定额水平，其计算式为

$$t=pt_0$$

式中：t 为所求项目的时间定额；t_0 为典型定额项目的时间定额；p 为比例系数。

4. 经验估计法

经验估计法是由定额人员、技术人员和工人相结合，根据时间经验，经过分析图纸、现场观察、了解施工工艺、分析施工生产的技术组织条件和操作方法等情况，进行座谈讨论以制定定额的一种方法。经验估计法简便及时，工作量小，可以缩短定额制定的时间；但由于受到估计人员主观因素和局限性的影响，因而只适用于不易计算工作量的施工作业，通常是作为一次性定额制定使用。

经验估计法一般可用下面的经验公式进行优化处理

$$t=\frac{a+4m+b}{6}$$

式中：t 为优化定额时间；a 为先进作业时间；m 为一般作业时间；b 为后进作业时间。

4.3　材料消耗定额

4.3.1　材料消耗定额及其作用

材料消耗定额，是指在合理使用材料的条件下，生产单位合格产品所必须消耗一定品种、规格的材料的数量标准，包括各种原材料、燃料、半成品、构配件、周转性材料摊销等。

　　材料消耗定额作为材料消耗数量的标准，具有以下重要作用：①材料消耗定额是企业确定材料需要量和储备量的依据，是企业编制材料需要计划和材料供应计划不可缺少的条件；②材料消耗定额是施工队向工人班组签发限额领料单，实行材料核算的标准；③材料消耗定额是实行经济责任制，进行经济活动分析，促进材料合理使用的重要资料。

4.3.2　材料消耗定额量的组成

　　材料的消耗量由两部分组成，即材料净用量和材料损耗量。材料净用量是指为了完成单位合格产品所必需的材料使用量，即构成工程实体的（即工程本身必须占有的）材料消耗量。材料损耗量是指材料从工地仓库领出到完成合格产品生产的过程中不可避免的合理损耗量，包括材料场内运输损耗量、加工制作损耗量和施工操作损耗量三部分。所以，合格产品中某种材料的消耗量等于该种材料的净用量与损耗量之和，即

$$材料消耗量＝净用量＋损耗量$$

　　产品生产中某种材料损耗量的多少，常用材料损耗率表示，计算公式为

$$材料损耗率＝\frac{材料损耗量}{材料消耗量}×100\%$$

　　表4-3为部分建筑材料损耗率参考值。因此，只要知道了生产某种产品中某种材料的合理损耗率，就可以根据其材料净用量，计算出该单位产品的材料损耗量，即

$$材料消耗量＝\frac{材料净用量}{1-材料损耗率}$$

表4-3　部分建筑材料损耗率参考表

材料名称	工程项目	损耗率/%	材料名称	工程项目	损耗率/%
普通砖	基础	0.4	砌筑砂浆	普通砖砌体	1
普通砖	实砖墙	1	砌筑砂浆	黏土空心砖墙	10
普通砖	方砖柱	3	砌筑砂浆	加气混凝土块墙	2
黏土空心砖	墙	1	砌筑砂浆	毛石、方石砌体	1
硅酸盐砌块		2	石灰砂浆	抹墙及墙裙	1
加气混凝土块		2	水泥石灰砂浆	抹墙及墙裙	2
砂	一般	2	水泥砂浆	抹墙及墙裙	2
砂	混凝土工程	1.5	混凝土	现浇地面	1
水泥		1	钢筋	现浇混凝土	2
木材	木栏杆及扶手	4.7	钢筋	预制混凝土	2

4.3.3　材料消耗定额的制定方法

　　直接性材料消耗定额的制定方法有技术测定法、试验法、统计分析法、理论计算法等。

1. 技术测定法

技术测定法是指在施工现场，通过对产品数量、材料净用量和损耗量的观察与测定，对其进行分析和计算，从而确定材料消耗定额的方法。采用这种方法时，观测对象应符合下列要求：工程结构是典型的，施工符合技术规范要求，材料品种和质量符合设计要求，被测定的工人在节约材料和保证产品质量方面有较好的成绩。技术测定法最适合于确定材料损耗量和损耗率。因为只有通过现场观察，才有可能测定出材料损耗数量，也才能区别出哪些是难以避免的合理损耗，哪些是不应发生的损耗，后者则不能包括在材料消耗定额内。

2. 试验法

试验法是在实验室内通过专门的仪器设备测定材料消耗量的一种方法。这种方法主要是对材料的结构、化学成分和物理性能作出科学的结论，从而给材料消耗定额的制定提供可靠的技术依据，如确定混凝土的配合比、砂浆的配合比等，然后计算出水泥、砂、石、水的消耗量。试验法的优点是能够深入细致地研究各种因素对材料消耗的影响，其缺点是无法估计施工过程中某些因素对材料消耗的制约。

3. 统计分析法

统计分析法是以现场用料的大量统计资料为依据，通过分析计算获得消耗材料的各项数据，然后确定材料消耗量的一种方法。

如某项产品在施工前共领某种材料数量为 N_0，完工后的剩余材料数量为 ΔN，则用于该产品上的材料数量为

$$N = N_0 - \Delta N$$

若完成产品的数量为 n，则单位产品的材料消耗量 m 为

$$m = \frac{N}{n} = \frac{N_0 - \Delta N}{n}$$

统计分析法简单易行，但不能区分材料消耗的性质，即材料的净用量、不可避免的损耗量与可以避免的损耗量，只能笼统地确定出总的消耗量。所以，用该方法制定的材料消耗定额质量较差。

4. 理论计算法

理论计算法是通过对施工图纸及其建筑材料、建筑构件的研究，用理论计算公式计算出某种产品所需的材料净用量，然后再查找损耗率，从而制定材料消耗定额的一种方法。理论计算法主要用于块、板类材料的净用量，如砖砌体、钢材、玻璃、锯材、混凝土预制构件等，但材料的损耗量仍要在现场通过实测取得。例如在砌砖工程中，每 m^3 砌体的砖及砂浆净用量，可用以下公式计算（只用于实砌墙）。

$$每\ m^3\ 砌体标准砖净用量 = \frac{2 \times 墙厚的砖数}{墙厚 \times (砖长 + 灰缝) \times (砖厚 + 灰缝)}$$

每 m^3 砌体砂浆净用量 = 1 m^3 砌体 − 砌体中砌块材料净体积

上式中墙厚的砖数是指用标准砖的长度来标明的墙体厚度，例如 0.5 砖墙是指 115 墙，

3/4 砖墙是 180 墙，1 砖墙是指 240 墙等。要理解标准砖净用量计算公式，首先要弄清该公式的计算思路，下面分步骤说明公式的含义。

1）根据实砌墙厚度计算出标准块的体积

所谓标准块，就是由砌块和砂浆所构成砌体的基本计算单元。不同墙厚标准块体积的计算公式为

$$墙厚 \times (砖长 + 灰缝) \times (砖厚 + 灰缝)$$

如 1.5 砖墙的标准块体积为 $(0.24 + 0.115 + 0.01) \times (0.24 + 0.01) \times (0.053 + 0.01) = 0.365 \times 0.25 \times 0.063 = 0.005\ 75 (m^3)$。

2）根据标准块中所含标准砖的数量，用正比法算出 $1\ m^3$ 砌体中标准砖净用量

例如，1.5 砖墙的标准块中包含 3 块标准砖，在已知标准块体积的情况下，可以算出每 m^3 砌体标准砖的净用量。计算过程为

$$每\ m^3\ 1.5\ 砖墙砌体标准砖净用量 = \frac{1}{0.005\ 75} \times 3 = 521.8 (块/m^3)$$

3）砂浆消耗量计算

例如，每 m^3 1.5 砖墙中砂浆的净用量 $= 1 - 521.8 \times 0.24 \times 0.115 \times 0.053 = 0.236\ 7$（$m^3$）。如果已知砖和砂浆的损耗率，则可进一步求得这两种材料的消耗量。如砖和砂浆的损耗率均为 1%，则每 m^3 1.5 砖墙中，标准砖消耗量 $= 521.8 \div (1 - 0.01) = 527.07$（块），砂浆消耗量 $= 0.236\ 7 \div (1 - 0.01) = 0.239\ 1 (m^3)$。

4.4 机械台班使用定额

4.4.1 机械台班使用定额及其作用

机械台班使用定额，是指在正常的施工条件、合理的施工组织和合理使用施工机械的条件下，由技术熟练的工人操纵机械，生产单位合格产品所必须消耗的机械工作时间的标准。机械台班使用定额是企业编制机械需要量计划的依据；是考核机械生产率的尺度；是推行经济责任制，实行计件工资、签发施工任务书的依据。

4.4.2 机械台班使用定额的表现形式

按表达方式的不同，机械台班使用定额分为时间定额和产量定额。

1. 机械时间定额

机械时间定额是指在前述条件下，某种机械生产单位合格产品所必须消耗的作业时间。机械时间定额以"台班"为单位，即一台机械作业一个工作班（8 小时）为一个台班，用公

式表示为

$$机械时间定额（台班）= \frac{1}{机械每台班的产量}$$

2. 机械产量定额

机械产量定额是指在前述条件下，某种机械在一个台班内必须生产的合格产品的数量。机械产量定额的单位以产品的计量单位来表示，如 m^3，m^2，m，t 等，用公式表示为

$$机械产量定额 = \frac{1}{机械时间定额}$$

4.4.3　机械台班使用定额的制定方法

1. 拟定正常的施工条件

拟定机械正常工作条件，主要是拟定工作地点的合理组织和合理的工人编制。

拟定工作地点的合理组织，就是对施工地点机械和材料的放置位置、工人从事操作的场所，做出科学合理的平面布置和空间安排。它要求施工机械和操作机械的工人在最小范围内移动，但又不妨碍机械运转和工人操作，应使机械的开关和操纵装置尽可能集中地装置在操纵工人的近旁，以节省工作时间和减轻工作强度，应最大限度地发挥机械的效能、减少工人的手工操作。

拟定合理的工人编制，就是根据施工机械的性能和设计能力，工人的专业分工和劳动工效，合理确定操纵机械的工人和直接参加机械化施工过程的工人的编制人数。拟定合理的工人编制，应力求保持机械的正常生产率和工人正常的劳动工效。

2. 确定机械纯工作 1 小时的生产效率

机械纯工作时间，就是指必须消耗机械的时间。机械纯工作 1 小时的生产效率，就是指在正常施工组织条件下，具有必需的知识和技能的技术工人操纵机械 1 小时的生产率。

建筑机械可分为循环动作型和连续动作型两种。循环动作型机械，是指机械重复地、有规律地在每一周期内进行同样次序的动作，如塔式起重机、单斗挖土机等。连续动作型机械，是指机械工作没有规律性的周期界限，表现为不停地做某一种动作（转动、行走、摆动等），如皮带运输机、多斗挖土机等。这两类机械纯工作 1 小时的生产效率有着不同的确定方法。

1）循环动作型机械净工作 1 小时生产效率的确定

循环动作型机械净工作 1 小时的生产效率 $N_{小时}$，取决于该机械净工作 1 小时的循环次数 n 和每次循环中所生产合格产品的数量 m，即

$$N_{小时} = nm$$

确定循环次数 n，首先要确定每一循环的正常延续时间，而每一循环的延续时间等于该循环各组成部分正常延续时间之和（$t_1 + t_2 + \cdots + t_i$），一般应根据技术测定法确定（个别情况也可根据技术规范确定）。观测中应根据各种不同的因素，确定相应的正常延续时间。对

于某些机械工作的循环组成部分,必须包括有关循环的、不可避免的无负荷及中断时间。对于某些同时进行的动作,应扣除其重叠时间,例如挖土机"提升挖斗"与"回转斗臂"的重叠时间。因而机械净工作 1 小时的循环次数 n,可用计算公式表示为

$$n = \frac{60}{t_1 + t_2 + \cdots + t_i - t_1' - t_2' - \cdots - t_i'}$$

式中,t_i' 为组成部分的重叠工作时间,$i = 1, 2, \cdots, k$。

机械每循环一次所生产的产品数量 m,可通过计时观察求得。

2)连续动作型机械净工作 1 小时生产效率的确定

连续动作型机械净工作 1 小时的生产效率 $N_{小时}$,主要根据机械性能来确定。在一定条件下,净工作 1 小时的生产效率通常是一个比较稳定的数值。确定的方法是通过实际观察或试验得出一定时间($t_{小时}$)内完成的产品数量 m,则

$$N_{小时} = \frac{m}{t_{小时}}$$

3. 确定机械工作时间利用系数

机械净工作时间 t 与工作班延续时间 T 的比值,称为机械工作时间利用系数 K_B,即

$$K_B = \frac{t}{T}$$

工作班延续时间仅考虑生产产品所必须消耗的定额时间,它除了净工作时间之外,还包括其他工作时间,如机械操纵者或配合机械工作的工人在工作班内或任务内的准备与结束工作时间,正常维修保养机械等辅助工作时间,工人休息时间等,不包括机械的多余工作时间(超过工艺规定的时间)、机械停工损失的时间和工人违反劳动纪律所损失的时间等非定额时间。

4. 确定机械台班产量定额

机械台班产量定额(台班)等于该机械净工作 1 小时的生产效率 $N_{小时}$ 乘以工作班的延续时间 T(8h),再乘以机械工作时间利用系数 K_B,即

$$n_{台班} = N_{小时} T K_B$$

对于某些一次循环时间大于 1 小时的机械作业过程,不必先计算出净工作 1 小时的生产效率,可直接用一次循环时间 t(h)求台班循环次数(T/t),再根据每次循环的产品数量 m,确定其台班产量定额,计算公式为

$$n_{台班} = \frac{T}{t} m K_B$$

例如,某规格的混凝土搅拌机,正常生产率是 6.95 m³/h 混凝土,工作班内净工作时间是 7.2 h,则工作时间利用系数 $K_B = 7.2/8 = 0.9$。机械台班产量为 $n_{台班} = 6.95 \times 8 \times 0.9 = 50$(m³)混凝土,生产每 m³ 混凝土的时间定额为 1/50,即 0.02 台班。

第5章 预 算 定 额

5.1 预算定额概述

5.1.1 预算定额的概念和作用

预算定额是指在正常合理的施工条件下完成一定计量单位的分部分项工程或结构构件和建筑配件所必须消耗的人工、材料和施工机械台班的数量标准。有些预算定额中不但规定了人、材、机消耗的数量标准，而且还规定了人、材、机消耗的货币标准和每个定额项目的预算定额单价，使其成为一种计价性定额。

预算定额反映了在一定的施工方案和一定的资源配置条件下施工企业在某个具体工程上的施工水平和管理水平，可作为施工中各项资源的直接消耗、编制施工计划和核算工程造价的依据。

预算定额的作用主要体现在以下几点：①预算定额是编制施工图预算，确定工程预算造价的基本依据；②预算定额是进行工程结算的依据；③预算定额是在招投标承包制中，编制招标标底和投标报价的依据；④预算定额是施工企业编制施工组织设计、确定人工、材料、机具需要量计划的依据，也是施工企业进行经济核算和考核成本的依据；⑤预算定额是国家对工程进行投资控制，设计单位对设计方案进行经济评价，以及对新结构、新材料进行技术经济分析的依据；⑥预算定额是编制地区单位估价表、概算定额和概算指标的依据。

5.1.2 预算定额与施工定额的关系

预算定额是在施工定额的基础上制定的，两者都是施工企业实现科学管理的工具，但是两者又有不同之处。

1. 定额作用不同

施工定额是施工企业内部管理的依据，直接用于施工管理；是编制施工组织设计、施工作业计划及劳动力、材料、机械台班使用计划的依据；是编制单位工程施工预算，加强企业成本管理和经济核算的依据；是编制预算定额的基础。预算定额是一种计价性的定额，其主要作用表现在对工程造价的确定和计量方面，以及用于进行国家、建设单位和施工单位之间的拨款和结算。施工企业投标报价、建设单位编制标底也多以预算定额为依据。

2. 定额水平不同

编制施工定额的目的在于提高施工企业管理水平，进而推动社会生产力向更高水平发展，因而作为管理依据和标准的施工定额中规定的活劳动和物化劳动消耗量标准，应是平均先进的水平标准。编制预算定额的目的主要在于确定建筑安装工程每一单位分项工程的预算基价，而任何产品的价格都是按照生产该产品所需要的社会必要劳动量来确定的，所以预算定额中规定的活劳动和物化劳动消耗量标准，应体现社会平均水平。这种水平的差异，主要体现在预算定额比施工定额考虑了更多的实际存在的可变因素，如工序衔接、机械停歇、质量检查等，为此，在施工定额的基础上增加一个附加额，即幅度差。

3. 项目划分和定额内容不同

施工定额的编制主要以工序或工作过程为研究对象，所以定额项目划分详细，定额工作内容具体；预算定额是在施工定额的基础上经过综合扩大编制而成的，所以定额项目划分更加综合，每一个定额项目的工作内容包括了若干个施工定额的工作内容。

5.1.3 预算定额的编制原则

预算定额的编制原则有以下 3 个方面。

1. 定额水平以社会平均水平为准

由于预算定额为计价性定额，所以应遵循社会平均的定额水平。

2. 简明适用、严谨准确

要求预算定额中对于主要的、常用的、价值量大的项目，其分项工程划分宜细；相反，对于次要的、不常用的、价值量较小的项目划分宜粗。要求定额项目齐全，计量单位设置合理。

3. 内容齐全原则

在确定预算定额消耗量标准时，要考虑施工现场为完成某一分项工程所必须发生的所有直接消耗。只有这样，才能保证在计算造价时包括施工中所有消耗。

5.1.4 预算定额的编制依据

预算定额的编制依据主要有以下几个方面：①国家及有关部门的政策和规定；②现行的设计规范、国家工程建设标准强制性条文、施工技术规范和规程、质量评定标准和安全操作规程等建筑技术法规；③通用的标准设计图纸、图集，有代表性的典型设计图纸、图集；④有关的科学试验、技术测定、统计分析和经验数据等资料，成熟推广的新技术、新结构、新材料和先进管理经验的资料；⑤现行的施工定额，国家和各省、市、自治区过去颁发或现行的预算定额及编制的基础资料；⑥现行的工资标准、材料市场价格与预算价格、施工机械台班预算价格。

5.1.5 预算定额的内容构成

1. 预算定额手册内容

为了便于编制预算，使编制人员能够准确地确定各分部分项工程的人工、材料和机械台班消耗指标及相应的价值指标，将预算定额按一定的顺序汇编成册，称为预算定额手册。预算定额手册一般由下列内容组成。

（1）总说明。主要阐述预算定额的编制原则、编制依据、适用范围和定额的作用，说明编制定额时已经考虑和未考虑的因素，以及有关规定和定额的使用方法等。

（2）建筑面积计算规则。严格、系统地规定了计算建筑面积的内容范围和计算规则，从而使全国各地区的同类建筑产品的计划价格有一个科学的可比性。如对同类型结构的工程可通过计算单位建筑面积的工程量、造价、用工、用料等，进行技术经济分析和比较。

（3）分部工程说明。每一分部工程即为定额的每一章，在说明中介绍了该分部中所包括的主要分项工程、工作内容及主要施工过程，阐述了各分项工程量的计算规则、计算单位、界限的划分，以及使用定额的一些基本规定和计算附表等。

（4）分项工程定额项目表。这是预算定额的主要组成部分，是以分部工程归类并以分项工程排列的。在项目表的表头中说明了该分项工程的工作内容；在项目表中标明了定额的编号、项目名称、计量单位，列有人工、材料、机械消耗量指标和工资标准（或工资等级）、材料预算价格、机械台班单价，以及据此计算出的人工费、材料费、机械费和汇总的定额基价（即综合单价）。有的项目表下部还列有附注，说明了设计要求与定额规定不符时怎样进行调整，以及其他应说明的问题。预算定额项目表可见表 5-1。

表 5-1　建筑工程预算定额项目表（砌砖）

工作内容：1. 基础：清理基槽、调运砂浆、运转、砌砖。
　　　　　2. 砖墙：筛砂、调运砂浆、运转、砌砖等。

定　额　编　号				4-1	4-2	4-3	4-4	4-5	4-6
项　　目				砖					
				基础	外墙	内墙	贴砌墙		圆弧形墙
							1/4	1/2	
基价/元				165.13	178.46	174.59	246.7	205.54	183.6
其　中	人工费/元			34.51	45.75	41.97	87.24	60.17	49.00
	材料费/元			126.57	128.24	128.20	153.75	140.40	130.07
	机械费/元			4.05	4.47	4.42	5.71	4.97	4.53
名　　称		单位	单价/元	数　　量					
人工	82002	综合工日	工日	28.240	1.183	1.578	1.445	3.031	2.082	1.692
	82013	其他人工费	元	—	1.100	1.190	1.640	1.640	1.370	1.220
材料	04001	红机砖	块	0.177	523.600	510.000	510.000	615.900	563.100	520.000
	81071	M5 水泥砂浆	m³	135.210	0.236	0.265	0.265	0.309	0.283	0.265
	84004	其他材料费	元		1.980	2.140	2.100	2.960	2.470	2.200
机械	84023	其他机具费	元	—	4.050	4.470	4.420	5.710	4.970	4.530

（5）附录或附表。这部分列在预算定额的最后面。例如，某市的预算定额的附录包括砂浆配合比表、混凝土配合比表、材料预算价格、地模制作价格表、金属制品制作价格表等。

2. 建筑工程基础定额简介

中华人民共和国建设部发布了《全国统一建筑工程基础定额》，简称"基础定额"，其编制的指导思想是遵循市场经济原则，既有利于对工程造价的计价实行宏观调控，又有利于搞活企业，充分发挥竞争机制作用，以促进建筑市场朝着有序化、规范化方向发展。

基础定额的突出特点是以控制工程消耗量为主，不带有货币数量的工、料、机费用和定额基价，即实行量、价分离。定额中的各消耗量标准，反映了建筑产品生产消耗的客观规律，反映了一定时期社会生产力的水平，并保持基础定额的相对稳定性，它最终决定着建设工程的成本和造价，所以实质上也是预算定额。正如在基础定额总说明中指出："建筑工程基础定额是完成规定计量单位分项工程计价的人工、材料、机械台班消耗量标准……是编制建筑工程（土建部分）地区单位估价表确定工程造价的依据。"

为便于宏观控制，统一协调定额水平，基础定额尽可能做到"五统一"。这是指：①定额项目划分统一，包括项目名称、工作内容、选用国家标准规范的原则等；②工程量计算规则统一，使其作为建设、设计、施工、咨询等单位计算工程量共同遵守的计算方法；③计量单位统一，包括建筑面积、工程数量、材料及半成品等的计量单位，均采用国家法定计量单位；④消耗量计算方法统一，包括定额的工、料、机消耗量，混凝土、砂浆配合比等计算方法，以及各项损耗内容和取值；⑤定额项目和工、料、机编码统一，并在附录中列出名词、术语对照表。

由于基础定额具有"统一性"的特点，为全国的工程建设建立了一个统一的计价核算尺度，能够比较和考核各地区、各部门工程建设经济效果和施工管理水平，所以它是一种技术经济法规，具有指令性性质；但为了适应社会主义市场经济特征的需要，它在一定范围内又具有一定程度的灵活性，更加切合各地区的实际情况。总之，建筑工程基础定额具有突出的科学性、统一性、法令性、稳定性等特点。

5.2　预算定额的编制

5.2.1　预算定额的编制步骤

预算定额的编制一般按以下三个阶段进行。

1. 准备阶段

准备阶段的任务是成立编制机构，拟订编制方案，确定定额项目，全面收集各项依据资料。预算定额的编制工作不但工作量大，而且政策性强，组织工作复杂，因此在编制准备阶段要明确和做好以下几项工作：①建筑企业深化改革对预算定额编制的要求；②预算定额的适用范围、用途和水平；③确定编制机构的人员组成，安排编制工作的进度；④确定定额的编排形式、项目内容、计量单位及小数位数；⑤确定活劳动与物化劳动消耗量的计算资料（如各种图集及典型工程施工图纸等）。

2. 编制初稿阶段

在定额编制的各种资料收集齐全之后，就可进行定额的测算和分析工作，并编制初稿。初稿要按编制方案中确定的定额项目和典型工程图纸，计算工程量，再分别测算人工、材料和机械台班消耗指标，在此基础上编制定额项目表，并拟定出相应的文字说明。

3. 审查定稿阶段

定额初稿完成后，应与原定额进行比较，测算定额水平，分析定额水平提高或降低的原因，然后对定额初稿进行修正。定额水平的测算有以下几种方法。

（1）单项定额测算。即对主要定额项目，用新旧定额进行逐项比较，测算新定额水平提高或降低的程度。

（2）预算造价水平测算。即对同一工程用新旧预算定额分别计算出预算造价后进行比较，从而达到测算新定额的目的。

（3）同实际施工水平比较。即按新定额中的工料消耗数量同施工现场的实际消耗水平进行比较，分析定额水平达到何种程度。

定额水平的测算、分析和比较，其内容还应包括规范变更的影响，施工方法改变的影响，材料损耗率调整的影响，劳动定额水平变化的影响，机械台班定额单价及人工日工资标准、材料价差的影响，定额项目内容变更对工程量计算的影响等。

通过测算并修正定稿之后，即可拟写编制说明和审批报告，并一起呈报主管部门审批。

5.2.2 分项工程定额指标的确定

分项工程定额指标的确定，包括确定定额项目和内容，确定定额计量单位，计算工程量，确定人工、材料和机械台班消耗量指标等内容。

1. 确定定额项目及其内容

一个单位工程，按工程性质可以划分为若干个分部工程，如土石方工程、桩基础工程、脚手架工程等。一个分部工程，可以划分为若干个分项工程，如土石方工程又可划分为人工挖土方，人工挖沟槽、基坑，人工挖孔桩等分项工程。对于编制定额来讲，还需要再进一步详细地划分为具体项目。例如，以人工挖土方、淤泥、流砂来分，按挖土难易程度，有一类、二类、三类、四类土和淤泥、流砂之分；同样是挖此几类土，由于挖掘深度的不同，其所消耗的人工数量就不同，基于这种因素，再按不同的挖土深度，建立单独的定额编号，这样划分的定额项目就比较科学合理。预算定额项目的划分、各项目的名称、工作内容和施工方法，是在施工定额分项项目基础上进一步综合确定的。定额编号栏中的人工、材料和机械台班的消耗，可以确切地反映完成该项目的资源投入数据；定额中同时要简明扼要地说明该项工程的工作内容。预算定额项目的确定，应该有利于简化编制预算定额工作，便于进行设计方案的技术经济分析，便于施工计划、经济核算和确定工程单价工作的开展。

为了便于编制和审查施工图预算及下达施工任务，在定额表格中的上部（即栏头）写有定额编号，代表项目或子目。定额编号有注写两个数据码和三个数据码的方式，如第二章的第十五项目或子目，其编号写成 2 - 15；注写三个数据码的编号方法有两种情况：一种是写节数（分项工程）而不写页数，另一种是写页数而不写节数（分项工程）。如第五章混凝土及钢筋混凝土工程，第一节（分项工程）基目是带形基础，子目为无筋混凝土，如按前一种写节数而不写页数，则写成 5 - 1 - 2；如按后一种写页数，而不写节数时，当页数为 101 页时，则写成 5 - 101 - 2。当无子目时，尾数即项目序号。

2. 定额计量单位与计算精度的确定

1）确定预算定额计量单位的原则

定额项目的计量单位应与项目的内容相适应，一般应根据分项工程或结构构件的形体特征及变化规律来确定。其原则是：当物体的三个度量，即长、宽、高都变化不定时，采用体积为计量单位，如土方、砌体、混凝土等工程；当物体厚度一定，而长、宽两个度量变化不定时，采用面积为计量单位，如楼地面面层、墙面抹灰、门窗等工程；当物体的截面形状大小不变，但长度变化不定时，采用延长米为计量单位，如栏杆、管道、线路等工程；当物体的形状不规则，且构造又较复杂时，就以重量或自然单位为计量单位，如金属构件以重量，阀门以个，散热器以片，其他以件、台、套、组等为单位。

2）预算定额计量单位的表示方法

预算定额的计量单位采用国家法定计量单位。长度：mm，cm，m，km；面积：mm^2，cm^2，m^2；体积（容积）：m^3，L；重量（质量）：kg，t。在预算定额中，一般都采用扩大的计量单位，如 10 m，100 m，100 m^2，10 m^3 等，以利于定额的编制和使用。

3）预算定额项目表中各消耗量计量单位及小数位数的确定

人工：以"工日"为单位，取两位小数。机械：以"台班"为单位，取两位小数。主要材料及半成品：木材以 m^3 为单位，取三位小数；钢材及钢筋以 t 为单位，取三位小数；标准砖以"千块"为单位，取两位小数；水泥、石灰以 kg 为单位，取整数；砂浆和混凝土以 m^3 为单位，取两位小数；其他材料一般取两位小数。单价以"元"为单位，取两位小数；其他材料费和中小型机械费也以"元"为单位，取两位小数。

3. 工程量计算

预算定额是一种综合定额，它包括了完成某一分项工程的全部工作内容。如砖墙定额中，其综合的内容有筛砂、调运砂浆、运转、砌窗台虎头砖、腰线、门窗套、砖过梁、附墙烟囱、壁橱和安放木砖、铁件等。因此，在确定定额项目中各种消耗量指标时，首先应根据编制方案中所选定的若干份典型工程图纸，计算出单位工程中各种墙体及上述综合内容所占的比重，然后利用这些数据，结合定额资料，综合确定人工和材料消耗净用量。工程量计算一般以列表的形式进行计算。

4. 计算和确定预算定额中各消耗量指标

预算定额是在施工定额的基础上编制的一种综合性定额，所以首先要将施工定额中以施工过程、工序为项目确定的工程量，按照典型设计图纸，计算出预算定额所要求的分部分项工程量；然后以此为基础，再把预算定额与施工定额两者之间存在幅度差等各种因素考虑进去，确定出预算定额中人工、材料、机械台班的消耗量指标。

5. 编制预算定额基价

对于量价合一的预算定额，还需要编制预算定额基价。预算定额基价是指以货币形式反映的人工、材料、机械台班消耗的价值额度，它是以地区性预算价格资料为基准综合取定的单价，乘以定额各消耗量指标，得到该项定额的人工费、材料费和机械使用费，并汇总形成定额基价。在编制以反映消耗量指标为主的预算定额（如《全国统一建筑工程基础定额》）时，可不计算预算定额基价，而是在编制地区单位估价表时计算。

6. 编制预算定额项目表格，编写预算定额说明

（略）

5.2.3　预算定额消耗量指标的确定

1. 人工消耗量指标的确定

预算定额中人工消耗量指标包括完成该分项工程的各种用工数量。它的确定有两种方法，一种是以施工定额为基础确定，另一种是以现场观察测定资料为基础计算。预算定额的人工消耗由下列 4 部分组成。

1）基本用工

基本用工是指完成该分项工程的主要用工量，例如在完成砌筑砖墙体工程中的砌砖、运砖、调制砂浆、运砂浆等所需的工日数量。预算定额是综合性的，包括的工程内容较多，例如包括在墙体工程中的除实砌墙外，还有附墙烟囱、通风道、垃圾道、预留抗震柱孔等内容，这些都比实砌墙用工量多，需要分别计算后加入到基本用工中。

基本用工数量，按综合取定的工程量和劳动定额中相应的时间定额进行计算，即

$$W_1 = \sum_{i=1}^{n} V_i t_i$$

式中：W_1 为基本用工数量；V_i 为工序工程量；t_i 为相应工序的时间定额；i 为工序的序号；n 为工序的数量。

2）材料及半成品超运距用工

材料及半成品超运距用工，是指预算定额中材料及半成品的运输距离，超过了劳动定额基本用工中规定的距离所需增加的用工量。即

超运距＝预算定额规定的运距－劳动定额规定的运距

所以，超运距用工数量为

$$W_2 = \sum_{i=1}^{n} V_i t_i$$

式中：W_2 为超运距用工数量；V_i 为超运距材料的数量。

3）辅助用工

辅助用工是指在劳动定额内不包括而在预算定额内，但又必须考虑的施工现场所发生的材料加工等用工，如筛砂子、淋石灰膏等增加的用工，计算公式为

$$W_3 = \sum_{i=1}^{n} V_i t_i$$

式中：W_3 为辅助用工数量；V_i 为加工材料的数量。

4）人工幅度差

人工幅度差，主要是指预算定额和劳动定额由于定额水平不同而引起的水平差。另外，还包括在正常施工条件下，劳动定额中没有包含的而在一般正常施工情况下又不可避免的一些零星用工因素，这些因素不便计算出工程量，因此综合确定出一个合理的增加比例，即人工幅度差系数，纳入到预算定额中。人工幅度差的内容包括：①在正常施工条件下，土建工程中各工种施工之间的搭接，以及土建工程与水、暖、风、电等工程之间交叉配合需要的停歇时间；②施工机械的临时维修和在单位工程之间转移时及水、电线路在施工过程中移动所发生的不可避免的工作停歇时间；③由于工程质量检查和隐蔽工程验收，导致工人操作时间的延长；④由于场内单位工程之间的地点转移，影响了工人的操作时间；⑤由于工种交叉作业，造成工程质量问题，对此所花费的用工。

人工幅度差的计算公式为

$$U = a \sum_{j=1}^{3} W_j$$

式中，a 为人工幅度差系数，一般土建工程为 10%，设备安装工程为 12%。

综上所述，预算定额中各分项工程的人工消耗量指标，就等于该分项工程的各种用工数量之和，即

$$W = (1+a) \sum_{j=1}^{3} W_j$$

以上所述内容为一般性规定，各地区在制定当地使用的预算定额或单位估价表时，应按上述原则执行。如《北京市建设工程预算定额（2001）》的制定中，对于人工工日消耗不分工种和技术等级，统一按综合工日表示，人工工日的消耗包括基本用工、超运距用工和人工幅度差三项。

2. 材料消耗量指标的确定

预算定额的材料消耗量指标是由材料的净用量和损耗量构成。从消耗内容来看，包括为完成该分项工程或结构构件的施工任务必需的各种实体性材料和措施性材料的消耗；材料消耗量确定的方法有技术测定法、试验法、统计分析法和理论计算法，具体方法与施工定额中

所述一致。但是，两种定额中的材料损耗率并不同，预算定额中的材料损耗较施工定额中的范围更广，它考虑了整个施工现场范围内材料堆放、运输、制备、制作及施工操作过程中的损耗。另外，在确定预算定额中材料消耗量时，还必须充分考虑分项工程或结构构件所包括的工程内容、分项工程或结构构件的工程量计算规则等因素对材料消耗量的影响。

1）主材净用量的确定

（1）主材净用量的确定。应结合分项工程的构造做法，综合取定的工程量及有关资料进行计算。例如砌筑一砖墙，经测定计算，1 m³ 墙体中梁头、板头体积为 0.028 m³，预留孔洞体积 0.006 3 m³，突出墙面砌体 0.006 29 m³，砖过梁为 0.04 m³，则 1 m³ 墙体的砖及砂浆净用量计算为

$$（未增减前）标准砖 = \frac{1}{墙厚 \times （砖长 + 灰缝） \times （砖厚 + 灰缝）} \times 2 \times 墙厚的砖数$$

$$= \frac{1}{0.24 \times （0.24 + 0.01） \times （0.053 + 0.01）} \times 2 \times 1 = 529.1（块）$$

$$（未增减前）砂浆 = 1 - 砖数 \times 单块砖体积$$

$$= 1 - 529.1 \times （0.24 \times 0.115 \times 0.053） = 0.226（m³）$$

考虑扣除和增加的体积后，材料的净用量为

$$标准砖 = 529.1 \times （1 - 2.8\% - 0.63\% + 0.629\%） = 514.28（块）$$

$$砂浆 = 0.226 \times （1 - 2.8\% - 0.63\% + 0.629\%） = 0.219\,7（m³）$$

其中，砌筑砖过梁所用的砂浆标号较高，称为附加砂浆，砌筑砖墙的其他部分砂浆为主体砂浆。

$$附加砂浆 = 0.219\,7 \times 4\% = 0.008\,8（m³）$$

$$主体砂浆 = 0.219\,7 \times 96\% = 0.210\,9（m³）$$

（2）主材损耗量的计算。材料损耗量由施工操作损耗、场内运输（从现场内材料堆放点或加工点到施工操作地点）损耗、加工制作损耗和场内管理损耗（操作地点的堆放及材料堆放地点的管理）所组成。损耗量用损耗率表示为

$$损耗率 = \frac{材料损耗量}{材料总消耗量} \times 100\%$$

则

$$材料总消耗量 = 材料净用量 + 材料损耗量 = \frac{材料净用量}{1 - 损耗率}$$

例如，根据资料砌筑标准砖的砖和砂浆的损耗率均为 1%，则 1 砖墙 m³ 的定额消耗量为

$$标准砖 = \frac{514.28}{1 - 1\%} = 519.47（块）$$

$$砂浆 = \frac{0.219\,7}{1 - 1\%} = 0.222（m³）$$

即预算定额中 1 砖墙 m³ 标准砖的消耗量为 519.47 块，砂浆消耗量为 0.222 m³。

2) 次要材料消耗量的确定

次要材料包括两类材料：一类是直接构成工程实体，但用量很小、不便计算的零星材料，如砌砖墙中的木砖、混凝土中的外加剂等；另一类是不构成工程实体，但在施工中消耗的辅助材料，如草袋、氧气、电石等。总的来说，这些材料用量不多，价值不大，不便在定额中逐一列出，因而将它们合并统称为次要材料。对次要材料，采用估算等方法计算其用量和总价值后，按"其他材料费"、以"元"为单位列入预算定额，或者以其他材料费占主材和周转性材料费之和的百分比的形式表示。

3. 机械台班消耗量指标的确定

预算定额中的机械台班消耗量指标，一般是在施工定额的基础上，再考虑一定的机械幅度差进行计算的。机械幅度差是指在合理的施工组织条件下机械的停歇时间，其主要内容包括：①施工中机械转移工作面及配套机械相互影响所损失的时间；②在正常施工情况下，机械施工中不可避免的工序间歇；③检查工程质量影响机械操作的时间；④因临时水电线路在施工过程中移动而发生的不可避免的机械操作间歇时间；⑤冬季施工期内发动机械的时间；⑥不同厂牌机械的工效差、临时维修、小修、停水停电等引起的机械间歇时间。

1) 大型机械台班消耗量

大型机械，如土石方机械、打桩机械、吊装机械、运输机械等，在预算定额中按机械种类、容量或性能及工作物对象，并按单机或主机与配合辅助机械，分别以台班消耗量表示。其台班消耗量指标是按施工定额中规定的机械台班产量计算，再加上机械幅度差确定的。

$$机械台班消耗量 = \frac{工序工程量}{机械台班产量} \times (1 + 机械幅度差系数)$$

2) 按工人班组配备使用的机械台班消耗量

对于按工人班组配备使用的机械，如垂直运输的塔吊、卷扬机、混凝土搅拌机、砂浆搅拌机等，应按小组产量计算台班产量，不增加机械幅度差，计算公式为

$$分项定额机械台班消耗量 = \frac{分项定额计量单位值 \times \sum(分项计算取定比重 \times 劳动定额综合产量)}{小组总人数}$$

$$= \frac{分项定额计量单位值}{小组产量}$$

例如，某省劳动定额规定，砌砖小组成员为 22 人，1 砖墙综合产量（塔吊）：清水墙 0.885 m³/工日，混水墙 1.05 m³/工日，取定比重清水墙 40%，混水墙 60%，则 10 m³ 1 砖墙机械台班消耗量（塔吊、砂浆搅拌机）为

$$\frac{10 \times (0.885 \times 0.4 + 1.05 \times 0.6)}{22} = \frac{10}{21.648} = 0.462（台班）$$

3) 专用机械台班消耗量

分部工程的各种专用中小型机械，如打夯、钢筋加工、木作、水磨石等专用机械，一般按机械幅度差系数为 10% 来计算其台班消耗量，列入预算定额的相应项目内。

4）其他中小型机械使用量

对于在施工中使用量较少的各种中小型机械，不便在预算定额中逐一列出，而将它们的台班消耗量和机械费计算后并入"其他机械费"，单位为"元"，列入预算定额的相应子目内。

5.3　预算单价的确定和单位估价表的编制

一项工程直接费用的多少，除取决于预算定额中的人工、材料和机械台班的消耗量外，还取决于人工工资标准、材料和机械台班的预算单价。因此，合理确定人工工资标准、材料和机械台班的预算价格，是正确计算工程造价的重要依据。

5.3.1　人工工日单价的确定

人工工日单价是指一个生产工人一个工作日在工程估价中应计入的全部费用。目前我国的人工工日单价均采用综合人工单价的形式，即根据综合取定的不同工种、不同技术等级的工人的人工单价，以及相应的工时比例进行加权平均所得的，能反映工程建设中生产工人一般价格水平的人工单价。它具体包括生产工人基本工资、工资性补贴、生产工人辅助工资、职工福利费和生产工人劳动保护费。下面是建设行政主管部门推行的工资参考计算方法。

1. 人工工日单价的计算

$$人工工日单价(G) = \sum_{i=1}^{5} G_i$$

现对构成人工工日单价的各个部分分述如下。

1）基本工资

基本工资是指发放给生产工人的基本工资。其计算公式为

$$基本工资(G_1) = \frac{生产工人平均月工资}{年平均每月法定工作日}$$

2）工资性补贴

工资性补贴是指按规定标准发放的物价补贴，煤、燃气补贴，交通补贴，住房补贴，流动施工津贴等。其计算公式为

$$工资性补贴(G_2) = \frac{\sum 年发放标准}{全年日历日 - 法定假日} + \frac{\sum 月发放标准}{年平均每月法定工作日} + 每工作日发放标准$$

3）生产工人辅助工资

生产工人辅助工资是指生产工人年有效施工天数以外非作业天数的工资，包括职工学习、培训期间的工资，调动工作、探亲、休假期间的工资，因气候影响的停工工资，女工哺乳时间的工资，病假在 6 个月以内的工资及产、婚、丧假期的工资。其计算公式为

$$生产工人辅助工资(G_3) = \frac{全年无效工作日 \times (G_1 + G_2)}{全年日历日 - 法定假日}$$

4) 职工福利费

职工福利费是指按规定标准计提的职工福利费。其计算公式为

$$职工福利费(G_4) = (G_1 + G_2 + G_3) \times 福利费计提比例$$

5) 生产工人劳动保护费

生产工人劳动保护费是指按规定标准发放的劳动保护用品的购置费及修理费、徒工服装补贴、防暑降温费，以及在有碍身体健康环境中施工的保健费用等。其计算公式为

$$生产工人劳动保护费(G_5) = \frac{生产工人年平均支出劳动保护费}{全年日历日 - 法定假日}$$

2. 影响人工工日单价的因素

影响建筑安装工人人工工日单价的因素很多，归纳起来有以下5个方面。

1) 社会平均工资水平

建筑安装工人人工工日单价必然和社会平均工资水平趋同。社会平均工资水平取决于经济发展水平。由于我国改革开放以来经济迅速增长，社会平均工资也有了大幅度增长，从而影响人工工日单价的大幅度提高。

2) 生活消费指数

生活消费指数的提高会影响人工工日单价的提高，以减少生活水平的下降，或维持原来的生活水平。生活消费指数的变动决定于物价的变动，尤其决定于生活消费品物价的变动。

3) 人工工日单价的组成内容

例如住房消费、养老保险、医疗保险、失业保险费等列入人工工日单价，会使人工工日单价提高。

4) 劳动力市场供需变化

在劳动力市场如果需求大于供给，人工单价就会提高；供给大于需求，市场竞争激烈，人工单价就会下降。

5) 社会保障和福利政策

政府推行的社会保障和福利政策也会影响人工工日单价的变动。

人工工日单价的组成，应按照国家、行业、地区的规定分别制定。如在《北京市建设工程预算定额》（2001年）中，人工工日单价由两部分组成。

（1）生产工人工资。包括基本工资、辅助工资、工资性津贴、交通补贴和劳动保护费，按照建设部、北京市财政局有关文件的规定制定。

（2）社会统筹费用。包括养老保险、医疗保险，根据《北京市城镇劳动者养老保险规定》和《北京市基本医疗保险规定》分别记取，前者为工资总额的19%，后者为工资总额的10%。

在2002年4月1日以前适用的《北京市建设工程概算定额》（1996年）中，则只记取了生产工人工资这一部分，第二部分费用记在企业管理费中。所以，随着各种因素的变化，人工工日单价的记取并不是一成不变的。

5.3.2 材料预算单价的确定

1. 材料预算价格的构成

材料预算单价是指建筑材料（构成工程实体的原材料、辅助材料、构配件、零件、半成品）由其来源地（或交货地点）运至工地仓库（或施工现场材料存放点）后的出库价格。具体包括以下4部分内容。①材料原价（或供应价格），指出厂价或交货地价格。②材料运杂费，指材料自来源地运至工地仓库或指定堆放地点所发生的全部费用。③运输损耗费，指材料在运输装卸过程中不可避免的损耗。④采购及保管费，指为组织采购、供应和保管材料过程中所需要的各项费用，具体包括采购费、仓储费、工地保管费、仓储损耗费。

2. 材料预算价格的计算方法

材料预算价格的计算公式为

材料基价＝（供应价格＋运杂费）×（1＋运输损耗率）×（1＋采购保管费率）

1）材料供应价格的确定

在确定原价时，一般采用询价的方法确定该材料的出厂价或供应商的批发牌价和市场采购价。从理论上讲，不同的材料均应分别确定其单价；同一种材料，因产地或供应单位的不同而有几种原价时，应根据不同来源地的供应数量及不同的单价，计算出加权平均原价。

例 5-1 某地区需用中砂，经货源调查得知，有3个地方可供货，甲地供货 30%，原价为 19.80 元/t；乙地供货 30%，原价为 18.80 元/t；丙地供货 40%，原价为 21.70 元/t。试求中砂的综合平均原价是多少？

解

$$中砂加权平均原价＝\frac{19.80×30\%＋18.80×30\%＋21.70×40\%}{100\%}＝20.26（元/t）$$

2）材料运杂费

材料运杂费是指材料由其来源地或交货地运到施工工地仓库，在全部运输过程中所发生的一切费用。一般包括车船运费、调车费、装卸费、服务费、运输保险费、有关过境费及上交必要的管理费等。运杂费的费用标准的取定，应根据材料的来源地、运输里程、运输方法，并根据国家有关部门或地方政府交通运输管理部门规定的运价标准分别计算。

材料运杂费通常按外埠运费和市内运费两部分计算。外埠运费是指材料由来源地运至本市仓库的全部费用，包括调车费、装卸费、车船运费、保险费等，一般是通过铁路、公路、水路运输或采用混合运输方式。公路、水路运输按交通部门规定的运价计算；铁路运输按铁道部门规定的运价计算。市内运费是由本市仓库至工地仓库的运费。根据不同的运输方式和运输工具，运费也应按不同的方法分别计算。运费的计算先按当地运输公司的运输里程示意图确定里程，然后再按货物所属等级，从运价表上查出运价计算，两者相乘再加上装卸费即为该材料的市内运杂费。

当同种材料有几个货源点时，按照同类材料在各货源点的供应比重和各货源至施工现场的运输距离，计算出材料综合平均运杂费。

3）材料采购及保管费的确定

材料采购及保管费是指施工企业的材料供应部门在组织采购、供应和保管材料过程中所发生的各种费用。其中包括：各级材料部门的职工工资、职工福利、劳动保护费、差旅及交通费、办公费、固定资产使用费、工具用具使用费、工地材料仓库的保管费、货物过秤费和材料在储存中的损耗费用等。材料的采购及保管费按材料原价、运杂费及运输损耗费之和的一定比率计算。建筑材料的种类、规格繁多，材料保管费不可能按每种材料在采购、保管过程中所发生的实际费用计算，只能规定几种费率计算。

材料预算价格按适用范围分，有地区材料预算价格和某项工程使用的材料预算价格。地区材料预算价格与某项工程使用的预算价格的编制原理和方法是一致的，只是在材料来源地、运输数量权数等具体数据上有所不同。

3. 影响材料预算价格变动的因素

（1）市场供需变化。材料原价是材料预算价格中最基本的组成。市场供大于求价格就会下降；反之，价格就会上升，从而也就会影响材料预算价格的涨落。

（2）材料生产成本的变动直接涉及材料预算价格的波动。

（3）流通环节的多少和材料供应体制也会影响材料预算价格。

（4）运输距离和运输方法的改变会影响材料运输费用的增减，从而也会影响材料预算价格。

（5）国际市场行情会对进口材料价格产生影响。

5.3.3　施工机械台班预算单价的确定

1. 机械台班单价及其组成内容

机械台班单价是指一台施工机械在正常运转条件下，在一个工作班中所发生的全部费用。根据不同的获取方式，工程施工中所使用的机械设备一般可分为自有机械和外部租赁使用两种情况。

1）自有机械台班单价

自有机械台班单价共包括以下 7 项内容。

（1）折旧费。

（2）大修理费。指施工机械按规定的大修间隔台班进行必需的大修，以恢复其正常功能所需的全部费用。

（3）经常修理费。指机械在寿命期内除大修理以外的各级保养（包括一、二、三级保养），以及临时故障排除和机械停置期间的维护等所需各项费用；为保障机械正常运转所需替换设备、随机工具器具的摊销费用及机械日常保养所需润滑擦拭材料费之和，它们分摊到台班费中，即为台班经修费。

（4）安拆费及场外运输费。

① 安拆费。指机械在施工现场进行安装、拆卸所需人工、材料、机械和试运转费用，包括机械辅助设施（如基础、底座、固定锚桩、行走轨道、枕木等）的折旧、搭设、拆除等费用。

② 场外运费。指机械整体或分体自停置地点运至现场或由一工地运至另一工地的运输、装卸、辅助材料及架线等费用。

（5）燃料动力费。指机械在运转或施工作业中所耗用的固体燃料（煤炭、木材）、液体燃料（汽油、柴油）、电力、水和风力等费用。

（6）人工费。指机上司机或副司机、司炉的基本工资和其他工资性津贴（年工作台班以外的机上人员基本工资和工资性津贴以增加系数的形式表示）。

（7）养路费及车船使用税。指按照国家有关规定应交纳的养路费和车船使用税，按各省、自治区、直辖市规定标准计算后列入定额。

2）租赁机械台班单价

机械台班单价的计算也与机械的购买方式有关，如施工机械是以租赁的方式获取，则其台班单价应按照租赁制来记取。租赁单价可以根据市场情况确定，但必须在充分考虑机械租赁单价的组成因素基础上，通过计算得到保本的边际单价水平，并以此为基础，根据市场策略增加一定的期望利润来确定租赁单价。机械租赁单价包括下列内容。

（1）折旧费等。指为了拥有该机械设备并保持其正常的使用功能所必须发生的费用，包括施工机械的购置成本、折旧和大修理费等。

（2）使用成本。指在施工机械正常使用过程中所需发生的运行成本，包括使用和修理费、管理费和执照及保险费等。

（3）机械的出租或使用率。指一年内出租（或使用）机械时间与总使用时间的比率。

（4）期望的投资收益率。指投资购买并拥有该施工机械的投资者所希望的收益率。

2. 机械台班单价的计算

机械台班单价的计算公式为

$$机械台班单价＝台班基本折旧费＋台班大修费＋台班经常修理费＋$$
$$台班安拆费及场外运费＋台班人工费＋$$
$$台班燃料动力费＋台班养路费及车船使用税$$

1）自有机械台班单价的计算

（1）台班基本折旧费。指施工机械在规定使用期限内，每一台班所摊的机械原值及因支付贷款利息而分摊到每一台班的费用。基本折旧费的计算公式为

$$台班基本折旧费＝\frac{机械预算价格×（1－残值率）×（1＋贷款利息系数）}{使用总台班}$$

$$使用总台班＝年工作台班×使用年限$$

① 机械的预算价格。包括国产机械预算价格和进口机械预算价格。国产机械预算价格是指机械出厂价格加上从生产厂家（或销售单位）交货地点运至使用单位验收入库的全部费用，

由出厂价格、供销部门手续费和一次运杂费组成；进口机械预算价格是由进口机械到岸完税价格加关税、外贸部门手续费、银行财务费及由口岸运至使用单位验收入库的全部费用组成。

② 残值率。是指机械报废时回收的残值占机械原值（机械预算价格）的比率。残值率按 1993 年有关文件规定（运输机械 2%，特大型机械 3%，中小型机械 4%，掘进机械 5%）执行。

③ 贷款利息系数。为补偿企业贷款购置机械设备所支付的利息，从而合理反映资金的时间价值，以大于 1 的贷款利息系数，将贷款利息（单利）分摊在台班折旧费中。其计算公式为

$$贷款利息系数 = 1 + \frac{n+1}{2}i$$

式中：n 为国家有关文件规定的此类机械折旧年限；i 为当年银行贷款利率。

④ 使用总台班。机械使用总台班指机械在正常施工作业条件下，从投入使用直到报废为止，按规定应达到的使用总台班数，即机械使用寿命，一般可分为机械技术使用寿命和经济使用寿命。《全国统一施工机械台班费用定额》中的使用总台班是以经济使用寿命为基础，并依据国家有关固定资产折旧年限规定，结合施工机械工作对象和环境，以及年能达到的工作台班而确定的。

机械使用总台班等于使用周期数与大修理间隔台班之积。即

使用总台班 = 使用周期数 × 大修理间隔台班

使用周期是指机械在正常施工作业条件下，将其寿命期按规定的大修理次数划分为若干个周期。使用周期等于寿命期大修理次数加 1。大修理间隔台班是指机械自投入使用起至第一次大修止或自上次大修后投入使用起至下次大修止应达到的使用台班数。

（2）台班大修理费。指为保证机械完好和正常运转达到大修理间隔期需进行大修而支出各项费用的台班分摊额。包括必须更换的配件、消耗的材料、油料及工时费等。其计算公式为

$$台班大修理费 = \frac{一次大修理费 \times 大修理次数}{使用总台班}$$

$$大修理次数 = 使用周期 - 1 = \frac{使用总台班}{大修理间隔台班} - 1$$

（3）台班经常修理费。指大修理间隔期分摊到每一台班的中修理费和定期的各级保养费。计算公式为

$$台班经常修理费 = \frac{中修理费 + \sum(各级保养一次费用 \times 各级保养次数)}{大修理间隔台班}$$

$$= 台班大修理费 \times 系数 K$$

中修理费和各级保养费由机械配件、材料消耗，以及工时费、检修费等组成。

为了简化计算，台班经常修理费可按台班大修费乘以系数来确定，如载重汽车系数为 1.46，自卸汽车系数为 1.52，塔式起重机系数为 1.69，等等。

（4）台班安拆费及场外运输费。台班安拆费指施工机械在现场进行安装与拆卸所需的人工、材料、机械和试运转费用，以及机械辅助设施的折旧、搭设、拆除等费用；场外运输费指施工机械整体或分体自停放地点运至施工现场或由一施工地点运至另一施工地点的运输、

装卸、辅助材料及架线等费用。

$$台班安装拆卸费 = \frac{一次安拆费 \times 每年安拆次数}{摊销台班数}$$

$$台班辅助设施折旧费 = \sum \left[\frac{一次使用量 \times 预算单价 \times (1-残值率)}{摊销台班数}\right]$$

台班场外运费 =

$$\frac{(一次运费及装卸费 + 辅助材料一次摊销费 + 一次架线费) \times 年平均场外运输次数}{年工作台班}$$

（5）人工费。指专业操作机械的司机、司炉及操作机械的其他人员在工作日及在机械规定的年工作台班以外的人工费用。工作班以外的机上人员人工费用，以增加机上人员的工日数形式列入定额内，计算公式为

$$台班人工费 = 定额机上人工工日 \times 日工资单价$$

$$定额机上人工工日 = 机上定员工日 \times (1+增加工日系数)$$

$$增加工日系数 = \frac{年度工日 - 年工作台班 - 管理费内非生产天数}{年工作台班}$$

（6）台班燃料动力费。指机械在运转时所消耗的电力、燃料等的费用。其计算公式为

$$台班动力燃料费 = 每台班所消耗的动力燃料数 \times 相应单价$$

（7）养路费及牌照税。指按交通部门的规定，自行机械应缴纳的公路养护费及牌照税。这项费用一般按机械载重吨位或机械自重收取。

$$台班养路费 = \frac{自重(或核定吨位) \times 年工作月 \times (月养路费 + 牌照税)}{年工作台班}$$

例 5-2 某地区用滚筒式 500 L 混凝土搅拌机，计算其台班使用费。计算机械台班使用费有关资料如下：

预算价格（台）	35 000 元	一次大修理费	2 800 元
机械残值率	4%	使用周期	5 次
使用总台班	1 400	经常维修系数	1.81

解

（1）台班折旧费 = 35 000 × (1-4%)/1 400 = 24.00(元/台班)

（2）大修理费 = 2 800 × (5-1)/1 400 = 8.00(元/台班)

（3）经常维修费 = 8 × 1.81 = 14.48(元/台班)

（4）安装拆卸及场外运输费：4.67(元/台班)

（5）台班动力燃料费：台班耗电为 29.36 kW·h，每 kW·h 按 0.39 元计算，得到
$$29.36 \times 0.39 = 11.45(元/台班)$$

（6）台班机上人工费：每台班用工 1.25 工日，每工日单价 32 元，得到
$$1.25 \times 25 = 31.25(元/台班)$$

（7）合计：24.00 + 8.00 + 14.48 + 4.67 + 11.45 + 31.25 = 93.85(元/台班)

2）租赁机械台班单价的计算

租赁机械台班单价的计算一般有两种方法，即静态和动态的方法。

（1）静态方法。所谓静态方法，是指不考虑资金时间价值的方法，其计算租赁单价的基本思路是：首先根据所规定的租赁单价的费用组成，计算机械在单位时间里所必需的费用总和，并将之作为该机械的边际租赁单价，然后增加一定的利润即为租赁机械的台班单价。

例5-3 某租赁机械的资料如下，试计算其台班单价。（为简化，管理费未列入）

机械购置费用	44 050	元
机械转售价值	2 050	元
每年平均工作时数	2 000	小时
设备的寿命年数	10	年
每年的保险费	200	元
每年的执照费和税费	100	元
每小时20 L燃料费	0.10	元
机油和润滑油	燃料费的10%	
修理和保养费	每年为购置费的15%	
人工费	10 000	元
要求达到的资金利润率	15%	

解

（1）计算机械的边际租赁单价

折旧（直线法）：$(44\,050-2\,050)/10=4\,200$（元/年）

贷款利息（用年利率9.9%计算）：$44\,050\times0.099=4\,361$（元）

保险和税款：300（元）

燃料：$20\times0.1\times2\,000=4\,000$（元）

机油和润滑油：$4\,000\times0.1=400$（元）

修理费：$0.15\times44\,050=6\,608$（元）

人工费：10 000（元）

总成本：$4\,200+4\,361+300+4\,000+400+6\,608+10\,000=29\,869$（元）

则该机械边际租赁单价：$29\,868/2\,000=14.93$（元/小时）

折合成台班单价：$14.93\times8=119.44$（元）

（2）计算机械的台班单价

租赁机械的台班单价＝$119.44\times(1+0.15)=137.36$（元/台班）

（2）动态方法。所谓动态方法，是指在计算租赁机械台班单价时考虑资金时间价值的方法。一般可以采用"折现现金流量法"来计算考虑时间价值的租赁单价。仍以例5-3为例，使用动态方法计算过程如下：

一次性投资	44 050 元
每年的使用成本	21 008 元
每年的税金及保险	300 元
机械的寿命期	10 年
到期的转让费	2 050 元
期望收益率	15%

则当净现值为零时，所必需的年机械租金收入为 23 453 元，折合成租赁台班单价为 93.8 元/台班。

3. 影响机械台班单价变动的因素

影响机械台班单价变动的因素有以下 4 个方面。

(1) 施工机械的价格。这是影响折旧费，从而影响机械台班单价的重要因素。

(2) 机械使用年限。这不仅影响折旧费的提取，也影响大修理费和经常维修费的开支。

(3) 机械的使用效率和管理水平。

(4) 政府征收税费的规定。

5.3.4　单位估价表的概念和作用

1. 单位估价表的概念

预算定额是确定一定计量单位的分项工程或结构构件所需各种消耗量标准的文件，主要是研究和确定定额消耗量，而单位估价表则是在预算定额所规定的各项消耗量的基础上，根据所在地区的人工工资、物价水平，确定人工工日单价、材料预算价格、机械台班预算价格，从而用货币形式表达拟定预算定额中每一分项工程的预算定额单价的计算表格。它既反映了预算定额统一规定的量，又反映了本地区所确定的价，把量与价的因素有机地结合起来，但主要还是确定价的问题。

单位估价表的一个非常明显的特点是地区性强，所以也称做"地区单位估价表"或"工程预算单价表"。不同地区分别使用各自的单位估价表，互不通用。单位估价表的地区性特点是由工资标准的地区性及材料、机械预算价格的地区性所决定的。

《全国统一建筑工程基础定额（GJD—101—95）》作为预算定额，只规定了每个分项及其子目的人工、材料和机械台班的消耗量标准，没有用货币形式表达。为了便于编制施工图预算，各省、市和自治区，一般多采用预算定额与单位估价表合并在一起的形式，编成某省（市、自治区）建筑工程预算定额（手册），统称为预算定额。在定额中既反映全国统一规定的人工、材料、机械台班的消耗量指标，又有各自地区统一的人工、材料和机械台班的预算单价，从而发挥计价性定额的作用。

对于全国统一预算定额项目不足的，可由地区主管部门补充。个别特殊工程或大型建设工程，当不适用统一的地区单位估价表时，履行向主管部门申报和审批程序，单独编制单位估价表。

2. 单位估价表的作用

单位估价表的作用主要体现在以下几个方面：①是编制、审核施工图预算和确定工程造价的基础依据；②是工程拨款、工程结算和竣工决算的依据；③是施工企业实行经济核算，考核工程成本，向工人班组下达作业任务书的依据；④是编制概算价目表的依据。

5.3.5　单位估价表的编制

1. 编制依据

单位估价表编制的依据是：①中华人民共和国建设部 1995 年发布的《全国统一建筑工程基础定额（GJD—101—95)》；②省、市和自治区建设委员会编制的《建筑工程预算定额》或《建设工程预算定额》；③地区建筑安装工人工资标准；④地区材料预算价格；⑤地区施工机械台班预算价格；⑥国家与地区对编制单位估价表的有关规定及计算手册等资料。

2. 单位估价表的编制方法

单位估价表是由若干个分项工程或结构构件的单价所组成，因此编制单位估价表的工作就是计算分项工程或结构构件的单价。单价中的人工费是由预算定额中每一分项工程用工数，乘以地区人工工日单价计算得出；材料费是由预算定额中每一分项工程的各种材料消耗量，乘以地区相应材料预算价格之和算出；机械费是由预算定额中每一分项工程的机械台班消耗量，乘以地区相应施工机械台班预算价格之和算出。计算公式为

$$分项工程预算单价＝人工费＋材料费＋机械费$$

其中，

人工费＝分项工程定额用工量×地区综合平均日工资标准

材料费＝$\sum$（分项工程定额材料用量×相应的材料预算价格）

机械费＝$\sum$（分项工程定额机械台班使用量×相应机械台班预算单价）

如 M5 水泥砂浆砌砖基础的分项工程的单价计算如表 5－2 所示。

表 5－2　分项工程单价计算表

定额项目名称	单　位	分项工程单价（基价）	计　算　式
M5 水泥砂浆砌砖基础	10 m³	1 612.35	人工费＋材料费＋机械费
人　工　费	元	343.96	12.18×28.24＝343.96
材　料　费	元	1 249.23	普通砖：5.236×177＝926.77 M5 水泥砂浆：2.36×135.21＝319.10 水：1.05×3.2＝3.36
机　械　费	元	19.16	灰浆搅拌机 200 L：0.39×49.14＝19.16
小　　计	元	1 612.35	人工费＋材料费＋机械费

3. 单位估价表的编制步骤

（1）选用预算定额项目。单位估价表是针对某一地区而编制的，所以要选用在本地适用的定额项目（包括定额项目名称、定额消耗量和定额计量单位等）。本地不需用或根本不适应的项目，在单位估价表中可以不编入；反之，本地常用而预算定额中没有的定额项目，在编制单位估价表时要补充列入，以满足使用的要求。

（2）抄录定额的工、料、机械台班数量。将预算定额中所选定项目的工、料、机械台班数量，逐项抄录在单位估价表分项工程单价计算表的各栏目中。

（3）选择和填写单价。将地区日工资标准、材料预算价格、施工机械台班预算单价，分别填入工程单价计算表中相应的单价栏内。

（4）进行单价计算。单价计算可直接在单位估价表上进行，也可通过"工程单价计算表"计算各项费用后，再把结果填入单位估价表。

（5）复核与审批。将单位估价表中的数量、单价、费用等认真进行核对，以便纠正错误。汇总成册由主管部门审批后，即可排版印刷，颁发执行。

5.4 预算定额的换算

5.4.1 概述

预算定额是编制施工图预算、确定工程造价的重要依据，定额应用得正确与否直接影响建筑工程造价。在应用预算定额编制施工图预算时，必须明确预算定额的编号，熟练掌握预算定额基价的套用、换算和补充。

在使用定额前，必须仔细阅读和掌握定额的总说明、建筑面积计算规则、分部工程说明、分项工程的工作内容和定额项目注解，熟悉掌握各分部工程的工程量计算规则，这些要和熟悉项目内容结合起来进行。

判断施工图纸中分部分项工程的工程内容、名称、规格和计算单位等与预算定额中规定的相应内容是否一致。当条件完全一致时，就可以直接从该项目的定额编号栏内，根据人工、材料和施工机械台班的消耗数量或定额单价（当预算定额为量价合一定额时），计算该项目的直接费；如果条件不完全一致时，则不可直接套用定额，需根据定额编制总说明、分部工程说明和附注等有关规定，在定额规定的范围内进行换算。

定额换算的实质就是按定额规定的换算范围、内容和方法，对某些分项工程预算基价进行换算。预算定额具有法令性，为了保持预算定额的水平不改变，在定额说明中规定了若干条定额换算的条件。因此，为了避免人为改变定额水平的不合理现象，在定额换算时必须执行这些规定才能换算。从定额水平保持不变的角度来看，定额换算实际上是预算定额的进一步扩展与延伸；经过换算的定额在原定额编号后写个"换"字。

在预算定额换算中，常见的换算类型有砂浆的换算、混凝土的换算、木材的换算、系数换算、其他换算。

5.4.2 预算定额的换算方法

1. 砂浆的换算

砂浆换算包括砌筑砂浆换算和抹灰砂浆换算两种。如果设计要求与定额规定的砂浆标号、砂浆种类或配合比不同时，预算定额基价需要经过换算才可套用。其换算步骤如下所述。

（1）从定额附录——混凝土、砂浆配合比表中，分别找出设计要求和定额规定的不同品种和标号的两种砂浆的单价，并求出价差。

（2）从定额表中，找出完成定额计量单位合格产品规定的砂浆消耗量和原定额基价。

（3）将（1）和（2）数值代入下列公式，计算换算后的定额基价，即

换算后的定额基价＝原定额基价＋定额规定砂浆用量×

（换入砂浆单价－换出砂浆单价）

（4）写出换算后的定额编号，即在原定额编号后添个"换"字。

例 5－4 某工程砌砖基础，设计要求用红机砖、M7.5 水泥砂浆砌筑，试计算该分项工程预算价。

解

（1）确定换入换出砂浆的单价（某市建筑工程预算定额附录如表 5－3 所示）

表 5－3 砂浆、混凝土配合比表（砌筑砂浆） m³

项 目			水 泥 砂 浆		
			M10	M7.5	M5
合 价			185.35	159.00	135.21
名 称	单 位	单价/元	数 量		
水泥（综合）	kg	0.366	346.000	274.000	209.000
砂 子	kg	0.036	1 631.000	1 631.000	1 631.000

M7.5 水泥砂浆单价　159.00 元/m³（细砂）；

M5 水泥砂浆单价　135.21 元/m³（细砂）。

（2）确定换算定额的编号 4－1（M5 水泥砂浆）

价格　165.13 元/m³；

砂浆用量　0.236 m³/m³。

（3）计算换算单价

$$4－1_换＝165.13＋0.236×（159.00－135.21）＝170.74（元/m³）$$

2. 混凝土的换算

当预算定额中混凝土强度标号或石子粒径与施工图的设计要求不一致时，定额说明中允许换算。通常采用两种形式：一种是定额基价按某一标号混凝土单价确定的，其换算方法和步骤同砂浆换算；另一种是定额基价用不完全价格来表示，即定额基价，不含混凝土单价。其换算步骤如下所述。

（1）从定额附录——混凝土、砂浆配合比表中，查出设计要求的混凝土单价。

（2）从定额表中，查出完成定额计量单位合格产品规定的混凝土消耗量和定额不完全价格（即小计）。

（3）将（1）和（2）数值代入下列公式计算

换算后的定额基价＝定额不完全价格(小计)＋定额规定混凝土消耗量×混凝土单价

（4）写出换算后的定额编号。

例 5－5 某民用住宅工程有现浇钢筋混凝土构造柱 10 m³，设计混凝土标号为 C30 号（石子粒径为 40 mm），而定额中规定混凝土标号为 C25 号（石子粒径为 40 mm），水泥标号均是 425 号，试求现浇钢筋混凝土构造柱换算后的定额基价是多少？（采用定额是《北京市建设工程预算定额（2001)》）

解

（1）确定换入换出混凝土的单价，查北京市建筑工程预算定额附录，如表 5－4 所示。

C30 混凝土单价　214.14 元/m³（石子粒径为 40 mm）；

C25 混凝土单价　197.91 元/m³（石子粒径为 40 mm）。

表 5－4　砂浆、混凝土配合比表（混凝土）　　　　　　　　　　　　m³

项　　　目			混凝土（石子粒径 0.5～3.2）				
			C10	C15	C20	C25	C30
合　　　价			148.81	166.70	183.00	197.91	214.14
名　　称	单　位	单价/元	数　　　量				
水泥（综合）	kg	0.366	222.000	276.000	328.000	373.000	422.000
石子（综合）	kg	0.032	1 272.000	1 255.000	1 201.000	1 186.000	1 169.000
砂　子	kg	0.036	746.000	709.000	681.000	651.000	619.000

（2）确定换算定额的编号 5－21（C25 混凝土）

价格　279.41 元/m³；

混凝土用量　0.986 m³/m³。

（3）计算换算单价

$$5-21_{换} = 279.41 + 0.986 \times (214.14 - 197.91) = 295.41(元/m^3)$$

（4）换算后的定额编号为 5－21_{换}。

3. 木材的换算

根据《全国统一建筑工程基础定额（GJD—101—95）》的第七章"门窗及木结构工程"中说明规定，"定额取定的断面与设计规定不同时，应按比例换算。框料以边立框断面为准（框截口如钉条者，应加贴条的断面），扇料以梃断面为准"，其换算步骤如下所述。

（1）根据分部分项工程的工作内容，从木结构工程定额表中查出换算前定额的基价和定额材积。

（2）计算换算后的材积，其计算公式为

$$换算后的材积 = 设计截面(加刨光损耗) \times \frac{定额材积}{定额截面}$$

式中，刨光损耗是指

$$毛料方材 \xrightarrow[\text{双面刨光损耗 5 mm}]{\text{一面刨光损耗 3 mm}} 净料方材$$

（3）从定额附录主要材料规格品种预算价格表中，查出需要换算的木材相应单价。

（4）求换算后的定额基价，其计算公式为

换算后的定额基价 = 换算前的定额基价 +（换算后材积 - 换算前材积）× 木材单价

（5）写出换算后的定额编号。

例 5 - 6 某工程施工图设计门框为双裁口四块料，边框断面面积（毛料）为 160 mm × 65 mm；而在门框制作安装的定额中，边框断面面积为 150 mm × 60 mm，定额木材体积为 3.659 m³，试求换算后的木材体积和基价（门框工程量为 182 m²）。

解

从表 5 - 5 中可以看出，设计对应于定额编号 7 - 3，定额基价为 8 553.22 元/100 m² 框外围面积，定额木材体积为 3.659 m³/100 m² 框外围面积。

表 5 - 5　木门窗框制作安装

工作内容：框、木砖制作、安装、刷清油、刷防腐油，钉防寒毡，场内水平运输和垂直运输等。100 m² 框外围面积

定额编号				7 - 3	7 - 4
项　目		单位	单价/元	门　框	
				双裁口	
				五块料以内	五块料以上
基　价		元		8 553.22/8 526.54	9 837.40/9 822.56
其中	人工费	元		576.09	641.73
	材料费	元		7 761.93	8 958.78
	机械费	元		215.20/188.52	236.89/222.05
（一）制作					
人工	合　计	工日	21.52	15.42	19.03
	技　工	工日	21.52	12.20	15.36
	普通工	工日	21.52	0.71	0.75
	辅助工	工日	21.52	1.10	1.19
	其他工	工日	21.52	1.40	1.73

定 额 编 号			7-3	7-4
材料	一等中方	m³	1 818.96	3.659	4.311
	二等中方	m³	1 132.95	0.117	0.086
	铁钉（综合）	kg	6.16	1.50	1.30
	清 油	kg	18.49	3.09	4.08
	油漆溶剂油	kg	3.70	2.06	2.71
	木材干燥费	元	107.66	3.659	4.311
	其他材料费	元	2.00	1.59	1.96
机械	圆锯机 ϕ1 000 mm 以内	台班	67.20	0.53	0.48
	压刨机三面 400 mm 以内	台班	65.97	0.53	0.62
	打眼机 ϕ50 mm 以内	台班	11.60	0.94	1.22
	开榫机 160 mm 以内	台班	58.46	1.40	1.84
	裁口机多面 400 mm 以内	台班	42.40	0.31	0.42

换算后的木材体积＝(160×65)×3.659/(150×60)

＝4.228 m³/100 m² 框外围面积

从材料项的第一行查得框料为一等中方（红松），单价为 1 818.96 元/m³。

换算后的定额基价＝8 553.22＋(4.228−3.659)×1 818.96

＝9 588.21 元/100 m² 框外围面积

换算后的定额编号为 7-3$_换$。

4. 钢筋换算

有些地区预算定额规定，在单位工程中，设计钢筋、铁件总用量(图示用量×(1＋损耗率及搭接用量率))与定额用量不同时，可按实际计算钢筋、铁件增减量。各种钢筋、铁件损耗率见表 5-6。

表 5-6　各种钢筋、铁件损耗率

名 称	损耗率/%	名 称	损耗率/%
现浇、预制钢筋混凝土的钢筋	2	其他预应力钢筋	6
预应力钢丝和钢丝束	9	铁 件	1
后张预应力钢筋	13		

另外，钢筋搭接头用量为 2.5%。

计算现浇、预制钢筋混凝土的钢筋量的公式为

钢筋实际用量＝设计钢筋用量×(1＋0.02＋0.025)

钢筋量差＝钢筋实际用量−钢筋设计用量

钢筋调整费用＝钢筋量差×钢筋单价

式中，钢筋单价是指钢筋的预算价格表中的单价。

例5-7 某民用房屋结构施工图有梁式钢筋混凝土满堂基础，混凝土工程量为222.12 m³。Ⅰ级钢筋含量为25.251 t，其中，≤φ10的为10.53 t，>φ10的为14.721 t，与其相应的预算定额参见表5-7。定额编号为5-10，每10 m³混凝土含钢筋量中≤φ10的为0.437 t，>φ10的为0.61 t。试求钢筋调整费用。

表5-7　钢筋混凝土基础　　　　　　　　　　　　10 m³

定　额　编　号			5-9	5-10
项　目	单位	单价/元	满　堂　基　础	
			无 梁 式	有 梁 式
基　价	元		5 444.18	5 817.94
其中　人　工　费	元		383.06	498.83
材　料　费	元		4 799.35	5 032.15
机　械　费	元		261.57	286.96
项　目	单位	单价/元	满　堂　基　础	
			无 梁 式	有 梁 式
（一）模板				
人　工				
材　料				
机　械				
（二）钢筋				
人工　合　计	工日	21.52	8.16	7.83
技　工	工日	21.52	5.32	5.00
辅　助　工	工日	21.52	2.10	2.12
其　他　工	工日	21.52	0.74	0.71
材料　钢筋 φ10 以内	t	2 830.96	0.041	0.437
钢筋 φ10 以外	t	2 660.95	0.991	0.610
铁线 22 号	kg	7.09	2.40	3.40
电焊条（综合）	kg	5.62	4.76	2.93
其他材料费	元	2.00	0.45	0.45
机械　钢筋调直机 φ14 mm 以内	台班	42.60	0.26	0.28
钢筋切断机 φ40 mm 以内	台班	44.64	0.26	0.28
钢筋弯曲机 φ40 mm 以内	台班	26.04	0.26	0.28
直流电焊机 30 kW 以内	台班	115.69	0.07	0.04
对焊机 75 kVA 以内	台班	138.57	0.25	0.14

解

钢筋实际用量为

$$\leqslant \phi 10 \text{ 的钢筋用量} = 10.53 \times (1 + 0.02 + 0.025) = 11(t)$$

$$> \phi 10 \text{ 的钢筋用量} = 14.721 \times (1 + 0.02 + 0.025) = 15.383(t)$$

钢筋调整量为

$$\leqslant \phi 10 \text{ 的钢筋调整量} = 11 - 0.437 \times 222.12/10 = 1.293(t)$$

$$> \phi 10 \text{ 的钢筋调整量} = 15.383 - 0.61 \times 222.12/10 = 1.834(t)$$

查材料预算价格定额，得 $\leqslant \phi 10$ 的钢筋单价为 2 830.96 元/t，$> \phi 10$ 的钢筋单价为 2 660.95 元/t。

钢筋调整费用为

$$1.293 \times 2\ 830.96 + 1.834 \times 2\ 660.95 = 8\ 540.61(元)$$

5. 系数换算

凡定额说明和附注规定，按定额人工、材料、机械乘以系数的分项工程，应将系数乘在定额基价上或乘在人工费、材料费、机械费某一项或两项费用上。

例 5-8 某工程需预制钢筋混凝土桩 100 m³，桩截面是 300 mm×300 mm，桩长 7 m，混凝土标号为 C30，计算此桩基的预算价值是多少?

解

打桩工程分部说明规定，预制钢筋混凝土方桩工程，桩混凝土数量在 150 m³ 以内属于小型打桩工程，其人工及机械使用量，按相应的子目乘以 1.25 计算。

查定额编号 02001，计量单位为 m³，换算前定额基价 = 1 147.01 元/m³。按说明规定，则

$$人工费 = (18.49 + 4.05) \times 1.25 = 28.80(元)$$

$$机械费 = (105.43 + 24.01) \times 1.25 = 161.80(元)$$

$$材料费 = 988.38 + 5.85 + 0.80 = 995.03(元)$$

故　换算后定额基价 = 28.80 + 161.80 + 995.03 = 1 185.63(元/m³)(02001 换)

桩基预算价值 = 1 185.63 × 100 = 118 563.00(元)

第 6 章　概算定额和概算指标

6.1　概算定额

6.1.1　概算定额的概念和作用

概算定额是规定一定计量单位的扩大分项工程或扩大结构构件所需人工、材料、机械台班消耗量和货币价值的数量标准。它是在相应预算定额的基础上，根据有代表性的设计图纸及通用图、标准图和有关资料，把预算定额中的若干相关项目合并、综合和扩大编制而成的，以达到简化工程量计算和编制设计概算的目的。例如，砌筑条形毛石基础，在概算定额中是一个项目，而在预算定额中，则分属于挖土、回填土、槽底夯实、找平层和砌石五个分项。

编制概算定额时，为了能适应规划、设计、施工各阶段的要求，概算定额与预算定额的水平应基本一致，即反映社会平均水平。但由于概算定额是在预算定额的基础上综合扩大而成的，因此两者之间必然产生并允许留有一定的幅度差，这种扩大的幅度差一般在 5% 以内，以便使根据概算定额编制的设计概算能对施工图预算起控制作用。目前，全国尚无编制概算定额的统一规定，各省、市、自治区的有关部门是在总结各地区经验的基础上编制概算定额的。

概算定额的主要作用有以下几个方面：①是在初步设计阶段编制单位工程概算，扩大初步设计（技术设计）阶段编制修正概算的依据；②是对设计方案进行技术经济比较和选择的依据；③是建筑安装企业在施工准备阶段编制施工组织总设计或总规划的各种资源需要量的依据；④是编制概算指标的基础。

6.1.2　概算定额的编制

1. 概算定额的编制原则

编制概算定额时，应遵循下列原则。

（1）相对于施工图预算定额而言，概算定额应本着扩大综合和简化计算的原则进行编制。"简化计算"，是指在综合内容、工程量计算、活口处理和不同项目的换算等问题的处理上力求简化。

（2）概算定额应做到简明适用。"简明"就是在章节的划分、项目的排列、说明、附注、定额内容和表面形式等方面，清晰醒目，一目了然；"适用"就是面对本地区，综合考虑到各种情况都能应用。

（3）为保证概算定额质量，必须把定额水平控制在一定的幅度之内，使预算定额和概算定额之间幅度差的极限值控制在5%以内，一般控制在3%左右。

（4）细算粗编。"细算"是指在含量的取定上，一定要正确地选择有代表性且质量高的图纸和可靠的资料，精心计算，全面分析。"粗编"是指在综合内容时，要贯彻以主代次的指导思想，以影响水平较大的项目为主，并将影响水平较小的项目综合进去；换句话说，综合的内容，可以尽量多一些和宽一些，尽量不留活口。

（5）考虑运用统筹法原理及电子计算机计算程序，提高概算工作效率。

2. 概算定额的编制依据

概算定额的编制依据主要有以下几个方面：①现行的设计标准、规范和施工技术规范、规程等法规；②有代表性的设计图纸和标准设计图集、通用图集；③现行的建设工程预算定额和概算定额；④现行的人工工资标准、材料预算价格、机械台班预算价格及各项取费标准；⑤有关的施工图预算和工程结算等经济资料；⑥有关国家、省、市和自治区文件。

3. 概算定额的编制方法

概算定额的编制方法有以下三个方面。

（1）定额项目的划分。应以简明和便于计算为原则，在保证一定准确性的前提下，以主要结构分部工程为主，合并相关联的子项目。

（2）定额的计量单位。基本上按预算定额的规定执行，但是扩大该单位中所包含的工程内容。

（3）定额数据的综合取定：由于概算定额是在预算定额的基础上综合扩大而成，因此在工程的标准和施工方法的确定、工程量计算和取值上都需综合考虑，并结合概、预算定额水平的幅度差而适当扩大，还要考虑到初步设计的深度条件来编制。如对混凝土和砂浆的强度等级、钢筋用量等，可根据工程结构的不同部位，通过综合测算、统计而取定合理数据。

4. 概算定额的内容

各地区概算定额的形式、内容各有特点，但一般包括下列主要内容。

（1）总说明。主要阐述概算定额的编制原则、编制依据、适用范围、有关规定、取费标准和概算造价计算方法等。

（2）分章说明。主要阐明本章所包括的定额项目及工程内容、规定的工程量计算规则等。

（3）定额项目表。这是概算定额的主要内容，它由若干分节定额表组成。各节定额表表头注有工作内容，定额表中列有计量单位、概算基价、各种资源消耗量指标，以及所综合的预算定额的项目与工程量等。某地区概算定额项目表（摘录）如表6-1所示。

表6-1 砖墙工程概算定额表（摘录）

工程内容：包括过梁、圈梁、钢筋混凝土加固带、加固筋、砖砌垃圾道、通风道、附墙烟囱等。

定额编号			2-1	2-2	2-3	2-4	2-5	2-6
			红 机 砖					
项 目		单位	外 墙			内 墙		
			240	365	490	115	240	365
基 价		元	60.15	91.08	121.99	23.92	53.04	81.22
其中	人 工 费	元	9.39	14.24	19.09	5.12	7.99	12.19
	材 料 费	元	49.99	75.67	101.35	18.54	44.40	67.99
	机 械 费	元	0.77	1.17	1.55	0.26	0.65	1.04
人工		工日	0.44	0.66	0.88	0.24	0.37	0.57
主要工程量	砌 体	m³	0.227	0.345	0.463	0.106	0.210	0.319
	现浇混凝土		0.012	0.018	0.024		0.011	0.017
主要材料	钢 筋	kg	2	3	4		1	2
	模 板	m³						
	水 泥	kg	15	23	31	4	14	21
	过 梁	m³	0.006	0.009	0.012	0.002	0.005	0.008
	红 机 砖	块	116	176	236	57	107	163
	石 灰	kg	5	7	10	2	4	7
	砂 子	kg	105	160	214	38	97	148
	石 子	kg	15	23	31		14	22
	钢 模 费	元	1.08	1.62	2.15		0.99	1.53
其他材料费		元	0.22	0.34	0.45	0.06	0.20	0.31

6.2 概算指标

6.2.1 概算指标的概念

在建筑工程中，概算指标是以建筑面积（m² 或 100 m²）或建筑体积（m³ 或 100 m³）、构筑物以座为计量单位，规定所需人工、材料、机械台班消耗量和资金数量的定额指标。概算指标是按整个建筑物或构筑物为对象编制的，因此它比概算定额更加综合和扩大，据其编制设计概算也就更为简便。概算指标中各消耗量的确定，主要来自各种工程的概预算和决算的统计资料。

概算指标按项目划分，有单位工程概算指标（如土建工程概算指标、水暖工程概算指标等）、单项工程概算指标、建设工程概算指标等；按费用划分，有直接费概算指标和工程造价指标。概算指标的主要作用有：①在初步设计阶段，特别是当工程设计形象尚不具体时，计算分部分项工程量有困难，无法查用概算定额，同时又必须提出建筑工程概算的情况下，可以使用概算指标编制设计概算；②是在建设项目可行性研究阶段编制项目投资估算的依据；③是建设单位编制基本建设计划、申请投资贷款和编写主要材料计划的依据；④是设计和建设单位进行设计方案的技术经济分析、考核投资效果的标准。

6.2.2　概算指标的编制

1. 概算指标的编制依据

概算指标的编制，要以下列方面为依据：①标准设计图纸和各类工程典型设计；②国家颁发的建筑标准、设计规范、施工规范等；③各类工程造价资料；④现行的概算定额、预算定额及补充定额资料；⑤人工工资标准、材料预算价格、机械台班预算价格及其他价格资料。

2. 概算指标的编制方法

下面以房屋建筑工程为例，对概算指标的编制方法作简要概述。

首先，编制概算指标要根据选择好的设计图纸，计算出每一结构构件或分部工程的工程数量。计算工程量的目的有两个。第一个目的是以 1 000 m³ 建筑体积（或 100 m² 建筑面积）为计算单位，换算出某种类型建筑物所含的各结构构件和分部工程量指标。例如，根据某砖混结构工程中的典型设计图纸的结果，已知其毛石带型基础的工程量为 90 m³，混凝土基础的工程量为 70 m³，该砖混结构建筑物的体积为 800 m³，则 1 000 m³ 砖混结构经综合归并后，所含的毛石带型和混凝土基础的工程量指标分别为：$1\,000\times90/800=112.5(\text{m}^3)$，$1\,000\times70/800=87.5(\text{m}^3)$。工程量指标是概算指标中的重要内容，它详尽地说明了建筑物的结构特征，同时也规定了概算指标的适用范围。计算工程量的第二个目的是为了计算出人工、材料和机械的消耗量指标，计算出工程的单位造价。所以，计算标准设计和典型设计的工程量，是编制概算指标的重要环节。

其次，在计算工程量指标的基础上，要确定人工、机械和材料的消耗指标，确定的方法是按照所选择的设计图纸、现行的概预算定额、各类价格资料，编制单位工程概算或预算，并将各种人工、机械和材料的消耗量汇总，计算出人工、材料和机械的总用量，然后再计算出每 m² 建筑面积和每 m³ 建筑物体积的单位造价，计算出该计量单位所需的主要人工、材料和机械的实物消耗量指标，次要人工、材料和机械的消耗量，综合为其他人工、其他机械、其他材料，用金额"元"表示。例如每 m² 造价指标，就是以整个建筑物为对象，根据该项工程的全部预算（或概算、决算）价值除以总建筑面积而得的数值，而每 m² 面积所包含的某种材料数量就是该工程预算（或概算、决算）中此种材料总的耗用量除以总建筑面积而得的数据。

假定从上例单位工程预算书上取得如下资料：一般土建工程 400 000 元，给排水工程 40 000 元，汇总预算造价 440 000 元。根据这些资料，可以计算出单位工程的单位造价和整个建筑物的单位造价：

每 m³ 建筑物体积的一般土建工程造价＝400 000/800＝500(元)

每 m³ 建筑物体积的给排水工程造价＝40 000/800＝50(元)

每 m³ 建筑物体积造价＝440 000/800＝550(元)

每 m² 建筑物的单位造价计算方法同上。

各种消耗指标的确定方法如下：

假定根据概算定额，10 m³ 毛石基础需要用砌石工 6.54 工日，又假定在该项单位工程中没有其他工程需要砌石工，则 1 000 m³ 建筑物需用的砌石工为 112.5×6.54/10＝73.58(工日)。

其他各种消耗指标的计算方法同上。

对于经过上述编制方法确定和计算出的概算指标，要经过比较平衡、调整和水平测算对比及试算修订，才能最后定稿报批。

6.2.3　概算指标的内容

概算指标在其表达形式上，可分为综合形式和单项形式。

1. 综合形式的概算指标

综合形式的概算指标概括性比较大，对于房屋来讲，只包括单位工程的单方造价、单项工程造价和每 100 m² 土建工程的主要材料消耗量。表 6-2～表 6-4 为各种建筑工程综合形式的概算指标参考示例。在综合形式的概算指标中，主要材料消耗是以每 100 m²（材料消耗量/100 m²）为单位。

表 6-2　某省住宅建筑工程综合形式概算指标示例

编　号	工程名称	结构特征	适用范围 /m²	每 m² 造价/ %	其　中/%			方案指数 /%	主要材料消耗量/100 m²				
					土建	水暖	电照		水泥 /t	钢材 /t	木材 /m³	红砖 /1 000 块	玻璃 /m²
住-1	二层住宅	混合	600	100	83.52	10.34	6.15	100.00	14.19	1.24	3.13	28.38	26
住-2	三层住宅	混合	1 080	100	84.22	9.89	5.88	104.47	14.30	1.84	3.30	30.40	29
住-3	四层住宅	混合	2 540	100	84.55	10.73	4.71	106.70	15.75	1.28	4.32	31.80	32
住-4	五层住宅	混合	2 000	100	84.80	9.07	6.13	113.97	14.50	1.48	3.93	30.10	40
住-5	六层住宅	混合	3 200	100	82.32	11.62	6.05	115.36	16.35	2.28	3.75	29.28	39
住-6	七层住宅	混合	2 600	100	83.42	10.40	6.19	112.85	16.15	1.75	3.71	28.71	36
住-7	七层住宅	轻板框架	3 400	100	87.19	8.70	4.12	122.07	16.60	3.01	4.63	5.58	30
住-8	七层住宅	轻板框架	7 000	100	85.81	9.77	4.42	120.11	17.83	3.03	2.61	9.64	29
住-9	七层住宅	轻板框架	3 700	100	88.33	7.78	3.89	122.07	14.60	2.45	3.81	8.17	29
住-10	六层住宅	内浇外砌	4 200	100	86.17	8.24	5.59	105.03	18.10	3.38	4.10	15.10	29

注：造价比较指数是以编号 1 为基准

表6-3 某省教学楼建筑工程综合形式概算指标示例

编 号	工程名称	结构特征	适用范围 /m²	每 m² 造价/ %	其 中/%			方案 指数 /%	主要材料消耗量/100 m²				
					土建	水暖	电照		水泥 /t	钢材 /t	木材 /m³	红砖 /1 000 块	玻璃 /m²
教-1	二层教学楼	混合	1 500	100	86.10	7.52	6.38	100.00	18.10	1.84	4.60	30.90	46.00
教-2	二层培训楼	混合	1 400	100	86.85	7.94	5.21	91.80	17.14	1.81	3.84	24.08	39.34
教-3	三层小学校	混合	3 200	100	84.90	9.61	5.49	99.54	16.70	1.96	3.41	28.83	30.00
教-4	三层中学校	混合	3 300	100	85.05	9.58	5.37	97.49	16.00	2.27	3.58	28.18	30.00
教-5	三层教学楼	混合	3 500	100	86.45	8.13	5.42	92.42	16.70	1.82	2.90	28.00	50.00
教-6	三层教学楼	混合	2 500	100	82.03	8.33	5.64	92.93	14.50	2.10	5.40	26.40	45.00
教-7	四层中学校	混合	3 800	100	86.28	8.60	5.12	97.95	18.00	1.73	3.50	27.00	41.00
教-8	五层中学校	混合	4 300	100	86.73	7.88	5.45	96.13	19.80	2.31	2.21	27.80	41.00
教-9	五层中学校	框架	4 200	100	86.81	8.13	5.05	103.64	20.24	3.64	2.82	26.00	47.00
教-10	六层教务楼	混合	4 200	100	87.14	7.54	5.32	102.73	19.60	2.78	6.06	27.00	40.00

表6-4 某省办公楼建筑工程综合形式概算指标示例

编 号	工程名称	结构特征	适用范围 /m²	每 m² 造价 /%	其 中/%			方案 指数 /%	主要材料消耗量/100 m²				
					土建	水暖	电照		水泥 /t	钢材 /t	木材 /m³	红砖 /1 000 块	玻璃 /m²
办-1	一层办公房	混合	300	100	95.84		4.16	100.00	9.09	0.75	8.01	28.28	28.00
办-2	一层办公房	混合	500	100	94.43		5.57	87.37	11.87	0.92	2.04	28.19	36.00
办-3	二层办公楼	混合	750	100	86.57	8.33	5.09	105.62	18.68	1.23	3.10	33.50	33.00
办-4	二层办公楼	混合	500	100	88.34	7.62	4.04	109.05	24.20	2.32	3.68	28.89	30.00
办-5	三层办公楼	混合	800	100	86.58	9.09	4.33	112.96	11.53	2.30	5.10	32.40	30.00
办-6	三层办公楼	混合	1 200	100	88.24	7.92	3.85	108.07	19.00	1.43	4.60	33.00	33.00
办-7	三层办公楼	混合	2 000	100	84.62	9.86	5.53	101.71	13.30	1.20	6.42	34.00	39.00
办-8	五层办公楼	混合	1 300	100	87.16	9.01	3.83	108.56	18.19	1.80	3.20	32.45	31.00
办-9	五层办公楼	混合	2 800	100	87.21	7.08	5.71	107.09	15.02	1.80	3.50	34.70	32.00
办-10	五层办公楼	混合	1 500	100	86.00	7.71	6.27	101.47	18.98	1.53	3.40	33.20	32.00

2. 单项形式的概算指标

单项形式的概算指标，要比综合形式的概算指标详细。如某省的单项形式概算指标，就是以其现行的概预算定额和当时的材料价格为依据，收集了当地的许多典型工程竣工结算资料，经过整理和计算后编制而成的。

单项形式的概算指标，通常包括4个方面的内容。

1) 编制说明

它主要从总体上说明概算指标的作用、编制依据、适用范围和使用方法等。

2）工程简图

它也称"示意图"，由立面图和平面图来表示。根据工程的复杂程度，必要时还要画出剖面图。对于单层厂房，只需画出平面图和剖面图。

3）经济指标

建筑工程中，常用的经济指标有每 m^2 的造价（单位：元/m^2）和每 100 m^2 的造价（单位：元/100 m^2），该单项工程中土建、给排水、采暖、电照等单位工程的单价指标。造价指标中，包含了直接费、间接费、计划利润、其他费用和税金。

4）构造内容及工程量指标

说明该工程项目的构造内容（可作为不同构造内容进行换算的依据）和相应计算单位的扩大分项工程的工程量指标，以及人工、主要材料消耗量指标，如表6-5~表6-8所示。

表6-5　某学院学生宿舍建筑安装工程概算指标

结构类型：砖混结构						建筑面积：5 277.99 m^2	
基本特征	檐高/m	层数	层高/m			基础类型	利润率/%
			首层	标准层	顶层	桩承台	
	20.55	6	3.45	3.3×4	3.45		7.5

表6-6　工程造价指标

工程造价/元		价格/m^2		各项费用所占比例/%					
		元	%	人工费	材料费	机械费	费用	利润	税金
4 063 999.52		769.99	100	18.20	52.41	5.84	13.25	7.00	3.30
其中	建筑工程	667.02	100	18.54	52.01	6.54	12.86	6.75	3.30
	给排水工程	25.96	100	14.25	60.90	1.75	12.66	7.13	3.31
	采暖工程	29.84	100	14.25	58.51	1.61	14.43	7.90	3.30
	照明工程	47.17	100	18.07	49.46	0.83	18.31	10.02	3.31

表6-7　主要做法和工程量指标

项目名称				单位	数量		基价合计/元	
					合计	含量/m^2	合计	含量/m^2
土建工程	基础	土方	人工	m^3				
			机械	m^3	1 442.990	0.273	21 829	4.14
		砖基础		m^3	40.90	0.008	9 312	1.76
		混凝土基础		m^3	315.33	0.06	230 301	43.63
	主体	墙体	砌体	m^3	1 871.10	0.355	466 258	88.34
			混凝土	m^3				
		钢筋混凝土结构	柱 现浇	m^3	52.80	0.01	46 241	8.76
			梁 预制	m^3				
			现浇	m^3	143.81	0.027	162 181	30.73
			板 预制	m^3	269.53	0.051	182 621	34.60
			现浇	m^3	164.40	0.031	133 964	25.38

续表

项目名称			单位	数　量		基价合计/元	
				合　计	含量/m²	合　计	含量/m²
土建工程	屋面	改性沥青卷材	m²				
		热作法沥青卷材	m²	958	0.182	121 019	22.93
	门窗	木　门　窗	m²	522.89	0.099	89 256	16.91
		钢　门　窗	m²	562	0.106	133 646	25.32
		铝合金门窗	m²	120	0.023	39 085	7.41
	地面	地面垫层	m³	36.48	0.007	12 554	2.38
		面层 水　泥	m²	2 322	0.44	45 195	8.56
		水磨石	m²	2 216	0.42	148 097	28.06
	墙面	内墙 水泥砂浆	m²	3 406	0.645	51 994	9.85
		混合砂浆	m²	17 449	3.306	217 864	41.28
		瓷　砖	m²	876	0.166	63 005	11.94
		涂　料	m²	17 455	3.307	57 524	10.90
		外墙 水泥砂浆	m²	1 327	0.251	19 886	3.77
		涂　料	m²	1 327	0.251	12 155	2.30
安装工程	照明	插　座	个	587	0.11	5 714.72	1.08
		PVC塑料管	m	5 054	0.96	28 126.64	5.33
		钢　管	m	584	0.11	11 568.38	2.19
		绝　缘　线	m	25 604	4.85	31 152.93	5.90
		灯　具	套	421	0.08	40 771.46	7.72
		开　关	个	225	0.04	1 521.40	0.29
	给排水	镀锌钢管	m	690	0.13	24 196.51	4.58
		铸　铁　管	m	520	0.10	39 682.58	7.52
		地　漏	个	54	0.01	1 643.32	0.31
		阀　门	个	76	0.01	5 594.93	1.06
		洁　具	套	84	0.02	17 057.73	3.23
	采暖	焊接钢管	m	1 517	0.29	28 983.75	5.49
		阀　门	个	277	0.05	7 309.11	1.38
		散热器（柱型813）	片	2 712	0.51	60 865.75	11.53

表 6-8　每 m² 建筑面积工料消耗指标

材　料　名　称			单位	消　耗　量		主要部位用量/m²		
				合　计	m²	基　础	主　体	装　饰
土建工程	人　工		工日	20 729	3.93	0.34	1.54	1.609
	水泥	综　合	kg	640 973	121.44	19.51	51.69	40.63
	钢材	钢　筋	t	89.84	0.017	0.002 6	0.012 6	
		钢　材	t					
	木材	锯　材	m³	7.988	0.001 5			0.001 5
		模　板	m³	48.222	0.009	0.000 7	0.008	
	玻　璃		m²	781.65	0.148			0.148
	普通油毡		m²	3 219	0.61		0.61	
	石油沥青		kg	13 929	2.639		2.639	
	砖	机　砖	千块	1 010.51	0.192	0.004	0.187	

续表

材料名称		单位	消耗量		主要部位用量/m²		
			合 计	m²	基 础	主 体	装 饰
土建工程	砌块 加气混凝土块	m³					
	白 灰	kg	165 573	31.37	0.006	5.423	25.93
	砂 子	t	2 337.86	0.443	0.046	0.196	0.187
	石 子	t	1 136.43	0.215	0.079	0.122	
	装饰材料 106涂料	kg	6 716.68	1.272 6			1.272 6
	无机涂料 JH-80-1	kg	1 327	0.251 4			0.251 4
	面 砖	千块					
	水 磨 石 板	m²	292.27	0.055			0.055

　　材料消耗指标是概算指标中的基本指标。计算工程造价材料价格时要考虑有地区差价和时间差价，通常是根据材料消耗指标，按当时和当地的材料价格进行计算的。

第3篇　建设工程概预算

第7章　建设工程施工图预算

7.1　建设工程施工图预算的编制内容和方法

7.1.1　建设工程施工图预算的内容

施工图预算是指在施工图设计完成以后，按照政府制定的预算定额、费用定额和其他取费文件等编制的单位工程或单项工程预算价格的文件；按照施工图纸及计价所需的各种依据在工程实施前所计算的工程价格，均可称为施工图预算价格。该施工图预算价格可以是按照政府统一规定的预算单价、取费标准、计价程序计算得到的计划中的价格，也可以是根据企业自身的实力和市场供求及竞争状况计算的反映市场的价格。施工图预算可以划分为两种计价模式，即传统计价模式和工程量清单计价模式。

我国的传统计价模式是采用国家、部门或地区统一规定的定额和取费标准进行工程造价计价的模式，通常也称为定额计价模式。在传统计价模式下，工、料、机消耗量是根据"社会平均水平"综合测定，取费标准是根据不同地区价格水平平均测算，企业自主报价的空间很小。工程量计算由招投标的各方单独完成，计价基础不统一，不利于招标工作的规范性。

工程量清单计价模式是指按照工程量清单规范规定的全国统一工程量计算规则，由招标人提供工程量清单和有关技术说明，投标人根据企业自身的定额水平和市场价格进行计价的模式。我国以使用传统计价模式为主，今后我国将以使用工程量清单计价模式为主。

目前，从狭义上理解，建设工程施工图预算主要指定额计价中的施工图预算。本章介绍定额计价下的施工图预算编制方法，在第14章将介绍工程量清单计价。

建设工程施工图预算是当前进行招投标的重要基础（其工程量清单是招标文件的组成部分，其造价是标底编制的主要依据）。目前，部分地区大力推行低价中标，施工企业可以根据自身特点确定合理报价。传统的施工图预算在投标报价中的作用将逐渐弱化，但是，施工图预算的原理、依据、方法和编制程序，仍是投标报价的重要参考资料。

施工图预算是施工单位在施工前组织材料、机具、设备及劳动力供应的依据，是施工企业编制进度计划、统计完成工作量、进行经济核算的依据，是甲乙双方办理工程结算和拨付工程款的依据，也是施工单位拟定降低成本措施和按照工程量计算结果、编制施工预算的依据。

对于工程造价管理部门来说，施工图预算是监督、检查执行定额标准，合理确定工程造价，测算造价指数及审定招标工程标底的依据。

建设工程施工图预算，包括单位工程预算、单项工程预算和建设项目总预算。通过施工图预算，统计建设工程造价中的建筑安装工程费用。单位工程预算是根据单位工程施工图设计文件、现行预算定额、费用标准，以及人工、材料、设备、机械台班等预算价格资料，以一定方法编制出的施工图预算；汇总所有单位工程施工图预算，就成为单项工程施工图预算；再汇总所有单项工程施工图预算，便成为建设项目建筑安装工程的总预算。

单位工程预算，包括建筑工程预算和设备安装工程预算。对一般工业与民用建筑工程而言，建筑工程预算按其工程性质分为如下几个方面。

（1）一般土建单位工程预算。包括各种房屋及一般构筑物工程，铁路、公路及其附属构筑物工程，厂区围墙、道路工程预算。

（2）卫生单位工程预算。包括室内外给排水管道工程、卫生工程中的附属构筑物工程、属于卫生工程中的有关设备（如水泵、锅炉等）工程预算。

（3）采暖通风单位工程预算。包括室内外暖气管道工程预算。

（4）煤气单位工程预算。包括室内外民用煤气管道工程预算。

（5）电气照明单位工程预算。包括室内照明工程、室内外照明线路敷设工程、照明的变配电工程预算等。

（6）特殊构筑物单位工程预算。如炉窑、烟囱、水塔等工程预算，设备基础工程，工业管道用隧道、地沟、支架工程，设备的金属结构支架工程，设备的绝缘工程，各种工业炉砌筑工程，炉衬工程，涵洞、栈桥、高架桥工程及其他特殊构筑物工程预算等。

（7）工业管道单位工程预算。包括蒸汽管道工程、氧气管道工程、压缩空气管道工程、煤气管道工程、生产用给排水管道工程、工艺物料输送管道工程及其他工业管道工程预算等。

设备安装工程预算可分为以下几方面。

（1）机械设备安装单位工程预算。包括各种工艺设备安装工程、各种起重运输设备安装工程、动力设备安装工程、工业用泵与通风设备安装工程、其他机械设备安装工程等。

（2）电气设备安装单位工程预算。包括传动电气设备、吊车电气设备和起重控制设备安装工程、变电及整流电气设备安装工程、弱电系统设备安装工程、计算机及自动控制系统和其他电气设备安装工程预算等。

（3）化工设备、热力设备安装单位工程预算等。

7.1.2　施工图预算的编制依据

施工图预算的编制依据有以下 7 个方面的内容。

（1）经有关主管部门批准，同时经过会审的施工图设计文件。经审定的施工图纸、说明书和标准图集，完整地反映了工程的具体内容、各部分的具体做法、结构尺寸、技术特征及施工方法，并为编制工程预算、结合预算定额确定分项工程项目，选择套用定额子目，取定尺寸和计算各项工程量提供了重要数据，是编制施工图预算的重要依据；经主管部门批准的设计概算文件，是指导施工图设计的主要技术经济文件。

（2）现行预算定额及单位估价表、建筑安装工程费用定额。国家和地区颁发的现行建筑或安装工程预算定额，建筑安装工程费用定额及单位估价表和相应的工程量计算规则，是编制施工图预算、确定分项工程子目、计算工程量、选用单位估价表、计算直接工程费的主要依据。

（3）经施工企业主管部门批准并报业主及监理工程师认可的施工组织设计文件（包括施工方案、施工进度计划、施工现场平面布置及各项技术措施等）。因为施工组织设计或施工方案中包含了编制施工图预算必不可少的有关资料，如建设地点的土质、地质情况、土石方开挖的施工方法及余土外运方式与运距、施工机械使用情况、结构件预制加工方法及运距、重要的梁板柱的施工方案、重要或特殊机械设备的安装方案等，所以是编制施工图的重要依据。

（4）材料、人工、机械台班预算价格、工程造价信息及调价规定等。材料、人工、机械台班预算价格是预算定额的三要素，是构成直接工程费的主要因素。尤其是材料费在工程成本中占的比重大，而且在市场经济条件下，材料、人工、机械台班的价格是随市场而变化的。为使预算造价尽可能接近实际，应尽可能采用地区现时市场实际预算价格作为计算依据，各地区造价主管部门都有相应的工程造价网站或定期发布造价信息和其他形式的调价规定来对当地市场进行调控。因此，合理确定材料、人工、机械台班预算价格及其调价规定是编制施工图预算的重要依据。

（5）施工现场勘察及测量资料。

（6）预算工作手册及有关工具书。预算工作手册和工具书包括了计算各种结构件面积和体积的公式，钢材、木材等各种材料规格、型号及用量数据，各种单位换算比例，特殊断面、结构件的工程量的速算方法，金属材料重量表等。

（7）工程承包协议或招标文件。它明确了施工单位承包的工程范围，应承担和具有的责任、权利和义务。

7.1.3 施工图预算的编制原则

施工图预算是建设单位控制单项工程造价的重要依据，也是施工企业及建设单位实现工程价款结算的重要依据。施工图预算的编制工作是一项细致而烦琐的工作，它既有很强的技术性，又有很强的政策性和时效性，因此编制施工图预算必须遵循以下原则：①认真贯彻执行国家及各省、市、地区现行的各项政策、法规及各项具体规定和有关调整变更通知；②实事求是地计算工程量及工程造价，做到既不高估、冒算，又不漏算、少算；③充分了解工程情况及施工现场情况，做到工程量计算准确，定额套用合理。

7.1.4 单位工程施工图预算的编制程序和方法

施工图预算编制中确定直接费的最基本内容包括两大部分，数量和单价。数量指分项工程数量或人工、材料、机械台班定额消耗量；单价指分项工程定额基价或人工、材料、机械台班预算单价。为统一口径，一般均以统一的项目划分方法和工程量计算规则所计算的工程量作为确定造价的基础，按照当地现时适用的定额单价或定额消耗量进行套算，从而计算出直接费或人工、材料、机械台班总消耗量。随着市场经济体制改革的深化，上述工料消耗量、定额单价及人、材、机的预算单价的计算标准将不断市场化。

我国现阶段各地区、各部门确定工程造价的方法尚不统一，与国际工程的计价方法差别也较大。我国已建立了庞大的造价定额体系，这仍将是今后编制施工图预算或其他工程造价文件的重要依据。我国目前编制施工图预算的方法大致可分为单价法、实物法、综合单价法等。

1. 用单价法编制施工图预算

用单价法编制施工图预算，就是根据地区统一单位估价表中的各项工程定额单价，乘以相应的各分项工程的工程量，汇总相加得到单位工程的直接工程费后，再加上按规定程序计算出来的措施费、间接费、利润和税金，便可得出单位工程的施工图预算造价。用单价法编制施工图预算的主要计算公式为

单位工程施工图预算直接工程费 $= \sum$（工程量×预算定额单价）

单价法编制施工图预算的步骤如图 7-1 所示，详细步骤如下所述。

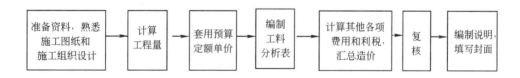

图 7-1 单价法编制施工图预算的步骤

1）准备各种编制依据资料

包括施工图纸、施工组织设计或施工方案、现行建筑安装工程预算定额、取费标准、统一的工程量计算规则、预算工作手册和工程所在地区的材料、人工、机械台班预算价格与调价规定、工程预算软件等。

2）熟悉施工图纸、定额和施工组织设计

建设工程预算定额是确定工程造价的主要依据，能否正确应用预算定额及其规定是工程量计算的基础，因此必须熟悉现行预算定额的全部内容与子目划分，了解和掌握各分部工程的定额说明，以及定额子目中的工作内容、施工方法、计算单位、工程量计算规则等。

审查图纸和说明书的重点是检查图纸是否齐全，设计要采用的标准图集是否具备，图示尺寸是否有错误，建筑图、结构图、细部大样和各种相应图纸之间是否相互对应。

土建工程阅读及审查图纸顺序要求如下。

（1）总平面图。了解新建工程的位置、坐标、标高、地上和地下障碍物、地形、地貌等情况。

（2）基础平面图。掌握基础工程的做法、基础底标高、各轴线净空、外边线尺寸，管道及其他布置等情况，并结合节点大样、首层平面图，核对轴线、基础墙身、楼梯基础等部位的尺寸。

（3）建筑施工图。建筑施工图包括各层平面、立面、剖面、楼梯详图、特殊房间位置等，要核对其室内开间、进深、层高、槽高、屋面做法、建筑配件细部等尺寸有无矛盾，要逐层逐间核对。

（4）结构施工图。结构施工图包括各层平面图、节点大样，结构部件及梁（板、柱）配筋图等，结合建筑平面（立面、剖面）图，对结构尺寸、总长、总高、分段长、分层高、大样详图、节点标高、构件规格数量等数据进行核算，有关构件的标高和尺寸必须交圈对口，以免发生差错。

预算编制人员应到施工现场了解施工条件、周围环境、水文地质条件等情况，还应掌握施工方法、施工机械配备、施工进度安排、技术组织措施及现场平面布置等与施工组织设计有关的内容，这些都是影响工程造价的因素。

总之，预算编制人员通过熟悉图纸，要达到对该建筑物的全部构造、构件联结、材料做法、装饰要求及特殊装饰等，都有一个清晰的认识，把设计意图形成立体概念，为编制预算创造条件。

3）计算工程量

（1）正确划分预算子目。在掌握了图纸、施工组织设计及定额的基础上，要正确划分预算分项，按从下到上、先框架后细部的顺序排列工程预算细目。对于建筑工程其顺序一般为：先按基础工程，打桩工程，砖石工程，脚手架工程，混凝土及钢筋混凝土工程，木制作工程，楼地面工程，屋面工程，装饰工程，金属结构工程，耐酸防腐、保温、隔热工程，构筑物、室外工程等划分分部工程，然后每个分部再按分项分别划分子目。

（2）准确计算各分项工程量。工程量的计算在整个预算过程中是最重要、最烦琐的环节，不仅影响预算编制的及时性，更重要的是影响预算造价的准确性，因此在工程量计算上要投入较大精力。正确计算工程量，是确定直接费用及编制施工图预算的中心环节，也是确定工程造价的前提条件，因此工程量计算是施工图预算中的重要一环（其计算方法详见 7.4节、7.6 节和 7.7 节和第 11 章、第 12 章有关内容）。

计算工程量一般可按下列具体步骤进行：①根据施工图示的工程内容和定额项目，列出计算工程量的分部分项工程；②根据一定的计算顺序和计算规则，列出计算式；③根据施工图示尺寸及有关数据，代入计算式进行数学计算；④按照定额中的分部分项工程的计量单位，对相应的计算结果的计量单位进行调整，使之相一致。

4）套用预算定额单价

工程量计算完毕并核对无误后，用所得到的分部分项工程量套用单位估价表中相应的定额单价，相乘后再相加汇总，便可求出单位工程的直接工程费。套用单价时需注意如下几点。①分项工程量的名称、规格、计量单位必须与预算定额或单位估价表所列内容一致，重套、错套、漏套预算单价都会引起直接工程费的偏差，进而导致施工图预算造价出现偏差。②当施工图纸的某些设计要求与定额单价的特征不完全符合时，必须根据定额使用说明，对定额单价进行调整或换算。③当施工图纸的某些设计要求与定额单价特征相差甚远，也就是既不能直接套用也不能换算和调整时，必须编制补充单位估价表或补充定额。

5）编制工料分析表

根据各分部分项工程的实物工程量和相应定额中的项目所列的用工工日及材料数量，计算出各分部分项工程所需的人工及材料数量，相加汇总便得出该单位工程所需要的各类人工和材料的数量。它是工程预、决算中人工、材料和机械费用调差及计算其他各种费用的基数，又是企业进行经济核算、加强企业管理的重要依据。

6）计算其他各项费用和汇总造价

按照建筑安装单位工程造价构成的规定费用项目的费率及计费基础，分别计算出措施费、间接费用、利润和税金，并汇总得出单位工程造价。

7）复核

单位工程预算编制后，有关人员对单位工程预算进行复核，以便及时发现差错，提高预算质量。复核时，应对工程量计算公式和结果、套用定额基价、各项费用的取费费率及计算基础和计算结果、材料和人工预算价格及其价格调整等方面是否正确进行全面复核。

8）编制说明，填写封面

编制说明是编制者向审核者交代编制方面的有关情况，包括编制依据，工程性质、内容范围，设计图纸号、所用预算定额编制年份（即价格水平年份），有关部门的调价文件号，套用单价或补充单位估价表方面的情况及其他需要说明的问题。填写封面应写明工程名称、工程编号、工程量（建筑面积）、预算总造价及单方造价、编制单位名称及负责人和编制日期，审查单位名称及负责人和审核日期等。

单价法是目前国内编制施工图预算的主要方法，具有计算简单、工作量较小和编制速度较快、便于工程造价管理部门集中统一管理的优点。但由于采用事先编制好的统一的单位估价表，其价格水平只能反映定额编制年份的价格水平。在市场价格波动较大的情况下，单价法的计算结果会偏离实际价格水平，虽然可采用调价手段，但调价系数和指数从测定到颁布有滞后且计算较为烦琐的缺点。另外，由于单价法采用地区统一的单位估价表进行计价，承包商之间竞争的并不是自身的施工、管理水平，所以单价法并不适应市场经济环境。

以某市一住宅楼土建工程为例，该工程主体设计采用7层轻框架结构、钢筋混凝土筏式基础，建筑面积为7 670.22 m²。限于篇幅，现取其基础部分来说明单价法编制施工图预算的过程。表7-1是该住宅采用单价法编制的单位工程（基础部分）施工图预算表，该单位工程预算是采用该市当时的建筑工程预算定额及单位估价表编制的。

表7-1 某住宅楼建筑工程基础部分预算书（单价法）

工程定额编号	工程或费用名称	计量单位	工程量	价值/元	
				单价	合价
(1)	(2)	(3)	(4)	(5)	(6)
1042	平整场地	m²	1 393.59	0.309	430.62
1063	挖土机挖土（砂砾坚土）	m³	2 781.73	1.29	3 588.43
1092	干铺土石屑层	m³	892.68	52.14	46 544.34
1090	C10混凝土基础垫层（10 cm内）	m³	110.03	146.87	16 160.11
5006	C20带形钢筋混凝土基础（有梁式）	m³	372.32	310.06	115 441.54
5014	C20独立式钢筋混凝土基础	m³	43.26	274.06	11 855.84
5047	C20矩形钢筋混凝土柱（1.8 m外）	m³	9.23	599.72	5 535.42
13002	矩形柱与异形柱差价	元	61.00		61.00
3001	M5砂浆砌砖基础	m³	34.99	97	3 394.03
5003	C10带形无筋混凝土基础	m³	54.22	198.43	10 758.87
4028	满堂脚手架（3.6 m内）	m²	370.13	0.96	355.32
1047	槽底扦探	m²	1 283.77	0.225	277.60
1040	回填土（夯填）	m³	1 260.94	14.01	17 665.77
3004	**基础抹隔潮层（有防水粉）费**	元	130.00		130.00
	项目直接工程费小计				232 198.90

注：其他各项费用在土建工程预算书汇总时计列

2. 用实物法编制施工图预算

应用实物法编制施工图预算，首先根据施工图纸分别计算出分项工程量，然后套用相应预算人工、材料、机械台班的定额用量，再分别乘以工程所在地当时的人工、材料、机械台班的实际单价，求出单位工程的人工费、材料费和施工机械使用费，并汇总求和，进而求得直接工程费，然后再按规定计取其他各项费用，汇总后就可得出单位工程施工图预算造价。实物法编制施工图预算中主要的计算公式为

单位工程预算直接工程费＝

$\sum$（工程量×人工预算定额用量×当时当地人工工资单价）＋

$\sum$（工程量×材料预算定额用量×当时当地材料预算单价）＋

$\sum$（工程量×施工机械台班预算定额用量×当时当地机械台班单价）

实物法编制施工图预算的步骤如图7-2所示。

从图7-2可以看出，实物法编制施工图预算的首尾步骤与单价法相同，二者最大的区别在于中间的步骤，也就是计算人工费、材料费和施工机械使用费及汇总三者费用之和的方法不同。

图 7-2　实物法编制施工图预算的步骤

（1）准备资料，熟悉施工图纸。针对实物法的特点，在此阶段中需要全面搜集各种人工、材料、机械台班的现时当地的实际价格，包括不同品种、不同规格的材料预算价格，不同工种、不同等级的人工工资单价，不同种类、不同型号的机械台班单价，等等，要求获得的各种实际价格全面、系统、真实、可靠。

（2）计算工程量，内容与单价法相同。

（3）套用相应的预算人工、材料、机械台班定额用量。国家建设部1995年颁发的《全国统一建筑工程基础定额》（土建部分，是一部量价分离定额）和2000年颁布的《全国统一安装工程预算定额》、专业统一和地区统一地计价定额的实物消耗量，是完全符合国家技术规范、质量标准，并反映一定时期施工工艺水平的分项工程计价所需的人工、材料、施工机械的消耗量的标准。这个消耗量标准，在建材产品、标准、设计、施工技术及其相关规范和工艺水平等没有大的突破性变化之前，是相对稳定不变的，因此它是合理确定和有效控制造价的依据。

从长远角度，特别从承包商角度看，实物消耗量应根据企业自身消耗水平来确定。因为在投标报价时，通行的报价做法是"$\sum$（工程量×综合单价）"，甲方根据施工图纸计算工程量，乙方根据自己的施工技术水平和管理水平报单价，然后求出合价，也就是整个项目的总报价。这是因为，完成单位工程量所消耗的人工、材料、机械台班的数量，直接反映了企业的施工技术和管理水平，是施工企业之间展开竞争的一个重要方面。因此，实物消耗量将逐渐以企业自身消耗水平替代定额消耗水平。

（4）统计各分项工程人工、材料、机械台班消耗数量，并汇总单位工程所需各类人工工日、材料和机械台班的消耗量。各分项工程人工、材料、机械台班消耗数量，由分项工程的工程量乘以预算人工定额用量、材料定额用量和机械台班定额用量而得出，汇总后便可得出单位工程各类人工、材料和机械台班的消耗量。

（5）用当时当地的各类人工、材料和机械台班的实际预算单价，分别乘以相应的人工、材料和机械台班的消耗量，汇总便得出单位工程的人工费、材料费和机械使用费。人工单价、材料预算单价和机械台班的单价，可在当地工程造价主管部门的专业网站查询，或由工程造价主管部门定期发布的价格、造价信息中获取，企业也可根据自己的情况自行确定。如人工单价可按各专业、各地区企业一定时期实际发放的平均工资水平合理确定，并按规定加入工资性补贴计算；材料预算价格可分解为原价（供应价）和运杂费及采购保管费两部分，原价可按各地生产资料交易市场或销售部门一定时期销售量和销售价格综合确定。

（6）计算其他各项费用，汇总造价。一般而言，税金相对稳定，而其措施费、间接费、利润率则要由企业根据建筑市场的供求状况自行确定。

（7）复核。认真检查人工、材料、机械台班的消耗数量计算是否准确，有无漏算、重算，套用定额是否正确，采用的价格是否切合实际。

（8）编制说明，填写封面。

在市场经济条件下，人工、材料和机械台班单价是随市场而变化的，是影响工程造价最活跃、最主要的因素。用实物法编制施工图预算，采用的是工程所在地当时人工、材料、机械台班价格，较好地反映实际价格水平，工程造价的准确性高。虽然计算过程较单价法烦琐，但利用计算机便可解决此问题。因此，定额实物法是与市场经济体制相适应的预算编制方法。

在北京地区 2001 年建设工程预算定额中，对于工程中的实体性消耗量要求以定额为准，非实体性消耗采用企业自行确定与政府指导相结合的方式，价格实行市场价格，目的是逐步建立市场形成工程造价的方式。

所谓实体性消耗，是指构成工程实体的工、料、机的消耗量，它们是经过测定得来的，在一定程度上相对稳定，比较科学。通过发布统一的消耗量标准，为企业提供社会平均尺度，防止盲目减少或随意扩大消耗量标准，从而达到有效控制消耗和控制质量的目的。实体性消耗在编制标底、编制预算、投标报价时，除定额另有规定外，均不得调整。不构成工程实体的、但为工程必须发生的，应逐步分摊到工程中的为非实体性消耗，即施工措施性消耗，如基坑支护、降水、护坡桩、模板、脚手架、大型垂直运输机械使用费，定额规定为指导性的，在编制标底、编制预算和投标报价时，企业可根据自身优势和经验，参考定额自主确定。人工、材料、机具价格和以"元"的形式出现的费用，均为定额编制时期的市场价格，在编制标底、预算和投标报价时全部实行市场价格信息。造价处负责收集、整理、分析、发布价格信息，对市场实行调控、引导，逐步建立起由市场形成价格的体系。承发包双方可参考北京市造价工程网站或北京市工程造价信息中的市场信息自主确定，并在合同中约定。将原来的指令性取费改变为指导性取费，并实施动态调控。除去税率，其他取费（如措施费、间接费利润）在编制标底、预算、投标报价时均为指导性费率，在保证上缴国家规定的社会保险基金的基础上可上下浮动。

仍以前面单价法所举某某市 7 层轻框架结构住宅为例，说明用实物法编制施工图预算的过程，结果见表 7-2 和表 7-3。

3. 综合单价法编制施工图预算

所谓综合单价，即分项工程完全单价，也就是工程量清单的单价。它综合了人工费，材

表 7-2　某住宅楼建筑工程基础部分预算书（实物法）
——人工、材料、机械费用汇总表

序号	人工、材料、机械或费用名称	计量单位	实物工程数量	价值/元	
				当时当地单价	合　价
1	人工	工日	2 238.552	20.79	46 539.50
2	土石屑	m³	1 196.191 2	50	59 809.56
3	C10 素混凝土	m³	166.163 3	132.68	22 046.55
4	C20 钢筋混凝土	m³	431.182 2	290.83	125 400.72
5	M5 主体砂浆	m³	8.397 6	130.81	1 098.49
6	机砖	千块	17.809 9	142.1	2 530.79
7	脚手架材料费	元	96.085 7		96.09
8	黄土	m³	1 891.41	10.77	20 370.49
9	蛙式打夯机	台班	95.819 8	10.28	985.03
10	挖土机	台班	12.517 8	143.14	1 791.80
11	推土机	台班	2.503 6	155.13	388.38
12	其他机械费	元	3 137.194 4		3 137.19
13	矩形柱与异形柱差价	元	61		61.00
14	基础抹隔潮层费	元	130		130.00
15	直接工程费小计	元			284 385.59

注：其他各项费用在土建工程预算书汇总时计列

料费，机械费，其他直接费，有关文件规定的调价、利润、税金，现行取费中有关费用、材料价差，以及采用固定价格的工程所测算的风险金等全部费用。

　　这种方法与前述方法相比较，主要区别在于：间接费和利润等是用一个综合管理费率分摊到分项工程单价中，从而组成分项工程完全单价，某分项工程单价乘以工程量即为该分项工程的合价，所有分项工程合价汇总后即为该工程的总价。

　　这种方法在国际工程估价中被广泛采用，在我国不少地区和部门推行按工程量清单招标，综合单价法在招投标中同时被采用。应该指出，从与国际接轨的角度出发，这种方法是我国施工图预算编制方法改革的方向。下面以国际工程估价为例，说明这种方法的应用。

　　国际工程投标报价的组成与国内项目有所不同，如图 7-3 所示。工程项目的子项划分与国内也有所不同，一般按照国际常用的划分方法或招标项目所在国有关部门、咨询机构、承包商常用的划分标准进行划分；工程量的计算规则也参考国际工程工程量计算思路来算；单价则根据每个分项的具体内容，分别核算直接工程费用、间接费、利税、风险金，汇总得到综合单价。将综合单价与工程量相乘，汇总得到工程总价，如表 7-4 所示。

表7-3 某住宅楼建筑工程基础部分预算书(实物法)——人工、材料和机械实物工程量汇总表

项目编号	工程或费用名称	计量单位	工程量	人工实物量		材料、机械实物量					
						土石屑/m³		C10素混凝土/m³		C20钢筋混凝土/m³	
				单位用量	合计用量	单位用量	合计用量	单位用量	合计用量	单位用量	合计用量
(1)	(2)	(3)	(4)	(5)	(6)	(7)	(8)	(9)	(10)	(11)	(12)
1	平整场地	m²	1 393.59	0.058	80.828 2						
2	挖土机挖土(砂砾坚土)	m³	2 781.73	0.029 8	82.895 6						
3	干铺土石屑层	m³	892.68	0.444	396.349 9	1.34	1 196.191 2				
4	C10混凝土基础垫层(10 cm内)	m³	110.03	2.211	243.276 3			1.01	111.13		
5	C20带形钢筋混凝土基础(有梁式)	m³	372.32	2.097	780.755 0					1.015	377.904 8
6	C20独立式钢筋混凝土基础	m³	43.26	1.813	78.430 4					1.015	43.908 9
7	C20矩形钢筋混凝土柱(1.8 m外)	m³	9.23	6.323	58.361 3					1.015	9.368 5
8	矩形柱与异形柱差价	无	61.00								
9	M5砂浆砌砖基础	m³	34.99	1.053	36.844 5						
10	C10带形无筋混凝土基础	m³	54.22	1.8	97.596 0			1.015	55.033 3		
11	满堂脚手架(3.6 m内)	m²	370.13	0.093 2	34.496 1						
12	槽底扦探	m²	1 233.77	0.057 8	71.311 9						
13	回填土(夯填)	m³	1 260.94	0.22	277.406 8						
14	基础抹隔潮层(有防水粉)	无	89.00								
	合 计				2 238.552 0		1 196.191 2		166.163 3		431.182 2

续表

材料实物量								机械实物量							
M5主体砂浆/m³		机砖/千块		脚手架材料费/元		黄土/m³		蛙式打夯机/台班		挖土机/台班		推土机/台班		其他机械费/元	
单位用量	合计用量	单位用量	合计用量	单位用量	合计用量	单位用量	合计用量	单位用量	合计用量	单位用量	合计用量	单位用量	合计用量	单位用量	合计用量
(13)	(14)	(15)	(16)	(17)	(18)	(19)	(20)	(21)	(22)	(23)	(24)	(25)	(26)	(27)	(28)
0.24	8.397 6							0.024	21.424 3	0.024	12.517 8	0.000 9	2.503 6	3.676 0	404.470 3
		0.509	17.809 9											5.525 0	2057.068 0
				0.259 6	96.085 7									4.897 0	211.844 2
														17.189 0	158.654 5
						1.5	1891.41	0.059	74.395 5					0.610 0	21.343 9
														4.601 7	249.502 4
														0.092 7	34.311 1
	8.397 6		17.809 9		96.085 7		1891.41		95.819 8		12.517 8		2.503 6		3137.194 4

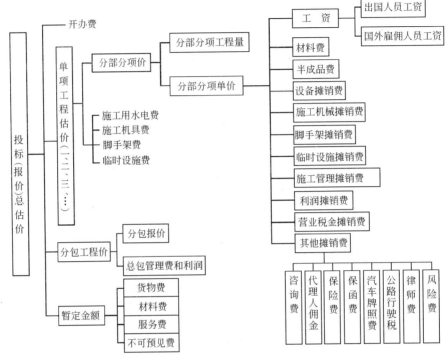

图 7-3 国际工程估价中工程费用组成示意图

表 7-4 某住宅小区单栋住宅估价表

序 号	工程项目名称	单位	数 量	单价/美元	合计/美元
1	2	3	4	5	6
1	人工平整场地	m²	281	0.97	273
2	挖基础土方	m³	95	2.75	261
3	人工回填土	m³	20	4.72	94
4	室内地面填土夯实	m³	157	5.90	926
5	1:4:8混凝土柱、墙基垫层	m³	23.06	107.68	2 483
6	1:4:8混凝土地面、台阶垫层（有模板）	m³	17.71	122.18	2 164
7	1:2:4钢筋混凝土柱基、柱、模板、楼梯等	m³	68.3	149.76	10 299
8	31 cm厚实心混凝土砌块外墙，1:8水泥砂浆	m²	428.10	44.50	19 050
9	20 cm厚实心混凝土砌块内墙、女儿墙，1:8水泥砂浆砌	m²	217.0	20.63	4 477
⋮	⋮	⋮	⋮	⋮	⋮
26	卫生间大马赛克地面	m²	26.01	39.65	1 031
27	台阶、平台、阳台缸砖地面（不勾缝）	m²	31	36.75	1 139
28	8 cm厚1:3:6混凝土散水，一次抹光	m²	40.62	14.08	572
29	屋面1:3水泥砂浆找平层，平均5 cm厚	m²	122.45	10.17	1 245

续表

序号	工程项目名称	单位	数　量	单价/美元	合计/美元
1	2	3	4	5	6
30	二毡三油屋面防水层	m²	141.71	6.55	928
31	4 cm厚1:2:4细石混凝土刚性屋面面层	m²	122.45	5.65	692
32	散水及屋面沥青伸缩缝	m	49.2	3.35	165
33	φ100塑料出水口(包括阳台处)	m	10.8	7.36	79
34	勒脚贴手工凿黑面石	m	69.85	144.69	10 107
35	外墙贴机制深红色面石	m²	435.0	137.41	59 773
36	内墙1:3水泥砂浆粉刷	m²	700.92	6.29	4 409
37	天棚1:3水泥砂浆粉刷	m²	242.7	4.78	1 160
38	内墙、天棚面刷乳胶漆2~3遍	m²	943.62	4.39	4 142
39	卫生间及厨房贴瓷砖台度	m²	76.2	31.73	2 418
40	木门刷高级清漆2~3遍(单面)	m²	69.3	4.40	305
41	室内卫生设备及管道工程				9 210
42	室内电气工程				7 370
43	施工机械费=(1~40项)总价×0.025=181 353　　　×0.025				4 534
44	施工用水电费=(1~40项)总价×0.01=181 353　　　×0.01				1 814
45	脚手架费=(1~40项)总价×0.005=181.353　　　×0.005				907
	总计				205 186

7.1.5　一般土建工程施工图预算的编制

　　一般土建工程施工图预算的编制,就是根据经过会审的施工图纸和拟定的施工方案,按照现行预算定额和工程量计算规则,分部分项地计算工程量,套用相应预算定额,并进行工料分析,计算直接费、间接费、利润、税金等,最后汇总工程造价。

　　一般土建工程施工图预算编制的重要环节,就是工程量的计算。工程量计算的规则将在本章7.3~7.4节作详细介绍;对于工程量计算的方法及定额套用和取费过程的综合应用,可参考7.5节"土建单位工程施工图预算书编制实例"。

7.2　建筑面积计算规则

　　建筑面积是指房屋建筑各层水平平面的总面积,它由使用面积(即直接为生产或生活使用的净面积)、辅助面积(即为辅助生产、生活活动所占净面积,包括楼梯、走道、厕所、厨房等面积）和结构面积（即房屋结构、柱、墙所占面积）三部分组成。

建筑面积是建筑行业很重要的技术经济指标。它可用于编制建设计划，确定项目建设规模，反映国家建设速度、人民生活条件改善、评价投资效益、设计方案的经济性和合理性评价、对单位工程进行技术经济分析等都要牵涉到建筑面积。建筑面积是统计完成建筑面积、反映施工企业劳动效率的依据，是固定资产的使用、管理、折旧和收取房租的依据。建筑面积还是建筑工程的综合计量指标，在建设管理、设计、施工活动中，在控制核算、土地利用率、投资额与工料消耗方面起着重要作用。

建筑面积是依据施工平面图和国家建设主管部门统一制定的《建筑工程建筑面积计算规范》计算而来的。《建筑工程建筑面积计算规范》（GB/T 50353—2005）为国家标准，自2005 年 7 月 1 日起实施。该规范的适用范围是新建、扩建、改建的工业与民用建筑工程的建筑面积的计算，包括工业厂房、仓库，公共建筑、居住建筑，农业生产使用的房屋、粮种仓库、地铁车站等建筑面积的计算。

7.2.1　计算建筑面积的范围

（1）单层建筑物的建筑面积，应按其外墙勒脚以上结构外围水平面积计算，并应符合下列规定：单层建筑物高度在 2.20 m 及以上者应计算全面积；高度不足 2.20 m 者应计算 1/2面积。高度指室内地面标高至屋面板板面结构标高之间的垂直距离。遇有以屋面板找坡的平屋顶单层建筑物，其高度指室内地面标高至屋面板最低处板面结构标高之间的垂直距离。

利用坡屋顶内空间时净高超过 2.10 m 的部位应计算全面积；净高在 1.20 m 至 2.10 m的部位应计算 1/2 面积，净高不足 1.20 m 的部位不应计算面积。净高指楼面或地面至上部楼板底面或吊顶底面之间的垂直距离。

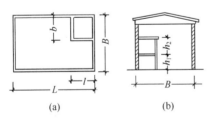

（2）单层建筑物内设有局部楼层者，局部楼层的二层及以上楼层（如图 7-4 所示），有围护结构的应按其围护结构外围水平面积计算，计算公式为

$$S = LB + \sum_{i=2}^{n} l_i b_i \qquad (h_1、h_2 \geqslant 2.20 \text{ m})$$

图 7-4　设有部分楼层的单层建筑物　或

$$S = LB + \frac{1}{2} \sum_{i=2}^{n} l_i b_i \qquad (h_1、h_2 < 2.20 \text{ m})$$

无围护结构的应按其结构底板水平面积计算。层高在 2.20 m 及以上者应计算全面积，层高不足 2.20 m 者应计算 1/2 面积。

（3）多层建筑物首层应按其外墙勒脚以上结构外围水平面积计算；二层及以上楼层应按其外墙结构外围水平面积计算。层高在 2.20 m 及以上者应计算全面积，层高不足 2.20 m 者应计算 1/2 面积。层高是指上下两层楼面结构标高之间的垂直距离。建筑物最底层的层高，有基础底板的指基础底板上表面结构标高至上层楼面的结构标高之间的垂直距离；没有基础底板的指地面标高至上层楼面结构标高之间的垂直距离。最上一层的层高是指楼面结构标高至屋面板板面结构标高之间的垂直距离，遇有以屋面板找坡的屋面，层高指楼面结构标高至屋面板最低处板面结构标高之间的垂直距离。

（4）多层建筑坡屋顶内和场馆看台下，当设计加以利用时净高超过 2.10 m 的部位应计算全面积；净高在 1.20～2.10 m 的部位应计算 1/2 面积，当设计不利用或室内净高不足 1.20 m 时不应计算面积。

（5）地下室、半地下室（车间、商店、车站、车库、仓库等），包括相应的有永久性顶盖的出入口，应按其外墙上口（不包括采光井、外墙防潮层及其保护墙）外边线所围水平面积计算（如图 7－5 所示）。层高在 2.20 m 及以上者应计算全面积，层高不足 2.20 m 者应计算 1/2 面积。

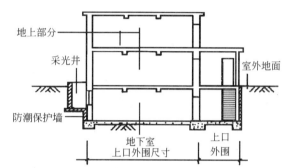

图 7－5 地下建筑物及出入口示意图

（6）坡地的建筑物吊脚架空层（如图 7－6 所示）、深基础架空层，设计加以利用并有围护结构的，层高在 2.20 m 及以上的部位应计算全面积，层高不足 2.20 m 的部位应计算 1/2 面积。设计加以利用、无围护结构的建筑吊脚架空层，应按其利用部位水平面积的 1/2 计算；设计不利用的深基础架空层、坡地吊脚架空层、多层建筑坡屋顶内、场馆看台下的空间不应计算面积。

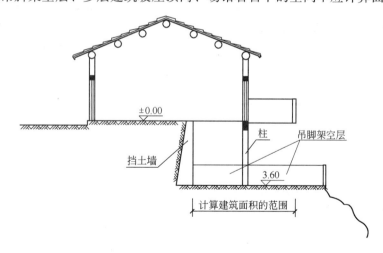

图 7－6 坡地建筑吊脚架空层

（7）建筑物的门厅、大厅按一层计算建筑面积。门厅、大厅内设有回廊时，应按其结构底板水平面积计算（如图 7－7 所示）。层高在 2.20 m 及以上者应计算全面积，层高不足 2.20 m 者应计算 1/2 面积。

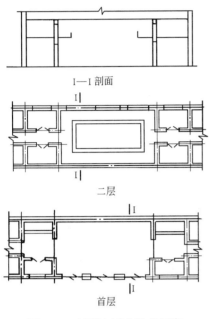

图 7-7 门厅大厅内设有回廊

（8）建筑物间有围护结构的架空走廊，应按其围护结构外围水平面积计算。层高在 2.20 m 及以上者应计算全面积，层高不足 2.20 m 者应计算 1/2 面积。有永久性顶盖无围护结构的应按其结构底板水平面积的 1/2 计算（如图 7-8 所示）。

（9）立体书库、立体仓库、立体车库，无结构层的应按一层计算，有结构层的应按其结构层面积分别计算。层高在 2.20 m 及以上者应计算全面积，层高不足 2.20 m 者应计算 1/2 面积。

（10）有围护结构的舞台灯光控制室，应按其围护结构外围水平面积计算。层高在 2.20 m 及以上者应计算全面积，层高不足 2.20 m 者应计算 1/2 面积。

（11）建筑物外有围护结构的落地橱窗、门斗、挑廊、走廊、檐廊，应按其围护结构外围水平面积计算。层高在 2.20 m 及以上者应计算全面积；层高不足 2.20 m 者应计算 1/2 面积。有永久性顶盖无围护结构的应按其结构底板水平面积的 1/2 计算。

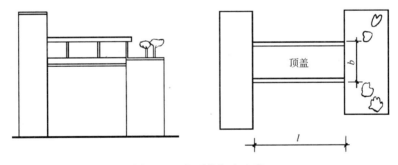

图 7-8 有顶盖架空走廊

（12）有永久性顶盖无围护结构的场馆看台应按其顶盖水平投影面积的 1/2 计算。

（13）建筑物顶部有围护结构的楼梯间、水箱间、电梯机房等，层高在 2.20 m 及以上者应计算全面积，层高不足 2.20 m 者应计算 1/2 面积。如建筑物屋顶的楼梯间为坡屋顶，应按坡屋顶的相关规定计算面积。

（14）设有围护结构不垂直于水平面而超出底板外沿的建筑物（指有向建筑物外倾斜的墙体），应按其底板面的外围水平面积计算。层高在 2.20 m 及以上者应计算全面积，层高不足 2.20 m 者应计算 1/2 面积。

（15）建筑物内的室内楼梯间、电梯井、观光电梯井、提物井、管道井、通风排气竖井、烟道、附墙烟囱应按建筑物的自然层计算。跃层建筑内共用的室内楼梯应按自然层计算面积；上下两错层户室共用的室内楼梯，应选上一层的自然层计算面积（见图7-9）。

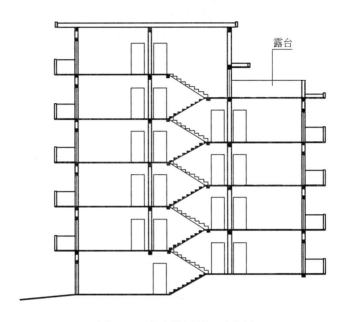

图7-9　户室错层剖面示意图

（16）雨篷结构的外边线至外墙结构外边线的宽度超过2.10 m者，应按雨篷结构板的水平投影面积的1/2计算。有柱雨篷和无柱雨篷计算应一致。

（17）有永久性顶盖的室外楼梯，应按建筑物自然层的水平投影面积的1/2计算。当室外楼梯的最上层楼梯无永久性顶盖或有不能完全遮盖楼梯的雨篷，上层楼梯不计算面积，上层楼梯可视为下层楼梯的永久性顶盖，下层楼梯应计算面积。

（18）建筑物的阳台，不论是凹阳台、挑阳台、封闭阳台、不封闭阳台均应按其水平投影面积的1/2计算。

（19）有永久性顶盖无围护结构的车棚、货棚、站台、加油站、收费站等（如图7-10所示），应按其顶盖水平投影面积的1/2计算。在车棚、货棚、站台、加油站、收费站内设有有围护结构的管理室、休息室等，另按相关条款计算面积。

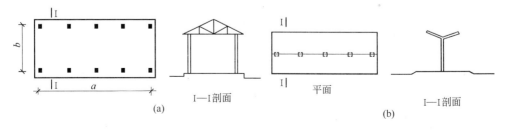

图7-10　有柱车棚、货棚、站台

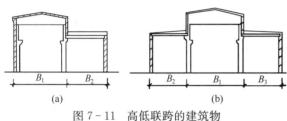

图 7-11　高低联跨的建筑物

（20）高低联跨的建筑物，应以高跨结构外边线为界分别计算建筑面积；其高低跨内部连通时，其变形缝应计算在低跨面积内（如图 7-11 所示）。

（21）以幕墙作为围护结构的建筑物，应按幕墙外边线计算建筑面积。

（22）建筑物外墙外侧有保温隔热层的，应按保温隔热层外边线计算建筑面积。

（23）建筑物内的变形缝（与建筑物相连通的变形缝，即暴露在建筑物内，在建筑物内可以看得见的变形缝），应按其自然层合并在建筑物面积内计算（如图 7-12 所示）。

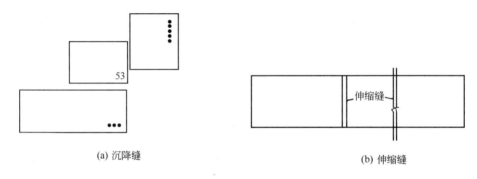

图 7-12　变形缝

7.2.2　不应计算建筑面积的范围

（1）建筑物通道（骑楼、过街楼的底层）。

（2）建筑物内的设备管道夹层。

（3）建筑物内分隔的单层房间，舞台及后台悬挂幕布、布景的天桥、挑台等。

（4）屋顶水箱、花架、凉棚、露台、露天游泳池。

（5）建筑物内的工作平台、上料平台、安装箱和罐体的平台。

（6）突出墙外的勒脚、附墙柱、垛、台阶、墙面抹灰、装饰面、镶贴块料面层、装饰性幕墙、空调机外机搁板（箱）、飘窗、构件、配件、宽度在 2.10 m 及以内的雨篷及与建筑物内不相连通的装饰性阳台、挑廊。

（7）无永久性顶盖的架空走廊、室外楼梯和用于检修、消防等的室外钢楼梯、爬梯。

（8）自动扶梯、自动人行道。

（9）独立烟囱、烟道、地沟、油（水）罐、气柜、水塔、贮油（水）池、贮仓、栈桥、地下人防通道、地铁隧道。

7.2.3 建筑面积计算示例

例 7-1 某单层砖混结构房屋,墙厚 240 mm,其平面及剖面见图 7-13,请计算该房屋的建筑面积。

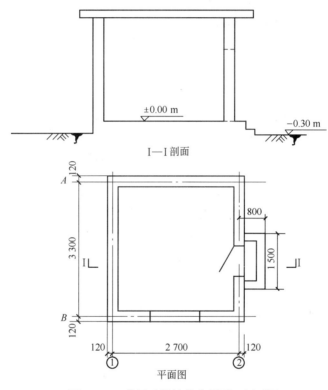

图 7-13 单层砖混结构房屋平、剖面图

解

$$建筑面积 S = (2.7 + 0.24) \times (3.3 + 0.24) = 10.41 (m^2)$$

注

依据建筑面积计算规则,台阶不计算建筑面积。

例 7-2 某 6 层砖混结构住宅楼,2~6 层建筑平面图均相同,如图 7-14 所示。首层无阳台,其他均与二层相同,请计算其建筑面积。

解 首层建筑面积

$$S_1 = (9.20 + 0.24) \times (13.2 + 0.24) = 126.87 (m^2)$$

2~6 层建筑面积:

$$S_{2\sim6} = S_{主体} + S_{阳台}$$

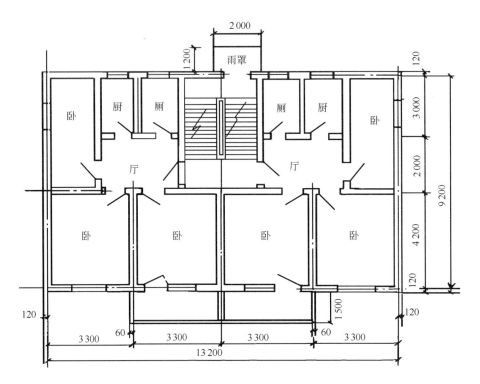

图 7-14 砖混结构住宅楼标准层平面图

$$S_{主体}=S_1\times5=126.87\times5=634.35(\text{m}^2)$$

$$S_{阳台}=(1.5-0.12)\times(3.3\times2+0.06\times2)\times5\times1/2=23.18(\text{m}^2)$$

$$S_{2\sim6}=634.35+23.18=657.53(\text{m}^2)$$

$$总建筑面积=S_1+S_{2\sim6}=126.87+657.53=784.40(\text{m}^2)$$

7.3 工程量计算基本原理

　　工程造价的确定，要以该工程所要完成的工程实体数量为依据，对实体的数量做出正确的计算，并以一定的计量单位表述工程量是工程造价计算过程中的一个重要环节，以物理计量单位或自然计量单位表示各分项工程或结构构件数量的过程就是工程量的计算。

　　计算工程量是编制建筑工程施工图预算的基础工作，是预算文件的重要组成部分，工程量计算得准确与否，将直接影响工程直接费，进而影响整个工程的预算造价。工程量是施工企业编制施工计划，组织劳动力和供应材料、机具的重要依据；同时，也是基本建设管理职能部门（如计划和统计部门）工作的内容之一。因此，正确计算工程量，对建设单位、施工企业和管理部门加强管理，对正确确定工程造价，都具有重要的现实意义。

7.3.1　工程量计算规则

工程量计算规则，是规定在计算分项工程实物数量时，从施工图纸中摘取数值的取定原则。定额不同，工程量计算规则可能就不同。在计算工程量时，必须按照所采用的定额及规定的计算规则进行计算。

为统一工业与民用建筑工程预算工程量的计算，建设部在 1995 年制定《全国统一建筑工程基础定额（土建工程）》的同时，发布了《全国统一建筑工程预算工程量计算规则（土建工程）》（GJD$_{GZ}$—101—95），作为指导预算工程量计算的依据。本书中所用土建工程量计算规则，均以该计算规则为准。

应该指出的是，为有利于打破行业垄断、地区封锁，有利于企业竞争、繁荣建筑市场、提高建筑业管理水平，在一定时期内统一全国工程量计算规则、定额的消耗量指标是非常必要的。从合理性出发，未来的发展趋势是统一全国工程量计算规则，定额消耗量由企业根据自身情况参考定额规定自主确定。

7.3.2　工程量计算的依据

1. 经审定的施工设计图纸及其设计说明

设计施工图纸是计算工程量的基础资料，因为施工图纸反映工程的构造和各部位尺寸，是计算工程量的基本依据。在取得施工图纸和设计说明等资料后，必须全面、细致地熟悉和核对有关图纸和资料，检查图纸是否齐全、正确，经过审核、修正后的施工图纸才能作为计算工程量的依据。

2. 建筑工程预算定额

在《全国统一建筑工程基础定额（土建工程）》、《全国统一建筑工程预算工程量计算规则》及省、市、自治区颁发的地区性工程定额中，比较详细地规定了各个分部分项工程量的计算规则和计算方法。计算工程量时，必须严格按照定额中规定的计量单位、计算规则和方法进行；否则，将可能出现计算结果的数据和单位的不一致。

3. 审定的施工组织设计、施工技术措施方案和施工现场情况

计算工程量时，还必须参照施工组织设计或施工技术措施方案进行。例如计算土方工程时，只依据施工图纸是不够的，因为施工图纸上并未标明实际施工场地土壤的类别，以及施工中是否采取放坡或用挡土板的方式进行。对这类问题，就需要借助于施工组织设计或者施工技术措施加以解决。计算工程量有时还要结合施工现场的实际情况进行，例如平整场地和余土外运工程量，一般在施工图纸上反映不出来，应根据建设基地的具体情况予以计算确定。

4. 经确定的其他有关技术经济文件

（略）

7.3.3　计算工程量应遵循的原则

1. 原始数据必须和设计图纸相一致

工程量是按每一分项工程根据设计图纸进行计算的，计算时所采用的原始数据都必须以施工图纸所表示的尺寸或能读出的尺寸为准，不得任意加大或缩小各部位尺寸。特别对工程量有重大影响的尺寸（如建筑物的外包尺寸、轴线尺寸等），以及价值较大的分项工程（如钢筋混凝土工程等）的尺寸，其数据的取定，均应根据图纸所注尺寸线及其尺寸数字，通过计算确定。

2. 计算口径必须与预算定额相一致

计算工程量时，根据施工图纸列出的工程子目的口径（指工程子目所包括的工作内容），必须与预算定额中相应的工程子目的口径相一致，不能将定额子目中已包含的工作内容拿出来另列子目计算。

3. 计算单位必须与预算定额相一致

计算工程量时，所计算工程子目的工程量单位必须与预算定额中相应子目的单位相一致。例如，预算定额是 m^3 作单位的，所计算的工程量也必须以 m^3 作单位；定额中用扩大计量单位（如 10 m，100 m^2，10 m^3 等）来计量时，也应将计算工程量调整成扩大单位。

4. 工程量计算规则必须与定额相一致

工程量计算必须与定额中规定的工程量计算规则相一致，才符合定额的要求。预算定额中对分项工程的工程量计算规则和计算方法都做了具体规定，计算时必须严格按规定执行。

5. 工程量计算的准确度

工程量的数字计算要准确，一般应精确到小数点后三位。汇总时，其准确度取值要达到：

- m^3，m^2 及 m 以下取两位小数；
- t 以下取三位小数；
- kg，件等取整数。

6. 按施工图纸，结合建筑物的具体情况进行计算

一般应做到主体结构分层计算；内装修按分层分房间计算，外装修分立面计算，或按施工方案的要求分段计算。由几种结构类型组成的建筑，要按不同结构类型分别计算；比较大的由几段组成的组合体建筑，应分段进行计算。

7.3.4　工程量计算方法和顺序

在掌握了基础资料，熟悉了图纸之后，不要急于计算，应该先把在计算工程量中需要的数据统计和计算出来，其内容包括以下几个方面。

1. 计算出基数

所谓基数，是指在工程量计算中需要反复使用的基本数据，如在土建工程预算中主要项目的工程量计算，一般都与建筑物轴线内包面积有关。因此，基数是计算和描述许多分项工程量的基础，在计算中要反复多次地使用。为了避免重复计算，一般都事先将其计算出来，随用随取。

2. 编制统计表

所谓统计表，在土建工程中主要是指门窗洞口面积统计表和墙体埋件体积统计表。另外，还应统计好各种预制混凝土构件的数量、体积及所在的位置。

3. 编制预制构件加工委托计划

为了不影响正常的施工进度，一般都需要把预制构件加工或订购计划提前编制出来。这项工作多数由预算员来做，也可由施工技术员来做。需要注意的是，此项委托计划应把施工现场自己加工的、委托预制构件厂加工的或是去厂家订购的分开来编制，以满足施工实际的需要。

4. 计算工程量

计算工程量时，其计算顺序一般有以下三种基本方法。

1）按图纸顺序计算

即按图纸的顺序由建施到结施，由前到后依次计算。用这种方法计算工程量的要求是，要熟悉预算定额的章节内容，否则容易出现项目间的混淆及漏项。

2）按预算定额的分部分项顺序计算

即按预算定额的章节、子目次序，由前到后，逐项对照，定额项与图纸设计内容能对上号时就计算。这种方法，要求首先熟悉图纸，要有很好的工程设计基础知识。使用这种方法要注意，工程图纸是按使用要求设计的，其平立面造型、内外装修、结构形式及内部设计千变万化，有些设计采用了新工艺、新材料，或有些零星项目，可能套不上定额项目，在计算工程量时应单列出来，待以后编制补充定额或补充单位估价表，不要因定额缺项而漏掉。

3）按施工顺序计算

即由平整场地、基础挖土算起，直到装饰工程等全部施工内容结束为止。用这种方法计算工程量，要求具有一定的施工经验，能掌握组织施工的全过程，并且要求对定额及图纸内容十分熟悉，否则容易漏项。

此外，计算工程量也可按建筑设计对称规律及单元个数计算。因为单元组合住宅设计，一般是由一个或两个单元平面布置组合的，所以在这种情况下，只需计算一个或两个单元的工程量，最后乘以单元的个数，把各相同单元的工程量汇总，即得该栋住宅的工程量。这种算法，端头尾面工程量需另行补加，并要注意公共轴线不要重复，端头轴线也不要漏掉，计算时可灵活处理。

在计算一张图纸的工程量时，为了防止重复计算或漏算，也应该遵循一定的顺序。通常采用以下四种不同的顺序。

（1）按顺时针方向计算。先外后内从平面图左上角开始，按顺时针方向由左而右环绕一间房屋后再回到左上角为止。这种方法适用于：外墙挖地槽、外墙砖石基础、外墙砖石墙、外墙墙基垫层、楼地面、天棚、外墙粉饰、内墙粉饰等。

（2）按横竖分割计算。以施工图上的轴线为准，先横后竖，从上而下，从左到右计算。这种方法适用于：内墙挖地槽、内墙砖石基础、内墙砖石墙、间壁墙、内墙墙基垫层等。

（3）按构配件的编号顺序计算。按图纸上注明的分类编号，按号码次序由小到大进行计算。这种方法适用于：打桩工程，钢筋混凝土工程中的柱、梁、板等构件，金属构件及钢木门窗等。

（4）按轴线编号计算。以平面图上的定位轴线编号顺序，从左到右，从下到上，依次进行计算。这种方法的适用情况同第二种方法，尤其适用于造型或结构复杂的工程。

在计算工程量时，要参考建施及结施图纸的设计总说明、每张图纸的说明，以及选用标准图集的总说明和分项说明等，因为很多项目的做法及工程量都来自于此。另外，对于初学预算者来说，最好是在计算每项工程量的同时，随即采项，这样可以防止因不熟悉预算定额而造成的计算结果与定额规定的计算规则或计算单位不符而发生的返工。还要找出设计与定额不相符的部分，在采项的同时将定额基价换算过来，以防止漏换。

此外，在计算每项工程量的同时，要准确而详细地填列"工程量计算表"中的各项内容，尤其要准确填写各分项工程名称。如对于钢筋混凝土工程，要填写现浇、预制、断面形式和尺寸等字样；对于砌筑工程，要填写砌体类型、厚度和砂浆强度等级等字样；对于装饰工程，要填写装饰类型、材料种类和标号等字样，以此类推。这样做的目的是为选套定额项目提供方便，加快预算编制速度。

7.4 一般土建工程工程量计算规则

本节以《全国统一建筑工程预算工程量计算规则》为依据，介绍主要分部分项工程量的计算方法。

7.4.1 土石方工程量计算

1. 土壤及岩石分类

在计算工程量前，应确定施工现场的土壤及岩石类别，地下水位标高及排（降）水方法，挖土、运土、填土和岩石开凿、清运等施工方法，运距及其他有关技术资料，以便准确计算工程量，正确选套定额项目。

在定额中，土壤共划分为一、二类土壤（普氏Ⅰ、Ⅱ类）、三类土壤（普氏Ⅲ类）、四类土壤（普氏Ⅳ类），岩石划分为松石（普氏Ⅴ类）、次坚石（普氏Ⅵ—Ⅷ类）、普坚石（普氏Ⅸ、Ⅹ类）、特坚石（普氏Ⅺ—ⅩⅥ类）。

2. 土方工程量计算一般规则

挖土和运土均以挖掘前的天然密实度体积为准计算，填土按夯实后体积计算。各类土方的虚实体积折算，可按表7-5所列数值换算。

表 7-5　土方体积折算表

虚方体积	天然密实度体积	夯实后体积	松填体积	虚方体积	天然密实度体积	夯实后体积	松填体积
1.00	0.77	0.67	0.83	1.50	1.15	1.00	1.25
1.30	1.00	0.87	1.08	1.20	0.92	0.80	1.00

3. 平整场地

平整场地是指工程开工前，对建筑场地挖、填土方厚度在±30 cm以内的高低不平部分进行就地挖、运、填和找平工作。平整场地的工程量按建筑物外墙外边线每边各加2 m，以 m² 计算。

4. 人工挖土

人工挖土包括人工挖掘沟槽、基坑、土方等工程量计算，挖掘沟槽、基坑、土方等的工程量按挖方体积计算。挖沟槽、基坑和土方的工程区别如下：①凡图示沟槽底宽在3 m以内，且沟槽长大于槽宽3倍以上的为沟槽；②凡图示基坑底面积在20 m²以内的为基坑；③凡图示沟底底宽在3 m以外，坑底面积在20 m²以外，平整场地挖土方厚度在±30 cm以外，均为挖土方。

人工挖沟槽及基坑，如果土层深度较深，土质较差，为了防止坍塌和保证安全，需要将沟槽或基坑边壁修成一定的倾斜坡度，称为放坡。沟槽边坡坡度以挖沟槽或地坑的深度 H 与边坡底宽 B 之比表示，即

$$土方边坡坡度 = \frac{H}{B} = \frac{1}{B/H} = \frac{1}{k}$$

式中，$k=B/H$ 称为坡度系数。为了统一和使用方便，《全国统一建筑工程预算工程量计算规则》对放坡系数作了规定，如表 7-6 所示。

表 7-6　放坡系数表

土壤类别	放坡起点/m	人工挖土	机械挖土	
			在坑内作业	在坑上作业
一、二类土	1.20	1∶0.5	1∶0.33	1∶0.75
三类土	1.50	1∶0.33	1∶0.25	1∶0.67
四类土	2.00	1∶0.25	1∶0.10	1∶0.33

注：沟槽、基坑中土的类别不同时，分别按其放坡起点、放坡系数，依据不同土的厚度加权平均计算。

挖沟槽、基坑不放坡时，有时需要支挡土板。单面支挡土板时，基底宽度增加10 cm；双面支挡土板时，基底宽度增加20 cm。支挡土板项目（包括密撑和疏撑）的工程量，按槽、坑垂直支撑面积计算。

在沟槽、基坑下进行基础施工，需要一定的操作空间。为满足此要求，在挖土时，按基础垫层的双向尺寸向周边放出一定范围的操作面积，作为工人施工时的操作空间，这个单边放出的宽度称为工作面。基础工作所需工作面按表 7-7 规定计算。

表7-7 基础施工所需工作面计算表

基 础 材 料	每边增加工作面宽度/mm	基 础 材 料	每边增加工作面宽度/mm
砖基础	200	混凝土基础支模板	300
浆砌毛石、条石基础	150	基础垂直面做防水层	800（防水层面）
混凝土基础垫层支模板	300		

1）人工挖沟槽

沟槽、基坑深度，按图示槽、坑底面至室外地坪深度计算。

挖沟槽的长度，外墙按图示中心线长度计算；内墙按图示基础底面之间净长线（或内槽净长线）计算；槽底宽度按图示尺寸（或加工作面和挡土板宽度）计算，内外突出部分（垛、附墙烟囱）体积并入沟槽土方工程量内计算。

（1）不放坡、不支挡土板。见图7-15（a），其计算公式为

$$V = L(B + 2c)H$$

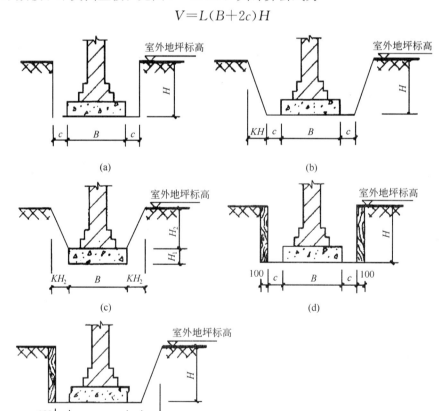

图7-15 挖沟槽示意图

式中：V 为土方体积，m^3；L 为沟槽长度，外槽按中心线长，内槽按内槽净长，m；B 为基础底面宽度，m；H 为沟槽深度，从槽底算至室外地坪，m；c 为工作面宽，m。

对于工作面宽 c，要按表 7-7 取用。

（2）由垫层下表面放坡。见图 7-15(b)，其计算公式为

$$V = L(B + 2c + KH)H$$

式中，K 为放坡系数，按表 7-6 取用。

（3）由垫层上表面放坡。见图 7-15(c)，其计算公式为

$$V = L[B \cdot H_1 + (B + KH_2)H_2]$$

（4）双面支挡土板。见图 7-15(d)，其计算公式为

$$V = L(B + 2c + 0.2)H$$

（5）一面放坡、一面支挡土板。见图 7-15(e)，其计算公式为

$$V = L\left(B + 2c + 0.1 + \frac{1}{2}KH\right)H$$

2）人工挖基坑或挖土方

挖基坑或土方时，其工程量计算公式应根据基坑形状而定。

（1）放坡的矩形基坑土方。见图 7-16，其计算公式为

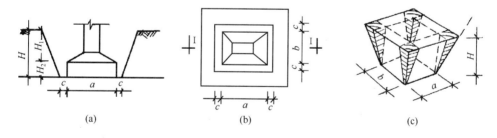

图 7-16 挖土方放坡示意图

$$V = (a + 2c)(b + 2c)H + 2 \times \frac{1}{2}KH \cdot (a + 2c)H + 2 \times \frac{1}{2}KH \cdot$$

$$(b + 2c)H + 4 \times \frac{1}{3}KH \cdot KH \cdot H$$

简化公式为

$$V = (a + 2c + KH)(b + 2c + KH)H + \frac{1}{3}K^2H^3$$

（2）放坡的圆形基坑土方。见图 7-17，其计算公式为

$$V = \frac{1}{3}\pi(R_1^2 + R_2^2 + R_1R_2)H$$

式中：R_1 为坑底半径，m；R_2 为坑口半径，m，且 $R_2 = R_1 + KH$。

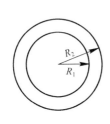 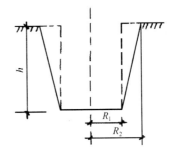

图 7-17　圆形基坑示意图

3）挖管道沟槽

管道沟槽长度按图示中心线长度计算；沟底宽度，若设计有规定的，按设计规定尺寸计算，若设计无规定的，按表 7-8 规定的宽度计算。

表 7-8　管道地沟沟底宽度计算表

管径/mm	铸铁管、钢管、石棉水泥管/m	混凝土、钢筋混凝土、预应力混凝土管/m	陶土管/m	管径/mm	铸铁管、钢管、石棉水泥管/m	混凝土、钢筋混凝土、预应力混凝土管/m
50～70	0.60	0.80	0.70	700～800	1.60	1.80
100～200	0.70	0.90	0.80	900～1 000	1.80	2.00
250～350	0.80	1.00	0.90	1 100～1 200	2.00	2.30
400～450	1.00	1.30	1.10	1 300～1 400	2.20	2.60
500～600	1.30	1.50	1.40			

注：各类井类及管道（不含铸铁给排水管）接口等处需加宽增加的土方量不另计算，底面积大于 20 m² 的井类，其增加工程量并入管沟土方内计算。铺设铸铁给排水管道时，其接口等处土方增加量，可按铸铁给排水管道地沟土方总量的 2.5％计算。

例 7-3　图 7-18 为某砖混结构工程条形基础平面图，图 7-19 为基础剖面图，土质为二类土，室外地坪标高为 -0.2 m。试计算以下工程量：（1）平整场地，（2）人工挖沟槽。

解

（1）平整场地工程量计算。平整场地工程量（S_p）按建筑物外墙外边线（L_w）以外，各放出 2 m 后所围的面积（S_d）计算。

$$S_d = (3+3.3+3.3+0.12×2)×(2.1+4.2+0.12×2)+$$
$$1.5×(3.3+0.12×2) = 69.66（m^2）$$
$$L_w = (3+3.3+3.3+0.12×2)×2+(2.1+4.2+1.5+0.12×2)×2 = 35.76（m）$$

由此可得

$$S_p = S_d+2×L_w+16 = 69.66+2×35.76+16 = 157.18（m^2）$$

（2）人工挖沟槽工程量计算。基础的断面见图 7-19，其土方量应根据基础所要求的不

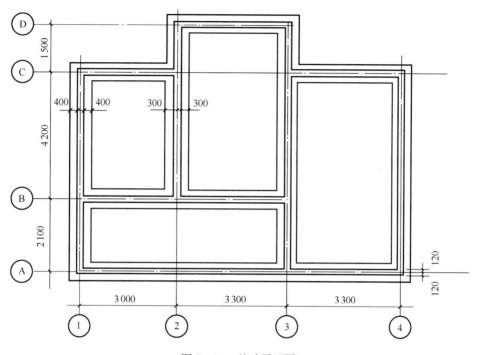

图 7 - 18　基础平面图

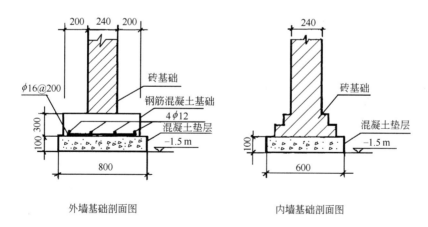

外墙基础剖面图　　　　　　内墙基础剖面图

图 7 - 19　基础剖面图

同挖深和底宽分别计算。根据已知条件，可按以下步骤计算。

因混凝土垫层需支模板，取 $c = 0.3$ m，已知槽底标高为 -1.5 m，室外地坪标高为 -0.2 m，则 $H = 1.5 - 0.2 = 1.3$(m)。

土质为二类土，根据表 7 - 3，取 $K = 0.5$。

① 外槽中心线长

$L_z = (3+3.3+3.3+2.1+4.2+1.5) \times 2 = 34.80(m)$

② 内槽净长

$L_n = (4.2-0.4-0.3-0.3-0.3) + (3.3+3.0-0.4-0.3-0.3-0.3) +$

$(4.2+2.1-0.4-0.3-0.4-0.3) = 12.80(m)$

注意：内槽净长要以内槽轴线长度扣除与其交接的内、外槽槽底一半尺寸计算。

③ 外槽土方量

$V_w = (a+2c+KH)HL = (0.8+2 \times 0.3+0.5 \times 1.3) \times 1.3 \times 34.80 = 92.74(m^3)$

④ 内槽土方量

$V_n = (a+2c+KH)HL = (0.6+2 \times 0.3+0.5 \times 1.3) \times 1.3 \times 12.80 = 30.78(m^3)$

⑤ 人工挖沟槽工程量

$V = V_w + V_n = 92.74 + 30.78 = 123.52(m^3)$

7.4.2　桩基础工程量的计算

计算桩基础工程量前，应依据工程地质资料中的土层构造和土壤物理、力学性质及每米沉桩时间，鉴别适用于不同定额的土质级别（不同于土壤类别）。还要确定施工方法、工艺流程、采用机型、桩和泥浆运输等事项。

1. 打预制钢筋混凝土桩

打预制钢筋混凝土方桩、管桩和板桩的工程量，按体积以 m³ 计算，其体积按设计桩长（包括桩尖，不扣除桩尖虚体积）乘以桩截面面积计算，具体计算如下。

1）方桩

见图 7-20，方桩的计算公式为

$$V = FLN$$

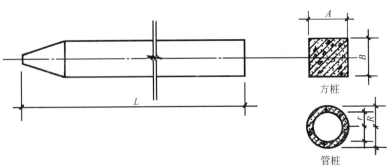

图 7-20　混凝土桩示意图

式中：V 为预制钢筋混凝土桩工程量，m^3；F 为桩截面积，m^2；L 为设计桩长，m（包括桩尖长，不扣除桩尖虚体积）；N 为桩根数。

2）管桩

见图 7 - 20，管桩应扣除空心部分体积，计算公式为

$$V = \pi(R^2 - r^2)LN$$

式中：R 为管桩外半径，m；r 为管桩内半径，m。

如果管桩的空心部分按设计要求灌注混凝土或灌注其他填充材料时，应另行计算。

3）板桩

见图 7 - 21，板桩形如板状，拼接面留有企口槽，打桩时一块接一块地沿槽榫打下，形成地下墙板，其体积为

$$V = WtLN$$

式中：W 为桩宽，按设计宽度（桩缝不扣除，凹槽不扣减，凸榫不增加），m；t 为桩厚度，m。

2. 接桩

当设计基础需要 30 m 以上的桩时，就要分节（段）预制，打桩时先把第一节桩打到地面附近，然后把第二节与第一节连接起来，再继续向下打，这种连接过程叫接桩。接桩的方法一般有两种：一种是电焊接桩，此法是将上一节桩末端的预埋铁件与下一节桩顶端的桩帽盖用电焊法焊牢，工程量按设计接头数以"个"为单位计算。另一种方法是硫磺胶泥接桩，它是将上节桩下端的预留伸出锚筋（一般 4 根），插入下节桩上端预留的 4 个锚筋孔内，接头面灌以硫磺胶泥粘结剂，使两端粘结起来（如图 7 - 22 所示），其工程量按桩断面面积以 m^2 计算。

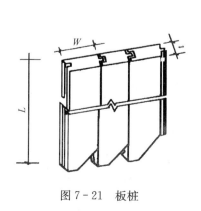

图 7 - 21　板桩

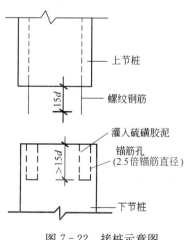

图 7 - 22　接桩示意图

3. 送桩

利用打桩机械和送桩器，将预制桩打（或送）至地下设计要求的位置，这一过程称为送桩。送桩工程量按体积以 m³ 计算，计算公式为

$$送桩工程量＝桩断面面积×送桩长度×数量$$

其中，送桩长度指打桩架底至桩顶面高度或自桩顶面至自然地坪面，另加 0.5 m（如图 7‑23 所示）；数量按实际发生进行计算。

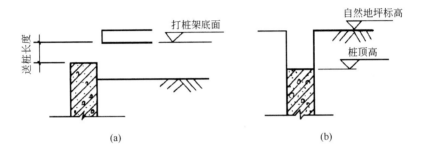

图 7‑23　送桩

例 7‑4　某建筑物基础打预制钢筋混凝土方桩 120 根（如图 7‑24 所示），桩长（桩顶面至桩尖底）9.5 m，断面尺寸为 250 mm×250 mm。求：（1）打桩工程量；（2）将桩送至地下 0.5m，求送桩工程量。

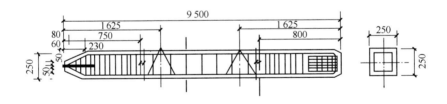

图 7‑24　预制钢筋混凝土方桩示意图

解

（1）打桩工程量。由公式 $V＝FLN$，可得 $V＝0.25×0.25×9.5×120＝71.25(m^3)$。

（2）送桩工程量。送桩长度＝打桩架底至桩顶面高度＝桩顶面至自然地坪面＋0.5＝0.5＋0.5＝1.0(m)，送桩工程量＝0.25×0.25×1×120＝7.5(m³)。

4. 打拔钢板桩

打拔钢板桩的工程量，应按图示尺寸计算桩长，再按所选用钢板桩型号，折算成钢材重量以 t 为单位计算。我国常用 U 型（拉森式）钢板桩的型号及技术性能如表 7‑9 所示，供计算工程量时查用。

表 7 - 9　常用国产 U 型钢板桩型号、性能表

型　号	尺寸/mm				截面积 A 单根 /cm²	重　量		惯性矩 I_x		截面系数	
	宽度 b	高度 h	腹板厚 t_1	翼缘厚 t_2		单根/ kg	每米宽/ kg	单根/ cm⁴	每米宽/ cm⁴	单根/ cm³	每米宽/ cm³
鞍Ⅳ型	400	180	15.5	10.5	99.14	77.73	193.33	4.025	31.963	343	2 043
鞍Ⅳ型(新)	400	180	15.5	10.5	98.70	76.99	192.58	3.970	31.950	336	2 043
包 N 型	500	185	16.0	10.0	115.13	90.80	181.60	5.955	45.655	424.8	2 410

例 7 - 5　设某桩基础用国产包 N 型拉森式钢板桩作为挡土支护结构,按设计图纸,钢板桩总宽度 48 m,桩长 7.5 m,每根 U 型钢板桩宽 0.5 m。试计算此项目钢板桩的工程量。

解

计算钢板桩工作量有两种方法。

(1) 由表 7 - 9,查得单根重量为 90.80 kg,单根 U 型钢板桩的重量为 90.80×7.5＝681(kg),整个基础支护结构应用 48/0.5＝96 根单桩,则总重量为 681×96＝65 376 kg＝65.376(t)。

(2) 由表 7 - 9,查得每米宽钢板桩重量为 181.60 kg,总宽 48 m 的重量为 181.60×48＝716.8(kg),则钢板桩总重量为 716.8×7.5＝65 376 kg＝65.376(t)。

5. 打孔灌注桩

1) 混凝土桩、砂桩等现场灌注桩

这类灌注桩是将带有活瓣桩尖(即为打时合拢,拔时张开的桩尖)的钢管打入土中至设计深度,随即将混凝土、砂或碎石灌到钢管内,同时钢管上拔,灌到所需高度后,即形成灌注桩。混凝土桩、砂桩、碎石(或砂石)桩的工程量,按设计规定的桩长(包括桩尖,不扣除桩尖虚体积)乘以钢管管箍外径截面面积,以 m³ 计算。

2) 扩大桩

扩大桩亦称扩大灌注桩、复打桩,是在原来已经打完的桩位(同一桩孔内)继续打桩,即在第一次将混凝土灌注到设计标高,拔出钢管后,在原桩位再合好活瓣桩尖或埋设预制桩尖,进行第二次沉管,使未凝固的混凝土向四周挤压扩大桩径,然后再第二次灌注混凝土,这一过程即称复打(扩大桩)。扩大桩的工程量按单柱体积乘以复打次数,以 m³ 计算。

3) 灌注桩和桩尖体积

打孔后先埋入预制混凝土桩尖,再灌混凝土时,其工程量按桩尖和灌注桩分别计算。

(1) 灌注桩体积

$$V=FL'N$$

式中,L' 为灌注桩设计长度(不包括桩尖,即自桩尖顶面至桩顶面的高度,单位是 m)。

(2) 桩尖体积

灌注桩的预制桩尖按实体体积计算工程量,即桩尖体积为

$$V=\left(\pi r^2 h_1+\frac{1}{3}\pi R^2 h_2\right)N'=1.047\,2(3r^2 h_1+R^2 h_2)N'$$

式中：r，h_1 为桩尖芯的半径及高度，m；R，h_2 为桩尖的半径及高度，m；N' 为桩尖数。

6. 钻孔灌注桩

钻孔灌注桩是用螺旋钻杆钻孔或用潜水钻钻孔，至设计深度后向孔内灌注混凝土成桩。钻孔灌注桩的工程量仍按体积以 m³ 计算，其中长度按设计桩长加 0.25 m 计，计算公式为

$$V=F(L+0.25)N$$

式中：V 为钻孔桩工程量，m³；F 为钻孔灌注桩设计断面积，它等于钻杆或潜水钻外径截面面积，m²；L 为钻孔灌注桩设计桩长（包括桩尖，不扣除桩尖虚体积），m。

7. 钢筋混凝土灌注桩的钢筋笼

现场灌注钢筋混凝土桩的钢筋笼按设计规定，区别钢筋品种、规格，以设计长度乘以单位重量，以 t 为单位计算，参见钢筋混凝土工程量计算方法。

8. 泥浆运输

在泥浆护壁成孔灌注桩施工中，潜水钻头钻入土中的同时，要向孔内注入泥浆，这些泥浆与钻屑形成混合液，通过中钻杆或胶管送到地表面，这就是需要运输的泥浆。泥浆运输工程量按钻孔体积以 m³ 计算。

9. 灰土挤密桩

灰土挤密桩工程量按桩实体体积计算，即以钢管管箍外径截面积乘以回填灰土部分的长度确定。

10. 安、折导向夹具，桩架 90°调面

安、折导向夹具的工程量按设计图纸规定的水平延长米计算；桩架 90°调面只适用于轨道式、走管式、导杆、筒式柴油打桩机，依次计算。

7.4.3 脚手架工程量计算

1. 砌筑脚手架

一般说来，搭设于建筑物外部的脚手架称为外脚手架，它既可以用于外墙砌筑，又可用于外墙装饰施工，外脚手架又分为单排外脚手架和双排外脚手架；而搭设于建筑物内部的脚手架，称为里脚手架。但根据脚手架高度和其他情况的不同，在计算工程量和套用定额时，应按照以下规则来划分各类脚手架。

凡设计室外地坪至檐口的砌筑高度在 15 m 以下的，按单排外脚手架计算；砌筑高度在 15 m 以上的，或砌筑高度虽不足 15 m 但外墙门窗口面积及装饰面积超过外墙表面积 60% 以上时，均按双排外脚手架计算。采用竹制脚手架时，均按双排外脚手架计算。凡设计室内地坪至楼板或屋面板下表面（或山墙高度的 1/2 处）的砌筑高度在 3.6 m 以下的，按里脚手架计算；砌筑高度超过 3.6 m 以上时，按单排外脚手架计算。

1）外脚手架

外脚手架工程量（单、双排外脚手架），按外墙外边线的长度乘以外墙砌筑高度，以 m² 计算，不扣除门、窗、空圈洞口等所占面积。突出墙外宽度 24 cm 以内的墙垛、附墙烟囱等，不计算脚手架。宽度超过 24 cm 以外时，按图示尺寸展开计算，并入外脚手架工程量之内。外墙脚手架工程量计算式为

$$S_w = L_w H + S_b$$

式中：S_w 为外脚手架工程量，m²；L_w 为建筑物外墙外边线总长度，m；H 为外墙砌筑高度，指设计室外地坪至檐口底或至山墙高度的 1/2 处的高度，有女儿墙的，其高度算至女儿墙顶面；S_b 为应并入的面积。

2）里脚手架

里脚手架（里、单排外脚手架）工程量，按内墙净长乘以内墙砌筑高度的墙面垂直投影面计算，不扣除门、窗、空圈洞口等所占面积。

3）独立柱脚手架

独立柱脚手架工程量，按图示柱结构外围周长另加 3.6 m，乘以砌筑高度，以 m² 计算，套用相应外脚手架定额。

$$S_z = (L_z + 3.6m) H$$

式中：S_z 为独立柱脚手架工程量，m²；L_z 为独立柱结构外围周长，m；H 为独立柱砌筑高度，m。

4）围墙脚手架

围墙脚手架按围墙中心线长乘以砌筑高度，以 m² 计算。凡室外自然地坪至围墙顶面的砌筑高度在 3.6 m 以下的，按里脚手架计算；砌筑高度超过 3.6 m 以上时，按单排外脚手架计算。

2. 基础脚手架

（1）砌筑高度超过 1.2 m 的管沟墙及基础的脚手架，按砌筑长度乘以砌筑高度，以 m² 计算，套用里脚手架定额项目。

（2）满堂基础脚手架，指整体满堂钢筋混凝土基础宽度超过 3 m 以上需搭设脚手架者。其工程量按基础底板面积计算，套用满堂脚手架基本层定额项目并乘以 0.5 计算。

3. 现浇钢筋混凝土框架脚手架

（1）现浇钢筋混凝土柱脚手架，按图示柱结构周长另加 3.6 m，乘以柱高，以 m² 计算。

（2）现浇钢筋混凝土梁、墙脚手架，按梁、墙净长度，乘以设计室外地坪或楼板上表面至上一层楼板底面之间高度，以 m² 计算。

4. 装饰工程脚手架

（1）满堂脚手架按室内净面积计算。其高度在 3.6～5.2 m 之间时，计算基本层；超过 5.2 m 时，每增加 1.2 m 按增加一层计算，不足 0.6 m 的不计。计算式为

$$S_m = L_j W_j$$

式中：S_m 为满堂脚手架基本层工程量，m；L_j 为室内净长，m；W_j 为室内净宽，m。

满堂脚手架增加层数为

$$N_2 = \frac{\text{室内净高度} - 5.2(\text{m})}{1.2(\text{m})}$$

例如，若建筑物室内净高分别为下列情况时，满堂脚手架计算如下：净高 4.0 m 时仅计算基本层；净高 6.0 m 时 6.0 m−5.2 m＝0.8 m＞0.6 m，计算基本层及 1 个增加层；净高 8.0 m 时 8.0 m−5.2 m＝2×1.2 m＋0.4 m（尾数），计算基本层及 2 个增加层。

（2）高度超过 3.6 m 的墙面装饰，不能利用原砌筑脚手架时，可以计算装饰脚手架。装饰脚手架按墙面长度乘以高度的垂直投影面积乘以 0.3 计算，不扣除门、窗、空圈等洞口所占面积，套用双排脚手架定额。

（3）室内天棚装饰面距设计室内地坪在 3.6 m 以上时，应计算满堂脚手架（3.6 m 以下简易脚手架的搭设及拆除已包括在天棚装饰定额项目内）。计算满堂脚手架后，墙面装饰工程则不再计算脚手架。

（4）室内净高在 3.6 m 以上的顶板勾缝、喷浆、有露明屋架的油漆，应计算悬空脚手架。悬空脚手架按搭设水平投影面积以 m² 计算。

（5）清水外墙的挑檐、腰线等装饰线工程所需的脚手架，如无外脚手架可利用时，应计算挑脚手架。挑脚手架按搭设长度乘以层数，以延长米（m）计算。

5. 其他脚手架

（1）水平防护架，其工程量按实际铺板的水平投影面积，以 m² 计算。

（2）垂直防护架，其工程量按自然地坪至最上一层横杆之间的搭设高度，乘以实际搭设长度，以 m² 计算。

（3）架空运输脚手架，工程量按搭设长度以延长米（m）计算。

（4）烟囱、水塔脚手架，区别不同搭设高度，以座计算。

（5）电梯井脚手架工程量，按单孔以座计算。

（6）砌筑贮仓脚手架工程量，不分单筒或贮仓组，均按单筒外边线周长乘以设计室外地坪至贮仓上口之间高度，以 m² 计算。

（7）贮水（油）池脚手架工程量，按外壁周长乘以室外地坪至池壁顶面之间高度，以 m² 计算。

（8）大型设备基础脚手架工程量，按其外形周长乘以地坪至外形顶面边线之间高度，以 m² 计算。

6. 安全网

（1）立挂式安全网，其工程量按架网部分的实挂长度乘以实挂高度计算。

（2）挑出式安全网，其工程量按挑出的水平投影面积计算。

例 7-6 图 7-25 是一商住楼的现浇钢筋混凝土框架结构示意图，试计算脚手架工程量。

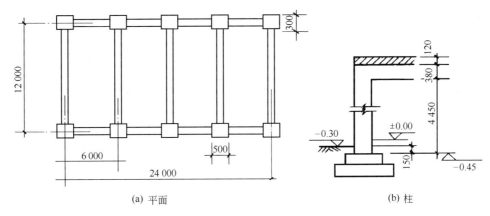

(a) 平面　　　　　　　　　　　(b) 柱

图 7-25　商住楼底层框架图

解

(1) 柱脚手架工程量。

每根柱的脚手架工程量＝（柱断面周长＋3.6 m）×柱高＝[(0.5＋0.3)×2＋3.6]×(4.45＋0.38＋0.12)＝25.74(m²)；10 根柱的脚手架工程量＝25.74×10＝257.4(m²)。

(2) 梁脚手架工程量。

每根梁的脚手架工程量＝设计室外地坪（或楼板上表面）至楼板底的高度×梁净长，6 m 开间梁脚手架工程量＝(4.45＋0.38－0.15)×(6－0.5)×8＝205.92(m²)，12 m 跨度梁脚手架工程量＝4.68×(12－0.3)×5＝273.78(m²)。

(3) 现浇钢筋混凝土框架柱、梁按双排脚手架计算，若施工组织设计采用钢管架，则总工程量＝257.4＋205.92＋273.78＝737.1(m²)。

例 7-7　图 7-26 为某健身活动室简图，试计算内墙抹灰粉面脚手架工程量。

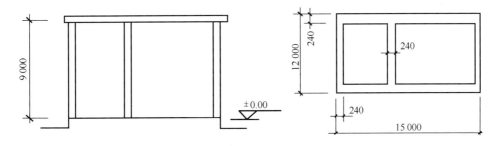

图 7-26　健身活动室简图

解

按规定，当室内高度超过 3.6 m，且不能利用原砌筑脚手架时，墙面粉饰可计算装饰脚手架，其工程量按墙面垂直面积乘以 0.3 计算，即

$$[(15－0.24×3)×2＋(12－0.24×2)×4]×9×0.3＝201.53(m²)$$

7.4.4　砌体工程工程量计算

1. 砖（石）基础

1）砖（石）基础与墙体的界限

砖（石）基础与墙体的界限划分，参照以下标准：①基础与墙身使用同一种材料时，以设计室内地面为界（有地下室时，以地下室室内设计地面为界），内地面以下为基础，内地面以上为墙身；②基础与墙身使用不同材料时，当位于设计室内地面±300 mm 以内，且以不同材料为分界线，超过±300 mm 时，以设计室内地面为分界线；③砖、石围墙，以设计室外地坪为界线，以下为基础，以上为墙身。

2）砖（石）基础工程量计算

砖（石）基础工程量，按施工图示尺寸以 m³ 计算，应扣除嵌入基础的钢筋混凝土柱和柱基（包括构造柱和构造柱基）、钢筋混凝土梁（包括地圈梁和过梁）及单个面积在 0.3 m² 以上孔洞所占的体积。对基础大放脚 T 型接头处的重叠部分及嵌入基础的钢筋、铁件、管道、基础防潮层，以及单个面积在 0.3 m² 以内的孔洞所占体积不予扣除，但靠墙暖气沟的挑檐亦不增加；附墙垛基础宽出部分体积应并入基础工程量内。计算公式为

砖(石)基础工程量＝基础长度×基础断面面积±应并入(扣除)体积

对式中各量分述如下。

（1）基础长度的计算。外墙墙基按外墙中心线长度计算，内墙墙基按内墙基净长计算（它等于内墙中心线长－双侧外墙基础墙或内墙基础墙一半的厚度）。

（2）基础断面面积的计算。砖基础多为大放脚形式，大放脚有等高与不等高两种，不等高大放脚又称间隔式大放脚。等高大放脚是以墙厚为基础，每挑宽 1/4 砖，挑出砖厚为 2 皮砖；不等高大放脚，每挑宽 1/4 砖，挑出砖厚为 1 皮砖与 2 皮砖相间（见图 7-27）。

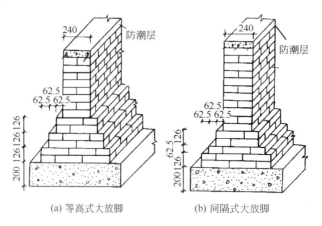

(a) 等高式大放脚　　　(b) 间隔式大放脚

图 7-27　砖基础大放脚

基础断面面积＝标准厚墙基面积＋大放脚增加断面面积

或

基础断面面积＝标准墙基厚度×（基础深度＋大放脚折加高度）

式中：基础深度指室内地坪至基础底面间的距离；大放脚折加高度指将大放脚增加的断面面积按其相应的标准墙基厚度折合成的高度（见图 7 - 28），计算公式为

$$大放脚折加高度＝\frac{大放脚双面断面面积}{基础墙厚度}＝\frac{A}{B}$$

其中，大放脚增加的断面面积是指按等高和不等高及放脚层数计算的增加断面面积（见图 7 - 28），可表示为

大放脚增加断面面积＝大放脚折加高度×B

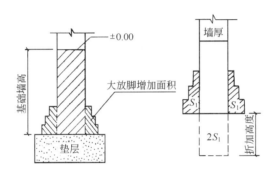

图 7 - 28　砖基断面图

等高式和不等高式砖墙基础大放脚的折加高度和增加断面面积如表 7 - 10 所示，供计算基础体积时查用。

表 7 - 10　砖墙基大放脚折加高度及增加面积表

放脚层数	折加高度/m								增加面积	
	1/2 砖 (0.115)		1 砖 (0.24)		3/2 砖 (0.365)		2 砖 (0.49)		m²	
	等 高	不等高	等 高	不等高	等 高	不等高	等 高	不等高	等 高	不等高
一	0.137	0.137	0.066	0.066	0.043	0.043	0.032	0.032	0.015 75	0.015 75
二	0.411	0.342	0.197	0.164	0.129	0.108	0.096	0.08	0.047 25	0.039 38
三			0.394	0.328	0.259	0.216	0.193	0.161	0.094 5	0.078 75
四			0.656	0.525	0.432	0.345	0.321	0.253	0.157 5	0.126
⋮	⋮	⋮	⋮	⋮	⋮	⋮	⋮	⋮	⋮	⋮

（3）应并入基础工程量的体积。附墙垛、附墙烟囱等基础宽出部分的体积，应并入基础工程量内计算。

附墙垛可视为与主墙 T 形相接的短墙，它由垛基础和垛身两部分组成。垛基础和砖墙基一样，也由垛基础墙和垛基下部周边大放脚两部分组成。垛基大放脚必须随墙的条形基础放脚向三个方向放出台阶，其平面形状如图 7-29 所示，因此计算公式为

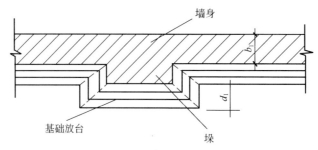

图 7-29　附墙垛垛基放脚

砖垛基础体积＝砖垛基础墙体积＋砖垛基放脚增加体积

砖垛基础墙体积＝砖附垛突出墙面长度×砖附垛宽×基础高度×附墙砖垛数

砖垛基础大放脚体积＝砖垛大放脚增加断面面积×砖附垛突出墙面长度×附墙砖垛数

附墙垛横断面面积和大放脚增加的体积也可通过查表取得。

2. 砖墙

砖墙按墙长乘墙高乘墙厚，以 m³ 计算工程量，计算公式为

$$墙体工程量＝墙长×墙高×墙厚±应并入（或扣除）体积$$

对式中各量分述如下。

1）墙体长度

外墙长度按外墙中心线长度计算，内墙长度按内墙净长线计算。当外墙中心线与轴线重合时，按轴线间尺寸计算中心线长度；当外墙中心线与轴线不重合时，必须将轴线移到中心线位置，再计算中心线间尺寸。

2）墙身高度

外墙墙身以设计室内地坪为计算起点，内墙首层以室内地坪，二层及二层以上以楼板面为起点，按下列规定计算。

（1）外墙墙身高度：斜（坡）屋面无檐口天棚的，算至屋面板底（见图 7-30（a））；有屋架且室内外均有天棚的，算至屋架下弦底面另加 200 mm（见图 7-30（b））；无天棚的算至屋架下弦底加 300 mm，出檐宽度超过 600 mm 时，应按实砌高度计算；平屋面有挑檐者算至挑檐板底（见图 7-30(c)），有女儿墙无檐口者算至钢筋混凝土板顶面（见图 7-30(d)）。

（2）内墙墙身高度：位于屋架下弦者，其高度算至屋架底（见图 7-30（e））；无屋架的算至天棚底另加 100 mm（见图 7-30(f)）；有钢筋混凝土楼板隔层的算至板底（见图 7-30(g)）；有框架梁时算至梁底面（见图 7-30(h)）。

（3）内、外山墙，墙身高度：按其平均高度计算。

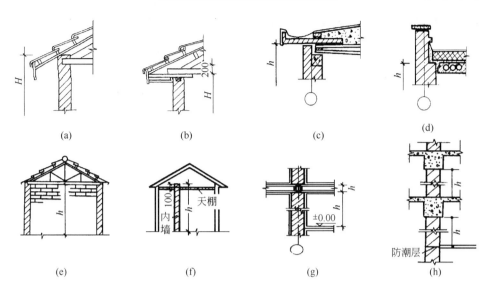

图7-30 墙身高度示意图

3）墙体厚度

按如下规定进行计算：①标准砖以 240 mm×115 mm×53 mm 尺寸为准，其砌体计算厚度，按表7-11计算；②使用非标准砖时，其砌体厚度应按砖实际规格和设计厚度计算。

表7-11 标准砖墙体厚度表

墙厚/砖	1/4	1/2	3/4	1	1.5	2	2.5	3
计算厚度/mm	53	115	180	240	365	490	615	740

4）应扣除或不扣除、不增加的体积

（1）应扣除体积部分：门窗洞口、过人洞、空圈、嵌入墙身的钢筋混凝土柱、梁（包括过梁、圈梁、挑梁）、砖平旋、平砌砖过梁和暖气包壁龛及内墙板头的体积。

（2）不扣除体积部分：梁头、外墙板头、檩头、垫木、木楞头、沿椽木、木砖、门窗走头、砖墙内的加固钢筋、木筋、铁件、钢管及每个面积在 0.3 m² 以下的孔洞等所占的体积。

（3）不增加体积：突出墙面的窗台虎头砖、压顶线、山墙泛水、烟囱根、门窗套及三皮砖以内的腰线和挑檐等体积。

5）应并入墙体的体积

砖垛、三皮砖以上的腰线和挑檐体积，并入墙身体积内计算。附墙烟囱（包括附墙通风道、垃圾道）按其外形体积计算，并入所依附的墙体体积内，不扣除每一个孔洞横截面在 0.1 m² 以下的体积，但孔洞内的抹灰工程量亦不增加。如单个孔洞的横断面积超过 0.4 m² 时，则应予扣除。

（1）砖垛。砖垛分为墙身附垛和转角附垛两种，墙身附垛的计算公式为

墙身附垛体积＝墙身附垛突出墙外长度×附垛宽度×附垛高度×附垛数量

或者将附垛的断面面积折算成砖墙长度加到所依附的墙身长度中，按砖墙计算工程量，计算公式为

$$附垛折加长度 = \frac{附垛断面面积(a_d^2)}{砖垛附着墙的墙厚(b)}$$

则砖墙的实际计算长度为

$$L = 图示砖墙计算长度 + 附垛折加长度 \times n$$

为便于计算，砖附墙垛的折加长度于表中，供计算时使用。

转角附垛如图7-31所示，其体积按转角附垛断面面积乘以垛高度计算。表7-12给出常见外墙角附垛断面面积和折加长度，供使用时参考。

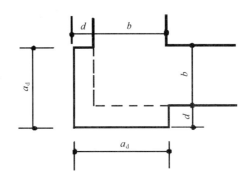

图7-31 转角附垛

表7-12 外墙角墙垛工程量计算用表

1砖墙 (240mm)	断面积/m²	0.075 6	0.182 5	0.320 6
	折加长度/m	0.315	0.76	1.336
	图 形	125 365 365 125	250 495 490 250	375 615 615 375
1.5砖墙 (365mm)	断面积/m²	0.106 8	0.245	0.414 4
	折加长度/m	0.293	0.671	1.135
	图 形	125 490 490 125	250 615 615 250	375 740 740 375

（2）挑檐。砖挑檐体积可按计算砖基础大放脚断面面积的方法，先算出挑出部分的断面面积（相当于倒置的单面放脚），再乘以挑檐长度即可。

（3）女儿墙。高度自外墙顶面算至图示女儿墙顶面，长度按外墙中心线长度计算，分不同墙厚并入相应的外墙工程量内。

例7-8 某砖混结构两层住宅首层平面图见图7-32，两层平面图见图7-33，基础平面图见图7-18，基础剖面图见图7-19；钢筋混凝土屋面板上表面高度为6 m，每层高均为3 m，内外墙厚均为240 mm；外墙均有女儿墙，高600 mm，厚240 mm；预制钢筋混凝土楼板、屋面板厚度均为120 mm。已知内墙砖基础为两层等高大放脚；外墙上的过梁、圈梁体积为2.5 m³，内墙上的过梁、圈梁体积为1.5 m³；门窗洞口尺寸：C1为1 500 mm×1 200 mm，M1为900 mm×2 000 mm，M2为1 000 mm×2 100 mm。请计算以下工程量：（1）建筑面积，（2）门、窗面积，（3）砖基础，（4）砖外墙，（5）砖内墙。

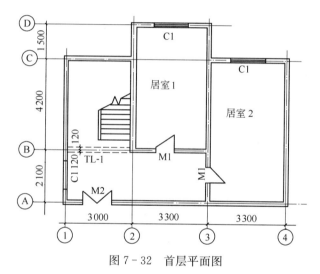

图7-32　首层平面图

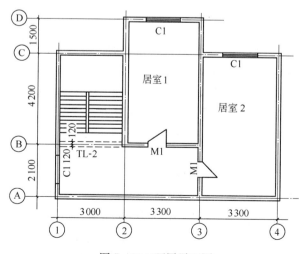

图7-33　两层平面图

解

(1) 建筑面积＝[(2.1＋4.2＋0.12×2)×(3＋3.3＋3.3＋0.12×2)＋1.5×

(3.3＋0.12×2)]×2＝(6.54×9.84＋5.31)×2＝139.33(m²)

(2) 门、窗。

门面积＝1.00×2.10＋0.90×2.00×2×2＝9.30(m²)

窗面积＝1.50×1.20×3×2＝10.8(m²)

(3) 砖基础。

外墙砖基础中心线长＝L_w＝(3＋3.3＋3.3＋2.1＋4.2＋1.5)×2＝34.8(m)

内墙砖基础净长＝L_n＝4.2－0.12×2＋3.3＋3－0.12×2＋

4.2＋2.1－0.12×2＝16.08(m)

外墙砖基础＝0.24×(1.5－0.3－0.1)×34.8＝9.19(m³)

从表7-11中，可查得二层等高大放脚一砖厚折加高度＝0.197 m。

内墙砖基础＝[0.24×(1.5－0.1＋0.197)]×16.08＝6.16(m³)

砖基础工程量＝9.19＋6.16＝15.35(m³)

(4) 砖外墙。

外墙中心线长＝(2.1＋4.2＋3＋3.3＋3.3)×2＋1.5×2＝34.8(m)

外墙门窗面积＝1.50×1.20×3×2＋1.00×2.10＝10.8＋2.10＝12.9(m²)

砖女儿墙体积＝34.8×0.6×0.24＝5.01(m³)

钢筋混凝土板顶高为6 m，则外墙墙身高为6 m，外墙厚度为0.24 m，外墙上的过梁、圈梁体积为2.5 m³，则

砖外墙工程量＝(外墙中心线长×外墙高度－外墙门窗面积)×墙厚－

过梁圈梁体积＋女儿墙体积

＝(34.8×6－12.9)×0.24－2.5＋5.01＝49.53(m³)

(5) 砖内墙。

内墙净长＝(4.2－0.12×2)＋(4.2＋2.1－0.12×2)＋(3.3－0.12＋0.12)＝13.32(m)

内墙门面积＝0.90×2.00×2×2＝7.2(m²)

每层内墙墙身高度＝层高－混凝土板厚＝3－0.12＝2.88(m)

已知内墙厚度为0.24 m，内墙上的过梁、圈梁体积为1.5 m³，则

砖内墙工程量＝(内墙净长×每层内墙墙身高度×层数－内墙门面积)×

墙厚－过梁圈梁体积＝(13.32×2.88×2－7.2)×

0.24－1.5＝15.19(m³)

3. 砖砌挖孔桩护壁

以机械或人工方法成孔，然后安放钢筋笼，浇筑混凝土以支撑上部结构的桩，称为挖孔灌注桩，简称挖孔桩。在挖孔时，为确保施工安全，应采取支护措施，常称护壁（或护圈）。护壁可采用混凝土护壁、砖砌护壁、沉井壁等，图7-34为砖砌护壁简图。护壁施工要分段

挖土，分段砌筑井壁，每段高约 1 m。

砖砌挖孔桩护壁工程量按实砌体积计算。图 7 - 34 的护壁为中空截头圆锥体，其工程量可分段计算，每段按中心线平均周长乘护壁壁厚，再乘以护壁高度计算。

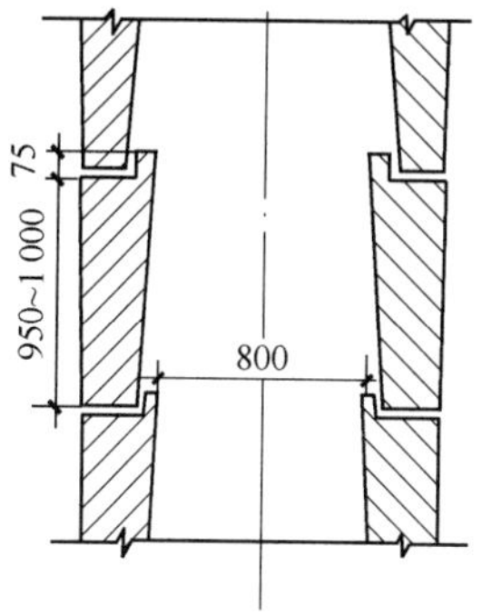

图 7 - 34　挖孔桩护壁示意图

4. 砖柱

砖柱工程量按体积以 m³ 计算。柱身与柱基分别计算，执行相应定额。

1）砖柱基础

以矩形砖柱为例，首先依据条形柱基大放脚增加断面面积的计算方法，算出砖柱基大放脚四边的折加高度，再加到柱基计算高度中计算砖柱基础体积，即

$$矩形砖柱基工程量＝（柱基计算高度＋折加高度）×砖柱断面面积$$

式中，柱基计算高度为柱大放脚底面至设计室内地面的高度；折加高度及砖柱断面面积可通过表格查寻，其中折加高度的计算公式为

$$折加高度＝\frac{砖柱四周大放脚体积}{砖柱断面面积}$$

2）砖柱工程量

按图示尺寸断面面积乘以柱高计算，执行砖柱定额项目。

5. 其他墙体

1）框架间砌体

框架间砌体是指框架结构中填砌在框架柱梁间，作为结构围护体的墙体。

框架间砌体工程量，区分内外墙按框架间净空面积乘以墙厚以 m³ 计算，应扣除门窗洞口，0.3 m² 以上洞口所占体积。框架外表面镶贴砖部分亦应并入框架间砌体工程量内计算，套用相应砌墙定额。

2）多孔砖墙、空心砖墙

多孔砖、空心砖墙工程量按体积以 m³ 计算，其计算公式同砖墙，唯墙体厚度应按图示尺寸取定，且不扣除其中孔、空心部分的体积。

3）空斗墙

空斗墙是用普通砖砌成的外实内空的墙，适用于隔墙或低层居住建筑。空斗墙工程量按外形尺寸以 m³ 计算。墙角、内外墙交接处、门窗洞口立边、窗台砖及屋檐处的实砌部分已包括在定额内，不另行计算。但窗间墙、窗台下、楼板下、梁头下等实砌部分，应另行计算，套用零星砌体定额项。

4）空花墙

空花墙也称花格墙，墙面呈花格形状，常用于围墙等。空花墙工程量按空花部分外形尺寸体积以 m³ 计算，空花部分不予扣除，但其中的实砌部分以 m³ 另计。

5）填充墙

填充墙的工程量按外形尺寸以 m³ 计算，其中实砌部分已包括在定额内，不另行计算。

6）砌块墙

砌块墙包括小型空心砌块墙、硅酸盐砌块墙和加气混凝土砌块墙三种，其工程量按图示尺寸以 m³ 计算，扣除门窗洞口、钢筋混凝土过梁等所占体积。按设计规定需要镶嵌砖砌体部分已包括在定额内，不另行计算。

7）围墙

砖砌围墙按基础及墙身计算工程量，墙身应区分不同墙厚按图示尺寸以 m² 计算，即按墙长度乘以高度，其中墙身高度自设计室外地坪至围墙顶面计算。

围墙的砖垛等工程量应并入墙身内计算，围墙墙身带有部分空花墙时，其空花墙部分另算，按相应定额执行。

6. 其他砌体

1）砖砌台阶

砖砌台阶（不包括梯带）的工程量，按水平投影面积以 m² 计算。

2）砖砌锅台、炉灶

砖砌锅台，炉灶工程量，不分大小均按图示外形尺寸以 m³ 计算，不扣除各种空洞的体积。

3）化粪池、检查井

化粪池、检查井，不分壁厚、形状，均以 m³ 计算工程量，洞口上的砖平拱等并入砌体体积内计算。

4）零星砌体

零星砌体包括砖砌厕所平台、小便池槽、水槽腿、明沟、暗沟、灯箱、垃圾箱、台阶挡墙或梯带、花台、花池、地垄墙及支撑地楞的砖墩（或地板墩）、房上烟囱、屋面架空隔热层、砖墩及毛石墙的门框立边、窗台虎头砖等实砌砌体，其工程量均按实砌体积以 m³ 计算，套用零星砌体定额项。

5）砖砌地沟

砖砌地沟工程量不分墙基、墙身，合并以 m³ 计。石砌地沟按其中心线长度以延长米（m）计。

6）砖平拱、钢筋砖过梁

砖砌平拱，拱厚等于墙厚，拱高为 1 砖或 1.5 砖。平拱用整砖立砌而成，平侧砖与立侧砖相间砌叠，拱脚伸入墙内 20～30 mm，立面呈倒梯形，斜度在 1/4～1/6，拱砖以奇数为好，以使立砖居中，立跨称为拱心砖。

砖平拱工程量按图示尺寸以 m³ 计算。如设计无规定，则按门窗洞口宽度两端共加 100 mm，乘以高度（门窗洞口宽度小于 1 500 mm 时，高度取 240 mm；大于 1 500 mm 时，高度取 365 mm）计算。

钢筋砖过梁采用砖平砌，下设钢筋而成，过梁底配置 $\phi 6 \sim 8$ mm 钢筋。在过梁的受力范围内（不少于 6 皮砖的高度或过梁跨度的 1/4 高度范围），应用 M5 砂浆砌筑。钢筋砖过梁适用于跨度不大于 2 m 的洞口。

钢筋砖过梁的工程量按图示尺寸以 m³ 计算，如设计无规定，则按门窗洞口宽度两端共加 500 mm，高度按 440 mm 计算。

7. 砌体内加固钢筋

砌体内的钢筋加固应根据设计规定，以 t 为单位计算，执行钢筋工程相应定额。

例 7 - 9　某"小型住宅"（见图 7 - 35）为现浇钢筋混凝土平顶砖墙结构，室内净高 2.9 m，门窗均用平拱砖过梁，外门 M1 洞口尺寸为 1.0 m×2.0 m，内门 M2 洞口尺寸为 0.9 m×2.2 m，窗洞高均为 1.5 m，内外墙均为 1 砖混水墙，用 M2.5 水泥混合砂浆砌筑。试计算砌筑工程量。

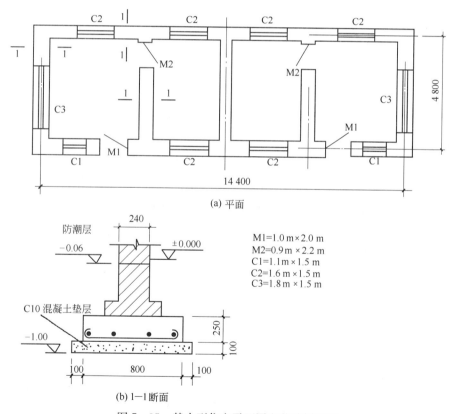

(a) 平面

M1=1.0 m×2.0 m
M2=0.9 m×2.2 m
C1=1.1 m×1.5 m
C2=1.6 m×1.5 m
C3=1.8 m×1.5 m

(b) 1—1 断面

图 7 - 35　某小型住宅平面图和基础剖面图

解

（1）计算应扣除工程量

门　M1：$1 \times 2 \times 2 \times 0.24 = 0.96$（m³）

　　M2：$0.9 \times 2.2 \times 2 \times 0.24 = 0.95$（m³）

窗　$(1.8×2+1.1×2+1.6×6)×1.5×0.24=5.544(m^3)$

砖平拱过梁

$\quad$ M1：$(1.00+0.1)×0.24×0.24×2=0.127(m^3)$

$\quad$ M2：$(0.9+0.1)×0.24×0.24×2=0.115(m^3)$

$\quad$ C：$(1.8×2+0.1×2)×0.365×0.24+(1.1+0.1)×2×0.24×0.24+(1.6+0.1)×$

$\qquad 6×0.365×0.24=1.365(m^3)$

共扣减　$0.96+0.95+5.544+0.127+0.115+1.365=9.06(m^3)$

（2）计算砖墙毛体积

墙长　外墙：$(14.4+4.8)×2=38.4(m)$

$\qquad$ 内墙：$(4.8-0.24)×3=13.68(m)$

$\qquad$ 总长：$38.4+13.68=52.08(m)$

墙高内外墙均为 2.9m，砖墙毛体积为 $52.08×2.9×0.24=36.25(m^3)$。

（3）砌筑工程量

内外砖墙：$36.25-9.06=27.19(m^3)$

砖平拱：$0.127+0.115+1.365=1.61(m^3)$

砖基础：$52.08×(0.24×0.65+0.015\,75)=8.94(m^3)$

8. 砖砌烟囱

烟囱主要由基础、囱身、烟道、内衬、隔热层等部分组成，附属部分有爬梯、护栏、休息平台、信号灯、避雷装置等，囱身底部由烟道与锅炉相连。烟囱外形一般为圆形或方形，囱身在 60 m 以内的，常设计成砖烟囱，60 m 以上的为钢筋混凝土烟囱。

1）砖砌烟囱基础

烟囱砖基础与砖筒身以基础大放脚扩大顶面为界，扩大顶面以下为基础。烟囱砖基础的工程量按体积以 m^3 计算，按砖基础定额执行。

（1）烟囱环形砖基础。如图 7－36 所示，砖基大放脚亦分等高式和非等高式两种类型。基础体积的计算方法与条形基础的计算方法相同，即分别计算出砖基身及放脚增加断面面积之后汇总。烟囱基础体积计算公式如下

$$V_{hj}=(bh_c+V_f)l_c$$

式中：V_{hj} 为烟囱环行砖基础体积，m^3；b 为砖基身顶面宽度，m；h_c 为砖基身高度，m；V_f 为烟囱基础放脚增加的断面面积，m^2，具体数据参见表 7－11；l_c 为烟囱砖基础计算长度，大小为 $2\pi r_0$，其中 r_0 是烟囱中心至环行砖基扩大面中心的半径，m。

（2）圆形整体式烟囱砖基础。如图 7－37 所示，其基身与放脚应以基础扩大顶面向内收一个台阶宽（62.5 mm）处为界，界内为基身，界外为放脚。如果烟囱筒身外径恰好与基身重合，则其基身与放脚的划分即以筒身外径为分界。

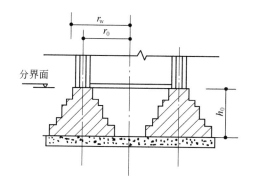

图 7 - 36　烟囱环形基础

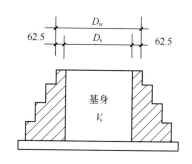

图 7 - 37　圆形整体式砖基础

圆形整体式烟囱基础的体积，计算公式为

$$V_{yj}=V_s+V_f$$

其中，砖基身体积为

$$V_s=\pi r_s^2 h_c \quad 其中，r_s=r_w-0.062\,5$$

式中：r_s 为圆形基身半径，m；h_c 为基身高度，m；r_w 为圆形基础扩大面半径，m。

砖基大放脚增加体积 V_f 的计算。

由图 7 - 37 可见，圆形基础大放脚可视为相对于基础中心的单面放脚。若计算出单面放脚增加断面相对于基础中心线的平均半径 r_0，即可计算大放脚增加的体积；平均半径 r_0 可按重心法求得。以等高式放脚为例，其计算公式可写为

$$r_0 = r_s + \frac{\sum_{i=1}^{n} S_i d_i}{\sum S_i} = Y_s + \frac{\sum_{i=1}^{n} i^2}{n \text{ 层放脚单面断面面积}} \times 2.46 \times 10^{-4}$$

式中：i 为从上向下计数的大放脚层数。故圆形砖基放脚增加体积为

$$V_f = 2\pi r_0 \times n \text{ 层放脚单面断面面积}$$

式中，n 层放脚单面断面面积可以通过查表求得。

2）烟囱筒身

烟囱筒身不论圆形、方形，均按图示筒壁平均中心线周长乘以筒壁厚度，再乘以筒身垂直高度，扣除筒身各种孔洞（0.3 m^2 以上）、钢筋混凝土圈梁、过梁等所占体积以 m^3 计算。若其筒壁周长不同时，分别计算每段筒身体积，相加后即得整个烟囱筒身的体积，计算公式为

$$V = \pi \sum HCD - 应扣除体积$$

式中：V 为烟囱筒身体积，m^3；H 为每段筒身垂直高度，m；C 为每段筒壁厚度，m；D 为每段筒壁中心线的平均直径。

如图 7-38 所示，D 等于

$$D=\frac{(D_1-C)+(D_2-C)}{2}=\frac{D_1+D_2}{2}-C$$

3）烟道、烟囱内衬

烟道烟囱内衬工程量，区别不同内衬材料按图示内衬中心线长度及厚度，以实体体积计算，并扣除各种孔洞所占体积。

4）烟囱内壁表面隔热层及填料

烟囱内壁表面涂抹隔热层，按筒身内壁面积以 m² 计算，并扣除各种孔洞的面积（见图 7-39）。计算公式为

$$S=\pi\sum\left[(D-C)H\right]-应扣除孔洞面积$$

式中：S 为烟囱内壁隔热层面积。

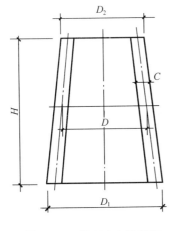

图 7-38 烟囱中心线断面

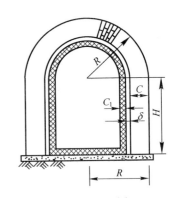

图 7-39 烟道断面

填料工程量按烟囱内衬与筒身之间的中心线平均周长，乘以图示宽度和筒高的体积，以 m³ 计算，并扣除各种孔洞所占体积，但不扣除连接横砖及防沉带的体积。计算公式为

$$V=\pi\sum\left[(D-C-\delta)\times\delta H\right]-应扣除体积$$

式中：V 为填充料体积，m³；D 为高为 H 的筒壁中心线平均直径，m；δ 为填充料厚度，m。

5）烟道砌块

烟道与炉体的划分以第一道闸门为界，属护体内的烟道部分，列入炉体工程量计算。烟道砌砖工程量按图示尺寸，以实砌体积计算（见图 7-39）。

6）砖烟囱砌体

采用钢筋加固的，应根据设计规定计算钢筋用量，以 t 计算，套钢筋工程相应定额。

7) 砖烟囱的铁爬梯、护栏、烟囱紧固箍等的制作安装

按金属结构制作工程有关规定计算，套用相应定额项目。

例 7-10　计算图 7-40 所示砖烟囱筒身的工程量。烟囱高度 $H=20$ m，分两段，在中部及顶部有内、外挑檐，囱身坡度 2.5%，筒壁厚度 240 mm，隔热空气层 50 mm，内衬 120 mm，筒底砌衬砖 120 mm 厚。

解

(1) 标高±0.00 m~20.00 m 筒身

$$V_1 = 0.24\pi\left(\frac{1.28\times2+0.78\times2}{2}-0.24\right)\times20 = 27.44(\text{m}^3)$$

(2) 标高+10.00 m 处砖砌内悬臂

$$0.25\times0.06+0.25\times0.12 = 0.045(\text{m}^2)$$

$$平均半径 = \frac{(1.03-0.24-0.03)\times0.015+(1.03-0.24-0.06)\times0.03}{0.045} = 0.74(\text{m})$$

$$V_2 = 2\pi\times0.74\times0.045 = 0.21(\text{m}^3)$$

(3) 烟囱顶部挑砖

$$挑檐断面积 = 0.126\times0.06+0.252\times0.12+0.504\times0.18$$

$$= 7.56\times10^{-3}+0.03+0.091 = 0.128(\text{m}^2)$$

$$平均半径 = \frac{7.56\times10^{-3}\times(0.78+0.03)+0.03\times(0.78+0.06)+0.091\times(0.78+0.09)}{0.128}$$

$$= 0.863(\text{m})$$

$$V_3 = 2\pi\times0.863\times0.128 = 0.69(\text{m}^3)$$

(4) 应扣除部分

① 出灰口。如图 7-40 所示，出灰口尺寸为 0.84 m×0.8 m，则

$$V_4 = 0.84\times0.8\times0.24 = 0.16(\text{m}^3)$$

② 烟道口。按图 7-40 所示尺寸，应扣除体积为

$$V_5 = \left(0.68\times0.84+\frac{\pi}{2}\times0.42^2\right)\times0.24 = 0.20(\text{m}^3)$$

③ 钢筋混凝土圈梁

$$V_6 = 0.24^2\times(1.2325-0.120)\times2\pi = 0.40(\text{m}^3)$$

(5) 烟囱筒身工程量

$$V = \sum_{i=1}^{6}V_i = 27.44+0.21+0.69-0.16-0.2-0.4 = 27.58(\text{m}^3)$$

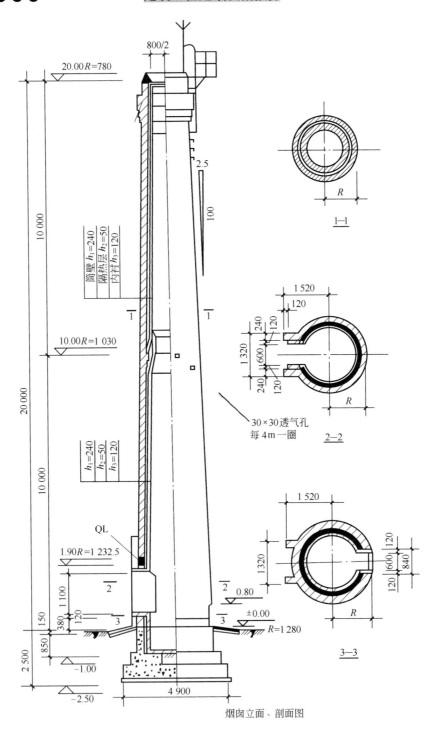

烟囱立面、剖面图

图 7-40 砖砌烟囱简图

9. 砖砌水塔

水塔由基础、塔身、水箱和附属部分组成，图 7-41 是砖砌水塔简图。

1）基础

水塔基础与塔身的划分是以砖砌体的扩大部分顶面为界，以上为塔身，以下为基础。基础工程量按实砌体积以 m³ 计算，其计算方法同砖砌烟囱基础部分，套用砖基础砌体定额。

2）塔身

塔身与槽底以圈梁为分界线，圈梁以上为槽底（水箱），以下为塔身。砖砌塔身工程量按图示中心线平均周长，乘以砌体壁厚及塔身高度，以实砌体积计算，扣除门窗洞口和混凝土构件所占的体积；砖平拱及砖出檐等并入塔身体积内计算，套用水塔砌筑定额。塔身工程量计算公式为

$$V = \pi \sum HCD \pm 应扣除（并入）体积$$

式中：H 为每段塔身垂直高度，m；C 为塔身壁厚，m；D 为每段塔身中心线平均直径，m。

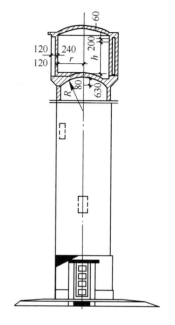

图 7-41 砖砌水塔简图

3）水箱

砖水箱内、外壁，不分壁厚，均以图示实砌体积计算工程量，套用相应的内外砖墙定额。

4）附属部分

包括爬梯、休息平台、避雷装置、信号灯、塔顶栏杆、水塔标尺、水塔配管等。水塔的铁件、爬梯、围栏和砖砌加固钢筋等，应分别另列项目计算。

7.4.5 混凝土及钢筋混凝土工程量计算

在《全国统一建筑工程基础定额》中，混凝土及钢筋混凝土工程中的模板、钢筋和混凝土三部分内容，是分别计算其工程量及执行定额的，它们的工程量计算方法如下所述。

1. 模板工程

1）现浇混凝土及钢筋混凝土模板工程

（1）一般现浇构件，如基础、柱、梁、墙、板、挑檐、栏板等，其模板工程量应按不同构件类别，并区别模板的不同材质（组合钢模板、复合木模板、木模板、钢木组合模板等）分别列项，均按混凝土与模板接触面的面积，以 m² 计算，计算中有关的规定如下所述。

① 支模高度：现浇钢筋混凝土柱、梁、板、墙的支模高度（即室外地坪至板底或楼板面至上一层板底之间的高度），以 3.6 m 以内为准；超过 3.6 m 以上部分，每超过 1 m，另计算一次增加支撑工程量。

② 重叠部分：柱与梁、柱与墙、梁与梁等连接的重叠部分，以及伸入墙内的梁头、板

头部分，均不计算模板面积。附墙柱的模板面积，并入墙内工程量计算。

③ 孔洞：现浇钢筋混凝土墙、板上单孔面积在 0.3 m² 以内的孔洞面积，不予扣除，洞侧壁模板亦不增加；单孔面积在 0.3 m² 以上时，应予扣除，洞侧壁模板面积并入墙、板模板工程量之内计算。

④ 构造柱：砌体结构墙体中的构造柱，其外露面均应按图示外露部分计算模板面积，构造柱与墙接触面不计算模板面积。

（2）现浇钢筋混凝土框架，分别按梁、板、柱、墙有关规定计算，附墙柱并入墙内工程量计算。

（3）杯形基础杯口高度大于杯口大边长度的，套高杯基础定额项目。

（4）现浇钢筋混凝土悬挑板（雨篷、阳台）的模板，按图示外挑部分尺寸的水平投影面积计算；挑出墙外的牛腿梁及板边模板不另计算。

（5）现浇钢筋混凝土楼梯，以图示露明面尺寸的水平投影面积计算，不扣除小于 500 mm 楼梯井所占面积；楼梯的踏步、踏步板平台梁等侧面模板不另计算。

（6）混凝土台阶不包括梯带，按图示台阶尺寸的水平投影面积计算，台阶端头两侧不另计算模板面积。

（7）现浇混凝土小型池槽按构件外围体积计算，池槽内、外侧及底部的模板不另计算。

2）预制混凝土及钢筋混凝土构件模板工程

预制钢筋混凝土模板工程量，除另有规定者外，均按不同构件类别并区分模板的不同材质分别列项，按混凝土实体体积以 m³ 计算：①小型池槽按外型体积以 m³ 计算；②预制桩尖按虚体积（不扣除桩尖虚体积部分）计算。

3）构筑物钢筋混凝土模板工程

（1）构筑物工程的模板工程量，除另有规定者外，区别现浇、预制和构件类别，分别按上述有关规定计算。

（2）大型池槽等分别按基础、墙、板、梁、柱等有关规定计算并套相应定额项目。

（3）液压滑升钢模板施工的烟筒、水塔塔身、贮仓等，均按混凝土体积，以 m³ 计算。预制倒圆锥形水塔罐壳模板，按混凝土体积，以 m³ 计算。

（4）预制倒圆锥形水塔罐壳组装、提升、就位，按不同容积以座计算。

2. 混凝土工程

1）现浇混凝土工程

混凝土工程量除另有规定者外，均按图示尺寸实体体积以 m³ 计算，不扣除构件内钢筋、预埋铁件及墙、板中 0.3 m² 内的孔洞所占体积。

（1）现浇基础。

① 带形基础工程量，按其断面面积乘以长度以 m³ 计算。分有肋带形混凝土基础和板式带形基础，当肋高与肋宽之比在 4∶1 以内时，按有肋带形基础的几何尺寸计算；超过 4∶1 时，其基础扩大面以下按板式基础计算，以上部分按墙计算。

带形基础断面高度以基础扩大顶面为界，向下算至基础底面。基础计算长度：外墙部分按外墙基中心线长度，内墙部分按内墙基净长线计算，连接柱独立基础的，按独立基础间净长计算。

② 独立基础工程量，应按不同构造形式分别计算。对于锥形独立基础，一般情况下，锥形独立基础的下部为矩形，上部为截头锥体，可分别计算相加后得其体积。杯形基础工程量，按基础外形体积减去杯口体积后计算。

③ 按不同构造形式，满堂基础可分为无梁式（即板式）、有梁式（筏式）和箱式。

● 无梁式满堂基础。形似倒置的无梁楼板，如有扩大或锥形柱墩（脚）时，其工程量应按板的体积加柱脚的体积计算；柱脚高度按设计尺寸，无设计尺寸则算至柱墩的扩大面。

● 有梁式满堂基础。形似倒置的肋形楼板或井字楼板，其工程量应分别计算板和梁的体积，再相加而得。

● 箱式满堂基础。箱式满堂基础上有盖板，下有底板，中间有纵、横墙及柱连成整体。其工程量应分别按无梁式满堂基础（底板）、柱、墙、梁、板有关规定计算，套有关定额项目。

④ 设备基础。除块体以外，其他类型设备基础分别按基础、梁、柱、板、墙等有关规定计算，套相应的定额项目计算。柱的高度，由底板或柱基的上表面算至肋形板的上表面；梁的长度按净跨计算，梁的悬臂部分并入梁内计算；肋形板包括板、主梁和次梁。

⑤ 承台桩基础。承台桩基础是指在已打完的桩顶上将桩顶连成一体的钢筋混凝土承台，**其工程量按承台图示尺寸以 m³ 计算**，不扣除嵌入承台的桩头体积。

(2) 现浇柱。钢筋混凝土现浇柱的截面形状有矩形、圆形和多边形、异形（L 形、T 形、十字形）等，柱的工程量按不同截面形状分别列项，按图示断面尺寸乘以柱高，以 m³ 计算。柱高按下列规定确定（见图 7-42）：①有梁板的柱高，应自柱基上表面（或楼板上表面）至上一层楼板上表面之间的高度计算；②无梁板的柱高，应自柱基上表面（或楼板上表面）至柱帽下表面之间的高度计算；③框架柱的柱高，应自柱基上表面至柱顶高度计算；④构造柱按全高计算，与砖墙嵌接部分的体积并入柱身体积内计算；⑤依附柱上的牛腿，并入柱身体积内计算。

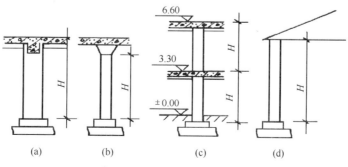

图 7-42　柱高计算示意图

（3）现浇梁。钢筋混凝土现浇梁按断面形式，分有矩形梁（包括单梁和连续梁）、异形梁（T形、工字形、十字形）、弧形梁、拱形梁等，在定额中分别列项。另外，圈梁和过梁也单独列项。梁的工程量按图示梁的断面尺寸乘以梁长，以 m³ 计算，梁长按下列规定确定

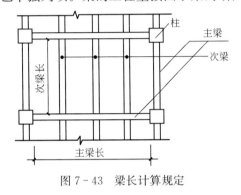

图 7 - 43　梁长计算规定

（见图 7 - 43）：①梁与柱连接时，梁长算至柱侧面；②主梁与次梁连接时，次梁长算至主梁侧面；③当梁伸入到墙体内时，梁按实际长度计算，伸入墙内梁头、梁垫体积并入梁体积内计算；④当梁与混凝土墙连接时，梁长算至混凝土墙的侧面；⑤圈梁长，外墙上圈梁按外墙中心线长计算，内墙按净长线长计算。圈梁与过梁连接时，应分别计算，过梁的梁长可按图示尺寸或按门窗洞口宽度两端共加 50 cm 计算。

（4）现浇板。钢筋混凝土现浇板分有梁板和无梁板；有梁板又称肋形板，包括梁式板、井式板、密肋形板。按图示面积乘以板厚，以 m³ 计算。

① 有梁板工程量为主、次梁与板的体积之和。

② 无梁板按板和柱帽体积之和计算。若为圆形柱帽，按截头圆锥体积计算，公式为

$$V_m = \frac{\pi h_1}{3}(R^2 + r^2 + rR) = \frac{\pi h_1}{12}(D^2 + d^2 + dD)$$

式中：r、R、d、D，分别为锥体上、下底的半径和直径。

当桩帽为矩（方）形时，可视为倒置的锥形独立基础，其体积按锥形独立基础的计算公式计算。

③ 平板按板自身实体体积以 m³ 计算，执行平板定额。

④ 现浇挑檐天沟与板（包括屋面板、楼板）连接时，以外墙为分界线；与圈梁（包括其他梁）连接时，以梁外边线为分界线。外墙外边线以外或梁外边线以外为挑檐天沟。

⑤ 各类板伸入墙内的板头并入板体积内计算。

不同类型的板连接时，如无明确的分界线，则以墙的中心线为界；挑檐、天沟与板（包括屋面板、楼板）连接时，以外墙外边线为分界线；与圈梁（或其他梁）连接时，以梁外边线为分界线。外墙外边线以外或梁外边线以外为挑檐、天沟。

（5）现浇墙。钢筋混凝土现浇墙有直形墙、弧形墙、电梯井壁、大钢模板墙等，墙的工程量应区别不同类型分别列项，按图示墙长乘以墙高及厚度，以 m³ 计算，计算中有关规定如下：①墙长，外墙按中心线长计算，内墙按净长线长计算，有柱者算至柱侧面（指突出墙外的柱）；②墙高，从墙基上表面或基础梁上表面算至墙顶，有梁者算至梁底面（指突出墙外的梁）；③墙体积中应扣除门窗洞口及 0.3 m² 以外孔洞的体积，墙垛及突出部分并入墙体积内计算。

（6）整体楼梯。包括休息平台，平台梁、斜梁及楼梯的连接梁，按水平投影面积以 m²

计算。不扣除宽度小于 500 mm 的楼梯井，伸入墙内部分不另增加。

（7）阳台、雨篷（悬挑板）。按伸出外墙的水平投影面积以 m² 计算，伸出外墙的牛腿不另计算；带反挑檐的雨篷按展开面积以 m² 并入雨篷内计算。

（8）栏杆净长度。栏杆按净长度以延长米（m）计算，伸入墙内的长度已综合在定额内。栏板以 m³ 计算，伸入墙内的栏板合并计算。此两项中，楼梯斜长部分的长度，可按其水平投影长度乘系数 1.15 计算。

（9）预制板补现浇板缝。预制板补现浇板缝时，板缝宽度超过 20 cm 者按平板计算。

2）预制构件混凝土工程

预制构件混凝土工程量应区别构件类别分别列项，如桩、柱、梁、屋架、板、楼梯、雨篷、阳台等，均按图示尺寸实体体积，以 m³ 计算，不扣除构件内钢筋、铁件及小于 300 mm×300 mm 以内孔洞所占体积。空心构件应扣除空心部分。

（1）预制钢筋混凝土框架柱现浇接头（包括梁接头），按设计规定断面和长度，以 m³ 计算。

（2）预制桩按桩全长（包括桩尖）乘以桩断面（空心桩应扣除孔洞体积），以 m³ 计算。

（3）混凝土与钢杆件组合的构件，混凝土部分按构件实体积以 m³ 计算，钢构件部分按重量（t）计算，分别套相应的定额项目。

3）构筑物钢筋混凝土工程

构筑物混凝土除另有规定者外，均按图示尺寸扣除门窗洞口及 0.3 m² 以外孔洞所占体积，以实体体积 m³ 计算。

水塔（见图 7-44）混凝土工程量包括筒身和槽底两部分。筒身与槽底的划分，以槽底连接的圈梁底为界。筒式塔身，以图示实体积计算，扣除门窗洞口所占体积，依附于筒身的过梁、雨篷、挑檐等工程量并入筒身体积内计算。柱式塔身，不分柱、梁和直柱、斜柱，均以实体积合并计算。塔顶及槽底工程量为塔顶顶板、圈梁、槽底底板、挑出的斜壁板和圈梁体积之和。

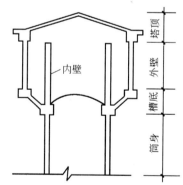

图 7-44　水塔构造组成

贮水（油）池混凝土工程量包括池底、池壁、池盖等的工程量，均按图示尺寸以实体积（m³）计算。池底不分平底、锥底、坡底，均按池底计算，平池底按垫层以上至池壁下部扩大角部分体积计算，锥形底应算至壁基梁底面，无壁基梁时算至锥形底坡的上口；池壁应分别不同厚度（按上下平均厚度计算）按实体积（m³）计算，其高度不包括池壁上下处的扩大部分，无扩大部分时，则自地底上表面算至池盖下表面；池顶盖工程量包括与池壁相连的扩大角部分体积，肋形顶盖还包括主次梁的体积，球形盖应自池壁顶面以上计算体积，包括边侧梁的体积在内。

4）钢筋混凝土构件接头灌缝

钢筋混凝土构件接头灌缝，包括构件座浆、灌缝、堵板孔、塞板梁缝等，均按预制钢筋混凝土构件实体积以 m³ 计算。

（1）柱与柱基的灌缝按首层柱体积计算，首层以上柱灌缝按各层柱体积计算。

（2）空心板堵孔的人工材料已包括在定额内。

3. 钢筋工程

钢筋工程，应区别现浇、预制构件，不同钢种和规格分别按设计长度乘以单位重量，以 t 为单位计算汇总。

1）普通钢筋长度的计算

普通钢筋长度的计算公式为

$$钢筋长度＝构件长度－端头保护层＋增加长度$$

纵向受力的普通钢筋和预应力钢筋，其混凝土保护层厚度（钢筋外边缘至混凝土表面的距离）不应小于钢筋的公称直径，且应符合表 7-13 中的规定。增加长度指弯钩、弯起、搭接和锚固等增加的长度，按下列规则进行计算。

表 7-13　纵向受力钢筋的混凝土保护层最小厚度　　　　　mm

环　　境		板、墙、壳			梁			柱		
		≤C20	C25～C45	≥C50	≤C20	C25～C45	≥C50	C20	C25～C45	≥C50
一		20	15	15	30	25	25	30	30	30
二	a		20	20		30	30		30	30
	b		25	20		35	30		35	30
三			30	25		40	35		40	35

注：基础中纵向受力钢筋的混凝土保护层厚度不应小于40mm；当无垫层时不应小于70mm。

（1）直钢筋。指两端无弯钩又不弯起的钢筋，其长度计算公式为

$$L_1＝l－2a$$

式中：l 为构件的结构长度；a 为钢筋端头保护层厚度。

（2）带弯钩钢筋。指端部带弯钩的钢筋。弯钩通常分为半圆弯钩、斜弯钩和直弯钩三种类型，长度计算公式为

$$L_2＝l－2a＋2\Delta l$$

式中：Δl 为钢筋一端的弯钩增加长度。

① 半圆弯钩：增加长度为 6.25d（Ⅰ级钢），如图 7-45 所示。

② 直弯钩：增加长度为 3d（Ⅰ级钢），如图 7-46 所示。

③ 斜弯钩：增加长度为 4.9d（Ⅰ级钢），如图 7-47 所示。

不同级别钢筋的不同角度弯钩增加长度如表 7-14 所示。

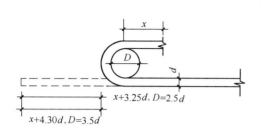

图 7-45　半圆弯钩

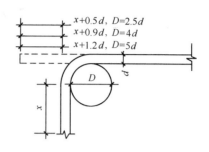

图 7-46　直弯钩

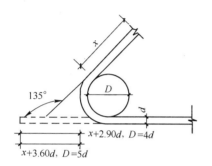

图 7-47　斜弯钩

表 7-14　钢筋弯钩增加长度

弯钩角度		$180°$	$90°$	$135°$
增加长度	Ⅰ级钢筋	6.25d	3d	4.9d
	Ⅱ级钢筋		$x+0.9d$	$x+2.9d$
	Ⅲ级钢筋		$x+1.2d$	$x+3.6d$

（3）弯起钢筋。主要用于梁、板支座附近的负弯矩区域中，其弯曲形式如表7-16所示。其中，α 称弯起角，常用弯起钢筋的弯起角度有 $30°$、$45°$、$60°$ 三种。梁中弯起钢筋的弯起角 α 一般为 $45°$，当梁高度大于 $800\ \text{mm}$ 时，宜采用 $60°$，板中弯起钢筋的弯起角一般应$<30°$。弯起钢筋长度的计算公式为

$$L_3 = 构件长度 - 2保护层 + 弯起部分增加长度 + 2端部弯钩长$$
$$= l - 2a + 2(S - L) + 2\Delta l$$

弯起部分增加长度，指弯起斜长与水平长之差。表 7-15 列出弯起钢筋的弯起长度，其中 H 为减去保护层的弯起钢筋净高，$S-L$ 为弯起部分增加长度。

（4）箍筋。箍筋是用来固定钢筋位置的钢筋，是钢筋骨架成型不可缺少的一种钢筋，常用于钢筋混凝土梁、柱中。箍筋的直径较小，常取 $\phi 4$ 到 $\phi 10$。每一构件箍筋总长度计算公式为

$$每一构件箍筋总长度 = 每根箍筋长度 \times 箍筋根数$$

① 箍筋长度的计算，一般计算公式为

$$L_4 = [(b - 2a) + (h - 2a)] \times 2 + 2\Delta l_g - 4d$$
$$= (b + h) \times 2 - 8a + 2\Delta l_g - 4d = 构件截面周长 - 8a - 4d + 2\Delta l_g$$

式中：b 为构件（梁或柱）的宽；h 为构件（梁或柱）的高；d 为钢筋直径；

Δl_g 为箍筋末端每个弯钩增加长度，其值按表 7-16 取定。

表 7-15 弯起钢筋长度计算表

弯起钢筋形状	H/cm	α=30°			H/cm	α=45°			H/cm	α=60°		
		S	L	S−L		S	L	S−L		S	L	S−L
	6	12	10	2	20	28	20	8	75	86	44	42
	7	14	12	2	25	35	25	10	80	92	46	46
	8	16	14	2	30	42	30	12	85	98	49	49
	9	18	16	2	35	49	35	14	90	104	52	52
	10	20	17	3	40	56	40	16	95	109	55	54
	11	22	19	3	45	63	45	18	100	115	58	57
	12	24	21	3	50	71	50	21	105	121	61	60
	13	26	22	4	55	78	55	23	110	127	64	63
	14	28	24	4	60	85	60	25	115	132	67	65
	15	30	26	4	65	92	65	27	120	138	70	68
	16	32	28	4	70	99	70	29	125	144	73	71
	17	34	29	5	75	106	75	31	130	150	75	75
	18	36	31	5	80	113	80	33	135	155	78	77
	19	38	33	5	85	120	85	35	140	161	81	80

α	S	L	S−L
30°	2.00H	1.73H	0.27H
45°	1.41H	1.00H	0.41H
60°	1.15H	0.58H	0.57H

注：表内为减去保护层弯起钢筋的净高。

表 7-16 箍筋弯钩增加长度

弯钩形式		180°	90°	135°
弯钩增加值	一般结构	8.25d	5.5d	6.87d
		13.25d	10.5d	11.87d

在实际工作中，为简化计算，箍筋长度一般有两种如下计算方法。

第一种方法：箍筋的两端各为半圆弯钩，即每端各增加 $8.25d$（也有取 $6.25d$ 的），箍筋长度$=2(b+h)-8a+2\times8.25d$。

第二种方法：箍筋直径 10 mm 以下的，按混凝土构件外围周长计算，不扣除混凝土保护层，亦不另加弯钩长度，即箍筋长度$=2(b+h)$；箍筋直径在 10 mm 以上时，箍筋长度$=2(b+h)+25$ mm。

② 箍筋根数的计算。箍筋根数与钢筋混凝土构件的长度有关，若箍筋为等间距配置，间距为 c，则每一构件箍筋根数 N 为：

两端均设箍筋时 $N=\dfrac{l}{c}+1$；

两端中只有一端设箍筋时 $N=\dfrac{l}{c}$；

两端均不设箍筋时 $N=\dfrac{l}{c}-1$。

（5）钢筋搭接长度。设计已规定钢筋搭接长度的，按规定搭接长度计算；设计未规定搭接长度的，已包括在钢筋的损耗率之内，不另计算搭接长度。钢筋电渣压力焊接、套筒挤压等接头，以"个"计算。

（6）钢筋锚固长度。每个锚固点锚固长度与钢筋的搭接长度相同；但对Ⅰ级钢筋，每个锚固长度还需增加一个半圆弯钩增加长度。

2）预应力钢筋长度计算

（1）先张法预应力钢筋，其工程量按构件外形的尺寸计算长度，乘以钢筋的单位重量，以 t 计算。

（2）后张法预应力钢筋，按设计图纸规定的穿入预应力钢筋预留孔道长度，并区别不同的锚具类型，分别按有关规定计算。

例 7-11 试求例 7-3 中混凝土基础垫层、外墙钢筋混凝土基础的模板工程量、钢筋工程量和混凝土工程量（已知直径为 12 mm 钢筋的每米重量为 0.888 kg，16 mm 钢筋为 1.587 kg）。

解

（1）模板工程量

外墙混凝土垫层中心线长＝外墙钢筋混凝土基础中心线长

$$＝(2.1＋4.2＋3＋3.3＋3.3)×2＋1.5×2＝34.80(m)$$

内墙混凝土垫层净长＝4.2－0.4－0.3＋3.3＋3－0.4－0.3＋

$$4.2＋2.1－0.4×2＝14.6(m)$$

模板工程量＝0.3×2×34.8＋0.1×2×34.8＋0.1×2×1.4＝28.12(m²)

（2）钢筋工程量

直径 12 mm 的钢筋长度＝34.80×4＝139.20(m)，直径 12 mm 的钢筋重量＝0.888×139.20＝123.610(kg)；直径 16 mm 的钢筋端头保护层厚度为 35 mm，弯钩增加长度为 6.25d，则每根长度为 0.64－0.035×2＋6.25×0.016×2＝0.77(m)，根数为 34.8/0.2＝174（根）；直径 16 mm 的钢筋长度＝每根长度×根数＝0.77×174＝134(m)，直径 16 mm 的钢筋重量＝1.587×134＝212.658(kg)。

$$钢筋总重量＝123.610＋212.658＝336.268(kg)$$

（3）混凝土工程量

混凝土垫层工程量＝0.1×0.8×34.8＋0.1×0.6×14.6＝3.66(m³)

混凝土基础工程量＝0.3×(0.2＋0.24＋0.2)×34.80＝6.68(m³)

例 7-12 试计算图 7-48 所示某工程现浇 YL-1 矩形单梁的钢筋工程量（净用量）。YL-1 由 4 个编号的钢筋组成，按其形状可分为直筋、弯起钢筋和箍筋三种，其钢号类别均为 3 号钢（A₃），属Ⅰ级钢筋。其中①号、②号、③号钢筋两端都有半圆弯钩。

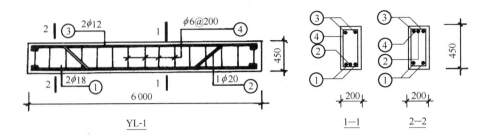

图 7 - 48　YL - 1 梁配筋图

解

（1）直筋的计算公式为

直筋计算长度＝构件长度－两端混凝土保护层厚度＋弯钩增加长度

在图 7 - 48 中，直筋有①号 2φ18 的受拉钢筋和③号 2φ12 的架立筋。查表得钢筋端头混凝土保护层厚度分别为：①号 25 mm，③号 15mm。则

①号钢筋长度＝6 000－2×25＋6.25×18×2＝6 175(mm)

③号钢筋长度＝6 000－2×15＋6.25×12×2＝6 120(mm)

（2）弯起钢筋的计算公式为

弯起钢筋计算长度＝构件长度－两端混凝土保护层厚度＋弯起增加长度＋

弯钩增加长度

弯起钢筋的增加长度与弯起坡度有关，一般为 $45°$；当梁较高时，则为 $60°$。在图 7 - 48 中，②号钢筋的弯起坡度为 $45°$，钢筋端头、受拉、压区保护层厚度均为 25 mm，则

②号钢筋长度＝6 000－2×25＋0.414×(450－2×25)×2＋6.25×20×2＝6 531(mm)

（3）箍筋

箍筋计算长度构件周长＝(200＋450)×2＝1 300(mm)

箍筋个数＝(构件长度－混凝土保护层)/箍筋间距＋1＝(6 000－25×2)/200＋1＝31(根)

（4）钢筋净用量

φ18(①号)钢筋用量＝6 175×2＝12 350(mm)

φ20(②号)钢筋用量＝6 531×1＝6 531(mm)

φ12(③号)钢筋用量＝6 120×2＝12 240(mm)

φ6(④号)钢筋用量＝1 300×31＝40 300(mm)

例 7 - 13　计算钢筋混凝土柱的钢筋工程量。图 7 - 49 为某三层现浇框架柱立面和断面配筋图，底层柱断面尺寸为 350 mm×350 mm，纵向受力筋 4φ22，受力筋下端与柱基插筋搭接，搭接长度 800 mm，与柱正交的是十字形整体现浇梁。试计算该柱钢筋工程量。

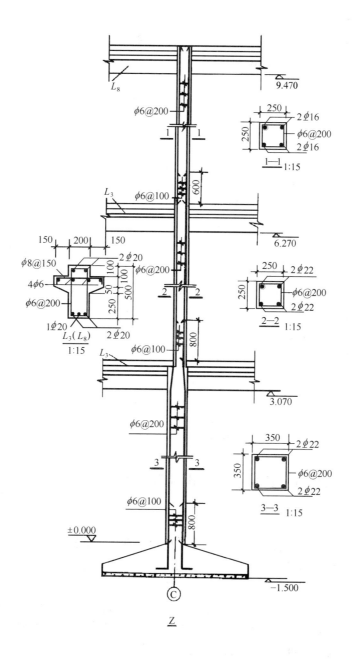

图 7 - 49　现浇框架柱立面和断面配筋图

解

　1）计算钢筋长度

　（1）底层纵向受力筋（$\phi22$）

　　每根筋长　$l_1=(3.07+0.5+0.8)+12.5\times0.022=4.645(m)$

　　总长　$L_1=4.645\times4=18.58(m)$

　（2）二层纵向受力筋（$\phi22$）

　　每根筋长　$l_2=(3.2+0.6)+12.5\times0.022=4.075(m)$

　　总长　$L_2=4.075\times4=16.3(m)$

　（3）三层纵向受力筋（$\phi16$）

　　每根筋长　$l_3=3.2+12.5\times0.016=3.4(m)$

　　总长　$L_3=3.4\times4=13.6(m)$

　（4）箍筋（$\phi6$）

　①二层楼面以下，箍筋长 $l_{g1}=0.35\times4=1.4(m)$

　　箍筋数　$N_{g1}=(0.8/0.1)+1+(3.07-0.8+0.5)/0.2=9+14=23(根)$

　　总长　$L_{g1}=1.4\times23=32.2(m)$

　②二层楼面至三层楼顶面，箍筋长 $l_{g2}=0.25\times4=1.0(m)$

　　箍筋数　$N_{g2}=(0.8+0.6)/0.1+1+(3.2\times2-0.8-0.6)/0.2=40(根)$

　　总长　$L_{g1}=1.0\times40=40(m)$

　　箍筋总长　$L_g=32.2+40=72.2(m)$

　2）钢筋图纸用量

　　　$\phi22$：$(18.58+16.3)\times2.98=103.94(kg)$

　　　$\phi16$：$13.6\times1.58=21.49(kg)$

　　　$\phi6$：$72.2\times0.222=15.81(kg)$

7.4.6　构件运输及安装工程量计算

1. 构件运输

（1）预制混凝土构件运输工程量与制作工程量计算规则相同（参见混凝土及钢筋混凝土工程），按构件图示尺寸，以实体积 m^3 计算。加气混凝土板（块）、硅酸盐块运输，每 m^3 折合钢筋混凝土构件体积 $0.4\ m^3$，按一类构件运输计算。

（2）钢板件运输工程量，与构件制作工程量的计算方法相同（参见金属结构制作工程），按构件设计图示尺寸，以重量（t）计算。所需螺栓、电焊条等重量不另计算。

（3）木门窗运输工程量按外框面积，以 m^2 计算。

（4）预制混凝土构件运输及安装损耗率，按表 7-17 规定计算后，并入构件工程量内。其中，预制混凝土屋架、桁架、托架及长度在 9 m 以上的梁、板、柱，不计算损耗率。

表 7-17 预制钢筋混凝土构件制作、运输、安装损耗率表

名 称	制作废品率/%	运输堆放损耗/%	安装(打桩)损耗/%
各类预制构件	0.2	0.8	0.5
预制钢筋混凝土桩	0.1	0.4	1.5

2. 构件安装

（1）预制混凝土构件安装工程量与制作工程量计算方式相同，即按构件图示尺寸，以实体体积计算。预制混凝土构件安装损耗按表 7-18 规定的损耗率计算，并入构件工程量内。其中，预制混凝土屋架、桁架、托架及长度在 9 m 以上的梁、板、柱，不计算损耗率。

（2）由焊接形成的预制钢筋混凝土框架结构的工程量，其柱安装按框架柱计算，梁安装按框架梁计算；节点浇注成型的框架，按连体框架梁、柱计算。

（3）预制钢筋混凝土工字型柱、矩形柱、空腹柱、双肢柱、空心柱、管道支架等安装，均按柱安装计算。

（4）组合屋架安装的工程量，以混凝土部分实体体积计算，钢杆件部分不另计算。

（5）预制钢筋混凝土多层柱安装、首层柱按柱安装计算，二层及二层以上按柱接柱计算。

（6）钢构件安装工程量，按图示构件钢材重量以 t 计算。依附于钢柱上的牛腿及悬壁梁等，并入柱身主材重量内计算。

（7）金属构件中所用钢板设计为多边形者，按矩形计算，矩形的边长以设计尺寸中互相垂直的最大尺寸为准。

7.4.7 门窗及木结构工程量计算

门窗及木结构工程，由门窗和木结构两部分组成。门窗工程由普通木门窗、铝合金门窗、不锈钢门窗、钢门窗、彩板钢门窗、塑料门窗、厂库房大门、特种门等分项组成，木结构工程包括木屋架、屋面木基层、木楼梯、木柱、木梁等分项。

门窗及木结构工程定额采用木材材种分类，定额中所用木材均以一类、二类木种在自然干燥条件下的含水率为准；定额中所注明的木材断面或厚度均以毛料为准，如设计图纸注明的断面或厚度为净料时，应增加刨光损耗；板、方材一面刨光增加 3 mm，两面刨光增加 5 mm；圆木每 m³ 材积增加 0.05 m³；定额取定的断面与设计规定不同时，应按比例换算。

1. 门窗工程

1）各类门窗的制作、安装

各类门窗制作、安装工程量，均按门、窗洞口面积以 m² 计算，通用计算公式为

$$S_{mc} = bh$$

式中：S_{mc} 为各类门、窗工程量，m²；b 为门窗洞口宽度，m；h 为门窗洞口高度，m。

（1）门、窗盖口条、贴脸、披水条。为封盖樘子与粉刷之间的缝隙而延樘子周边加钉的木条，称为门窗贴脸（窗头线）；为遮盖门窗扇关闭时存有的缝口而装钉的盖缝条，叫做盖口条；为防止雨水从门窗下接缝处流入室内而在门窗的下冒头上安设的木条，称为披水条；在门窗框的筒子板与墙面接缝处钉贴的木条，称为门窗贴脸。门、窗盖口条、贴脸、披水条的工程量均按图示尺寸以延长米（m）计算，执行木结构"其他"项目定额。

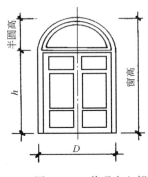

图 7 - 50　普通窗上部带半圆窗

（2）普通窗上部带有半圆窗。普通窗上部带有半圆窗，其工程量分别按半圆窗和普通窗计算，套用相应定额，以普通窗和半圆窗之间的横框上面的裁口线为分界线。如图 7 - 50 所示，计算公式为

$$半圆窗面积 = \frac{\pi}{8} D^2 = 0.393 D^2$$

$$普通矩形窗面积 = Dh$$

式中：D 为普通矩形窗宽度，m；h 为普通矩形窗高度，m。

图 7 - 50 中示出半圆窗与普通矩形窗，应以半圆窗扇下冒头底边线为分界线。

（3）门窗扇、框包镀锌铁皮工程量。门、窗扇包镀锌铁皮，按门、窗洞口面积，以 m² 计算；门、窗框包镀锌铁皮、钉橡皮条、钉毛毡，按图示门窗洞口尺寸，以延长米（m）计算。

2）铝合金门窗制作、安装

铝合金、不锈钢门窗，彩板组角钢门窗、塑料门窗、钢门窗安装的工程量，均按设计门窗洞口面积计算。

3）卷闸门安装

卷闸门安装，其工程量按门洞口高度加 600 mm，乘以门实际宽度的面积，以 m² 计算。电动装置安装以"套"计算，外门安装以"个"计算。

4）不锈钢门框

不锈钢门框工程量，按门框外表面积，以 m² 计算。彩板组角钢门窗附框安装工程量，按延长米（m）计算。

5）厂库房大门、特种门

按扇外围面积以 m² 计算。

6）钢筋混凝土框上装门、窗扇

其工程量按扇的外围面积计算，钢筋混凝土框的制作，套用预制钢筋混凝土小型构件定额。

2. 木结构工程

1）木屋架的制作安装

（1）木屋架制作安装，均按设计断面竣工木料以 m³ 计算，其后备长度及配制损耗均不

另外计算。

（2）屋架设计规定如需刨光，方木屋架一面刨光时增加 3 mm，两面刨光时增加 5 mm；圆木屋架刨光按屋架刨光时，木材体积按每立方米增加 0.05 m³ 计算。

（3）屋架的制作安装应区别不同跨度计算工程量，其跨度应以屋架上下弦杆的中心线交点之间的长度为准。

（4）附属于屋架的夹板、垫木等已并入相应的屋架制作项目中，不另计算。与屋架连接的挑檐木、支撑等，其工程量并入屋架竣工木料体积计算。

（5）屋架的马尾、折角和正交部分半屋架（见图 7-51），应并入相连接的正屋架的体积内计算，图中马尾屋架是指四面坡水的坡屋架。

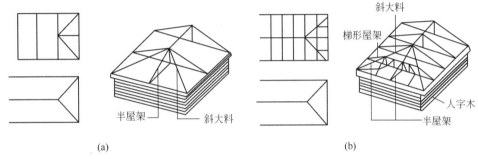

图 7-51　马尾屋架

（6）带气楼的屋架，其气楼部分并入所依附屋架的体积内计算。

（7）圆木屋架连接的挑檐木、支撑等如为方木时，其方木部分应乘系数 1.7 折合成圆木并入屋架竣工木料内；单独的方木挑檐，按矩形檩木计算，执行檩木定额。

（8）钢木屋架工程量，应区分圆、方木，按竣工木料，以 m³ 计算。

2）檩木

檩木又称檩条，也称桁条，铺设在屋架或搁置在山墙上，用来传递屋面荷载至屋架。檩木可分为圆檩木和方檩木，它可以像单梁一样，沿着房屋的长度方向一间一间地搁置，称为简支檩木；也可以按房屋长度拼接成同长连续檩条。檩木工程量按竣工木料以 m³ 计算。

（1）简支檩木长度按设计规定计算，如设计无规定者，按屋架或山墙中距增加 200 mm 计算；如两端出山，檩条长度算至博风板。

（2）连续檩条的长度按设计长度计算，其接头长度按全部连续檩木总体积的 5% 计算。

（3）檩条托木已计入相应的檩木制作安装项目中，不另计算。

檩木工程量的计算分方木檩条和圆木檩条两种情况。对于方木檩条，计算公式为

$$V_L = \sum_{i=1}^{n} a_i b_i l_i$$

式中：V_L 为方木檩条的体积，m³；a_i、b_i 为第 i 根檩木断面的双向尺寸，m；l_i 为第 i 根檩木的计算长度，m；n 为檩木的根数。

对于圆木檩条，计算公式为

$$V_{L} = \sum_{i=1}^{n} V_{i}$$

式中：V_i 是一根圆檩木的体积。

第一，设计规定圆木小头直径时，可按小头直径、檩木长度，由下列公式计算。

杉圆木材积计算公式

$$V = 7.854 \times 10^{-5} \times [(0.026L+1)D^2 + (0.37L+1)D + 10(L-3)]L$$

式中：V 为杉原木材积，m^3；L 为杉原木材长，m；D 为杉原木小头直径，cm。

原木材积计算公式（适用于除杉原木以外的所有树种）

$$V_i = 10^{-4}L[(0.003\,895L + 0.898\,2)D^2 + (0.39L - 1.219)D - (0.579\,6L + 3.067)]$$

式中：V_i 为一根圆木（除杉原木）材积，m^3；L 为圆木长度，m；D 为圆木小头直径，cm。

第二，设计规定为大、小头直径时，取平均断面面积乘以计算长度，即

$$V_i = \frac{\pi}{4}D^2L = 7.854 \times 10^{-5}D^2L$$

式中：V_i 为一根原木材积；L 为圆木长度；D 为圆木平均直径。

3）屋面木基层

在一般平瓦或青瓦屋顶结构中，屋面瓦至屋架之间的组成部分称屋面木基层。木基层一般包括木檩条、椽子和屋面板、挂瓦条等，定额项目中的屋面木基层包括屋面板、椽子、挂瓦条等项目。

屋面木基层工程量按屋面的斜面积以 m^2 计算，屋面板的工程量的计算公式为

$$S_b = LBi$$

式中：S_b 为屋面板的斜面积，m^2；L，B 分别为屋面板的水平投影长和宽度，m；i 为屋面坡度系数。

天窗挑檐重叠部分按设计规定计算，屋面烟囱及斜沟部分所占面积不扣除。

4）封檐板、博风板

封檐板是在坡屋顶侧墙檐口排水部位，在椽子顶头装钉的断面约为 20 mm×200 mm 的木板，如图 7-52 所示。博风板是山墙的封檐板，钉在挑出山墙的檩条端部，将檩条封住，檩条下面再做檐口天棚，如图 7-53 所示，图中博风板两端的刀形头，称为大刀头或勾头板。

封檐板按图示檐口外围长度计算，博风板按斜长度计算，每个大刀头增加长度 500 mm。

5）木楼梯

木楼梯按水平投影面积计算，不扣除宽度小于 300 mm 的楼梯井所占面积，其踢脚板、平台和伸入墙内部分不另计算。

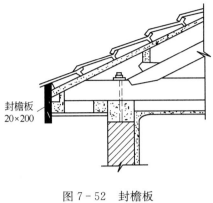

图 7-52 封檐板

图 7-53 博风板

7.4.8 楼地面工程量计算

楼地面是地面和楼面的总称，主要由垫层、找平层和面层所组成，面层可分为整体面层和块料面层两类。定额分垫层、找平层、整体面层、块料面层和栏杆、扶手 5 个分项列项。

1）地面垫层

地面垫层工程量按室内主墙间净空面积乘以设计厚度，以 m³ 计算。应扣除凸出地面的构筑物、设备基础、室内管道、地沟等所占体积，不扣除柱、垛、间壁墙、附墙烟囱面积在 0.3 m² 以内孔洞所占体积。计算公式为

$$V = AB\delta - 应扣除体积 V_R$$

式中：A，B 为室内主墙间净长和净宽，m；δ 为设计垫层厚度，m。

主墙是指砖墙、砌块墙厚度在 180 mm 以上（含）或超过 100 mm 以上（含）的钢筋混凝土剪力墙，其他非承重的间壁墙都视为非主墙。

2）整体面层、找平层

楼地面整体面层、找平层工程量按主墙间净空面积，以 m² 计算。应扣除凸出地面构筑物、设备基础、室内管道、地沟等所占面积，不扣除柱、垛、间壁墙、附墙烟囱及面积在 0.3 m² 以内的孔洞所占面积，但门洞、空圈、暖气包槽、壁龛的开口部分亦不增加。计算公式为

$$S = AB - 应扣除面积 S_R$$

3）块料面层

块料面层的工程量按图示尺寸实铺面积，以 m² 计算。门洞、空圈、暖气包槽和壁龛开口部分的工程量并入相应的面层内计算。计算公式为

$$S = AB - S_R + S_P$$

式中：A，B 为净长和净宽；S_R 为应扣除的不铺贴块料部分所占面积；S_P 为应并入的门洞、空圈等开口部分铺贴块料部分的面积。

4）楼梯面层

楼梯面层工程量按水平投影面积，以 m² 计算，包括踏步、平台，以及小于 500 mm 宽的楼梯井面积。

5）台阶面层

台阶面层（包括台阶踏步及最上一层踏步沿 300 mm）按水平投影面积，以 m² 计算，不包括牵边、侧面抹灰。

6）其他

① 踢脚板工程量按延长米（m）计算，洞口、空圈长度不予扣除，洞口、空圈、垛、附墙烟囱等侧壁长度亦不增加。

② 散水、防滑坡道按图示尺寸，以 m² 计算。

③ 栏杆、扶手工程量（包括弯头长度在内），以延长米（m）计算。

④ 防滑条按楼梯踏步两端距离减 300 mm，以延长米（m）计算。

⑤ 明沟按图示尺寸，以延长米（m）计算。

例 7 - 14 某建筑室外台阶如图 7 - 54 所示，门厅及室外台阶均做水磨石面层，试计算室外台阶部分工程量。

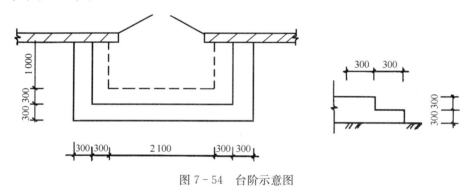

图 7 - 54 台阶示意图

解

（1）台阶面层工程量

台阶面层（包括踏步及最上一层踏步沿 300 mm）按水平投影面积计算得

$$S_t=(2.1+0.3\times2\times2)\times0.3\times2+1.0\times0.3\times2\times2=3.18(\text{m}^2)$$

（2）平台面层工程量

$$S_p=2.1\times1.0=2.1(\text{m}^2)$$

7.4.9 屋面及防水工程量计算

屋面工程，主要是指屋面结构层（屋面板）或屋面木基层以上的工程内容；防水工程主要是指地下室工程防水、浴厕间工程防水、构筑物工程防水（如水池、水塔等）和特殊建筑部位工程防水（包括楼层或屋面游泳池、喷水池、屋顶（或室内）、花园等），以及框架外墙壁板和装配式壁板的板缝防水、各种变形缝防水，等等。

1. 瓦屋面

1) 屋面工程量

瓦屋面、金属压型板屋面（包括挑檐部分），均按图示尺寸的水平投影面积乘以屋面坡度系数（或延尺系数），以 m^2 计算，不扣除房上烟囱、风帽底座、风道、屋面小气窗、斜沟等所占面积，屋面小气窗的出檐部分亦不增加。工程量计算公式为

$$S_w = (F_t + F_c)C$$

式中：S_w 为瓦屋面、金属压型板屋面的工程量（实际面积），m^2；F_t 为瓦屋面、金属压型板屋面的水平投影面积，m^2；F_c 为与屋面重叠部分增加面积的水平投影（天窗出檐）部分与屋面重叠的面积；C 为屋面坡度系数（或称延尺系数）。

有关屋面坡度系数（C）如表 7-18 所示。

（1）坡度表示法，指高度与半个跨度之比（见图 7-55），即 B/A，或 $\tan\alpha = B/A$；

（2）高跨比表示法，指高度与跨度之比，即 $B/2A$；

表 7-18　屋面坡度系数表

坡　度 $B(A=1)$	坡　度 $B/2A$	坡　度 角度 α	延尺系数 C $(A=1)$	隅延尺系数 D $(A=1)$
1	1/2	45°	1.414 2	1.732 1
0.75		36°52′	1.250 0	1.600 8
0.70		35°	1.220 7	1.577 9
0.666	1/3	35°40′	1.201 5	1.562 0
0.65		33°01′	1.192 6	1.556 4
0.60		30°58′	1.166 2	1.536 2
0.577	$1/\sqrt{3}$	30°	1.154 7	1.527 0
0.55		28°49′	1.141 3	1.517 0
0.50	1/4	26°34′	1.118 0	1.500 0
0.45		24°14′	1.096 6	1.483 9
0.40	1/5	21°48′	1.077 0	1.469 7
0.35		19°17′	1.059 4	1.456 9
0.30		16°42′	1.044 0	1.445 7
0.25	1/8	14°02′	1.030 8	1.436 2
0.20	1/10	11°19′	1.019 8	1.428 3
0.15		8°32′	1.011 2	1.422 1
0.125	1/16	7°8′	1.007 8	1.419 1
0.100	1/20	5°42′	1.005 0	1.417 7
0.083	1/24	4°45′	1.003 5	1.416 6
0.066	1/30	3°49′	1.002 2	1.415 7

（3）角度表示法，如图 7-55 及表 7-18 所示的 α 角，以度表示。

2）屋面延尺系数 C 的几何意义

由图 7-55，延尺系数 C 可表示为

$$C = \frac{|EM|}{A} = \frac{1}{\cos \alpha} = \sec \alpha$$

式中：EM 为屋面斜长；当 A=1 时，有 C=EM=sec α，即屋面斜长等于延尺系数。

3）隔延尺系数 D 的几何意义

由图 7-55 可知

$$D = \frac{EN}{A} = \frac{\sqrt{A^2 + S^2 + B^2}}{A} = \frac{\sqrt{A^2 + S^2 + A^2 \tan^2 \alpha}}{A}$$

当 S=A，α=30°时，tan 30°=0.577 时，则

$$D = \frac{\sqrt{A^2 + A^2 + A^2 \tan^2 \alpha}}{A} = \frac{\sqrt{A^2 + A^2 + 0.577^2 \times A^2}}{A} = 1.527\ 4$$

4）屋面延尺系数的应用

（1）计算屋面实际面积

$$S_w = F_t C$$

此式适用于两坡水及四坡水屋面的斜面积。

（2）计算四坡水屋面斜脊长度

$$L_j = AD \quad （当 S=A 时）$$

（3）计算沿山墙泛水长度（用于一坡水或两坡水屋面）

$$L_f = AC$$

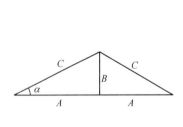
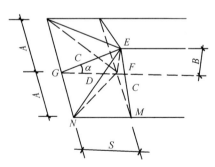

图 7-55 坡屋面示意图

2. 卷材屋面

卷材屋面工程量按图示尺寸的水平投影面积乘以规定的屋面延尺系数（见表 7-19），以 m² 计算。不扣除房上烟囱、风帽底座、风道、屋面小气窗和斜沟所占面积；屋面的女儿墙、伸缩缝和天窗等处的弯起部分，按图示尺寸并入屋面工程量内计算。如图纸无规定时，伸缩

缝、女儿墙的弯起部分可按 250 mm 计算，天窗弯起部分可按 500 mm 计算；卷材屋面的附加层、接缝、收头、找平层的嵌缝、冷底子油已计入定额内，不另计算。

表 7 - 19　铁皮排水单体零件折算表

名　　称		单　位	水落管/m	檐沟/m	水斗/个	漏斗/个	下水口/个		
铁皮排水	水落管、檐沟、水斗、漏斗、下水口	m²	0.32	0.30	0.40	0.16	0.45		
	天沟、斜沟、天窗窗台泛水、天窗侧面泛水、烟囱泛水、通气管泛水、滴水檐头泛水、滴水	m²	天沟/m	斜沟天窗窗台泛水/m	天窗侧面泛水/m	烟囱泛水/m	通气管泛水/m	滴水檐头泛水/m	滴水/m
			1.30	0.50	0.70	0.80	0.22	0.24	0.11

卷材屋面工程量的计算有以下两种情况。

（1）当有坡度时，计算公式与瓦屋面相同，可写为

$$S_{ju} = F_t C + F_{wan}$$

式中：F_{wan} 为卷材弯起部分增加面积。

（2）当卷材屋面为平屋面时，一般情况下，卷材屋面多为平屋面，其坡度很小，常为 3% 左右，可视为平坦的，其 $C = 1$，则

$$S_{ju} = F_t + F_{wan}$$

3. 涂膜屋面

（1）涂膜屋面的工程量计算同卷材屋面，计算公式为

$$S_{tu} = F_t C + F_c$$

式中：S_{tu} 为涂膜屋面工程量，m²；F_c 为伸出屋面的女儿墙、天窗、烟囱等屋面转角处侧壁的增加面积，m²。

（2）涂膜屋面的油膏嵌缝、玻璃布盖缝、屋面分格缝，均以延长米（m）计算工程量。

4. 屋面排水工程

（1）铁皮排水按图示尺寸以展开面积计算；如图纸没有注明尺寸，可按表 7 - 20 计算。咬口和搭接等已计入定额项目中，不另计算。

（2）铸铁、玻璃钢水落管区别不同直径，按图示尺寸以延长米（m）计算，雨水口、水斗、弯头、短管以"个"计算。

（3）水落管长度，从檐沟底面（无檐沟者应由水斗下口）算至室外设计地坪标高处。

5. 防水工程

1）建筑物地面防水、防潮层

建筑物地面防水、防潮层的工程量，按主墙间净空面积计算，应扣除凸出地面的构筑物、设备基础等所占面积，不扣除柱、架、间壁墙、烟囱及 0.3 m² 以内孔洞所占面积。当地面与墙面连接处高度在 500 mm 以内者，按展开面积计算并入平面工程量内；当其高度超

过 500 mm 时，按立面防水层计算。

2）建筑物墙基防水、防潮层

建筑物墙基防水、防潮层面积，外墙长度按外墙中心线，内墙按净长度分别乘以各自的宽度，以 m² 计算。

3）构筑物及建筑物地下室防水层

构筑物及建筑物地下室防水层工程量按实铺面积，以 m² 计算，不扣除0.3 m² 以内的孔洞面积。平面与立面交接处的防水层，其上卷高度超过 500 mm 时，按立面防水层计算。立面防水层按图示尺寸，扣除超过 0.3 m² 以上孔洞所占面积，以 m² 计算。

另外，防水卷材的附加层、接缝、收头、冷底子油等人工、材料，均已计入定额内，不另计算；变形缝按延长米（m）计算工程量。

7.4.10 防腐、保温、隔热工程量计算

1. 防腐工程

（1）防腐工程项目应区分不同防腐材料种类及其厚度，按设计实铺面积，以 m² 计算。应扣除凸出地面的构筑物、设备基础等所占的面积，砖垛等凸出墙面部分按展开面积计算并入墙面防腐工程量之内。

（2）踢脚板按实铺长度乘以高度，以 m² 计算。应扣除门洞所占面积，并相应增加门洞侧壁展开面积。

（3）平面砌筑双层耐酸块料时，按单层面积乘以系数"2"计算。

（4）防腐卷材接缝、附加层、收头等人工材料，已计入在定额中，不再另行计算。

2. 保温隔热工程

（1）保温隔热层应区别不同的保温隔热材料，除另有规定者外，均按设计实铺厚度，以 m³ 计算；保温隔热层的厚度，按隔热材料净厚度计算。

（2）地面隔热层按围护结构墙体间净面积乘以设计厚度，以 m³ 计算，不扣除柱、垛所占的体积。

（3）墙体隔热层，外墙按隔热层中心线、内墙按隔热层净长，乘以图示尺寸的高度及厚度，以 m³ 计算，应扣除冷藏门洞口和管道穿墙洞口所占的体积。

（4）柱包隔热层工程量，按图示柱的隔热层中心线的展开长度乘以图示尺寸高度及厚度，以 m³ 计算。

（5）其他保温隔热工程：①池槽隔热层按图示池槽保温隔热层的长、宽及其厚度，以 m³ 计算，其中池壁按墙面计算，池底按地面计算；②门洞口侧壁周围的隔热部分，按图示隔热尺寸，以 m³ 计算，并入墙面的保温隔热工程量内；③柱帽保温隔热层，按图示保温隔热层体积并入天棚保温隔热工程量内。

7.4.11　装饰工程量计算

装饰工程包括墙、柱面装饰、天棚面装饰、油漆、喷涂、裱糊等项目。

1. 墙、柱面装饰

墙、柱面装饰，包括墙、柱面的一般抹灰、装饰抹灰、镶贴块料面层和墙、柱面装饰等部分。

一般抹灰分为石灰砂浆、水泥砂浆、混合砂浆、其他砂浆（例如石膏砂浆、珍珠岩砂浆、TG 砂浆等）抹灰，砖石墙面勾缝及假面砖等项目。

装饰抹灰分为水刷石、干黏石、斩假石、水磨石、拉条灰、甩毛灰等分项。

墙、柱面镶贴块料有天然石材，如大理石、花岗岩、汉白玉；水泥石碴预制板，如人造大理石饰面板、人造花岗岩饰面板、预制水磨石饰面板；陶瓷制品，如陶瓷锦砖（马赛克）、面砖、瓷砖（片）等。

墙、柱面装饰，包括龙骨基层、面层、龙骨及饰面等项目。

1）内墙面抹灰

内墙面抹灰工程量按抹灰面积，以 m^2 计算。基本计算公式为

$$S_n＝内墙面抹灰长度×内墙面高度±应并入(扣除)面积$$

（1）内墙面抹灰长度。内墙面抹灰长度按主墙间图示净长尺寸之和计算。

（2）内墙抹灰高度。内墙抹灰高度按如下规定确定：①无墙裙的，其高度按室内地面或楼面至天棚底面之间距离计算，如图 7-56(a) 所示；②有墙裙的，其高度按墙裙顶至天棚底面之间的距离计算，如图 7-56(b) 所示；③钉板条天棚的内墙抹灰，其高度按室内地面或楼面至天棚底面另加 100 mm 计算，如图7-56(c) 所示。

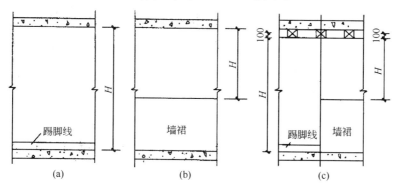

图 7-56　内墙抹灰高度示意图

（3）应扣除、不扣除及不增加面积。内墙抹灰应扣除门窗洞口和空圈所占面积，不扣除踢脚板、挂镜线、0.3 m^2 以内的孔洞和墙与构件交接处的面积，洞口侧壁和顶面面积亦不增加。

（4）应并入面积。附墙垛和附墙烟囱侧壁面积应与内墙抹灰工程量合并计算。

内墙裙抹灰面积按内墙净长乘以图示高度以 m^2 计算，应扣除门窗洞口和空圈所占的面积，门窗洞口和空圈的侧壁面积不另增加，墙垛、附墙烟囱侧壁面积并入墙裙抹灰面积内计算。

2）外墙面抹灰

（1）外墙面抹灰。外墙面抹灰工程量按外墙面的垂直投影面积以 m^2 计算，计算公式为

$$S_w＝外墙面垂直投影面积＝外墙面外边线长度×高度±应并入（扣除）面积$$

① 外墙面高度均由室外地坪算起，向上算至：

● 平屋顶有挑檐（天沟）的，算至挑檐（天沟）底面，如图 7-57(a)所示；

● 平屋顶无挑檐天沟、带女儿墙的，算至女儿墙压顶底面，如图 7-57(b)所示；

● 坡屋顶带檐口天棚的，算至檐口天棚底面，如图 7-57(c)所示；

● 坡屋顶带挑檐无檐口天棚的，算至屋面板底，跨出檐者，算至挑檐上表面，如图 7-57(d)和(e)所示。

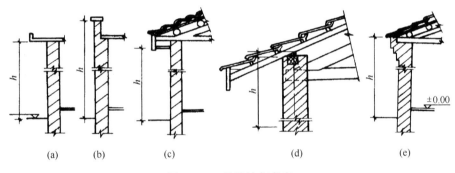

图 7-57 外墙抹灰高度

② 应扣除不增加面积。应扣除门窗洞口、外墙裙和大于 $0.3\ m^2$ 孔洞所占面积；洞口侧壁面积亦不增加。

③ 应并入面积。附墙垛、梁、柱侧面抹灰面积并入外墙抹灰工程量内计算。

（2）外墙裙抹灰工程量。外墙裙抹灰面积按其长度乘高度计算，扣除门窗洞口和大于 $0.3\ m^2$ 孔洞所占面积，门窗洞口及孔洞侧壁面积不增加。外墙裙计算高度应以室外地坪为起点，算至裙顶。

（3）窗台线、门窗套、挑檐、腰线、遮阳板等的工程量。窗台线是指窗洞下口凸出墙面的横直线，其抹灰包括窗台板上表面，挑出墙面部分的侧立面和下底面；门窗套是指门窗洞口四周突出墙面的装饰线条，其抹灰是指门窗洞口侧边面层的抹灰；挑檐（天沟）是指檐口部位凸出墙面的檐口板（或天沟的外露立面部分），用于屋面排水，其抹灰包括檐口部位突出墙面的线条；腰线是指外墙面中，各层中间部位沿横向凸出外墙面的条形装饰线，经常位于窗台处与窗台线相接；遮阳板是用以遮挡阳光不射进室内的外挑平板，常用于外走廊的挑檐部位及西晒的窗户上部，按设置的部位不同，分水平方向遮阳板和垂直方向遮阳板。

窗台线、门窗套、挑檐、腰线、遮阳板等展开宽度在 300 mm 以内者，以延长米（m）计算，按装饰线定额执行；若展开宽度超过 300 mm 以上，按显示尺寸以展开面积（m²）计算，套零星抹灰定额项目。

（4）栏板、栏杆（包括立柱、扶手或压顶等）抹灰工程量。按立面垂直投影面积乘以系数 2.2，以 m² 计算。

（5）阳台底面抹灰工程量。按水平投影面积，以 m² 计算，并入相应天棚抹灰面积内计算。如阳台带悬臂梁，其工程量按水平投影面积乘以系数 1.30 计算。

（6）雨篷底面或顶面抹灰。分别按水平投影面积，以 m² 计算，并入相应天棚抹灰面积内。雨篷顶面带反沿或反梁者，其工程量按水平投影面积乘系数 1.20 计算；底面带悬臂梁者，其工程量按水平投影面积乘以系数 1.20 计算；雨篷外边线按相应装饰或零星项目执行。

（7）墙面勾缝工程量。按墙面垂直投影面积计算，应扣除墙裙和墙面抹灰的面积；不扣除门窗洞口、门窗套、腰线等零星抹灰所占的面积；附墙柱和门窗洞口侧面的勾缝面积亦不增加。独立柱、房上烟囱勾缝，按图示尺寸以 m² 计算。

3）外墙装饰抹灰

装饰抹灰大多用于外墙。外墙各种装饰抹灰工程量均按图示尺寸以实抹面积（m²）计算，并应扣除门窗洞口、空圈的面积，其侧壁面积不另增加。计算公式为

$$S＝实抹面积＝装饰抹灰图示长度×装饰抹灰图示高度－门窗洞口和空圈面积$$

挑檐、天沟、腰线、栏杆、栏板、门窗套、窗台线、压顶等的工程量，均按图示尺寸展开面积以 m² 计算，并入相应的外墙面积内。压顶通常是指露天的墙顶上用砖、瓦或混凝土等筑成的覆盖层，这里是指在女儿墙上的板（常为混凝土压顶或砖压顶）。

4）块料面层

（1）墙面镶贴块料。墙面镶贴大理石、花岗岩、汉白玉、假麻石、陶瓷锦砖、釉面砖、劈离砖、金属面砖、预制水磨石等的工程量，均按图示尺寸以实贴面积（m²）计算，用公式可表示为

$$S＝LH－S_d＋S_c$$

式中：S 为墙面镶贴面层工程量，m²；L 为墙面镶贴面层图示长度，m；H 为墙面镶贴面层图示高度，m；S_d 为门窗洞口、空圈所占面积，m²；S_c 为门窗洞、空圈侧壁面积，m²。

（2）墙裙面层。①墙裙以高度在 1 500 mm 以内为准，其工程量仍按上式计算；②墙裙高度超过 1 500 mm 的，按墙面贴块料面层计算；③高度低于 300 mm 时，按踢脚板计算，执行楼地面工程中的踢脚板定额。

5）木隔墙、墙裙、护壁板

木隔墙、墙裙、护壁板的工程量均按图示尺寸长度乘以高度，按实铺面积以 m² 计算，即

$$S=LH-S_d$$

式中：S 为木隔墙、墙裙、护壁板工程量，m^2；L 为图示木隔墙、墙裙、护壁板的净长度，m；H 为图示木隔墙、墙裙、护壁板的高度，m；S_d 为应扣门窗洞口面积，m^2。

6）玻璃隔墙

玻璃隔墙按面积，以 m^2 计算工程量，即

$$S=HW$$

式中：S 为玻璃隔墙面积，m^2；H 为玻璃隔墙高度，指上横档顶面至下横档底面之间的高度，m；W 为玻璃隔墙宽度，指两边立梃外边线之间的宽，m。

7）浴厕木隔断

浴厕木隔断工程量按面积以 m^2 计算，门扇面积并入隔断面积内计算，即

$$S=LH+S_m$$

式中：S 为浴厕木隔断面积，m^2；L 为图示木隔断长度，m；H 为木隔断高，指下横档底面至上横档顶面间高度，m；S_m 为门扇面积，m^2。

8）铝合金、轻钢隔墙与幕墙

铝合金、轻钢隔墙、幕墙均由骨架基层和面层所组成。铝合金隔墙是用铝合金型材构成龙骨，再安装面层或玻璃；轻钢隔墙是以特制的薄壁轻钢构成骨架，外包面层做成；幕墙常采用钢骨架和铝合金做骨架，再安装玻璃，用于玻璃幕墙的玻璃有镜面玻璃、中空玻璃、彩色玻璃等。

铝合金、轻钢隔墙、幕墙工程量，按图示四周框外围面积，以 m^2 计算。

9）独立柱

独立柱一般抹灰、装饰抹灰、镶贴块料的工程量，按柱周长乘以柱高计算；柱面装饰面积，按展开面积，即按柱外围饰面尺寸乘以柱高，以 m^2 计算。

10）各种"零星项目"

各种"零星项目"的工程量均按图示尺寸以展开面积计算。

2. 天棚装饰

天棚装饰工程，包括抹灰面层、天棚龙骨、天棚面层、龙骨及饰面等项目。

抹灰面层包括混凝土面天棚、钢板网天棚、板条及其他木质天棚抹石灰砂浆、水泥砂浆、混合砂浆等项目。

天棚龙骨包括木龙骨、轻钢龙骨、铝合金龙骨等类型。木龙骨有圆木龙骨和方木龙骨之分；轻钢龙骨和铝合金龙骨都分主件和配件，主件又分为大龙骨、中龙骨、小龙骨和边龙骨。

天棚面层材料有板条、胶合板、玻璃纤维板、塑料板、钢板网、铝板网、铝塑板、钙塑板、石膏板、宝丽板等。

龙骨及饰面包括安装龙骨、安装面层，内容有铝栅假天棚、雨篷底吊铝骨架铝条天棚，铝结构中空玻璃采光天棚、钢结构中空玻璃采光天棚及钢化玻璃采光天棚等项目。

1) 天棚抹灰

（1）天棚抹灰面积。按主墙间净面积计算，不扣除间壁墙、垛、柱、附墙烟囱、检查口和管道所占面积。计算公式为

$$S=LW$$

式中：S 为天棚抹灰面积，m^2；L 为天棚主墙间净长度，m；W 为天棚主墙间净宽度，m。

（2）有梁天棚抹灰。其梁两侧抹灰面积应并入天棚抹灰工程量内计算，计算公式为

$$S=LW+S_c$$

式中：S_c 为各梁两侧面抹灰面积之和。

（3）密肋梁和井字梁天棚抹灰。现浇有梁板中，根据主梁、次梁的断面及排列形式常分为肋形楼板、密肋形楼板和井字形楼板等形式，如图 7-58 所示。肋形梁和密肋梁天棚指带有主、次梁的钢筋混凝土天棚，一般形成矩形密肋网格；井字梁天棚指没有主次梁之分，梁的断面一致，形成井格的钢筋混凝土天棚，井格的边长一般在 2.6 m 以内。

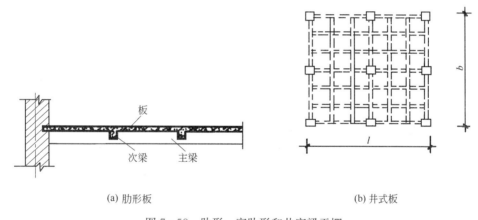

(a) 肋形板　　　　　　　　　　　　　　　　(b) 井式板

图 7-58　肋形、密肋形和井字梁天棚

密肋梁和井字梁天棚的抹灰面积按展开面积计算，计算公式可写为

$$S = LW + \sum_{i=1}^{n} 2h(l_i + b_i)$$

式中：S 为密肋梁、井字梁天棚抹灰面积，m^2；h 为密肋或井字梁肋高，m；l_i，b_i 为密肋或井字网格两个方向的边长，m；n 为密肋或井字网格数。

（4）天棚装饰线。在天棚底面与四周墙面交接处所做的抹灰凸出线条叫天棚装饰线。装饰线的数量是以凸出的棱角为标准计算的，称线角的道数。有一个凸出的棱角为一道线，有两个凸出的棱角为二道线，依次类推，如图 7-59 所示。凡一至三道线的按三道线以内计算，超过三道线以上的按五道线以内计算。天棚抹灰如带有装饰线时，应区别按三道线以内或五道线以内，以延长米（m）计算工程量。

| (a) 一道线 | (b) 两道线 | (c) 三道线 |

图 7 - 59　天棚装饰线角

（5）檐口天棚抹灰面积。檐口天棚抹灰面积按图示长、宽计算，并入相同的天棚抹灰工程量内计算。

（6）其他。天棚中的折线、灯槽线、圆弧形线、拱形线等艺术形式的抹灰，其工程量均按展开面积（m²）计算。

2）天棚龙骨

各种吊顶天棚龙骨按主墙间净空面积计算，不扣除间壁墙、检查口、附墙烟囱、柱、垛和管道所占面积；但天棚中的折线、迭落等圆弧形、高低吊灯槽等面积也不展开计算。计算公式为

$$S=LW$$

式中：S 为天棚龙骨工程量，m²；L 为天棚主墙间净长度，m；W 为天棚主墙间净宽，m。

3）天棚面装饰

（1）天棚装饰面积，按主墙间实铺面积以 m² 计算。不扣除间壁墙、检查口、附墙烟囱、附墙垛和管道所占面积，应扣除独立柱及与天棚相连的窗帘盒所占的面积。计算公式为

$$S=LW-S_R$$

式中：S 为天棚面层装饰工程量，m²；L 为天棚主墙间净长度，m；W 为天棚主墙间净宽，m；S_R 为应扣除面积（包括独立柱），以及与天棚相连的窗帘盒所占面积，m²。

（2）天棚中的折线、迭落等圆弧形、拱形、高低灯槽及其他艺术形式天棚面层工程量，均按展开面积以 m² 计算。

3. 喷涂、油漆、裱糊

楼地面、天棚面、墙、柱、梁面的喷（刷）涂料、抹灰面油漆及裱糊工程，均按其装饰工程相应的工程量计算规则规定计算；木材面油漆、金属面油漆、抹灰面油漆、涂料的工程量，分别按表 7 - 20～表 7 - 28 所列计算方法计算。

1）木材面油漆

木材面油漆包括各种木门窗、木扶手、木地板、隔墙（间壁）、隔断、护壁木龙骨、柱木龙骨、地板木龙骨、天棚骨架及其他木材面油漆。木材面油漆的工程量，区别不同油漆种类及刷油部位，按表 7 - 20～表 7 - 24 规定乘以表列系数，以 m² 或延长米（m）计算。

（1）单层木门油漆工程量计算方法及工程量系数如表7-20所示。

表7-20 单层木门工程量系数表

项目名称	系数	工程量计算方法	项目名称	系数	工程量计算方法
单层木门	1.00		单层全玻门	0.83	
双层（一板一纱）木门	1.36	按单面洞口面积	木百叶门	1.25	按单面洞口面积
双层（单裁口）木门	2.00		厂库大门	1.10	

（2）单层玻璃窗工程量计算方法及工程量系数如表7-21所示。

表7-21 单层木窗工程量系数表

项目名称	系数	工程量计算方法	项目名称	系数	工程量计算方法
单层玻璃窗	1.00		单层组合窗	0.83	
双层（一玻一纱）窗	1.36	按单面洞口面积	双层组合窗	1.13	按单面洞口面积
双层（单裁口）窗	2.00		木百叶窗	1.50	
三层（二玻一纱）窗	2.60				

（3）木扶手（不带托板）油漆工程量计算方法和工程量系数如表7-22所示。

表7-22 木扶手工程量系数表

项目名称	系数	工程量计算方法	项目名称	系数	工程量计算方法
木扶手（不带托板）	1.00		挂衣板、黑板框	0.52	
木扶手（带托板）	2.60	按延长米	生活园地框、挂镜线、窗帘棍	0.35	按延长米
窗帘盒	2.04				
封檐板、顺水板	1.74				

（4）其他木材面油漆工程量计算方法及工程量系数如表7-23所示。

表7-23 其他木材面工程量系数表

项目名称	系数	工程量计算方法	项目名称	系数	工程量计算方法
木板、纤维板、胶合板天棚、檐口	1.00		屋面板（带檩条）	1.11	斜长×宽
清水板条天棚、檐口	1.07		木间壁、木隔断	1.90	
木方格吊顶天棚	1.20		玻璃间壁露明墙筋	1.65	单面外围面积
吸音板、墙面、天棚面	0.87	长×宽	木栅栏、木栏杆（带扶手）	1.82	
鱼鳞板墙	2.48				
木护墙、墙裙	0.91		木屋架	1.79	跨度（长）×中高×1/2
窗台板、筒子板、盖板	0.82		衣柜、壁柜	0.91	投影面积（不展开）
暖气罩	1.28		零星木装修	0.87	展开面积

（5）木地板油漆工程量计算方法及工程量系数如表 7-24 所示。

表 7-24　木地板工程量系数表

项 目 名 称	系 数	工程量计算方法	项 目 名 称	系 数	工程量计算方法
木地板、木踢脚线	1.00	长×宽	木楼梯（不包括底面）	2.30	水平投影面积

2）金属面油漆

金属面油漆主要指钢门窗、金属平板屋面及其他金属面的油漆。金属面油漆的工程量，应对不同油漆种类及刷油部位，按表 7-25～表 7-27 的规定计算，并乘以表列系数，以 m^2 或 t 计算。

（1）单层钢门窗油漆工程量计算方法及工程量系数如表 7-25 所示。

表 7-25　单层钢门窗工程量系数表

项 目 名 称	系 数	工程量计算方法	项 目 名 称	系 数	工程量计算方法
单层钢门窗	1.00	洞口面积	间壁	1.85	长×宽
双层（一玻一纱）钢门窗	1.48		平板屋面	0.74	斜长×宽
百叶钢门	2.74		瓦垄板屋面	0.89	斜长×宽
半截百叶钢门	2.22		排水、伸缩缝盖板	0.78	展开面积
满钢门或包铁皮门	1.63		吸气罩	1.63	水平投影面积
钢折叠门	2.30				
射线防护门	2.96	框（扇）外围面积			
厂房库平开、推拉门	1.70				
铁丝网大门	0.81				

（2）其他金属面油漆工程量计算方法及工程量系数如表 7-26 所示。

表 7-26　其他金属面工程量系数表

项 目 名 称	系 数	工程量计算方法	项 目 名 称	系 数	工程量计算方法
钢屋架、天窗架、挡风架、屋架梁、支撑、檩条	1.00	重量（t）	钢梁车挡		重量（t）
			钢栅栏门、栏杆、窗栅	1.71	
墙架（空腹式）	0.50		钢爬梯	1.18	
墙架（格板式）	0.82		轻型屋架	1.42	
钢柱、吊车梁、花式梁柱、空花构件	0.63		踏步式钢扶梯	1.05	
操作台、走台、制动梁	0.71		零星铁件	1.32	

（3）平板屋面油漆（涂刷磷化、锌黄底漆），其工程量计算方法及工程量系数如表 7-27 所示。

表 7 - 27　平板屋面工程量系数表

项　目　名　称	系　数	工程量计算方法
平板屋面 瓦垄板屋面	1.00 1.20	斜长×宽
排水、伸缩缝盖板	1.05	展开面积
吸气罩	2.20	水平投影面积
包镀锌铁皮门	2.20	洞口面积

3）抹灰面油漆、涂料

抹灰面油漆、涂料主要指各种抹灰面、砖墙面、梁、柱、天棚面、拉毛面及画石纹。抹灰面油漆、涂料工程量按表 7 - 28 规定方法计算，并乘以工程量系数，以 m^2 计算。

表 7 - 28　抹灰面工程量系数表

项　目　名　称	系　数	工程量计算方法
槽形底板、混凝土折板 有梁板底 密肋、井字梁底板	1.30 1.01 1.50	长×宽
混凝土平板式楼梯底	1.30	水平投影面积

例 7 - 15　某单层餐厅室内净高 3.9 m，窗台高 0.9 m，室内净面积为 35.76 m×20.76 m，四周厚 240 mm 的外墙上设 1.5 m×2.7 m 铝合金双扇地弹门 2 樘（型材框宽为 101.6 mm，居中立樘），1.8 m×2.7 m 铝合金双扇推拉窗 14 樘（型材为 90 系列，框宽为 90 mm，居中立樘），外墙内壁需贴高 1.8 m 花瓷板墙裙，试求贴块料工程量。

解

墙裙面积 $S_1 = 35.76 \times 20.76 \times 1.8 = 1\,336.28(m^2)$

在墙裙高 1.8 m 范围内应扣除以下两部分。

门洞面积 $S_2 = 1.5 \times 1.8 \times 2 = 5.4(m^2)$

窗洞面积 $S_3 = 2.7 \times (1.8 - 0.9) \times 14 = 34.02(m^2)$

应增加门洞侧壁。

门洞侧壁宽 $= (0.24 - 0.101\,6)/2 = 0.069(m)$

门洞侧壁面积 $S_4 = 1.8 \times 2 \times 0.069 \times 2 = 0.497(m^2)$

应增加窗洞侧壁。

窗洞侧壁宽 $= (0.24 - 0.09)/2 = 0.075(m)$

窗洞侧壁面积 $S_5 = [2.7 + (1.8 - 0.9) \times 2] \times 0.075 \times 14 = 4.725(m^2)$

则墙裙贴块料工程量为

$$1\,336.28 - 5.4 - 34.02 + 0.497 + 4.725 = 1\,302.08(m^2)$$

例 7-16 已知例 7-7 中，室外地坪标高为 0.2 m，屋面板顶面高 6 m，外墙上均有女儿墙，高 600 mm，楼梯井宽 400 mm，预制楼板厚度为 120 mm，内墙面为石灰砂浆抹面，外墙面及女儿墙均为混合砂浆抹面，混凝土地面垫层厚度为 60 mm，居室内墙做水泥踢脚线。试求以下工程量：(1) 混凝土地面垫层；(2) 楼梯水泥砂浆面层；(3) 水泥砂浆楼、地面面层；(4) 居室内墙水泥砂浆踢脚线；(5) 内墙石灰砂浆抹面；(6) 外墙混合砂浆抹面；(7) 天棚石灰砂浆抹面。

解

(1) 混凝土地面垫层

主墙间净面积

$$S_{ij} = S_i - (L_{中} \times 外墙厚 + L_{内} \times 内墙厚)$$

式中，S_i 为一层建筑面积，大小为

$$S_i = (2.1 + 4.2 + 0.12 \times 2) \times (3 + 3.3 + 3.3 + 0.12 \times 2) + 1.5 \times (3.3 + 0.12 \times 2)$$
$$= 6.54 \times 9.84 + 5.31 = 69.66 (m^2)$$

L_z 为一层外墙中心线的长，大小为 34.8m；L_n 为一层内墙净长线的长，大小为 13.32m；S_{ij} 为一层主墙间净面积的长，大小为 $69.66 - (34.8 \times 0.24 + 13.32 \times 0.24) = 58.11 m^2$。

$$混凝土地面垫层工程量 = 一层室内主墙间净面积 \times 垫层厚度$$
$$= 58.11 \times 0.06 = 3.49 (m^3)$$

(2) 楼梯水泥砂浆面层

楼梯水泥砂浆面层 = 楼梯间净面积 = $(4.2 - 0.12 + 0.12) \times (3 - 0.12 - 0.12) = 11.59 (m^2)$

注意：楼梯与走廊连接的，以楼梯踏步梁或平台梁外缘为界，线内为楼梯面积，线外为走廊面积。

(3) 水泥砂浆楼、地面面层

$$水泥砂浆地面 = 一层主墙间净面积 = 58.11 (m^2)$$

$$水泥砂浆楼面 = 二层主墙间净面积 - 二层楼梯间净面积$$
$$= 58.11 - (4.2 - 0.12 + 0.12) \times (3 - 0.12 - 0.12)$$
$$= 58.11 - 11.59 = 46.52 (m^2)$$

$$水泥砂浆楼、地面面层 = 58.11 + 46.52 = 104.63 (m^2)$$

(4) 居室内墙水泥砂浆踢脚线

居室 1 墙内边线长 = $(4.2 + 1.5 - 0.12 \times 2) \times 2 + (3.3 - 0.12 \times 2) \times 2 = 17.04 (m)$

居室 2 墙内边线长 = $(2.1 + 4.2 - 0.12 \times 2) \times 2 + (3.3 - 0.12 \times 2) \times 2 = 18.24 (m)$

居室 1 踢脚线长 = 居室 1 墙内边线长 × 层数 = $17.04 \times 2 = 34.08 (m)$

居室 2 踢脚线长 = 居室 2 墙内边线长 × 层数 = $18.24 \times 2 = 36.48 (m)$

居室内墙水泥砂浆踢脚线总长 = $34.08 + 36.48 = 70.56 (m)$

（5）内墙石灰砂浆抹面

居室 1 抹面＝（内墙净高×居室 1 墙内边线长－门窗洞口面积）×层数
$$=[(3-0.12)\times17.04-(1.5\times1.2+0.9\times2)]\times2=90.95(m^2)$$

居室 2 抹面＝（内墙净高×居室 2 墙内边线长－门窗洞口面积）×层数
$$=[(3-0.12)\times18.24-(1.5\times1.2+0.9\times2)]\times2=97.86(m^2)$$

楼梯间及走廊抹面＝楼梯间及走廊净高×楼梯间及走廊墙内边线长×

层数－该墙上门窗洞口总面积
$$=(3-0.12)\times[(4.2+2.1-0.12\times2+3+3.3-0.12\times2)\times2]\times2-$$
$$[(1.5\times1.2+0.9\times2\times2)\times2+1\times2.1]$$
$$=2.88\times24.24\times2-12.9=126.72(m^2)$$

内墙石灰砂浆抹面总量＝90.95＋97.86＋126.72＝ 315.53（m²）

（6）外墙混合砂浆抹面

外墙外边线总长＝（3＋3.3＋3.3＋0.12×2＋2.1＋4.2＋
$$1.5+0.12\times2)\times2=35.76(m)$$

室外地坪至女儿墙顶面之间的高度＝0.2＋6＋0.6＝6.8（m）

外墙上门窗洞口面积＝1.2×1.5×6＋1×2.1＝12.9（m²）

外墙抹面＝外墙外边线总长×室外地坪至女儿墙顶面之间的高度－
外墙上门窗洞口面积＝35.76×6.8－12.9＝230.27（m²）

（7）天棚石灰砂浆抹面

一层天棚抹面＝一层主墙间净面积－一层楼梯间净面积＝46.52（m²）

二层天棚抹面＝二层主墙间净面积＝58.11（m²）

楼梯底面抹灰＝11.59×1.1＝12.75（m²）

楼梯底面的抹灰工程量，按楼梯间水平投影面积计算后乘以规定的系数，有斜平顶的乘以 1.1，无斜平顶（锯齿形）的乘以 1.5，执行天棚抹灰定额。

天棚石灰砂浆抹面总量＝46.52＋58.11＋12.75＝117.38（m²）

7.4.12　金属结构制作工程量计算

金属结构是指建筑物内使用钢材构成梁、柱、屋架、支撑等的制作工程。

1. 金属结构制作

金属结构制作按图示钢材尺寸、以 t 为单位计算，不扣除孔眼、切边的重量，焊条、铆钉、螺栓等重量已包括在定额内不另计算。在计算不规则或多边形钢板重量时，均以其最大对角线乘最大宽度的矩形面积计算。

金属结构件工程量＝该构件各种型钢总重量＋该构件各种钢板(圆钢)总重量

其中：每种型钢杆件的重量＝该种型钢单位重量×型钢图示延长米长度

每种钢板重量＝该种钢板的单位重量×钢板图示计算面积

每种圆钢重量＝该种圆钢单位重量×圆钢长度

型钢、钢板、圆钢、方钢均应分钢材品种、规格，计算其长度或面积。

2. 实腹柱、吊车梁、H 型钢的计算

按图示尺寸计算，其中腹板及翼板宽度按每边增加 25 mm 计算。

3. 制动梁的制作工程量

包括制动梁、制动桁架、制动板的重量：①钢墙架的制作工程量，包括墙架柱、墙架梁及连接柱杆重量；②钢柱制作工程量，包括依附于柱上的牛腿及悬臂梁重量；③钢屋架制作工程量，包括依附于屋架上的檩托、角钢重量；④钢托架制作工程量，包括依附于托架上的牛腿或悬臂梁的重量；⑤钢吊车梁制作，包括依附于吊车梁上的连接钢板的重量；⑥钢支撑（或钢拉杆）的制作，包括柱间、屋架间水平及垂直支撑（拉杆）；⑦钢天窗架制作，包括天窗架上的横挡支爪、檩条爪的重量；⑧天窗钢挡风架制作，包括柱侧挡风板及挡雨板支架的重量；⑨钢平台制作，平台柱、平台梁、平台板（花纹板或蓖式板）、平台斜撑等的重量，应并入钢平台重量内；⑩钢梯子制作，包括梯梁、踏步、依附于梯上的扶手及栏杆重量，应并入钢梯重量内。

4. 轨道制作工程量

只计算轨道本身重量，不包括轨道垫板、压板、斜垫、夹板及连接角钢等重量。

5. 钢栏杆制作

仅适用于工业厂房中平台、操作台的钢栏杆，民用建筑中铁栏杆等按楼地面工程等有关项目计算。

6. 钢漏斗制作工程量

矩形按图示分片，圆形按图示展开尺寸，并依钢板宽度分段计算，每段均以其上口长度（圆形以分段展开上口长度）与钢板宽度，按矩形计算，依附漏斗的型钢并入漏斗重量内计算。

7.4.13　建筑工程垂直运输定额计算

建筑工程垂直运输定额，指各种垂直运输机械在合理工期内完成全部工程所需的台班数量，不包括机械的场外往返运输、一次安拆及路基铺垫和轨道铺拆等项目。

建筑物垂直运输机械台班用量，区分不同建筑物的结构类型及高度，按建筑面积以 m² 计算。

（1）垂直运输机械分卷扬机和塔式起重机。高度（或层数）按 20 m（6 层）以内和 20 m（6 层）以上分别列项，每个分项又按房屋用途、结构类型和檐高（层数）划分子项。定额项目划分同时以建筑物的檐高及层数两个指标界定，凡檐高达到上限而层数未达到时以檐高为准，层数达到上限而檐高未达到时以层数为准。檐高是指设计室外地坪至檐口的高度，凸出主体建筑屋顶的电梯间，水箱间等不计入檐口高度之内。

（2）同一建筑物多种用途（或多种结构），按不同用途（或结构）分别计算。分别计算后的建筑物檐高，均应以该建筑物总檐高为准。

（3）定额中现浇框架，指柱、梁全部为现浇的钢筋混凝土框架结构。如部分现浇时，按现浇框架定额乘以系数 0.96；如楼板也为现浇混凝土时，按现浇框架定额乘以系数 1.04。

（4）预制钢筋混凝土柱、钢屋架的单层厂房，按预制排架定额计算。

（5）单身宿舍按住宅定额，乘以系数 0.9。

（6）全国统一建筑工程基础定额是按 I 类厂房为准编制的，II 类厂房定额乘以系数 1.14。厂房分类如表 7 - 29 所示。

表 7 - 29　厂 房 分 类 表

类　别	I　类	II　类
厂　房	机加工、机修、五金缝纫、一般纺织（粗纺、制条、洗毛等）及无特殊要求的车间	厂房内设备基础及工艺要求较复杂，建筑设备或建筑标准较高的车间。如铸造、锻压、电镀、酸碱、电子、仪表、手表、电视、医药、食品等车间

注：建筑标准较高的车间，指车间有吊顶或油漆的顶棚，内墙面贴墙纸（布）或油漆墙面、水磨石地面三项，其中一项所占建筑面积达到全车间建筑面积 50% 及以上者，即为建筑标准较高的车间。

（7）檐高 3.6 m 以内的单层建筑，不计算垂直运输机械台班。

（8）全国统一建筑工程基础定额，是按《全国建筑安装工程工期定额》中规定的 II 类地区标准编制的，I 类和 III 类地区按相应定额乘以表 7 - 30 所列规定系数。

表 7 - 30　I 、III 类地区系数

项　目	I 类地区	III 类地区
建筑物	0.95	1.10
构筑物	1	1.11

（9）构筑物垂直运输机械台班以座计算。构筑物列烟囱、水塔和筒仓三种，按基本高度和每增加 1 m 列项。构筑物的高度，以从设计室外地坪至构筑物的顶面高度为准。超过规定高度时；再按每增高 1 m 定额项目计算；其高度不足 1 m 时，亦按 1 m 计算。

7.4.14　建筑物超高增加人工机械定额计算

这部分内容包括建筑物超过一定高度后，引起施工效率降低，会增加人工和机械消耗及需使用加压水泵的台班数。

人工、机械降效，定额中用降效率即降效系数或定额系数来表示。定额降效率按建筑物檐高（层数）划分档次，定额适用于建筑物檐高 20 m（层数 6 层）以上的工程，高度从

30 m（7～10 层）以内起，每增高 10 m 为一档，到 120 m（35～37 层）以内。檐高是指设计室外地坪至檐口的高度。凸出主体建筑屋顶的电梯间、水箱间等不计入檐高之内。同一建筑物高度不同时，分别按相应项目计算。

建筑物超高加压水泵台班，是指由于水压不足，高层用水需加压所发生的加压用水泵的台班数。定额按檐高（层数）分档，每增加 10 m 为一档，从 30 m 以内到 120 m 以内。加压水泵选用电动多级离心清水泵，规格如表 7-31 所示。

表 7-31 电动多级离心清水泵规格表

建筑物檐高	水泵规格	建筑物檐高	水泵规格
≥20 m～≤40 m	≤φ50 mm	≥80 m～≤120 m	≤φ150 mm
≥40 m～≤80 m	≤φ100 mm		

建筑物超高增加人工、机械，定额计算规定如下：①各项降效系数中包括的内容，指建筑物基础以上的全部工程项目，但不包括垂直运输、各类构件的水平运输及各项脚手架；②人工降效，按规定内容中的全部人工费乘以定额系数计算；③吊装机械降效，按《构件运输及安装工程》吊装项目中的全部机械费，乘以定额系数计算；④其他机械降效按规定内容中的全部机械费（不包括吊装机械），乘以定额系数计算；⑤建筑物施工用水加压增加的水泵台班，按建筑面积以 m² 计算。

7.5 土建单位工程施工图预算书编制实例

为了帮助读者更好地理解前 4 节所学的知识，并从整体上掌握预算编制的方法，本节以某一商品房为例，介绍编制土建单位工程预算书的具体方法。在编制中采用实物法，按照《全国统一工程量计算规则》计算工程量，套用《全国统一建筑工程基础定额（土建部分）》计算实物消耗量，人工、材料、机械台班预算单价按照北京市 2001 年相应预算价格确定，工程取费参考《北京市建设工程费用定额》（2001）规定执行。

7.5.1 工程概况

1. 施工图纸
施工图纸如图 7-60～图 7-72 所示。

2. 设计说明
（1）图中尺寸以 mm 计，标高以 m 计。

（2）建筑面积 768.22 m²。

（3）墙身：砖墙部分采用 MU7.5 砖，M5 水泥石灰砂浆砌筑，墙厚除注明外均为 240 墙，墙中心线与定位轴线重合。

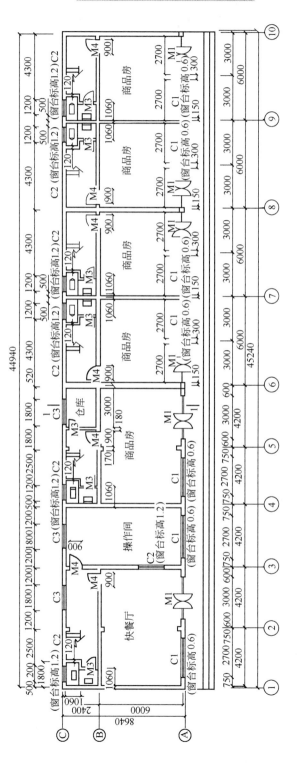

图 7－60 一层平面图

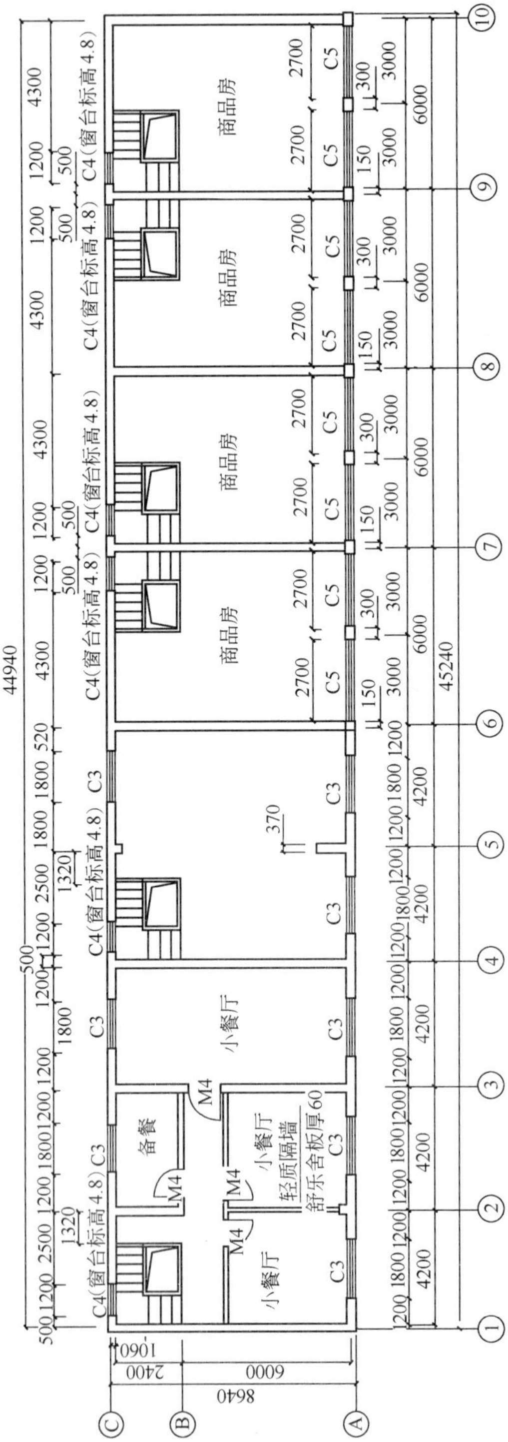
商品房
小餐厅
备餐
小餐厅
轻质隔墙
舒乐舍板厚60
C4(窗台标高4.8)
C3
C5
M4
44940
45240
8640

图 7－61 二层平面图

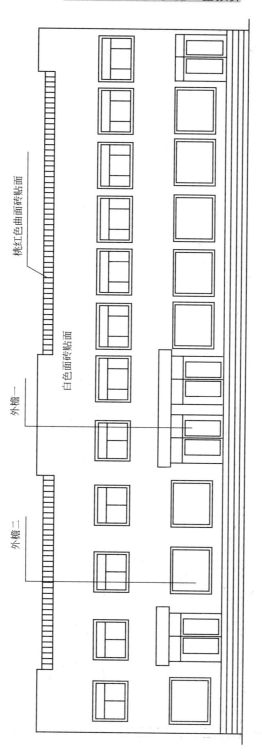

图 7 - 62　立面图

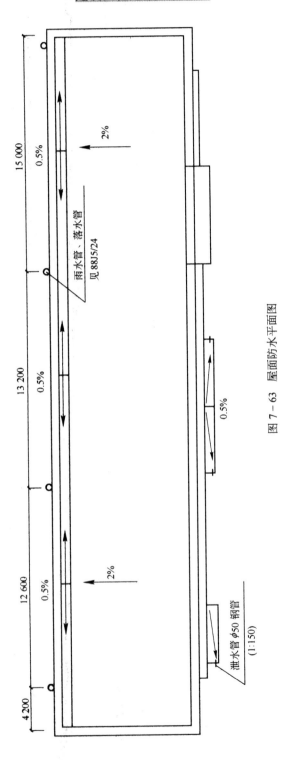

图 7 - 63 屋面防水平面图

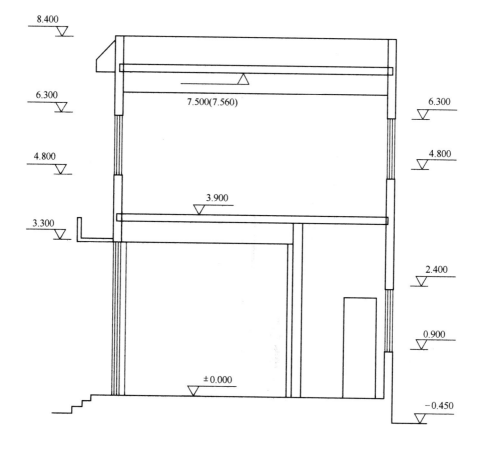

图 7-64　1—1 剖面图

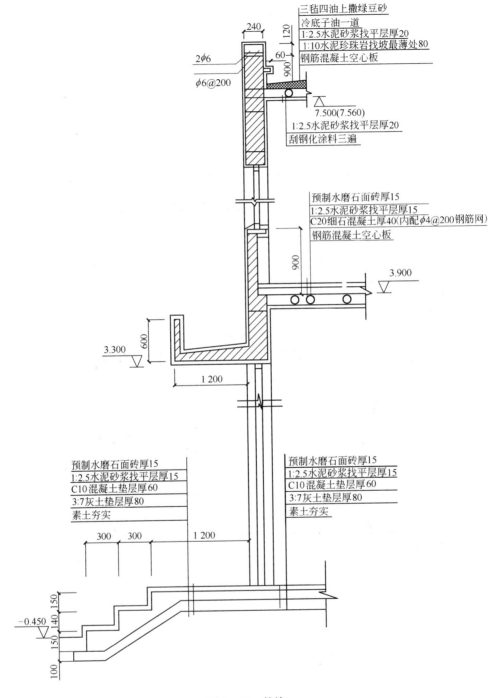

三毡四油上撒绿豆砂
冷底子油一道
1:2.5水泥砂浆找平层厚20
1:10水泥珍珠岩找坡最薄处80
钢筋混凝土空心板

240
120
60
900
2φ6
φ6@200

7.500(7.560)
1:2.5水泥砂浆找平层厚20
刮钢化涂料三遍

预制水磨石面砖厚15
1:2.5水泥砂浆找平层厚15
C20细石混凝土厚40(内配φ4@200钢筋网)
钢筋混凝土空心板

900
3.900

3.300
600
1 200

预制水磨石面砖厚15
1:2.5水泥砂浆找平层厚15
C10混凝土垫层厚60
3:7灰土垫层厚80
素土夯实

预制水磨石面砖厚15
1:2.5水泥砂浆找平层厚15
C10混凝土垫层厚60
3:7灰土垫层厚80
素土夯实

300 300
1 200

150 150
140
-0.450
150
100

图 7-65 外檐一

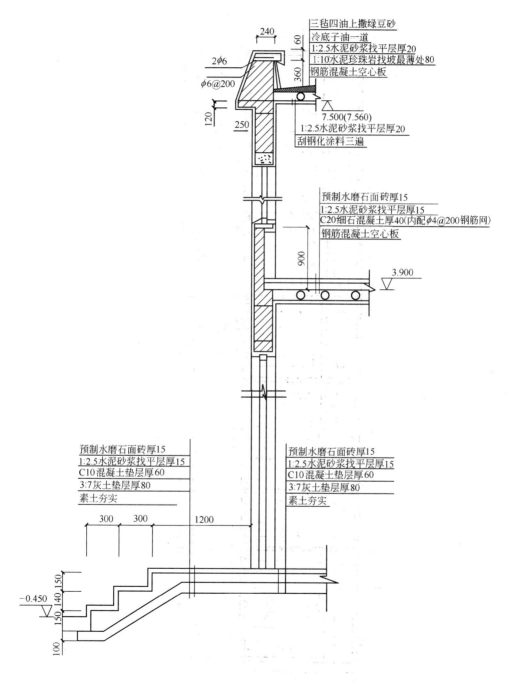

三毡四油上撒绿豆砂
冷底子油一道
1:2.5水泥砂浆找平层厚20
1:10水泥珍珠岩找坡最薄处80
钢筋混凝土空心板

240

60

360

2ϕ6

ϕ6@200

120

250

7.500(7.560)
1:2.5水泥砂浆找平层厚20
刮钢化涂料三遍

预制水磨石面砖厚15
1:2.5水泥砂浆找平层厚15
C20细石混凝土厚40(内配ϕ4@200钢筋网)
钢筋混凝土空心板

900

3.900

预制水磨石面砖厚15
1:2.5水泥砂浆找平层厚15
C10混凝土垫层厚60
3:7灰土垫层厚80
素土夯实

预制水磨石面砖厚15
1:2.5水泥砂浆找平层厚15
C10混凝土垫层厚60
3:7灰土垫层厚80
素土夯实

300　300　　1200

-0.450

150　140　150

150

100

图 7-66　外檐二

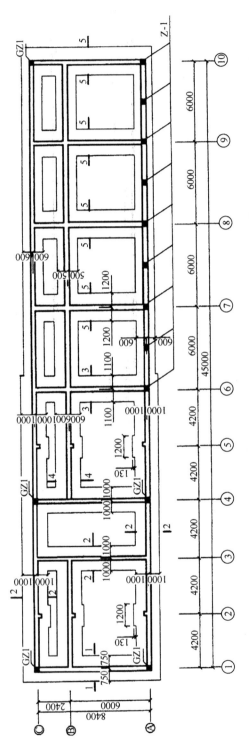

图 7-67 基础平面图

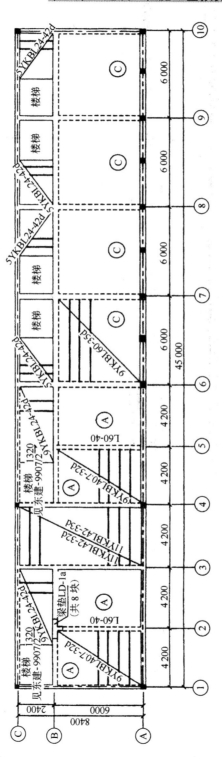

图 7－68 一层结构平面图

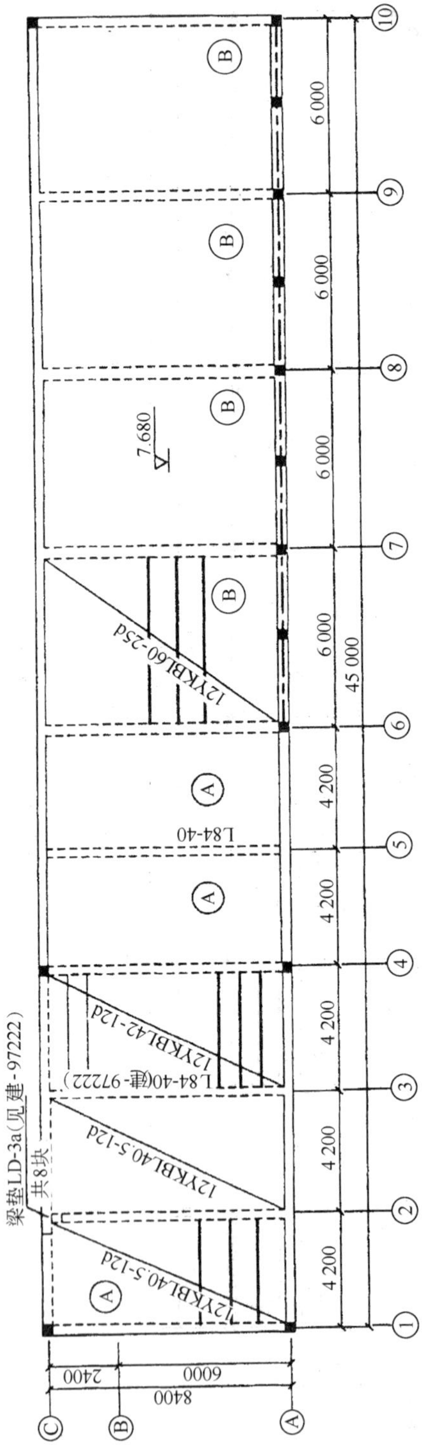

图 7-69 二层结构平面图

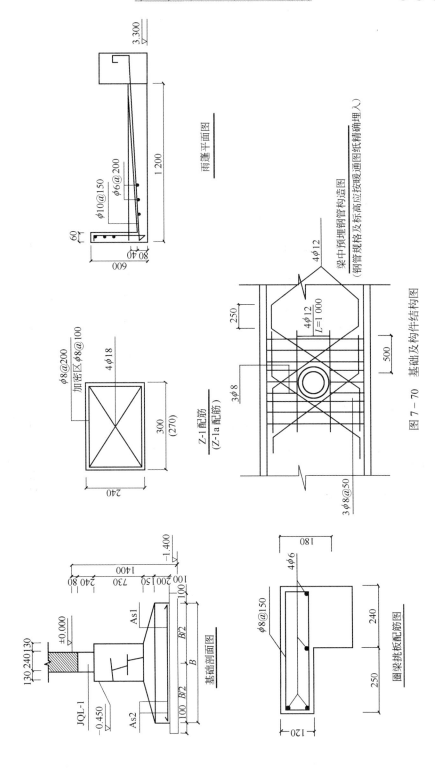

图 7 - 70　基础及构件结构图

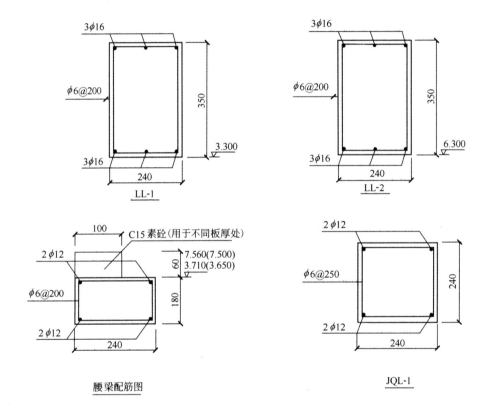

图 7 - 71 梁配筋图

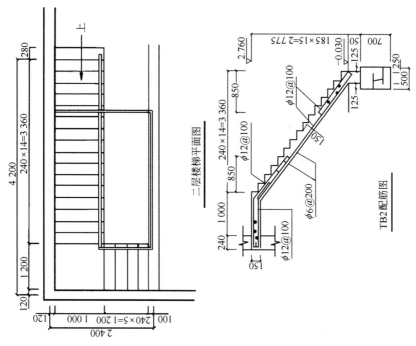

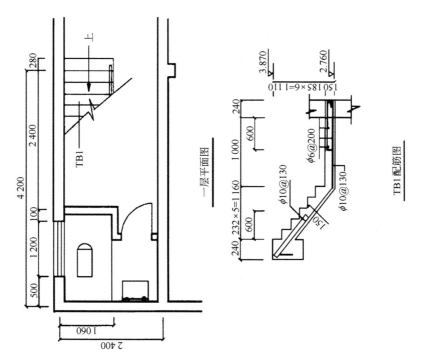

图 7 - 72　楼梯配筋图

（4）外墙粉刷面层：见立面图。

（5）内墙粉刷面层：卫生间、淋浴及污水间为瓷砖贴面，其余房间抹混合砂浆，刮钢化涂料三层。

（6）木门油漆：清油打底，外刷白色调和漆两道。

（7）楼地面：面层做法见外檐图，卫生间地面为防滑地面砖（规格 100×100）。

（8）楼梯设墙裙，墙裙高 1 200 mm，贴 5 mm 厚釉面砖。

（9）北立面外墙窗设窗台板，窗下设暖气壁龛，壁龛长同窗宽，深 120 mm。

（10）散水宽 1 000 mm，做法：150 厚 3∶7 灰土，40 厚 1∶2∶3 细石破随打随抹赶光。

（11）抗震：设防震度为 7 度。

（12）楼梯板说明：楼梯板 TBI、TBZ 及雨篷，均采用 C20 混凝土、Ⅰ级钢筋浇筑，混凝土保护层为 15 厚，支座除上部钢筋，锚固长度应满足 35d（钢筋直径）。

（13）楼屋盖布置图中板跨度大于 4.2 m 时，板边均需连接，做法见 L95G404/14；板缝均匀布置，板缝做法见 L95G404/15。

（14）圈梁沿砖墙均设，圈梁转角配筋及高、低圈梁连接均见 CG329（一），女儿墙、构造柱做法见 CG329（一）。

（15）YChL40.5－＊＊＼TKBL－＊＊参见 YKBL42－＊＊，仅将板长改为 4 030、4 050，空心板均见 L95G404。

（16）LL－1、LL－2，LC60－40，LC84－40 及圈梁，均采用 C20 6Ⅰ、Ⅱ级钢筋现浇，混凝土保护层梁 25、板 15，梁与圈梁拉接做法见建一 97222。

（17）基础说明：基础材料、毛石部分采用 MU20 毛石，MS 水泥石灰砂浆砌筑、钢筋混凝土部分采用Ⅰ级钢筋 C20 混凝土浇筑，钢筋保护层厚 35，垫层为 C15 混凝土浇筑厚 100。

（18）Z－1 柱采用 C20 混凝土Ⅰ、Ⅱ级钢筋现浇，混凝土保护层厚 25 mm。构造柱 GZI 做法见 88G363c，Z－1 柱及构造柱 GZI 与墙体拉接做法见 CG329，Z－1 做法见构造柱。

（19）壁柱处毛石相应放阶，基础应落在老土上。如遇不良地质情况，应有设计人员现场处理。

（20）门窗、洞口、过梁统计表，见表 7－32。

3. 其他说明

① 板、钢筋用量参照基础定额中模板一次用量表和每 10 m³ 钢筋混凝土钢筋含量参考计算。

② 施工现场土壤种类为三类土，现场自然标高等于设计室外地坪标高。

③ 基础垫层需支模板。

④ 脚手架采用钢制，垂直封闭。

⑤ 小型混凝土构件现场预制。

⑥ 空心板和门窗为预制场加工制作，汽车运输，运距为 5 km。

表 7-32　门窗、洞口、过梁统计表

编号及洞口尺寸 宽×高	一层砌体			二层砌体			各类门窗面积/m²	钢筋混凝土过梁 1.91G303				窗下壁龛(北立面外墙外)	窗台板 混凝土(m³)/钢筋(kg)
	外240墙	内240墙	内120墙	外240墙	内240墙	内120墙		代号	混凝土/m³	钢筋/kg	备注		
M1 铝 3.0×3.3	2/19.8						19.80	LL-1					
M2 铝 2.7×3.3	4/35.64						35.64	LL-1					
M3 夹板 0.8×2.1			7/11.76				11.76	GL8-10	0.008/0.056	0.568/3.976	内120墙扣		
M4 夹板 0.9×2.1		7/13.23			1/1.89	3/5.67	20.79	GL9-24	0.036/0.396	1.197/13.167	内240墙扣		
C1 铝 2.7×2.7	7/51.03						51.03	LL-1				7×2.7×0.6×0.12=1.36 (外240墙扣)	
C2 铝 1.2×0.9	6/6.48						7.56	GL12-24	0.049/0.343	3.965/27.755	外240扣 0.294 / 内240扣 0.049		
C3 铝 1.8×1.5	3/8.10			8/21.6			29.70	GL18-24	0.099/1.089	7.259/79.849	外240扣	5×1.8×0.9×0.12=0.972 (外240墙扣)	
C4 铝 1.2×1.5				6/10.8			10.80	GL12-24	0.049/0.294	3.965/23.79	外240扣		
C5 铝 2.7×1.5				8/32.4			32.40	LL-2					
小计	121.05	14.31	11.76	64.80	1.89	5.67	219.48		2.18	148.53		4.67	

1. 分子为各门窗数量
2. 分母为各门窗面积
3. 小计为该墙体应扣面积

其中:
铝合金平开门 55.44　胶合板门 32.55　铝合金推拉窗 131.49

模板:124.5×0.218=27.14m²
钢筋:冷拔 0.21×0.218=0.046
φ6 0.364×0.218=0.079
φ12 0.108×0.218=0.024

暖气罩(m²):
4.67/0.12=38.92

7.5.2 工程量计算

工程量计算见表 7 - 33。

表 7 - 33 工程量计算表

序号	分项工程名称	单位	结 果	计 算 式
1	建筑面积	m²	768.22	**一、一层"三线一面"基数** （一）建筑面积：1～10 轴与 A～C 轴 （45.00＋0.24）×（8.40＋0.24）＝ 390.87(m²) （二）房间净面积： 商品房 1：(6.00－0.24)×(6.00－0.24)×4＝132.71(m²) 商品房 2：(8.40－0.24)×(6.00－0.24)×1＝47.00(m²) 操作间：(4.20－0.24)×(8.40－0.24)×1＝32.31(m²) 快餐厅：(8.40－0.24)×(6.00－0.24)×1＝47.00(m²) 厕所：(1.80－0.12－0.06)×(1.06－0.12－0.06)×6＝8.55(m²) 卫生间：(1.06－0.18)×(2.40－1.06－0.12－0.06)×6＝6.12(m²) 仓库：(3.00－0.18)×(2.40－0.24)×1＝6.09(m²) 轴 B～C 其他 轴 1～3：(8.40－1.80－0.18)×(2.40－0.24)×1＝13.87(m²) 　　　　(1.80－1.06)×(2.40－1.06－0.18)×1＝0.86(m²) 轴 4～6：(8.40－3.00－1.80－0.12)×(2.40－0.24)×1＝7.52(m²) 　　　　(1.80－1.06)×(2.40－1.06－0.18)×1＝0.86(m²) 轴 6～10：(4.2－0.18)×(2.40－0.24)×4＝34.73(m²) 　　　　(2.40－1.06－0.18)×(1.80－1.06)×4＝3.43(m²) 外墙中心线 240 墙：240 墙轴 1～10：45×2＝90(m) 240 墙轴 A～C：8.4×2＝16.8(m) $L_中$ 合计＝106.80(m) $L_{外,内}$：106.80－0.24×18－0.12×7＝101.64(m) 外墙外边线 106.80＋0.24×4＝107.76(m) 内墙净长线：240 墙（轴 A～C）：(8.4－0.12×2)×6＝48.96(m) 240 墙（轴 1～10）：(11－4.2－0.24)×6＝39.36(m²) 120 墙（轴 B～C）：(2.40－0.24)×7＋(1.80－1.06)×6＝19.56(m) $L_内$ 合计：240 墙：88.32(m) 120 墙：19.56(m) 合计：390.87(m²) **二、二层"三线一面"基数** （一）建筑面积 1～10 与 A～C 轴 390.87－1.76×1.28×6＝377.35(m²)

续表

序号	分项工程名称	单位	结果	计 算 式
1	建筑面积	m²	768.22	（二）房间净面积＝353.47(m²) 楼梯：276×2.28×6＝37.67(m²) 商品房1：[(6.00−0.24)×(8.40−0.24)−4.04−2.253]×4＝162.83(m²) 商品房2：(8.40−0.24)×(8.40−0.24)−4.04−2.253×1＝60.29(m²) 小餐厅1：32.31(m²) 小餐厅2：(4.20−0.12)×(2.40−0.12)＝19.09(m²) 小餐厅3：19.09(m²) 备餐：(4.2−0.12)×(2.40−0.12)＝9.30(m²) 走廊：(8.4−0.24)×1.2×(2.4−0.12)×1.32＝12.80(m²) 外墙中心线240墙：同一层106.80(m) $L_{中,内}$：106.80−0.24×16＝102.96(m) 外墙外边线：107.76(m)<hr>内墙净长线240墙：(8.4−0.24)×6＝48.96(m) 轻质墙：8.4−0.24+4.11+4.65+2.25＝19.17(m)<hr>合计：390.85(m²)
	基础工程			
2	外墙基础1-1	m³		挖地槽三类土：8.4×(1.70+0.60)×1.05＝20.286(m³) 混凝土垫层C10：8.40×1.70×0.10＝1.428(m³) 混凝土无梁带基C20：8.40×0.450＝3.780(m³) 毛石带基M5混浆：8.40×0.50×0.60＝2.520(m³) 　　　　　　　　8.40×0.50×0.13＝0.546(m³) 基础圈梁C20：8.40×0.24×0.24＝0.484(m³) 槽侧回填土：20.286−1.428−3.78−2.52＝12.558(m³) 余土：20.286−12.558＝7.728(m³)
3	外墙基础2-2	m³		挖地槽：42.00×(2.20+0.60)×1.05＝123.480(m³) 混凝土垫层：42.00×2.20×0.10＝9.240(m³) 混凝土无梁带基：42.00×0.587 5＝24.675(m³) 毛石带基：42.00×0.50×0.60＝12.600(m³) 　　　　　42.00×0.50×0.13＝2.730(m³) 基础圈梁：42.00×0.24×0.24＝2.419(m³) 槽侧回填土：123.480−9.240−24.675−12.600＝76.965(m³) 余土：123.480−76.965＝46.515(m³)
4	外墙基础4-4	m³		挖地槽：48.00×(1.40+0.60)×1.05＝100.800(m³) 混凝土垫层：48.00×1.40×0.10＝6.72(m³) 混凝土带基：48.00×0.3675＝17.640(m³) 毛石带基：48.00×0.50×0.60＝14.400(m³) 　　　　　48.00×0.50×0.13＝3.120(m³) 基础圈梁：48.00×0.24×0.24＝2.765(m³) 槽侧回填土：100.800−6.720−17.640−14.400＝62.040(m³) 余土：100.800−62.040＝38.760(m³)

续表

序号	分项工程名称	单位	结 果	计 算 式
5	外墙基础 5-5	m³		挖地槽：8.40×(2.60+0.60)×1.05=28.224(m³) 混凝土垫层：8.40×2.60×0.10=2.184(m³) 混凝土无梁带基：8.40×0.697 5=5.859(m³) 毛石带基：8.40×0.50×0.60=2.520(m³) 　　　　　8.40×0.50×0.13=0.546(m³) 基础圈梁：8.40×0.24×0.24=0.484(m³) 槽侧回填土：28.224−2.184−5.859−2.520=17.661(m³) 余土：28.224−17.661=10.563(m³)
6	内墙基础 2-2	m³		挖地槽：(8.40−2.80)×2.80×1.05×2=32.928(m³) 混凝土垫层：(8.40−2.20)×2.20×0.1×2=2.728(m³) 混凝土带基：(8.40−2.00)×0.875×2+0.225=7.745(m³) 带基增爬肩：(0.15×0.5/2×0.75+0.15×0.75/2×0.75)×2/3=0.225(m³) 毛石带基：(8.40−0.50)×0.50×0.60×2=4.740(m³) 　　　　　(8.40−0.50)×0.50×0.60×2=1.027(m³) 基础圈梁：(8.40−0.24)×0.24×0.24×2=0.940(m³) 槽侧回填土：32.928−2.728−7.745−4.74=17.715(m³) 余土：32.928−17.715=15.213(m³)
7	内墙基础 3-3	m³		挖地槽：(8.40−2.8+2)×3.00×1.05=23.940(m³) 混凝土垫层：(8.40−2.20+1.4)×2.40×0.10=1.824(m³) 混凝土带基：(8.40−2+1.22)×0.642 5+0.09=4.986(m³) 混凝土带基增爬肩：0.09(m³) 毛石带基：(8.40−0.50)×0.50×0.60=2.370(m³) 　　　　　(8.40−0.50)×0.50×0.13=0.514(m³) 基础圈梁：8.16×0.24×0.24=0.470(m³) 槽侧回填土：23.940−1.824−4.986−2.370=14.760(m³) 余土：23.940−14.760=9.180(m³)
8	内墙基础 4-4	m³		挖地槽：[8.40−(2.30+2.80)/2]×2.00×1.05=12.285(m³) 混凝土垫层：[8.40−(1.70+2.20)/2]×1.40×0.10=0.903(m³) 混凝土带基：(8.40−1.75)×0.367 5=2.524(m³) 混凝土带基增爬肩：0.08(m³) 毛石带基：(8.40−0.50)×0.50×0.60=2.370(m³) 　　　　　(8.40−0.50)×0.50×0.13=0.514(m³) 基础圈梁：8.16×0.24×0.24=0.470(m³) 槽侧回填土：12.285−0.903−2.524−2.370=6.488(m³) 余土：12.285−6.488=5.797(m³)
9	内墙基础 4-4(2)	m³		挖地槽：[8.40−(3.00+2.80)/2]×2.00×1.05=11.550(m³) 混凝土垫层：[8.40−(2.20+2.40)/2]×1.40×0.10=0.854(m³) 混凝土带基：2.903+0.102=3.005(m³) 混凝土带基增爬肩：0.102(m³) 毛石带基：2.370(m³) 　　　　　(8.40−0.50)×0.50×0.13=0.514(m³) 基础圈梁：0.470(m³) 槽侧回填土：11.550−0.854−2.903−2.370=5.423(m³) 余土：11.550−5.423=6.127(m³)

序号	分项工程名称	单位	结果	计　算　式
10	内墙基础 5-5	m³		挖地槽：(8.40−2.00)×3.20×1.05×3=64.512(m³) 混凝土垫层：(8.40−1.40)×2.60×0.1×3=5.460(m³) 混凝土带基：(8.40−1.20)×3×0.697 5+0.179=15.245(m³) 混凝土带基增爬肩：0.179(m³) 毛石带基：(8.40−0.50)×0.50×0.60×3=7.110(m³) (8.40−0.50)×0.50×0.13×3=1.541(m³) 基础圈梁：8.16×0.24×0.24×3=1.410(m³) 槽侧回填土：64.512−5.460−15.245−7.110=36.697(m³) 余土：64.512−36.697=27.815(m³)
11	墙内基础 6-6	m³		挖地槽：[6.00−(3.00+3.20)/2]×1.80×1.05=5.481(m³) 混凝土垫层：[6.00−(2.40+2.60)/2]×1.20×0.1=0.420(m³) 混凝土带基：(6.00−2.3)×0.312 5+0.09=1.246(m³) 混凝土带基增爬肩：0.09(m³) 毛石带基：(6.00−0.05)×0.50×0.60=1.650(m³) 基础圈梁：5.76×0.24×0.24=0.332(m³) 砖基：5.76×0.24×0.08=0.111(m³) 槽侧回填土：5.481−0.420−1.246−1.650=2.165(m³) 余土：5.481−2.165=3.316(m³)
12	内墙基础 6-6	m³		挖地槽：(6.00−3.20)×1.80×1.05×3=15.876(m³) 混凝土垫层：(6.00−2.60)×1.20×0.10×3=1.224(m³) 混凝土带基：(6.00−2.40)×0.312 5×3+0.285=3.660(m³) 毛石带基：(6.00−0.50×0.50×0.60×3)=4.950(m³) (6.00−0.50)×0.50×0.13×3=1.073(m³) 基础圈梁：5.76×0.24×0.24×3=0.995(m³) 槽侧回填土：15.876−1.224−3.660−4.950=6.042(m³) 余土：15.876−6.042=9.834(m³)
13	附　墙　垛	m³		挖土：(1.2+0.8)×0.13×1.05×6=1.638(m³) 混凝土垫层：(1.2+0.2)×0.1×0.13×6=0.109(m³) 钢筋混凝土基：[1.2×0.2+(0.5+0.7/2)×0.15]×0.13×6=0.287(m³) 混凝土基：0.5×0.13×0.6×6=0.234(m³) 0.5×0.13×0.13×6=0.051(m³) 圈梁：0.24×0.13×0.24×6=0.045(m³) 槽侧回填土：1.638−0.109−0.287−0.234=1.008(m³) 余土：1.638−1.008=0.63(m³)
14	基础部分 工程量汇总			挖地槽、三类土=441(m³) 混凝土垫层=33.094(m³) 混凝土无梁带基=90.754(m³) 毛石带基=72.97(m³) 基础圈梁 C20=11.285(m³) 槽侧回填土=259.522(m³) 余土=181.478(m³)

序号	分项工程名称	单位	结果	计　算　式
15	模板工程	m²		垫层模板：13.83×3.28＝45.36(m²) 带基模板：5.94×8.81＝52.33(m²) 圈梁模板：65.79×1.13＝74.34(m²)
16	带基钢筋	t		φ10 内：0.09×8.81＝0.793(t) φ10 外：0.623×8.81＝5.498(t)
17	圈梁钢筋	t		φ10 内：0.263×1.13＝0.297(t) φ10 外：0.99×1.13＝1.119(t)
	柱、梁、板等 工程梁计算			
18	现浇混凝土柱			0.30×0.24×8.55×8＝4.925(外 240 扣) 墙与内墙连接 4 根：0.03×0.24×8.55×4＝0.246(m³) 模板：105.26×0.517＝54.42(m²) 钢筋：φ10 内：0.187×0.517＝0.097(t) 　　　φ10 外：0.53×0.517＝0.274(t) 2 级φ10 外：0.503×0.517＝0.260(t)
19	构 造 柱			直角处(4根)：(0.24＋0.03×2)×0.24×7.56×4＝2.18　外 240 扣 丁角处(2根)：(0.24＋0.03×3)×0.24×7.56×2＝1.10　外 240 扣 女儿墙构造柱(共 20 根)：(0.54×3＋1.08×17)×0.24×0.3＝1.439(m³) 女儿墙压顶：(106.8－30.9＋0.48)×0.24×0.12＝2.20(m³) 　　　　　　(30.9－0.48)×0.3×0.06＝0.548(m³)
20	现 浇 梁			模板：96.06＋1.04＝97.1(m²) 钢筋：φ10 外：0.244×1.04＝0.254(t) LL－1：(45.00－0.3×10)×0.24×0.53＝5.342　外 240 扣 LL－2：(24.00－0.3×8)×0.24×0.35＝1.814　外 240 扣 LC60-40，2 根，0.939 m³ LD-3a，8 块
21	梁侧抹灰			LC60-40：10.37 m² LC84-40：21.87 m²
	现浇雨篷 工程量计算			
22	1～3 轴 M1 处			(3.00＋0.60)×1.20＝4.32(m²) (3.60＋1.14×2)×0.52＝3.06(m²)
23	6 轴 M1、M2 处			(6.45＋0.60)×1.20＝8.46(m²) (7.05＋1.14×2)×0.52＝4.85(m²)
24	8 轴 M1、M2 处			(5.70＋0.60)×1.20＝7.56(m²) (6.30＋1.14×2)×0.52＝4.46(m²)
25	9～10 轴 M2 处			(2.70＋0.60)×1.20＝3.96(m²) (3.30＋1.14×2)×0.52＝2.92(m²)

续表

序号	分项工程名称	单位	结果	计　算　式
				小计：39.87(m²)
				其中平面：24.60(m²)
				立面：15.27(m²)
	雨篷抹灰工程量			
				24.60×2+15.27=64.47(m²)并入天棚
				15.27 贴瓷砖
	现浇圈梁(C20)			
26	标高 3.710m			$L_中$×断面
				(106.80−45−0.24−3×0.3)×0.24×0.18=2.62(m³)　外 240 扣
				(4.2+1.32−0.12)×2+(6−2.76−0.24)×4×5.76−28.56×0.1×0.06
				=0.17(m³)　外 240 扣
				$L_内$×断面
				88.32×0.24×0.18=3.82(m³)
				28.56×0.06+8.16×0.24×0.06×2=1.95(m³)
27	标高 7.560m			$L_中$×断面
				(106.80−0.3×14)×0.24×0.18=4.60　外 240 扣
				30.42×0.25×0.12=0.91(m³)
				$L_内$×断面
				48.96×0.24×0.18=2.12(m³)　内 240 扣
				8.16×0.1×0.06×2+8.16×0.24×0.06×2=0.33(m³)
				混凝土小计：4.47+0.62+3.83+4.47+0.93+2.12=16.44(m³)
				模板：65.79×1.644=108.16(m²)
				钢筋：ϕ10 内：0.263×1.644=0.432(t)
				ϕ10 外：0.99×1.644=1.628(t)
	预应力空心板			
28	长线钢拉模			厚 120 内：351.42×2.348=825.13(m³)
				厚 180 内：311.45×2.864=891.99(m³)
				冷板钢筋：0.083×2.348=0.195(t)
				0.06×2.864=0.172(t)
				ϕ10 内钢筋：0.367×2.348=0.862(t)
				0.320×2.864=0.917(t)
				ϕ10 外钢筋：0.01×2.348=0.024(t)
				0.134×2.864=0.384(t)
	其　他			
29	场地平整	m²	622.39	390.87+16.00+107.76×2=622.39(m²)
30	台　阶	m²		台阶面层(预制磨石板厚15)：45.24×0.90=40.72(m²)
				台阶找平层(1∶2.5 水泥找平层厚15)：40.72(m²)
30	台　阶	m²		台阶垫层：
				C10 混凝土垫层厚 60：40.72(m²)
				3∶7 灰土垫层厚：40.72×0.08=3.26(m²)
				台阶处地面：45.24×(1.2−0.3)=40.72(m²)

序号	分项工程名称	单位	结 果	计 算 式
31	混凝土护坡	m²	66.52	$(107.76-45.24+1.00\times4)\times1.00=66.52(m^2)$
32	底层部分工程量			底层卫生间防滑地面砖：$8.55+6.76=15.31(m^2)$ 底层磨石板厚15：$341.69-15.31+40.72=382.41(m^2)$ 底层1：2.5水泥找平层厚15：$15.31+367.10=382.41(m^2)$ 底层C10混凝土垫层厚60：$382.41\times0.06=22.94(m^3)$ 底层3：7灰土垫层厚80：$382.41\times0.08=30.59(m^3)$ 底层室内填土：$382.41\times(0.45-0.17)=107.07(m^3)$ 余土外运：$178.63-107.32=71.31(m^3)$ 底层天棚抹灰：$341.69-2.76\times2.28\times6=303.93(m^2)$ 钢化涂料：$303.93(m^2)$
33	现浇混凝土楼梯部分工程量	m²		现浇混凝土楼梯C20：$(3.36+2.16)\times1\times6=33.12(m^2)$ 楼梯面层、磨石板厚15：$33.12(m^2)$ 楼梯木扶手： $(2.40-0.12)\times6=13.68(m)$ $(4.20-1.32-1.00-0.12)\times6=10.56(m)$ 小计：$60.07(m)$ 楼梯处釉面砖墙裙高1 200 mm：$(26.20+13.68+12)\times1.20=62.26(m^2)$
34	二层部分工程量计算	m²		二层磨石板厚15：$339.95-24.24=315.71(m^2)$ 二层1：2.5水泥找平层厚15：$315.71(m^2)$ 二层C20细石混凝土厚40：$315.71(m^2)$ 二层天棚抹灰：$315.71+24.24+2.25\times6=353.45(m^2)$ 二层天棚钢化涂料：$353.45(m^2)$
35	外墙砌体	m³	147.15	一层240墙：$(106.80\times3.90+0.08-121.05)\times0.24=70.43(m^3)$ 二层240墙：$[106.80\times(7.50-3.90)-64.80]\times0.24=76.72(m^3)$
36	内墙砌体	m³		一层240墙：$[88.32\times(3.90+0.08-0.25)-14.31]\times0.24=75.63(m^3)$ 二层120墙：$[19.56\times(3.90-0.19+0.08)-11.76]\times0.115=7.17(m^3)$ 二层240墙：$[48.96\times(7.50-3.90)-1.89]\times0.24=41.85(m^3)$
37	二层轻质隔墙、舒乐舍板厚60	m²	63.34	$19.17\times(7.50-3.90)-5.67=63.34(m^2)$
38	外檐女儿墙	m³	25.776	外檐二处女儿墙：$30.42\times(0.24+0.49)\times0.54=5.996(m^3)$ 外檐一处女儿墙：$76.38\times1.08\times0.24=19.78(m^3)$
39	内墙粉刷	m²		瓷砖贴面：$(7.56\times3.71-1.08-1.68)\times6=151.73(m^2)$ 抹混合砂浆：$101.64\times3.56-121.05=249.94(m^2)$ $102.96\times3.60-64.80=305.86(m^2)$ $[88.32+19.56)\times3.78-14.31-11.76]\times2=763.43(m^2)$ $[48.86+19.17)\times3.60-1.89-5.67]\times2=474.70(m^2)$ $(1.08+1.68)\times6=16.56(m^2)$ 减卫生间瓷砖：$151.73(m^2)$ 减楼梯处瓷砖：$62.26(m^2)$ 抹灰小计：$1\ 601.85(m^2)$
40	内墙脚手架	m²	645.5	$(88.32+19.56)\times3.71+(48.96+19.17)\times3.60=645.50(m^2)$

续表

序号	分项工程名称	单位	结　果	计　算　式
41	外墙粉刷	m²		桃红色曲面砖贴面：77.34×(8.7−7.50)=92.81(m²) 白色面砖贴面：107.76×(7.50+0.32)−121.05−64.80=656.83(m²) 减石台阶处：−45.24×0.34=−15.38(m²)
				M1：2×(3.00+3.30+3.30)×0.12=2.30(m²) M2：4×(2.70+3.30+3.30)×0.12=4.46(m²) C1：7×(2.70+2.70)×2×0.12=9.07(m²) C2：6×(1.20+0.90)×2×0.12=3.02(m²) C3：11×(1.80+1.50)×2×0.12=8.71(m²) C4：6×(1.20+1.50)×2×0.12=3.89(m²) C5：8×(2.70+1.50)×2×0.12=8.06(m²) 白色面砖贴面小计：765.84(m²)
42	外墙脚手架	m²	986	107.76×(8.7+0.45)=986.00(m²)
43	屋　面			1：2.5 水泥厚20：390.87−106.8×0.24=365.24(m²) 1：10 水泥珍珠岩：365.24×0.161 6=59.02(m³) 三毡四油一砂防水：(106.80−0.24×4)×0.25+365.24=391.70(m²) 雨水扣：4(个) 雨水斗：4(个) 玻璃钢落水管：4×7.50=30.00(m)
44	楼梯处石基	m³	2.1	0.5×0.70×1×6=2.10(m³)
45	踢　脚　线	m	537.06	101.64+(88.32+19.56)×2=317.40(m) 减卫生间瓷砖：−19.56(m) 102.96+(48.96+19.17)×2=239.22(m) 合计：537.06(m)
46	勒角抹灰	m²	16.26	(107.76−45.24)×0.26=16.26(m²)

7.5.3　套用相应的预算人工、材料、机械台班定额用量

限于版面的需要，在此将套算人工、材料、机械台班的过程用三张表格表述。在日常工作中，此项工作可在一张表格内同时套算完成。

1. 人工工日用量计算

人工工日用量计算如表 7-34 所示。

表 7-34　人工工日用量定额套算表

序号	定额编号	项　目　名　称	计量单位	工程量	定额人工/综合工日	总工日
		第一章：土石方工程				
1	1-8	挖沟槽三类土	100 m³	4.41	53.73	236.95
2	1-46	回填土	100 m³	2.60	29.40	76.44

续表

序号	定额编号	项 目 名 称	计量单位	工程量	定额人工/综合工日	总工日
3	1-48	场地平整	100 m²	6.22	3.15	19.59
4	1-53	单轮车运土方 50 m	100 m³	0.74	16.44	12.17
5	1-54	运土方 500 m 每增 50 m	100 m³	6.66	2.64	17.58
		第三章：脚手架工程				
6	3-6	外脚手架：钢、双	100 m²	9.86	7.19	70.89
7	3-15	里脚手架：钢	100 m²	6.46	3.46	22.35
8	3-45	垂直封闭	100 m²	9.86	2.13	21.00
		第四章：砌筑工程				
9	4-8	1/2 砖混水墙	10 m³	0.72	20.14	14.50
10	4-10	1 砖混水墙	10 m³	27.00	16.08	434.16
11	4-66	毛式基础	10 m³	7.30	11.01	80.37
		第五章：混凝土及混凝土工程				
12	5-14	带基木模板	100 m²	0.52	27.97	14.54
13	5-33	垫层木模板	100 m²	0.45	12.84	5.78
14	5-58	构造柱钢模板	100 m²	0.52	41.00	21.32
15	5-76	现浇梁木模板	100 m²	0.99	43.36	42.93
16	5-83	圈梁木模板	100 m²	1.83	31.12	56.95
17	5-119	楼梯木模板（投影）	10 m²	3.30	10.63	35.08
18	5-121	雨篷木模板（投影）	10 m²	2.46	7.44	18.30
19	5-123	台阶木模板（投影）	10 m²	4.10	2.58	10.58
20	5-150	过梁木模板（混凝土体积）	10 m³	0.22	18.35	4.04
21	5-169	预应力空心板模板厚120	10 m³	2.32	17.33	40.21
22	5-170	预应力空心板模板厚180	10 m³	2.89	16.82	48.61
23	5-294	现浇构件圆钢 φ6	t	0.943	22.63	21.34
24	5-295	现浇构件圆钢 φ8	t	1.826	14.75	26.93
25	5-296	现浇构件圆钢 φ10	t	0.917	10.90	10.00
26	5-297	现浇构件圆钢 φ12	t	10.354	9.54	98.78

续表

序号	定额编号	项 目 名 称	计量单位	工程量	定额人工/综合工日	总工日
27	5－311	现浇构件螺纹钢 ϕ18	t	0.202	7.06	1.43
28	5－320	现浇构件圆钢冷拔	t	0.413	40.87	16.88
29	5－322	现浇构件圆钢冷拔 ϕ6	t	0.079	21.43	1.69
30	5－328	现浇构件圆钢冷拔 ϕ12	t	0.024	9.04	0.22
31	5－394	带基混凝土	10 m³	9.07	9.56	86.71
32	5－403	构造柱混凝土	10 m³	0.99	25.62	25.36
33	5－406	单梁混凝土	10 m³	1.04	15.51	16.13
34	5－408	圈梁混凝土	10 m³	2.77	24.10	66.76
35	5－421	楼梯混凝土	10 m²	3.30	5.75	18.98
36	5－423	悬挑板	10 m²	0.40	2.48	0.99
37	5－453	空心板混凝土	10 m³	5.21	15.33	79.87
38	5－529	空心板接头灌缝	10 m³	5.21	6.36	33.14
39	5－532	过梁接头灌缝	10 m³	0.22	2.63	0.58
		第六章：构件运输及安装工程				
40	6－3	空心板运输 5 km	10 m³	5.21	4.24	22.09
41	6－93	门窗运输 5 km	100 m²	2.19	1.24	2.72
42	6－222	过梁安装	10 m³	0.22	18.07	3.98
43	6－332	空心板安装 0.2 内	10 m³	2.32	9.31	21.60
44	6－333	空心板安装 0.3 内	10 m³	2.89	6.84	19.77
		第七章：门窗及木结构工程				
45	7－65	门框制作	100 m²	0.33	8.39	2.77
46	7－66	门框安装	100 m²	0.33	17.14	5.66
47	7－67	门扇制作	100 m²	0.33	27.63	9.12
48	7－68	门框安装	100 m²	0.33	9.65	3.18
49	7－264	铝合金门制作安装	100 m²	0.55	175.03	96.27
50	7－277	铝合金窗制作安装	100 m²	1.31	150.99	197.80
51	7－325	门锁安装	10 把	2.40	1.84	4.42
52	7－360	暖气罩制作安装	10 m²	3.89	5.37	20.89
		第八章：楼地面工程				
53	8－1	灰土垫层	10 m³	3.31	8.11	26.84

续表

序号	定额编号	项 目 名 称	计量单位	工程量	定额人工/综合工日	总工日
54	8－16	混凝土垫层	10 m³	3.28	12.25	40.18
55	8－18	找平层20	100 m³	7.39	7.80	57.64
56	8－19	找平层（填充料土）	100 m³	3.65	8.00	29.20
57	8－21	细石混凝土30	100 m³	3.57	8.12	28.99
58	8－22	每增减5	100 m²	8.78	1.41	12.38
59	8－43	混凝土散水	100 m²	0.67	16.45	11.02
60	8－67	磨石板楼梯	100 m²	0.33	55.59	18.34
61	8－68	磨石板台阶	100 m²	0.41	45.50	18.66
62	8－69	磨石板踢脚	100 m²	5.37	5.76	30.93
63	8－71	磨石板楼地面	100 m²	5.30	24.55	130.12
64	8－72	彩釉砖地面	100 m²	0.15	37.17	5.58
65	8－155	铁栏杆木扶手	10 m	6.01	3.23	19.41
		第九章：屋面及防水工程				
66	9－68	玻璃钢排水管	10 m	3.00	2.98	8.94
67	9－70	玻璃钢排水斗	10 个	0.40	3.01	1.20
68	9－74	二毡三油防水	100 m³	3.92	8.86	34.73
69	9－76	增一毡一油	100 m³	3.92	3.72	14.58
		第十章：保温隔热工程				
70	10－201	现浇水泥珍珠岩	10 m³	5.90	7.19	42.42
		第十一章：装饰工程				
71	11－27	勒角抹灰	100 m²	0.16	18.69	2.99
72	11－36	内墙抹灰	100 m²	16.02	13.73	219.95
73	11－175	墙面、墙裙面砖	100 m²	10.17	62.16	632.17
74	11－290	天棚抹灰	100 m²	7.53	11.62	87.50
75	11－409	木门油漆	100 m²	0.33	17.69	5.84
76	11－411	木扶手油漆	100 m²	0.60	4.35	2.61
77	11－627	仿瓷涂料	100 m²	23.55	11.20	263.76
		第十二章：金属结构				
78	12－42	钢栏杆	t	0.35	24.15	8.45
合 计						3 974.80

2. 材料消耗量计算

材料消耗量的计算见插页。

3. 机械台班使用量计算

机械台班使用量的计算如表 7 – 35 所示。

表 7 – 35 机械台班用量定额套算表

序号	定额编号	项目名称	单位	工程量	单位用量	合计用量	机械台班用量
		第一章：土石方工程			电动打夯机		
1	1 – 8	挖沟槽三类土	100 m³	4.41	0.18	0.79	
2	1 – 46	回填土	100 m³	2.60	7.98	20.75	
3	1 – 48	场地平整	100 m²	6.22			
4	1 – 53	单轮车运土方 50 m	100 m³	0.74			
5	1 – 54	运土方 500 m 每增 50 m	100 m³	6.66			
					台班小计	21.54	
		第三章：脚手架工程			载重汽车 6 t		
6	3 – 6	外脚手架：钢、双	100 m²	9.86	0.17	1.68	
7	3 – 15	里脚手架、钢	100 m²	6.46	0.02	0.13	
8	3 – 45	垂直封闭	100 m²	9.86			
					台班小计	1.81	
		第四章：砌筑工程			灰浆搅拌机 200 L		

续表

序号	定额编号	项目名称	单位	工程量	机械台班用量																						
					载重汽车6t 单位用量	载重汽车6t 合计用量	汽车式起重机5t以内 单位用量	汽车式起重机5t以内 合计用量	木工圆锯机500mm以内 单位用量	木工圆锯机500mm以内 合计用量	木工压刨床单面600mm以内 单位用量	木工压刨床单面600mm以内 合计用量	卷扬机单筒慢速3t以内 单位用量	卷扬机单筒慢速3t以内 合计用量	钢筋切断机φ40以内 单位用量	钢筋切断机φ40以内 合计用量	钢筋弯曲机φ40以内 单位用量	钢筋弯曲机φ40以内 合计用量	卷扬机单筒慢速5t以内 单位用量	卷扬机单筒慢速5t以内 合计用量	直流电焊机30kW以内 单位用量	直流电焊机30kW以内 合计用量	对焊机75kVA以内 单位用量	对焊机75kVA以内 合计用量	钢筋调直机φ14以内 单位用量	钢筋调直机φ14以内 合计用量	钢筋调直机φ14以内 作业
9	4-8	1/2砖混水墙	10 m³	0.72	0.33	0.24																					
10	4-10	1砖混水墙	10 m³	27.00	0.38	10.26																					
11	4-66	毛式基础	10 m³	7.30	0.66	4.82																					
		台班小计				15.32																						
第五章：混凝土及混凝土工程																											
12	5-14	带基木模板	100 m²	0.52	0.51	0.27	0.22	0.11	0.06	0.03																	
13	5-33	垫层木模板	100 m²	0.45	0.11	0.05			0.16	0.07																	
14	5-58	构造柱钢模板	100 m²	0.52	0.28	0.15	0.18	0.09	0.06	0.03																	
15	5-76	现浇梁木模板	100 m²	0.99	0.38	0.38	0.10	0.10	0.37	0.37																	
16	5-83	圈梁木模板	100 m²	1.83	0.15	0.27	0.08	0.15	0.01	0.02																	
17	5-119	楼梯木模板（投影）	10 m²	3.30	0.05	0.17			0.50	1.65																	
18	5-121	雨篷木模板（投影）	10 m²	2.46	0.06	0.15			0.35	0.86																	
19	5-123	台阶木模板（投影）	10 m³	4.10	0.01	0.04			0.02	0.08																	
20	5-150	过梁木模板（混凝土体积）	10 m³	0.22					0.05	0.01	0.05	0.01															
21	5-169	预应力空心板模板厚120	10 m³	2.32									0.41	0.95													
22	5-170	预应力空心板模板厚180	10 m³	2.89									0.31	0.90													
		小计				1.46		0.45		3.12		0.01		1.85													

续表

机械台班用量（上半部分，序号 23～30）

序号	定额编号	项目名称	单位	工程量	混凝土搅拌机400 L（单位用量/合计用量）	混凝土振捣器(插入式)（单位/合计）	机动翻斗车1 t（单位/合计）	灰浆搅拌机200 L（单位/合计）	塔式起重机6 t 以内（单位/合计）	皮带运输机运距15 m（单位/合计）	龙门式起重机10 t 以内（单位/合计）
23	5－294	现浇构件圆钢φ6	t	0.943	0.12 / 0.11		0.37 / 0.35				
24	5－295	现浇构件圆钢φ8	t	1.826	0.12 / 0.22	0.36 / 0.66	0.32 / 0.58				
25	5－296	现浇构件圆钢φ10	t	0.917	0.10 / 0.09	0.31 / 0.28	0.30 / 0.28				
26	5－297	现浇构件圆钢φ12	t	10.354	0.09 / 0.93	0.26 / 2.69	0.28 / 2.90	0.45 / 4.66	0.09 / 0.93		
27	5－311	现浇构件螺纹钢φ18	t	0.202	0.10 / 0.02	0.20 / 0.04	0.17 / 0.03	0.50 / 0.10	0.09 / 0.02		
28	5－320	现浇构件圆钢冷拔	t	0.413	0.44 / 0.18					0.73 / 0.30	
29	5－322	现浇构件圆钢冷拔φ6	t	0.079	0.11 / 0.01		0.33 / 0.03				
30	5－328	现浇构件圆钢冷拔φ12	t	0.024	0.08 / 0.00	0.23 / 0.01	0.25 / 0.01	0.44 / 0.01	0.09 / 0.00		0.30
小计					/ 1.57	/ 3.68	/ 4.17	/ 4.77	/ 0.95	/ 0.30	/ 0.30

机械台班用量（下半部分，序号 31～39）

序号	定额编号	项目名称	单位	工程量	混凝土搅拌机400 L（单位/合计）	混凝土振捣器(插入式)（单位/合计）	机动翻斗车1 t（单位/合计）	灰浆搅拌机200 L（单位/合计）	木工圆锯机φ500 mm 以内（单位/合计）	载重汽车6 t（单位/合计）
31	5－394	带基混凝土	10 m³	9.07	0.39 / 3.54	0.77 / 6.98	0.78 / 7.07			
32	5－403	构造柱混凝土	10 m³	0.99	0.62 / 0.61	1.24 / 1.23		0.04 / 0.04		
33	5－406	单梁混凝土	10 m³	1.04	0.63 / 0.66	1.25 / 1.30				
34	5－408	圈梁混凝土	10 m³	2.77	0.39 / 1.08	0.77 / 2.13				
35	5－421	楼梯混凝土	10 m²	3.30	0.26 / 0.86	0.52 / 1.72				
36	5－423	悬挑板	10 m²	0.40	0.10 / 0.04	0.13 / 0.05				
37	5－453	空心板混凝土	10 m³	5.21	0.25 / 1.30	0.50 / 2.61	0.63 / 3.28		0.13 / 0.68	0.25 / 1.30
38	5－529	空心板接头灌缝	10 m³	5.21	0.05 / 0.28			0.03 / 0.16	0.18 / 0.94	0.01 / 0.05
39	5－532	过梁接头灌缝	10 m³	0.22				0.01 / 0.00		0.20 / 0.05
小计					/ 8.37	/ 16.02	/ 10.36	/ 0.20	/ 0.94	/ 1.30

第六章：构件运输及安装工程　（载重汽车6 t；汽车式起重机5 t 以内；轮胎式起重机20 t；龙门式起重机10 t 以内，行 37 合计用量 0.13 / 0.67）

续表

机械台班用量（各机械列均为：单位用量 / 合计用量）

序号	定额编号	项目名称	单位	工程量	综合机械	（机械）	（机械）	木工圆锯机 500 mm 以内	木工平刨床 450 mm	木工压刨床 三面 400 mm	木工打眼机 50 mm	木工开榫机 160 mm	木工裁口机 多面 400 mm	电动打夯机	混凝土搅拌机 400L	混凝土振捣器（平板式）	灰浆搅拌机 200L	石料切割机
40	6－3	空心板运输 5 km	10 m³	5.21	1.59 / 8.28	1.06 / 5.52												
41	6－93	门窗运输 5 km	100 m²	2.19	0.62 / 1.36													
42	6－222	过梁安装	10 m³	0.22			1.51 / 0.33											
43	6－332	空心板安装 0.2 内	10 m³	2.32														
44	6－333	空心板安装 0.3 内	10 m³	2.89														
		小计			/ 9.64	/ 5.52	/ 0.33											
		第七章：门窗及木结构工程																
45	7－65	门框制作	100 m²	0.33				0.21 / 0.07	0.56 / 0.18	0.44 / 0.15	0.44 / 0.15	0.20 / 0.07	0.25 / 0.08					
46	7－66	门框安装	100 m²	0.33				0.06 / 0.02										
47	7－67	门扇制作	100 m²	0.33				0.59 / 0.19	1.76 / 0.58	1.76 / 0.58	2.82 / 0.93	2.82 / 0.93	0.70 / 0.23					
48	7－68	门框安装	100 m²	0.33														
		小计						/ 0.28	/ 0.76	/ 0.73	/ 1.08	/ 1.00	/ 0.31					
49	7－264	铝合金门制作安装	100 m²	0.55	1.68 / 0.92													
50	7－277	铝合金窗制作安装	100 m²	1.31	1.63 / 2.14													
51	7－325	门锁安装	10 把	2.40														
52	7－360	暖气罩制作安装	10 m²	3.89	0.12 / 0.47													
		第八章：楼地面工程																
53	8－1	灰土垫层	10 m³	3.31										0.44 / 1.46				
54	8－16	混凝土垫层	10 m³	3.28											1.01 / 3.31	0.79 / 2.59		

续表

序号	定额编号	项 目 名 称	单 位	工程量	机械台班用量					
					单位用量	合计用量	单位用量	合计用量	单位用量	合计用量
55	8-18	找平层20	100 m³	7.39					0.34	2.51
56	8-19	找平层（填充料土）	100 m³	3.65					0.42	1.53
57	8-21	细石混凝土30	100 m³	3.57	0.30	1.07	0.24	0.86		
58	8-22	每增减5	100 m²	8.78	0.05	0.44	0.04	0.35		
59	8-43	混凝土散水	100 m²	0.67	0.71	0.48			0.09	0.06
60	8-67	磨石板楼梯	100 m²	0.33					0.34	0.11
61	8-68	磨石板台阶	100 m²	0.41					0.50	0.21
62	8-69	磨石板踢脚	100 m²	5.37					0.03	0.16
63	8-71	磨石板楼地面	100 m²	5.30					0.25	1.33
64	8-72	彩釉砖地面	100 m²	0.15					0.17	0.03
					3.50	1.16				
					5.60	2.30				
					0.21	1.13				
					1.40	7.42				
					1.26	0.19				
		小计			1.46	3.80	5.30	5.94	12.20	
					交流电焊机 30 kVA		管子切割机 φ62 以内			
					单位用量	合计用量	单位用量	合计用量		
65	8-155	铁栏杆木扶手	10m	6.01	1.53	9.20	0.83	5.00		
第十一章：装饰工程					灰浆搅拌机 200 L					
					单位用量	合计用量				
66	11-27	勒角抹灰	100 m²	0.16	0.58	0.09				
67	11-36	内墙抹灰	100 m²	16.02	0.39	6.25				
68	11-175	墙面、墙裙面砖	100 m²	10.17	0.38	3.86				
69	11-290	天棚抹灰	100 m²	7.53	0.19	1.43				
70	11-409	木门油漆	100 m²	0.33						
71	11-411	木扶手油漆	100 m²	0.60						
72	11-627	仿瓷涂料	100 m²	23.55						
		小计			11.63					

7.5.4 汇总人工、材料、机械费用

人工、材料、机械台班费用如表 7-36 所示。

表 7-36 人工、材料、机械台班费用汇总表

序号	材料编号 机械编号	人工、材料、机械 或费用名称	规格型号 及特征	计量 单位	数 量	价值/元	
						当时当地单价	合 价
1	综合工日	人工工日		工日	3 974.8	31.66	125 842.17
2	0124006	钢管	φ48×3.5	t	0.639	2 300.00	1 469.70
3	0133001	钢丝绳 8		t	0.004	5 470.00	21.88
4	0902001	镀锌铁丝	8#	kg	295.093	3.85	1 136.11
5	0902003	镀锌铁丝	22#	kg	94.974	4.90	465.37
6	0124001	支撑钢管及扣件	15	t	0.024	2 400.00	57.60
7	0132001	铁件		t	0.004	1 100.00	4.40
8	0106002	钢筋	φ10 以内	t	55.94	2 800.00	156 632.00
9	0106003	钢筋	φ10 以上	t	10.845	2 750.00	29 823.75
10	0106002	螺纹钢筋		t	0.211	2 750.00	580.25
11	0103001	冷拔低碳钢丝	φ5 以下	t	0.45	3 500.00	1 575.00
12	0114002	钢拉模	1.0-1.5	t	0.161	3 580.00	576.38
13	0132001	垫铁		t	0.004	1 100.00	4.40
14	0914004	铁钉	6-12×10-60	kg	217.883	3.15	686.33
15	0135002	铝合金型材（kg）		t	1.088	16 500.00	17 952.00
16	0112001	扁钢（t）		t	2.873	2 370.00	6 809.01
17	0101003	圆钢 18（kg）		t	0.327	2 470.00	807.69
18	0101003	圆钢 φ22（kg）		t	0.278	2 470.00	686.66
19		钢板 4（t）		t	0.05	2 710.00	135.50
20	0117001	钢板 2（t）		t	0.05	2 710.00	135.50
21	0301006	缆风桩木	4 m×18 cm 以上	m³	0.03	580.00	17.40
22	0314001	复合木模板	3	m²	7.16	65.00	465.40
23	0301001	模板板方材	6 m×26 cm 以上	m³	2.097	705.00	1 478.39

序号	材料编号 机械编号	人工、材料、机械 或费用名称	规格型号 及特征	计量 单位	数 量	当时当地单价	合 价
24	0301006	支撑方木	4 m×18 cm以上	m³	2.438	580.00	1 414.04
25	0301006	二等板方材	4 m×18 cm以上	m³	0.333	580.00	193.14
26	0301004	一等方木 54（cm²）	4 m×24 cm以上	m³	0.671	650.00	436.15
27	0301001	一等硬方木 65×105	6 m×30 cm以上	m³	0.433	1 050.00	454.65
28	0302001	松厚板（m³）	4 m	m³	0.121	1 300.00	157.30
29	0301001	一等方木 55-100	4 m×24 cm以上	m³	0.788	650.00	512.20
30	0304001	胶合板（三夹）	2 440×1 220×3	张	23	20.00	460.00
31	0303002	一等薄板	2 440×1 220×5	张	1	37.00	37.00
32	0921001	木螺丝	3×16	千个	1.345	4.62	6.21
33	0304001	一等中板	2 440×1 220×3	张	0.455	20.00	9.10
34		板条 1000×30.8		百根	1.178	250.00	294.50
35	1503017	锯木屑		m³	4.789	9.27	44.39
36	0202002	普通硅酸盐水泥	P.O 42.5 袋装	t	141.475	358.00	50 648.05
37	0424005	石	级配砂石	t	535.123	27.30	14 608.86
38	0423001	砂		t	732.751	36.40	26 672.14
39	0205001	白水泥（kg）		t	0.076	550.00	41.80
40	0424001	毛石	0.5-1.2	t	81.91	33.90	2 776.75
41	0416001	水泥珍珠岩（m²）		m²	61.36	115.00	7 056.40
42	0601003	面砖 150×75（千块）	100×100	m²	862.67	22.00	18 978.74
43	0603001	彩釉砖	300×300	m²	15.3	30.00	459.00
44	0401002	普通黏土砖	240×115×53	千块	147.54	167.00	24 639.18
45	1118018	嵌缝料		kg	12.595	7.50	94.46
46	0902003	麻刀石灰浆（m³）		kg	0.092	1.15	0.11
47	0405005	预制混凝土块		块	13.31	1.87	24.89
48	1503010	草袋子		条	159	1.89	300.51
49	1503006	麻绳		kg	0.272	8.55	2.33
50	1505001	草板纸 80#	0/2#	张	116	0.18	20.88
51	0301001	棉纱头（kg）		kg	22.812	2.90	66.15
52	1213001	尼龙帽	16	个	37	0.20	7.40
53	1023017	隔离剂		kg	263.74	4.00	1 054.96
54	1101004	油漆溶剂油	Y00-1	kg	15.582	13.30	207.24

序号	材料编号 机械编号	人工、材料、机械 或费用名称	规格型号 及特征	计量 单位	数　量	价值/元	
						当时当地单价	合　　价
55	1004010	防腐油（kg）		t	0.01	945.00	9.45
56	1101002	熟桐油		kg	1.649	9.00	14.84
57	1103013	无光调和漆	C03 - 80 白	kg	9.671	9.50	91.87
58	1103007	调和漆	C03 - 7	kg	8.529	11.20	95.52
59	1102011	防锈漆	F53 - 32 灰	kg	55.86	10.50	586.53
60	0990001	电焊条	铸 308 3.2	kg	92.716	110.00	10 198.76
61	0930003	膨胀螺栓（套）	10	百个	18.3	30.00	549.00
62	0908006	螺钉（百个）	8 - 20 - 27	个	2 116	0.21	444.36
63	0926001	拉杆螺栓（kg）		kg	162.02	53.00	8 587.06
64	1117001	乳白胶（kg）		kg	4.122	4.60	18.96
65	1117023	玻璃胶（支）		支	103.33	6.80	702.64
66	1101004	清油（kg）	Y00 - 1	kg	1.258	13.30	16.73
67	0501001	玻璃 6 mm（m²）	5	m²	186	12.00	2 232.00
68	1502001	软填料（kg）		kg	72.57	5.50	399.14
69	1122015	密封油膏（kg）	BO - 002	kg	69.66	16.00	1 114.56
70	0976009	执手锁（把）	2103E	把	25	42.50	1 062.50
71	0422002	灰土		t	5.030 4	46.40	233.41
72	0423001	粗砂		t	0.007	36.40	0.25
73	1118016	YJ - 302 粘结剂（kg）		kg	132.52	10.50	1 391.46
74	1117004	107 胶		kg	22.476	13.50	303.43
75	1117026	117 胶		kg	1 884	1.30	2 449.20
76	1120004	双飞粉（kg）	BTD - 101	kg	4 710	3.70	17 427.00
77	1130015	催干剂	BT - 23	kg	0.4	17.60	7.04
78	1116019	酒精		kg	0.166	8.20	1.36
79	1112008	石膏粉		kg	1.951	0.35	0.68
80	1005001	石油沥青30#（kg）		t	0.000 744	1 215.00	0.90
81	0210001	预制水磨石板	500×500×100	m²	731.8	88.00	64 398.40
82	1117026	干粉型粘结剂（kg）		kg	3 180	1.30	4 134.00
83	1032001	石油沥青油毡 350#（m²）	350#20 m²/卷	卷	70	42.00	2 940.00
84		石油沥青玛碲脂（m³）		kg	2.626	21.50	56.46

续表

序号	材料编号 机械编号	人工、材料、机械 或费用名称	规格型号 及特征	计量 单位	数　量	价值/元	
						当时当地单价	合　价
85	1124006	冷底子油 30：70（kg）	石油沥青基	kg	190.024	2.80	532.07
86	1503016	木柴		kg	1 151.568	0.18	207.28
87	1116017	乙炔气（m³）		m³	14.785	15.00	221.78
88	1505003	砂纸	1#	张	16.26	0.21	3.41
89	1502008	白布		m²	0.12	7.56	0.91
90		玻璃钢排水管 110×1 500（m）		m	30.54	26.84	819.69
91	0932001	卡箍膨胀螺栓 110（套）	6×60	百个	22	14.00	308.00
92	0903001	排水管连接件 110×115（个）	3.2×7	个	10	17.00	170.00
93		玻璃钢三通 110×50（个）			9.48	25.86	245.15
94		排水管检查口 110（个）			3.33	17.50	58.28
95		排水管伸缩节 110（个）			3.03	13.90	42.12
96	1117027	密封胶（kg）		kg	0.964	1.70	1.64
97	48	电动打夯机	120T‐M	台班	23	775.72	17 841.56
98	183	载重汽车 6t	6.5t	台班	12.96	340.29	4 410.16
99	145	塔式起重机	6t	台班	0.68	355.57	241.79
100	167	龙门式起重机	10t	台班	0.68	230.69	156.87
101	116	汽车式起重机	5t	台班	5.97	388.88	2 321.61
102	139	轮胎式起重机	20t	台班	0.33	770.64	254.31
103	280	卷扬机单筒慢速	3t	台班	1.85	66.66	123.32
104	281	卷扬机单筒慢速	5t	台班	4.17	71.47	298.03
105	291	皮带运输机	15m	台班	1.3	99.29	129.08
106	300	机动翻斗车	1t	台班	10.36	108.04	1 119.29
107	362	钢筋切断机	φ40	台班	1.57	18.91	29.69
108	363	钢筋弯曲机	φ40	台班	3.68	14.77	54.35
109	361	钢筋调直机	φ14	台班	0.3	22.25	6.68
110	395	交流电焊机	30 kVA	台班	9.2	57.87	532.40

续表

序号	材料编号 机械编号	人工、材料、机械 或费用名称	规格型号 及特征	计量 单位	数　量	价值/元	
						当时当地单价	合　价
111	354	管子切割机	φ62 以内	台班	5	13.27	66.35
112	303	混凝土搅拌机	500 L	台班	13.67	92.48	1 264.20
113	323	灰浆搅拌机	200 L	台班	33.09	49.14	1 626.04
114	332	混凝土振捣器（插入式）		台班	16.02	4.55	72.89
115	341	混凝土振捣器（平板式）		台班	5.61	4.51	25.30
116	431	木工圆锯机	φ500 mm	台班	4.81	8.12	39.06
117	437	木工压刨床	单面 600 mm	台班	0.01	8.88	0.09
118	436	木工平刨床	450 mm	台班	0.77	9.5	7.32
119	439	木工压刨床	三面 400 mm	台班	0.73	25.67	18.74
120	441	木工打眼机	50 mm	台班	1.08	7.38	7.97
121	442	木工开榫机	160 mm	台班	1	32.03	32.03
122	443	木工裁口机	多面 400 mm	台班	0.31	14.88	4.61
123	403	直流电焊机	30 kW	台班	4.77	67.91	323.93
124	408	对焊机	75 kVA	台班	0.95	68.07	64.67
125	424	石料切割机	100 mm	台班	12.19	57.38	699.46
		合　　计					652 891.07

7.5.5　单位建筑工程预算造价的计算

单位建筑工程预算造价的计算如表 7 - 37 所示。

表 7 - 37　单位建筑工程定额取费表

序　号	项　目	取　费　基　础	费　率/%	费用合计/元
一	直接工程费			704 469.47
1	定额直接费			652 891.07
2	现场管理费	(1) + (2)		51 578.39
(1)	临时设施费	1	3.10	20 239.62
(2)	现场经费	1	4.80	31 338.77
二	企业管理费	一	5.70	40 154.76
三	利　润	一＋二	7.00	49 312.86
四	税　金	一＋二＋三	3.40	26 993.86
五	工程造价	一＋二＋三＋四		820 930.95

7.6　给排水、采暖、燃气安装工程施工图预算的编制

7.6.1　给排水、采暖、燃气安装工程的内容

1. 给排水安装工程

给排水安装工程包括室内、室外给排水系统的管道、管件、卫生器具的购置和安装。

1）室内给水系统的分类和组成

室内给水系统就是根据用户对水量、水压的要求，将符合质量要求的水输送到装置在室内的各个用水点，如水龙头、消火栓等系统。按供水对象不同，室内给水系统分为生产给水、生活给水和消防给水系统三类。

室内给水系统由进户管、水表节点、管道系统、给水附件、升压和贮水设备、室内消淋设备等组成，室内给水系统的给水方式包括以下几个方面。

（1）直接给水方式，室内给水系统直接在室外管网压力下工作。

（2）水泵和水箱给水方式，用水泵从室外给水管网中将水输送到水箱内供给用户使用，高层建筑常采用此方式。

（3）分区供水的给水方式，将高层建筑分为两个供水区，底部多层用市政管网直接供给，市政管网压力满足不了给水要求的部分采用水泵和水箱联合供水。

2）室外给水系统的分类和组成

室外给水系统包括市政管网系统和室外管网系统两个部分，其中市政管网系统由取水工程、净水工程、输配水工程组成。

3）室内排水系统的分类

室内排水系统将污水排至室外。按排除污水的性质，室内排水系统分为生活污水管道、工业废水系统和雨水系统三类。室内排水系统由污（废）水收集器、排水管、通气管、清通设备（检查口、清扫口等）组成。

4）室外排水系统

室外排水系统为从室内排出管接出的第一个检查井至城市下水管道或工业排水管道部分，由室外排水管道、污水局部处理设备组成。

2. 采暖安装工程

采暖安装工程是指采暖热源、水泵、管道、散热器和其他管路附件的购置和安装。

1）采暖安装工程的分类和组成

采暖系统由热源、管道、散热器、水泵和其他管路附件组成，分类如下：①按供热范围分为局部采暖系统、集中采暖系统、区域采暖系统；②按热媒种类分为热水采暖系统、蒸汽采暖系统、热风采暖系统；③按散热设备的散热方式分为对流采暖系统、辐射采暖系统。

2) 采暖系统的供热方式

（1）上行下给式。上行下给式又称为上分式采暖系统，它是将热媒沿管道从室外送入建筑物的顶层，然后从顶层分别送给各层的散热器。

（2）下行上给式。下行上给式又称为下分式采暖系统，它是将热媒沿管道从室外送入建筑物的底层，再分别送至各层的散热器中。

（3）中行上给下给式。中行上给下给式又称为中分式采暖系统，它是将热媒沿管道送入建筑物的中层，再分别送至其他各层的散热器。目前常用的散热器有铸铁翼型散热器、铸铁柱型散热器、钢制光排管散热器、钢制柱式散热器及其他新型散热器等。

3. 燃气安装工程

燃气安装工程是指将包括煤制气、液化气、天然气等燃气通过输送管、贮气罐进入城市供气干管，经分区加压再进入住宅区（厂）内，从室外管道引入室内，再由立管送至各层，用支管向燃气设备供气的工程。

室内燃气管道系统一般由引入管、干管、立管、用户支管、燃气计量表、用户连接管和燃气用具组成。

7.6.2 给排水、采暖、燃气安装工程施工图预算的编制

给排水、采暖、燃气安装工程施工图预算的编制程序，与土建工程施工图预算的编制程序基本相同。与土建施工图预算不同的是，在计算工程造价时，以定额人工费作为计算其他直接费、现场经费、间接费和利润的基础。

1. 给排水、采暖、燃气安装工程施工图预算的编制依据

编制依据主要有：①给排水、采暖、燃气施工图及有关标准图；②施工组织设计或施工方案；③国家和本地区的安装工程预算定额、单位估价表和取费定额；④本地区安装材料预算价格、市场价格、运费及调整材料价差的规定；⑤合同协议。

2. 给排水、采暖、燃气安装工程施工图预算的编制步骤与方法

1) 收集资料、熟悉施工图纸和有关资料

（1）建筑给排水、采暖及燃气工程施工图纸和相关资料。建筑给排水、采暖及燃气工程施工图纸包括图纸目录、主要设备材料表、设计施工说明、平面布置图、系统图（轴侧图）、室外小区给排水、热网。燃气工程根据内容，还应包括管道纵断面图、污水处理构筑物详图等。

① 平面图。给排水平面图标明建筑物内用水设备的平面位置及给排水管道的平面位置，包括卫生器具的类型及平面位置，用水设备（消火栓柜、喷头）的规格及平面位置，各种横、干、支管的平面位置、管径、坡度及立管的平面位置和编号，给水进户管与排水排出管的平面位置，以及与室外给排水管网的关系。一般包括底层平面图、标准层平面图、顶层平面图，所用图例均按建筑制图统一规则执行。

采暖平面图标明建筑物各层供暖管道与设备的平面位置，其内容包括：房间名称、编

号，散热器种类、位置和数量；引入口位置，供、回水总管名称与管径，干管、立管、支管的位置、走向、管径，立管编号，膨胀水箱、集气罐、阀门的位置与型号；补偿器型号、位置及固定支架的位置；室内地沟（包括过门管沟）的位置、走向、尺寸等。

燃气系统平面图标明燃气计量表、燃气用具的平面位置，各横、干、支管的平面位置、管径和坡度及立管的平面位置和编号，燃气进户管与室外燃气管网的关系。

② 系统图。给排水系统图（轴侧图）标明给排水管道系统的上下层之间、左右前后之间的空间关系，一般包括各管道的管径和立管的编号、横管的标高和坡度、楼层的标高及各种支管与主管连接处附件的标高，给水系统与排水系统单独绘制平面图。

采暖系统图标明供暖系统的组成及设备、管道、附件等的空间关系，在图中对应标出立管编号、散热器的片数和尺寸，管道的管径、标高、坡度、阀门、膨胀水箱、集气罐型号，标明各楼层的标高及挂装散热器底的标高。

燃气系统图标明燃气系统的组成及设备、管道、附件等的空间关系，包括各管道的管径和立管的编号、横管的标高和坡度、楼层的标高及安装在立管上的附件的标高。

③ 施工详图。用平面图或剖面图表示某些设备或管道节点的详细构造与安装要求，凡图中引用标准图集或统一做法的详图可查看有关标准图。

④ 施工设计说明、主要设备材料表。用文字表示出各系统的管材防腐、保温做法，管道连接、固定和竣工验收技术要求，施工特殊情况技术处理措施，施工方法要求严格又必须遵守的技术规程规定，工程选用的主要材料及设备的材料类别、规格数量、设备品种规格、主要尺寸等。

（2）识图方法。给排水、采暖、燃气施工图是由干管、立管、支管及设备、器具等组合而成的。阅读图纸时，要了解给排水、采暖、燃气管线的来龙去脉，就要按一定的方向逐项、逐段阅读。在实际工作中，可按水、气流动方向读图。

① 给水系统：引入管→入口装置（室内水表）→总立管→干管→立管→支管→用水设备。

② 排水系统：用水设备（器具）排水口→存水弯→支管→干管→排出管→室外检查井。

③ 采暖系统：进户管→入口装置→供水总立管→水平干管→立管→支管→散热设备→回水支管→回水立管→回水总管→室外回水管网。

④ 燃气系统：引入管→立管→水平干管→支管→燃气表→下垂管→灶具。

在读图时，先读平面图，然后将系统图与平面图对照识读，弄清管道和设备的类型、数量、安装方式、平面布置尺寸和管径尺寸；将系统图对照平面图弄清整个系统空间走向。

识图时注意：在给水系统轴侧图上未给出卫生器具，只给出水龙头、淋浴器的莲蓬喷头、冲洗水箱、截门等符号；排水系统轴侧图上只给出相应卫生器具的存水弯或器具排水管，也未绘出卫生器具。识图时，必须平面图与系统图结合进行，将给排水、采暖、燃气平面图及其系统图与建筑施工图结合起来识读，以便弄清楚管道系统与建筑的相互位置关系。

2）熟悉定额，确定分项工程项目

2000 年 3 月 17 日，中华人民共和国建设部以建标〔2000〕60 号文，发布《全国统一安装工程预算定额》(第一～十一册)(GYD—201—2000～GYD—211—2000)和《全国统一安装工程预算工程量计算规则》(GYD_{GZ}—201—2000),以适应工程建设的需要,规范安装工程造价计价行为。

定额以相关规定为准编写,其中第八册为"给排水、采暖、燃气工程",适用于新建、扩建工程项目中的生活用给水、排水、燃气、采暖热源管道,以及附件配件安装、小型容器制作安装。该预算定额包括7章内容,分别为:管道安装、各类阀门安装、低压器具水表的组成与安装、卫生器具的安装、供暖器具安装、小型容器制作安装、燃气管道附件和器具安装。在编制施工图预算时,按照设计图纸列出的分项和子项的口径和计量单位,必须与预算定额中的相应分项或子项的口径和计量单位一致。

3)按规定的工程量计算规则计算工程量

如根据地区造价管理部门规定,在工程建设中使用《全国统一安装工程预算定额》,则工程量的计算应选用《全国统一安装工程预算工程量计算规则》;如使用当地规定或专业统一的其他定额,则应选用其规定的工程量计算规则计算工程量。

4)套用定额

按预算定额的规定,根据汇总的分项工程量,逐项套用安装工程预算定额。《全国统一安装工程预算定额(2000)》是一部量价分离的定额,在定额中不但给出了分项工程的人、材、机的消耗量,而且也列出了人工、各种材料、机械台班的预算单价,在编制预算时,可套用定额预算单价,汇总得出单位安装工程直接工程费。除使用《全国统一安装工程预算定额》之外,各地区根据《全国统一安装工程预算定额》中的实物消耗量指标,结合本地区的人工、材料、机械台班单价编制的预算定额,是对全国统一安装工程预算定额在本地区的具体化,在各地区也可按照规定使用。

在定额中标有"()"的材料均未计价,"()"中的数字表示在某项工程中消耗的某材料的数量;另外,在设备安装预算定额计价中不包括主材费,因此安装工程直接费中的材料费等于计算计价材料费和未计价材料费之和。

$$未计价材料量=工程量×定额未计价材料量$$

$$未计价材料费=\sum(未计价材料量×地区材料预算价格)$$

5)计算安装工程预算造价

在套定额计算分项工程定额直接工程费之后,将其汇总为单位安装工程定额直接工程费,依据以上步骤计算的人工费和规定的各项取费费率,计算直接费、间接费、利润,计取差价,综合当地有关部门规定的税率计算出税金,最后得出安装工程施工图预算造价。

6)工料分析

为了使施工图预算真实地反映编制预算时期和地点的市场价格,则应对人工、材料进行工料分析,从定额项目表中分别查出各分项工程消耗的各项材料和人工的定额消耗量,再分别乘以工程量，得到分项工程工料消耗量，汇总单位工程工料消耗量，计算差价，并入到预算造价中去。

7）编制说明，完成安装工程施工图预算

对编制施工图预算所采用的施工图及编号，采用的预算定额、单位估价表、费用定额，存在的问题及处理结果等内容加以说明。

7.6.3　给排水、采暖、燃气安装工程工程量计算规则

1. 定额各章的界限划分

在《全国统一安装工程预算定额》第八册"给排水、采暖、燃气工程"中，规定管道界限的划分如下。

1）给水管道

室内外界限以建筑物外墙皮以外 1.5 m 为界，入口处设阀门者以阀门为界，与市政管道界限以水表井为界，无水表井者以与市政管道碰头点为界。

2）排水管道

室内外以出户第一个排水检查井为界，室外管道与市政管道以室外管道与市政管道碰头井为界。

3）采暖热源管道

室内外以入口阀门或建筑物外墙皮以外 1.5 m 为界，与工业管道界线以锅炉房或泵站外墙皮以外 1.5 m 为界，工厂、车间内采暖管道以采暖系统与工业管道碰头点为界，设在高层建筑物内的加压泵间管道与泵间界线以加压泵间外墙皮为界。

4）管道安装与设备配管的划分

设备安装本身内的管道为设备配管，本身以外的管道为管道安装。

5）燃气工程管道

地下引入室内的管道以室内第一个阀门为界，地上引入室内的管道以墙外三通为界。

2. 工程量计算规则

1）管道安装

（1）各种管道，均按施工图所示管道中心线长度，以 m 为计量单位，不扣除阀门及管件所占的长度。计算管道长度时，对水平管以平面图所示管道中心线进行计算，对垂直管按轴侧图标高进行计算，不扣除阀门和管件所占长度，管道接头零件安装包括在定额内不另计，水压及灌水实验也综合在定额内不必另计，但管道主材费应另计。

（2）镀锌铁皮套管制作以"个"为计量单位，其安装已包括在管道安装定额内，不得另行计算。

（3）管道支架制作安装，室内管道公称直径 32 mm 以下的安装工程已包括在内，不另行计算；管道公称直径 32 mm 以上钢管、支架的制作安装，应按图示尺寸以 t 为单位计算

工程量。

(4) 各种伸缩器制作安装, 均以 "个" 为计量单位。方形伸缩器的两臂, 按臂长的两倍合并在管道长度内计算。

(5) 管道消毒、冲洗、压力试验, 均按管道长度以 m 为计量单位, 不扣除阀门、管件所占的长度。

2) 阀门、水位标尺安装

(1) 各种阀门安装均以 "个" 为计量单位。法兰阀门安装, 如仅为一侧法兰连接时, 定额所列法兰、带帽螺栓及垫圈数量减半, 其余不变。

(2) 各种法兰连接用垫片, 均按石棉橡胶板计算; 如用其他材料, 不得调整。

(3) 法兰阀 (带短管甲乙) 安装均以 "套" 为计量单位, 如接口材料不同时, 可作调整。

(4) 自动排气阀安装以 "个" 为计量单位, 已包括了支架制作安装, 不得另行计算。

(5) 浮球阀安装均以 "个" 为计量单位, 已包括了联杆及浮球的安装, 不得另行计算。

(6) 浮标液面计、水位标尺是按国标编制的, 如设计与国标不符, 可作调整。

3) 低压器具、水表组成及安装

(1) 减压器、疏水器组成安装以 "组" 为计量单位, 如设计组成与定额不同时, 阀门和压力表数量可按设计用量调整, 其余不变。

(2) 减压器安装按高压侧的直径计算。

(3) 法兰水表安装以 "组" 为计量单位, 定额中旁通管及止回阀如与设计规定的安装形式不同时, 阀门和止回阀可按设计规定调整, 其余不变。

4) 卫生器具制作安装

(1) 卫生器具组成安装以 "组" 为计量单位, 已按标准图综合了卫生器具与给水管、排水管连接的人工与材料用量不得另行计算。

(2) 浴盆安装不包括支座和四周侧面的砌砖及瓷砖粘贴。

(3) 蹲式大便器安装已包括了固定大便器的垫砖, 但不包括大便器蹲台砌筑。

(4) 大便槽、小便槽自动冲洗水箱安装以 "套" 为计量单位, 已包括了水箱托架的制作安装, 不得另行计算。

(5) 小便槽冲洗管制作与安装以 m 为计量单位, 不包括阀门安装, 其工程量可按相应定额另行计算。

(6) 脚踏开关安装已包括了弯管与喷头的安装, 不得另行计算。

(7) 冷热水混合器安装以 "套" 为计量单位, 不包括支架制作安装及阀门安装, 其工程量可按相应定额另行计算。

(8) 蒸汽-水加热器安装以 "台" 为计量单位, 包括莲蓬头安装, 不包括支架制作安装及阀门、疏水器安装, 其工程量可按相应定额另行计算。

（9）容积式水加热器安装以"台"为计量单位，不包括安全阀安装、保温与基础砌筑，其工程量可按相应定额另行计算。

（10）电热水器、电开水炉安装以"台"为计量单位，只考虑本体安装，连接管、连接件等工程量可按相应定额另行计算。

（11）饮水器安装以"台"为计量单位，阀门和脚踏开关工程量可按相应定额另行计算。

5）供暖器具安装

（1）热空气幕安装以"台"为计量单位，其支架制作安装可按相应定额另行计算。

（2）长翼、柱型铸铁散热器组成安装以"片"为计量单位，其汽包垫不得换算；圆翼型铸铁散热器组成安装以"节"为计量单位。

（3）光排管散热器制作安装以 m 为计量单位，已包括联管长度，不得另行计算。

6）小型容器制作安装

（1）钢板水箱制作，按施工图所示尺寸，不扣除人孔、手孔重量，以 kg 为计量单位，法兰和短管水位计可按相应定额另行计算。

（2）钢板水箱安装，按国家标准图集水箱容量 m³ 执行相应定额。各种水箱安装，均以"个"为计量单位。

7）燃气管道及附器、器具安装

（1）各种管道安装，均按设计管道中心线长度，以 m 为计量单位，不扣除各种管件和阀门所占长度。

（2）除铸铁管外，管道安装中已包括管件安装和管件本身价值。

（3）承插铸铁管安装定额中未列出接头零件，其本身价值应按设计用量另行计算，其余不变。

（4）钢管焊接挖眼接管工作，均在定额中综合取定，不得另行计算。

（5）调长器及调长器与阀门连接，包括一副法兰安装，螺栓规格和数量以压力为 0.6 MPa的法兰装配；如压力不同，可按设计要求的数量、规格进行调整，其他不变。

（6）燃气表安装按不同规格、型号分别以"块"为计量单位，不包括表托、支架、表底垫层基础，其工程量可根据设计要求另行计算。

（7）燃气加热设备、灶具等按不同用途规定型号，分别以"台"为计量单位。

（8）气嘴安装按规格型号连接方式，分别以"个"为计量单位。

7.6.4　给排水安装工程施工图预算编制实例

例 7－17

（1）工程内容：某建筑物室外给水管道安装工程，工程范围由第 3 号闸阀井的阀门处分别到各建筑物墙皮外1.5 m处（图 7－73 为室外给水管道系统平面图）。

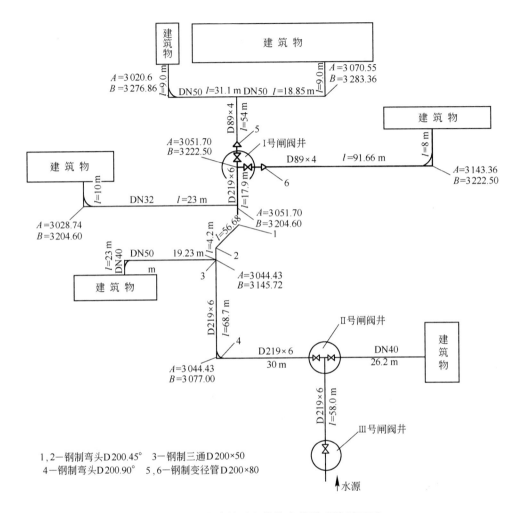

图 7-73　某建筑群室外给水管道系统平面图

（2）施工方法：所有给水管道均埋设在地下 2.5 m 处（管中心），埋地钢管采用沥青漆两遍防腐。

（3）编制要求：①计算工程量；②编制定额直接工程费，不包括挖埋土方工程。

（4）采用定额：2000 年发布的《全国统一安装工程预算定额》"给排水、采暖、燃气工程"预算定额。

编制步骤：

第一步，计算工程量，填工程量计算表，如表 7-38 所示；

第二步，计算直接工程费。

表7-38　工程量计算表

项 目 名 称	工程量计算	单　位	数　量
焊接钢管DN32	$33-1.5=31.5$	m	31.5
DN40	$26.2-1.5=24.7$	m	24.7
DN50	$110.18-(1.5\times3)=105.68$	m	105.68
无缝管D89×4	$153.66-1.5=152.16$	m	152.16
D219×6	249	m	249
钢制弯头45° D200	2	个	2
弯头90° D200	1	个	1
三通 D200×200	3	个	3
钢制法兰 D200	10	个	10
法兰蝶阀 D200	5	个	5
除锈	管道表面积241 m²	m²	241
热沥青	两遍	m²	241
脚手架搭拆费	人工费乘以8%		

根据工程量计算表，依次套取定额编号。管道分别套取室外给水管道定额，无缝钢管套取焊接钢管编号，但材料价差另行计算。

弯头、三通、蝶阀的价格另行计算。

填施工图预算表，如表7-39所示。

表7-39　施工图预算表

定额编号	工程或费用名称	工程量		价值/元		其　中					
		定额单位	数量	定额单价	总价	人工费/元		材料费/元		机械费/元	
						单价	金额	单价	金额	单价	金额
8-15	焊接钢管 DN32	10 m	3.15	20.96	66.01	15.09	47.53	5.03	15.84	0.84	2.64
8-16	焊接钢管 DN40	10 m	2.47	24.79	61.22	16.49	40.73	7.46	18.42	0.84	2.07
8-17	焊接钢管 DN50	10 m	10.57	29.96	316.67	19.04	201.25	9.86	104.22	1.06	11.20
	焊接钢管主材										
	DN32： 31.5 m×1.015＝31.97	m	32	10.32	330.24			330.24			
	DN40： 24.7 m×1.015＝25.07	m	25.07	12.58	315.38			315.38			
	DN50： 105.7 m×1.015＝107.28	m	107.28	15.81	1 696.09			1 696.09			
8-27	钢筋 DN80（φ89）	10 m	15.22	52.62	800.86	26.01	395.87	15.09	229.66	11.52	175.33
8-31	钢筋 DN200（φ219）	10 m	24.90	239.33	5 959.30	43.42	1 081.15	117.12	2 916.28	78.79	1 961.87
	无缝管主材										
	DN80（φ89） 152.22×1.015＝154.50	m	154.50	40.72	6 291.24			6 291.24			

定额编号	工程或费用名称	工 程 量		价 值 /元		其　中					
		定额单位	数量	定额单价	总价	人工费/元		材料费/元		机械费/元	
						单价	金额	单价	金额	单价	金额
	φ219 249×1.015＝252.73	m	252.73	145.21	36 698.92				36 698.92		
	钢板平焊法兰 DN200	片	20	133.00	2 660.00				2 660.00		
	法兰蝶阀 DN200	个	5	642.00	3 210.00				3 210.00		
11-2	管道除锈	10 m²	24.1	25.58	616.47	18.81	453.32	6.77	163.15		
11-331	管道底漆（未计主材费）	10 m²	24.1	47.52	1 145.23	36.22	872.90	11.30	272.33		
	合　计				60 167.63		3 092.75		54 921.77		2 153.11

例 7 - 18

（1）工程内容：某建筑物卫生间（盥洗间）的给排水管道。给水管道为一个系统，依据盥洗槽安设水龙头；排水系统作用是排除盥洗浴的污水。图 7 - 74 为给排水管道平面图，图 7 - 75 为给水管道系统图，图 7 - 76 为排水管道系统图。

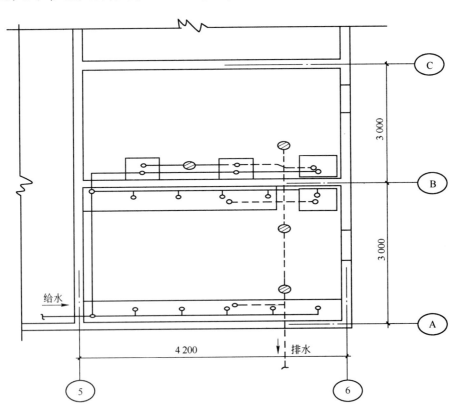

图 7 - 74　某建筑物卫生间（盥洗间）给排水管道平面图

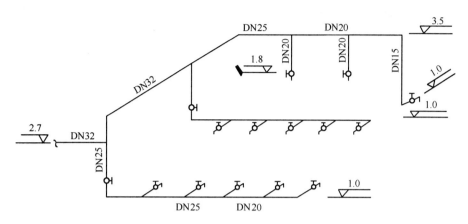

图 7-75　某建筑物给水管道系统图

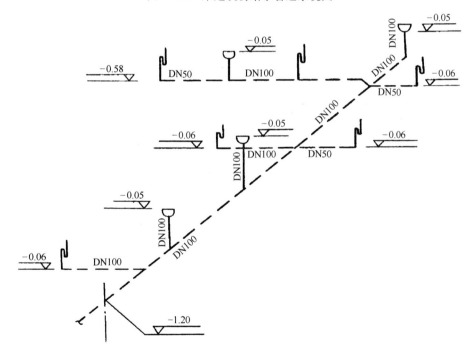

图 7-76　某建筑物排水管道系统图

（2）编制要求：①计算工程量，②计算定额直接工程费（不计主材）。

（3）采用定额为 2000 年发布的《全国统一安装工程预算定额》第八册"给排水、采暖、燃气工程"。

编制步骤具体如下所述。

（1）计算工程量。采用缩尺施工图比例测量计算方法。先从给水入口墙皮外 1.5 m 处算起，加上墙厚度 0.48 m，至主管中心 0.02 m，共 2 m；然后查对施工图、系统图，分别计算 DN25、DN20、DN15 管道尺寸。排水管从墙皮外 1.5 m 处算起，测算出水平管尺寸，再按标高尺寸算出地漏、存水弯的垂直尺寸。工程量计算表如表 7-40 所示。

表 7-40　室内给排水工程量计算表

项　目　名　称	工　程　量　计　算　式	单　位	数　量
给水工程			
镀锌钢管 DN32	1.5+3.7+2.5=7.7	m	7.7
镀锌钢管 DN25	3.7+2+1+2.5=9.2	m	9.2
镀锌钢管 DN20	1.7×2+1.2+2+1=7.6	m	7.6
镀锌钢管 DN15	2.5+11×0.1=3.6	m	3.6
水嘴 DN15	13	个	13
阀门 DN25	2	个	2
排水工程			
铸铁管 DN100	1.5+4.5+1+1+2+4×1=14	m	14
铸铁管 DN50	1+1+1+6×1=9	m	9
地漏 DN100	4	个	4
铸铁管表面积	6.7	m²	6.7
脚手架搭拆费	按规定计取、人工费乘 5%	元	
铸铁管涂热沥青	6.7	m²	6.7

（2）填施工图预算。填施工图预算如表 7-41 所示。

表 7-41　室内给排水安装工程预算表

定额编号	工程或费用名称	工程量		价值/元		其　中					
		定额单位	数量	定额单价	总价	人工费/元		材料费/元		机械费/元	
						单价	金额	单价	金额	单价	金额
8-90	镀锌钢管 DN32	10 m	0.77	85.56	65.87	51.08	39.33	33.45	25.75	1.03	0.79
8-89	镀锌钢管 DN25	10 m	0.92	82.91	76.26	51.08	46.99	30.80	28.33	1.03	0.94
8-88	镀锌钢管 DN20	10 m	0.76	66.72	50.70	42.49	32.29	24.23	18.41		
8-87	镀锌钢管 DN15	10 m	0.36	65.45	23.55	42.49	15.29	22.96	8.26		
8-438	水嘴 DN15	10 个	1.3	7.48	9.72	6.50	8.45	0.98	1.27		
8-243	螺纹阀 DN25	个	2	6.24	12.48	2.79	5.58	3.45	6.90		
8-146	承插铸铁排水管 DN100	10 m	1.4	357.39	500.34	80.34	112.47	277.05	387.87		
8-144	铸铁排水管 DN50	10 m	0.9	133.41	120.06	52.01	46.80	81.40	73.26		
8-449	地漏 DN100	10 个	0.4	126.65	50.65	86.61	34.64	40.04	16.01		
11-$\frac{206}{207}$	铸铁管涂热沥青（包括主材）	10 m²	0.67	116.46	78.02	37.38	25.04	79.08	52.98		
	第八册项目脚手架搭拆费	元	341.84	5%	17.09		4.27		12.82		
	第十一册项目脚手架搭拆费	元	25.04	8%	2.00		0.50		1.50		
	合　计				1 006.74		371.65		633.36		1.73

注：1. 项目中未包括主材费（已注明者例外）；
　　2. 实际计算时按地区现行单价表计算。

7.7 通风、空调安装工程施工图预算的编制

7.7.1 通风、空调安装工程的内容

1. 通风与空调的概念

通风就是把新鲜空气送进来，把污浊的空气排出去，一般分为自然通风和机械通风。自然通风就是利用建筑构造和空气温差的原理，形成空气对流而通风；机械通风就是利用风机和通风管道，将室外的新鲜空气送到室内，将室内的污浊空气排出室外，利用风机形成压差而通风。

空调就是通过空气调节，实现对室内空气的温度、湿度、洁净度、气流速度等环境进行有效控制的技术措施，包括空气处理（调温、调湿、净化）、空气输送（风机、风管）和空气分配（风口）三部分。

2. 通风与空调系统分类

通风与空调系统的分类如图 7 - 77 所示。

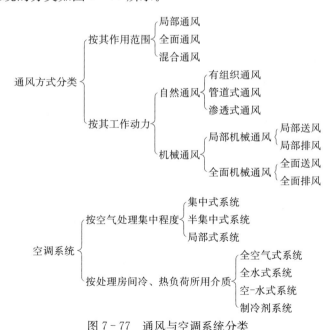

图 7 - 77 通风与空调系统分类

3. 通风与空调系统组成

通风系统由通风机和风管、风帽、风口、罩类、调节阀、消声器及其附件等组成，空调系统由空气处理设备、空气输送设备、空气分布装置三部分组成。空气处理设备有表面式冷却器、喷水室、加热管、加湿器等，空气输送设备有风机（送、回、排风机）、风道系统、

调节阀、消声器等，空气分布装置有各种类型的送风口、回风口和排风口。

7.7.2 通风、空调安装工程施工图预算的编制

通风、空调安装工程施工图预算的编制程序，与给排水、采暖、燃气安装工程施工图预算的编制程序基本相同。它利用通风、空调工程工程图计算工程量，可以采用《全国统一安装工程预算定额》第九册《通风空调工程》的规定进行定额套算。

1. 通风、空调安装工程施工图

通风、空调安装工程施工图包括平面图、剖面图、系统图、原理图和详图、图纸记录、设计总说明、主要设备材料表等。

2. 阅读通风、空调工程图的一般顺序

识读顺序，对系统而言，可按空气流向进行。

（1）送风系统：进风口→进风管道→通风机→主干风机→分支风机→送风口。

（2）排风系统：排气（尘）罩类→吸气管道→排风机→立风机→风帽。

（3）全空气空调系统：新风口→新风管道→空气处理设备→风机→送风干管→送风支管→送风口→空调房间→回风口→回风机→回风管道（同时读排风管、排风口）→一、二次回风管→空气处理设备。

图纸一般包括平面图、剖面图、系统图、详图。看剖面图与系统图时，应与平面图对照进行。看平面图可以了解设备、管道的平面布置位置及定位尺寸；剖面图可以协助了解设备、管道在高度方向上的位置情况、标高尺寸及管道在高度方向上的走向；系统图反映整个系统在空间上的概貌；详图则反映设备、部件的具体构造、制作安装尺寸与要求等。

与土建施工图预算不同的是，在计算工程造价时，以定额人工费作为计算各项费用的基础。

3. 通风、空调安装工程预算定额

《全国统一安装工程预算定额》第九册《通风空调工程》由下列内容组成。

（1）各类通风管道及部件的制作与安装，具体包括薄钢板通风管道、不锈钢通风管道及部件、铝板通风管道及部件、塑料通风管道及部件、玻璃钢通风管道及部件、净化通风管道及部件、复合型风管制作及安装。

（2）通风部件制作安装，包括调节阀、消声器、风口、风帽、罩类制作安装。

（3）空调部件及设备支架的制作与安装。

（4）通风、空调设备安装。

7.7.3 通风、空调安装工程工程量计算规则

1. 通风管道及部件制作安装

（1）风管制作安装以施工图规格不同按展开面积计算，不扣除检查孔、测定孔、送风

口、吸风口等所占面积,其计算公式为

$$F = \pi DL$$

式中:F 为圆形风管展开面积,m^2;D 为圆形风管直径,m;L 为管道中心线长度,m。

矩形风管按图示周长乘以管道中心线长度计算。

风管长度一律以施工图示中心线长度为准(主管与支管以其中心线交点划分),包括弯头、三通、变径管、天圆地方等管件的长度,但不得包括部件(如阀类、风口)所占长度。直径和周长按图示尺寸为准展开,咬口重叠部分已包括在定额内,不另行增加。

(2)薄钢板风管。

① 风管导流叶片制作安装,按图示叶片的面积计算。

② 软管(帆布接口)制作安装,按图示尺寸以 m^2 为计量单位。

③ 风管检查孔重量,按该册定额附录 4 "国标通风部件标准重量表"计算。

④ 风管测定孔制作安装,按其型号以"个"为计量单位。

⑤ 整个通风系统设计采用渐缩管均匀送风者,圆形风管按平均直径、矩形风管按平均周长计算。

⑥ 柔性软风管安装按图示管道中心线长度,以 m 为计量单位;柔性软风管阀门安装以"个"为计量单位。

(3)不锈钢通风管道、铝板通风管道的制作安装中不包括法兰和吊托支架,可按相应定额,以 kg 为计量单位另行计算。

(4)塑料通风管道制作安装,不包括吊托支架,可按相应定额,以 kg 为计量单位另行计算。塑料风管、复合型材料风管制作安装定额所列规格直径为内径,周长为内周长。

(5)玻璃钢通风管道安装子目中,包括弯头、三通、变径管、天圆地方等管件的安装及法兰、加固框和吊托架的制作安装,不包括过跨风管落地支架。落地支架套用设备支架子目。

玻璃钢风管及管件按计算工程量加损耗外加工订做,其价值按实际价格;风管修补应由加工单位负责,其费用按实际价格发生,计算在主材费内。

(6)复合型风管按图注不同规格以展开面积计算,检查孔、测定孔、送风孔、吸风口等所占面积不扣除。风管长度一律以图注中心线长度为准,包括弯头、三通、变径管、天圆地方等管件的长度,但不得包括部件所在位置的长度,其直径和周长以图注尺寸展开。

(7)薄钢板通风管道、净化通风管道、玻璃钢通风管道、复合型材料通风管道的制作安装中已包括法兰、加固框和吊托支架,不得另行计算。

2. 通风、空调部件及设备支架制作安装

(1)标准部件的制作按其成品重量,以 kg 为计量单位,根据设计型号、规格,按该册定额附录 4 "国标通风部件标准重量表"计算重量,非标准部件按图示成品重量计算;部件的安装按图示规格尺寸(周长或直径),以"个"为计量单位,分别执行相应定额。

(2)钢百叶窗及活动金属百叶风口的制作以 m^2 为计量单位,安装按规格尺寸以"个"

为计量单位。

（3）风帽筝绳制作安装按图示规格、长度，以 kg 为计量单位。

（4）风帽泛水制作安装按图示展开面积，以 m² 为计量单位。

（5）挡水板制作安装，按空调器断面面积计算。

（6）钢板密闭门制作安装，以"个"为计量单位。

（7）设备支架制作安装按图示尺寸，以 kg 为计量单位，执行第五册《静置设备与工艺金属结构制作安装工程》定额相应项目和工程量计算规则。

（8）电加热器外壳按图纸重量，以 kg 为单位计算。

（9）风机减震台座制作安装执行设备支架定额，定额内不包括减震器，应按设计规定另行计算。

（10）高、中、低效过滤器，净化工作台的安装，以"台"为计量单位；风淋室安装按不同重量，以"台"为计量单位。

（11）洁净室安装按重量计算，执行该册定额的"分段组装式空调器"安装定额。

3. 通风空调设备安装

（1）风机安装按设计不同型号，以"台"为计量单位。

（2）整体式空调机组安装，空调器按不同重量和安装方式，以"台"为计量单位；分段组装式空调器按重量，以 kg 为计量单位。

第8章 建设工程设计概算

8.1 建设工程设计概算的构成和编制程序

8.1.1 建设工程设计概算的概念

设计概算是设计文件的重要组成部分，是在投资估算的控制下，由设计单位根据初步设计（或技术设计）图纸及说明、概算定额（概算指标）、各项费用定额或取费标准（指标）、设备与材料预算价格等资料，编制和确定的建设项目从筹建至竣工交付使用所需全部费用的文件。按照国家规定，采用两阶段设计的建设项目，初步设计阶段必须编制设计概算；采用三阶段设计的，技术设计阶段必须编制修正概算。在施工图设计阶段，必须按照经批准的初步设计及其相应的设计概算，进行施工图的设计工作。

设计概算的编制内容指项目从筹建至竣工投产所需的动态投资，包括按编制期价格、费率、利率、汇率等确定的静态投资和编制期到竣工验收前的工程和价格变化等多种因素引起的投资增加部分。静态投资作为考核工程设计和施工图预算的依据，动态投资作为筹措、供应和控制资金使用的限额。

设计概算的主要作用体现在以下几个方面。

（1）设计概算是国家制定和控制建设投资的依据。对于国家投资项目，需按照规定报请有关部门或单位批准初步设计及总概算；计划部门根据批准的设计概算，编制建设项目年度固定资产投资计划，所批准的总概算为建设项目总造价的最高限额，国家拨款、银行贷款及竣工决算都不能突破这个限额。若建设项目实际投资数额超过了总概算，必须在原设计单位和建设单位共同提出追加投资的申请报告基础上，经上级计划部门审核批准后，方可追加投资。

（2）设计概算是编制建设计划的依据。建设年度计划安排的工程项目，其投资需要量的确定、建设物资供应计划和建筑安装施工计划等，都以主管部门批准的设计概算为依据。

（3）设计概算是进行拨款和贷款的依据。建设银行根据批准的设计概算和年度投资计划，进行拨款和贷款，并严格实行监督控制。

（4）设计概算是签订总承包合同的依据。对于施工期限较长的大中型建设项目，可以根据批准的建设计划、初步设计和总概算文件，确定工程项目的总承包价，采用工程总承包的方式进行建设，而设计概算一般用作建设单位和工程总承包单位签订总承包合同的依据。

（5）设计概算是考核设计方案的经济合理性和控制施工图预算和施工图设计的依据。设计单位根据设计概算进行技术经济分析和多方案评价，以提高设计质量和经济效果，同时保证施工图预算和施工图设计在设计概算的范围内。

（6）设计概算是考核和评价工程建设项目成本和投资效果的依据。工程建设项目的投资转化为建设项目法人单位的新增资产，可根据建设项目的生产能力，计算建设项目的成本、回收期及投资效果系数等技术经济指标，并将以概算造价为基础计算的指标与以实际发生造价为基础计算的指标进行对比，从而对工程建设项目成本及投资效果进行评价。

（7）设计概算是编制招标标底和投标报价的依据。以设计概算进行招投标的工程，招标单位编制标底是以设计概算造价为依据的，并以此作为评标定标的依据。承包单位为了在投标竞争中取胜，也以设计概算为依据，编制出合适的投标报价。

8.1.2 建设工程设计概算的编制内容

设计概算可分为单位工程概算、单项工程综合概算和建设项目总概算三级。设计概算文件的组成内容如图 8-1 所示。

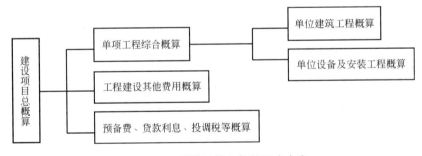

图 8-1 设计概算文件的组成内容

1. 单位工程概算

单位工程概算是确定各单位工程建设费用的文件，是编制单项工程综合概算的依据，是单项工程综合概算的组成部分。对一般工业与民用建筑工程而言，单位工程概算按其工程性质分为建筑工程概算和设备及安装工程概算两大类。建筑工程概算包括土建工程概算，给排水、采暖工程概算，通风、空调工程概算，电气照明工程概算，弱电工程概算，特殊构筑物工程概算等；设备及安装工程概算包括机械设备及安装工程概算，电气设备及安装工程概算，以及工具、器具及生产家具购置费概算等。

2. 单项工程概算

单项工程概算是确定一个单项工程所需建设费用的文件，它是由单项工程中的各单位工程概算汇总编制而成的，是建设项目总概算的组成部分。对一般工业与民用建筑工程而言，单项工程综合概算的组成内容如图8-2所示。

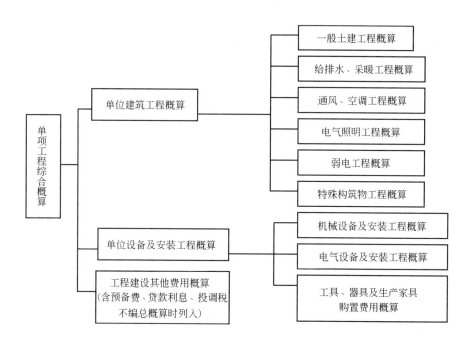

图8-2 单项工程综合概算的组成内容

单项工程综合概算是以其所包含的建筑工程概算表和设备及安装工程概算表为基础汇总而编制的。当建设项目只有一个单项工程时，单项工程综合概算（实为总概算）还应包括工程建设其他费用（含建设期贷款利息、预备费和固定资产投资方向调节税）概算。

单项工程综合概算文件一般包括编制说明（不编制总概算时列入）和综合概算表两部分。

（1）编制说明。编制说明主要包括编制依据、编制方法、主要设备和材料的数量及其他有关问题。

（2）综合概算表。综合概算表是根据单项工程所辖范围内的各单位工程概算等基础资料，按照国家规定的统一表格进行编制的。对于工业建筑而言，其概算包括建筑工程和设备及安装工程；对于民用建筑工程而言，其概算包括一般土木建筑工程、给排水、采暖、通风及电气照明工程等。综合概算表表式如表8-1所示。

3．建设项目总概算

建设项目总概算是指确定整个建设项目从筹建到竣工验收所需全部费用的文件，它是由各单项工程综合概算、工程建设其他费用概算、建设期贷款利息、预备费和投资方向调节税概算等汇总编制而成，如图8-3所示。

表 8-1 综合概算表

建设项目_____ 单项工程_____ 综合概算价值_____元

序 号	工程或费用名称	概 算 价 值						指 标			占投资额/%	备注
		建筑工程费	安装工程费	设备购置费	工器具及生产家具购置费	工程建设其他费用	合计	单位	数量	指标		
1	2	3	4	5	6	7	8	9	10	11	12	13
(1)	一般土建工程											
(2)	给水排水工程											
(3)	采暖工程											
(4)	通风工程											
(5)	电气照明工程											
	合 计											

审核_____编制_____ 日期_____年_____月_____日

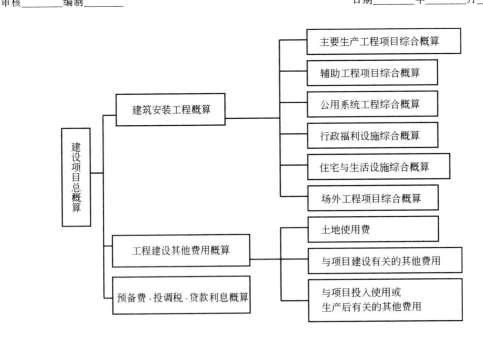

图 8-3 建设项目总概算的组成内容

建设项目总概算文件一般应包括以下 6 个部分。

(1) 封面、签署页及目录。

（2）编制说明。

① 工程概况。简述建设项目性质、特点、生产规模、建设周期、建设地点等主要情况，引进项目要说明引进内容及国内配套工程等主要情况。

② 资金来源及投资方式。

③ 编制依据及编制原则。

④ 编制方法。说明设计概算是采用概算定额法，还是采用概算指标法等。

⑤ 投资分析。主要分析各项投资的比重、各专业投资的比重等经济指标。

⑥ 其他需要说明的问题。

（3）总概算表。总概算表应反映静态投资和动态投资两个部分，其表式见表 8-2。

（4）工程建设其他费用概算表。工程建设其他费用概算按国家、地区或部委所规定的项目和标准确定，并按统一表式编制。

（5）单项工程综合概算表和建筑安装单位工程概算表。

（6）工程量计算表和工、料数量汇总表。

8.1.3　建设工程设计概算的编制依据

建设工程设计概算的编制依据主要有以下 7 个方面。

（1）国家发布的有关法律、法规、规章、规程等。

（2）批准的可行性研究报告及投资估算、设计图纸等有关资料。设计图纸主要指初步设计或扩大初步设计图纸、说明及主要设备材料表，其中有建筑工程、市政工程、公路工程、电力工程、铁道工程等。例如，建筑工程包括：

① 土建工程中的建筑专业平面、立面、剖面图和初步设计说明（如工程做法及门窗表），结构专业的布置草图、构件截面尺寸和特殊构件配筋率；

② 给排水、电气、采暖、通风、空调等工程的平面布置图、系统图、文字说明、设备材料表等；

③ 室外工程中的室外平面布置图、土石方工程量、道路、围墙等构筑物断面尺寸。

（3）有关部门颁布的现行概算定额、概算指标、费用定额等和建设项目设计概算编制办法。

（4）有关部门发布的人工、材料价格，有关设备原价及运杂费率，造价指数等。各种定型的标准设备均按照国家有关部门规定的现行产品出厂价格计算，非标准设备按制造厂的报价计算。此外，还应具备计算供销部门手续费、包装费、运输费及采购保管费用的资料。

（5）建设场地自然条件和施工条件。

表 8 - 2 某工业建设项目总概算

序号项号	工程项目或费用名称	建设规模(t/年)	静态部分 建筑工程费	设备购置费 需要安装	设备购置费 不需安装	安装工程费	其他	合计	其中外币/币种	动态部分 合计	动态部分 其中外币/币种	静、动态合计	静态指标(元/t)	动态指标(元/t)	占总投资额 静态部分	占总投资额 动态部分
一	工程费用															
1	主要生产工程	10 000	764.08	1 286.00	59.30	64.30		2 173.68				2 173.68				
2	辅助生产工程		242.13	854.00	27.00	42.70		1 165.83				1 165.83				
3	公用设施工程		122.65	86.00	56.00	4.30		268.95				268.95				
	小　计		1 128.86	2 226.00	142.30	111.30		3 608.46				3 608.46	3 608.46			
二	工程建设其他费用															
1	土地征用费						75.20	75.20				75.20				
2	勘察设计费						113.00	113.00				113.00				
3	其　他						66.00	66.00				66.00				
	小　计						254.20	254.20				254.20	254.20			
三	预　备　费															
1	基本预备费						308.00	308.00				308.00	308.00			
2	涨价预备费									354.60		354.60		354.60		
	小　计						308.00	308.00		354.60		662.60				
四	投资方向调节税									67.00		67.00		67.00		
五	建设期贷款利息									324.00		324.00		324.00		
	固定资产投资合计	10 000	1 128.86	2 226.00	142.30	111.30	562.20	4 170.66		745.60		4 916.26	4 170.66	745.60	84.83	
六	铺底流动资金											500.00				
	建设项目概算总投资											5 416.26				15.17

（6）有关合同、协议等。

（7）其他有关资料。

8.1.4　建设工程设计概算的编制程序和步骤

建设工程设计概算的编制一般按图 8-4 程序编制。

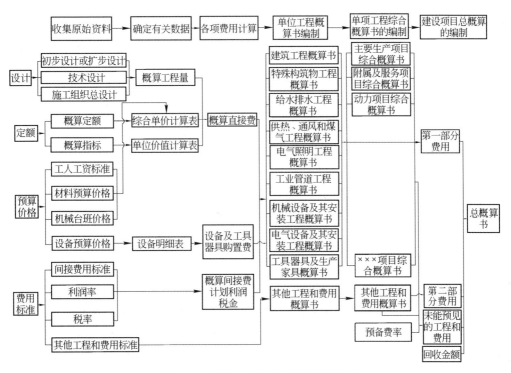

图 8-4　建设工程设计概算的编制程序

8.2　单位建筑工程概算的编制方法

建设工程概算的编制，首先从编制单位工程概算开始，单位工程概算分建筑工程概算和设备及安装工程概算两大类。本节主要讲述单位建筑工程概算的编制方法。

单位建筑工程概算的编制方法有概算定额法、概算指标法、类似工程预算法等。

8.2.1　概算定额法

利用概算定额编制单位建筑工程设计概算的方法，与利用预算定额编制单位建筑工程施工图预算的方法基本相同，不同之处在于其编制概算所采用的依据是概算定额，所采用的工程量计算规则是概算工程量计算规则。该方法要求在初步设计达到一定深度、建筑结构比较明确时采用，因其编制精度高，所以是编制设计概算的常用方法。

利用概算定额法编制设计概算的具体步骤如下所述。

第一，按照概算定额分部分项顺序，列出各分项工程的名称。工程量计算应按概算定额中规定的工程量计算规则进行，并将计算所得各分项工程量按概算定额的编号顺序，填入工程概算表内。

第二，确定各分部分项工程项目的概算定额单价。工程量计算完毕后，逐项套用相应概算定额单价和人工、材料消耗指标，然后分别将其填入工程概算表和工料分析表中。如遇设计图中的分项工程项目名称、内容与采用的概算定额手册中相应的项目有某些不相符时，则在按规定对定额进行换算后方可套用。

有些地区根据地区人工工资、物价水平和概算定额，编制与概算定额配合使用的扩大单位估价表。该表确定了概算定额中各扩大分项工程或扩大结构构件所需的全部人工费、材料费、机械台班使用费之和，即概算定额基价。在采用概算定额法编制概算时，可以将计算出的扩大分部分项工程的工程量，乘以扩大单位估价表中的概算定额基价进行直接工程费的计算。计算概算定额单价的公式为

概算定额单价＝

概算定额单位人工费＋概算定额单位材料费＋概算定额单位机械台班使用费＝

$\sum$（概算定额中人工消耗量×人工工日单价）＋$\sum$（概算定额中材料消耗量×

材料预算单价）＋$\sum$（概算定额中机械台班消耗量×机械台班使用单价）

第三，计算单位工程直接工程费和直接费。将已算出的各分部分项工程项目的工程量及在概算定额中已查出的相应定额单价，和单位人工、材料消耗指标分别相乘，即可得出各分项工程的直接费和人工、材料消耗量；汇总各分项工程的直接工程费及人工、材料消耗量，即可得到该单位工程的直接工程费和工料总消耗量；最后，再汇总措施费等，即可得到该单位工程的直接费。如果规定有地区的人工、材料价差调整指标，则在计算直接工程费时，按规定的调整系数进行调整计算。

第四，根据直接费、其他各项取费标准，分别计算间接费和利润、税金等费用。

第五，计算单位工程概算造价，其计算公式为

$$单位工程概算造价＝直接费＋间接费＋利润＋税金$$

8.2.2　概算指标法

概算指标法是采用直接工程费指标。它是将拟建厂房、住宅的建筑面积或体积乘以技术条件相同或基本相同的概算指标而得出直接工程费，然后按规定计算出措施费、间接费、利

润和税金等，编制出单位工程概算的方法，适用于初步设计深度不够，不能准确地计算工程量，但工程设计是采用技术比较成熟而又有类似工程概算指标可以利用的情况。其计算精度较低，只是一种对工程造价估算的方法，但由于其编制速度快，故有一定的实用价值。

1. 拟建项目结构特征与概算指标相同时的计算

在使用概算指标法时，如果拟建项目在建设地点、结构特征、地质及自然条件、建筑面积等方面与概算指标相同或相近，就可直接套用概算指标来编制概算。在直接套用概算指标时，拟建工程应符合以下条件：①拟建工程的建设地点与概算指标中的工程建设地点相同；②拟建工程的工程特征和结构特征与概算指标中的工程特征、结构特征基本相同；③拟建工程的建筑面积与概算指标中工程的建筑面积相差不大。

根据选用的概算指标的内容，可选用以下两种套算方法。

（1）以指标中所规定的工程每 m^2、每 m^3 的造价，乘以拟建单位工程建筑面积或体积，得出单位工程的直接工程费，再行取费，即可求出单位工程的概算造价。直接工程费计算公式为

$$直接工程费＝概算指标每 m^2(m^3)工程造价×拟建项目建筑面积(或体积)$$

这种简化方法的计算结果参照的是概算指标编制时期的价值标准，未考虑拟建项目建设时期与概算指标编制时期的价差，所以在计算定额直接工程费后还应用物价指数进行调整。

（2）以概算指标中规定的每 100 m^2 建筑物面积（或 1 000 m^3）所耗人工工日数、主要材料数量为依据，首先计算拟建工程人工、主要材料消耗量，再计算直接费并取费。在概算指标中，一般规定了 100 m^2（或 1 000 m^3）建筑物面积所耗人工工日数、主要材料数量，通过套用拟建地区当时的人工费单价和主材预算单价，便可得到每 100 m^2（或 1 000 m^3）建筑物的人工费和主材费，无需再作价差调整。计算公式为

100 m^2 建筑物面积的人工费＝指标规定的人工工日数×本地区日工资单价

100 m^2 建筑物面积的主要材料费＝$\sum$（指标规定的主要材料数量×

相应的地区材料预算单价）

100 m^2 建筑物面积的其他材料费＝主要材料费×其他材料费占

主要材料费的百分比

100 m^2 建筑物面积的机械使用费＝（人工费＋主要材料费＋其他材料费）×

机械使用费所占百分比

每 m^2 建筑面积的直接工程费＝（人工费＋主要材料费＋其他材料费＋机械使

用费）÷100

根据直接工程费，结合其他各项取费方法，分别计算措施费、间接费、利润和税金，得到每 m^2 的概算单价，将其乘以拟建单位工程的建筑面积，即可得到单位工程概算造价。

例 8-1　某砖混结构住宅建筑面积为 4 000 m^2，其工程特征与在同一地区的概算指标中表 8-3、表 8-4 的内容基本相同。试根据概算指标，编制土建工程概算。

表 8 - 3　某地区砖混结构住宅概算指标

工程名称	××住宅	结构类型	砖混结构	建筑层数	6 层
建筑面积	3 800 m²	施工地点	××市	竣工日期	1996 年 6 月
结构特征	基 础		墙 体	楼 面	地 面
	混凝土带型基础		240 空心砖墙	预应力空心板	混凝土地面，水泥砂浆面层
	屋 面	门 窗	装 饰	电 照	给 排 水
	炉渣找坡油毡防水	钢窗、木窗、木门	混合砂浆抹内墙面、瓷砖墙裙、外墙彩色弹涂面	槽板明敷线路、白炽灯	镀锌给水钢管、铸铁排水管、蹲式大便器

表 8 - 4　工程造价及费用构成

项 目		平方米指标/（元/m²）	其中各项费用占总造价百分比/%							
			直 接 费					间接费	利润	税金
			人工费	材料费	机械费	措施费	直接费			
工程总造价		1 340.80	9.26	60.15	2.30	5.28	76.99	13.65	6.78	3.08
其中	土建工程	1 200.50	9.49	59.68	2.44	5.31	76.92	13.66	6.34	3.08
	给排水工程	82.20	5.85	68.52	0.65	4.55	79.57	12.35	5.01	3.07
	电照工程	60.10	7.03	63.17	0.48	5.48	76.16	14.78	6.00	3.06

解

计算步骤及结果详见表 8 - 5。

表 8 - 5　某住宅土建工程概算造价计算表

序 号	项 目 内 容	计 算 式	金额/元
1	土建工程造价	4 000×1 200.50	4 802 000
2	直接费	4 802 000×76.92%	3 693 698.4
	其中：人工费	4 802 000×9.49%	455 709.8
	材料费	4 802 000×59.68%	2 865 833.6
	机械费	4 802 000×2.44%	117 168.8
	措施费	4 802 000×5.31%	254 986.2
3	间接费	4 802 000×13.66%	655 953.2
4	利润	4 802 000×6.34%	304 446.8
5	税金	4 802 000×3.08%	147 901.6

2. 拟建项目结构特征与概算指标有局部差异时的调整

在实际工作中，经常会遇到拟建对象的结构特征与概算指标中规定的结构特征有局部不同的情况,因此必须在对概算指标进行调整后方可套用,调整方法如下。

1) 调整概算指标中的每 $m^2(m^3)$ 造价

这种调整方法是将原概算指标中的单位造价进行调整(仍使用直接费指标),扣除每 $m^2(m^3)$ 原概算指标中与拟建项目结构不同部分的造价,增加每 $m^2(m^3)$ 拟建项目与概算指标结构不同部分的造价,使其成为与拟建项目结构相同的工程单位直接费造价,计算公式为

$$结构变化修正概算指标(元/m^2) = J + Q_1 P_1 - Q_2 P_2$$

式中:J 为原概算指标;Q_1 为概算指标中换入结构的工程量;Q_2 为概算指标中换出结构的工程量;P_1 为换入结构的直接费单价;P_2 为换出结构的直接费单价。

拟建项目造价为

$$直接费 = 修正后的概算指标 \times 拟建项目建筑面积(体积)$$

2) 调整概算指标中的工、料、机数量

这种方法是将原概算指标中每 $100\ m^2(1\ 000\ m^3)$ 建筑面积(体积)中的工、料、机数量进行调整,扣除原概算指标中与拟建项目结构不同部分的工、料、机消耗量,增加拟建项目与概算指标结构不同部分的工、料、机消耗量,使其成为与拟建项目结构相同的每 $100\ m^2$ $(1\ 000\ m^3)$ 建筑面积(体积)工、料、机数量。计算公式为

结构变化修正概算指标的工、料、机数量 = 原概算指标的工、料、机数量 +
换入结构件工程量 × 相应定额工、料、机消耗量 - 换出结构件工程量 ×
相应定额工、料、机消耗量

以上两种方法,前者是直接修正结构件指标单价,后者是修正结构件指标工料机数量。修正之后,方可按上述方法分别套用。

例 8 - 2 假设新建单身宿舍一座,其建筑面积为 $3\ 500\ m^2$,按概算指标和地区材料预算价格等算出单位造价为 $738.00\ 元/m^2$。其中:一般土建工程 $640.00\ 元/m^2$(其中直接费单价为 $468.00\ 元/m^2$),采暖工程 $32.00\ 元/m^2$,给排水工程 $36.00\ 元/m^2$,照明工程 $30.00\ 元/m^2$。但新建单身宿舍设计资料与概算指标相比较,其结构构件有部分变更。设计资料表明,外墙为 1.5 砖外墙,而概算指标中外墙为 1 砖外墙。根据当地土建工程预算定额,外墙带形毛石基础的预算单价为 $147.87\ 元/m^3$,1 砖外墙的预算单价为 $177.10\ 元/m^3$,1.5 砖外墙的预算单价为 $178.08\ 元/m^3$;概算指标中每 $100\ m^2$ 建筑面积中含外墙带形毛石基础为 $18\ m^3$,1 砖外墙为 $46.5\ m^3$。新建工程设计资料表明,每 $100\ m^2$ 中含显示外墙带形毛石基础为 $19.6\ m^3$,1 砖外墙为 $61.2\ m^3$。请计算调整后的概算单价和新建宿舍的概算造价。土建工程其他直接费费率为 8%,现场经费费率为 7.4%,间接费费率为 7.12%,利率为 7%,税率为 3.4%。

解

对土建工程中结构构件的变更和单价调整如表 8 - 6 所示。

表 8 - 6　土建工程概算指标调整表

序　号	结构名称	单位	数　量 (每 100 m² 含量)	单价/元	合价/元
	土建工程单位直接费				468.00
	换出部分：				
1	外墙带形毛石基础	m³	18	147.87	2 661.66
2	1 砖外墙	m³	46.5	177.10	8 235.15
	合计	元			10 896.81
	换入部分：				
3	外墙带形毛石基础	m³	19.6	147.87	2 898.25
4	1.5 砖外墙	m³	61.2	178.08	10 898.5
	合计	元			13 796.75
结构变化修正指标	468.00－10 896.81/100＋13 796.75/100＝497.00				

以上计算结果为直接费单价，需取费后得到修正后的单位土建造价，具体为

$$497(1＋8\%＋7.4\%)(1＋7.12\%)(1＋7\%)(1＋3.4\%)＝679.73(元/m^2)$$

其余单位指标造价不变。因此，经过调整后的概算单价为 679.73＋32.00＋36.00＋30.00＝777.73(元/m²)，新建宿舍楼概算造价为 777.73×3 500＝2 722 055(元)。

8.2.3　类似工程预算法

类似工程预算法是利用技术条件与设计对象相类似的已完工程或在建工程的工程造价资料来编制拟建工程设计概算的方法。该方法适用于拟建工程初步设计与已完工程或在建工程的设计相类似又没有可用的概算指标的情况，但必须对建筑结构差异和价差进行调整。

1. 建筑结构差异的调整

调整方法与概算指标法的调整方法相同，即先确定有差别的项目，分别按每一项目算出结构构件的工程量和单位价格（按编制概算工程所在地区的单价），然后以类似预算中相应（有差别）的结构构件的工程数量和单价为基础，算出总差价。将类似预算的直接工程费总额减去（或加上）这部分差价，就得到结构差异换算后的直接工程费，再行取费，得到结构差异换算后的造价。

2. 价差调整

类似工程造价的价差调整方法通常有两种。

一是类似工程造价资料在有具体的人工、材料、机械台班的用量时，可按类似工程造价资料中的主要材料用量、工日数量、机械台班用量，乘以拟建工程所在地的主要材料预算价

格、人工单价、机械台班单价，计算出直接工程费，再乘以当地的综合费率，即可得出所需的造价指标。

二是类似工程造价资料在只有人工、材料、机械台班费用和其他费用时，可按下面公式调整，即

$$D=AK$$

其中，

$$K=aK_1+bK_2+cK_3+dK_4+eK_5$$

式中：D 为拟建工程单方概算造价；A 为类似工程单方预算造价；K 为综合调整系数；a，b，c，d，e 为分别是类似工程预算的人工费、材料费、机械台班费、措施费、间接费占预算造价的比重；K_1，K_2，K_3，K_4，K_5 为分别是拟建工程地区与类似工程地区人工费、材料费、机械台班费、措施费、间接费差异系数。

$$K_1=\frac{拟建工程概算的人工费（或工资标准）}{类似工程预算人工费（或工资标准）}$$

$$K_2=\frac{\sum（类似工程主要材料数量×编制概算地区材料预算价格）}{\sum 类似地区各主要材料费}$$

其他指标计算思路同上。

例 8-3 拟建办公楼建筑面积为 3 000 m²，类似工程的建筑面积为 2 800 m²，预算造价 3 200 000元。各种费用占预算造价的比重为：人工费 6%，材料费 55%，机械使用费 6%，其他直接费 3%，综合费 30%。试用类似工程预算法编制概算。

解

根据前面的公式计算出各种修正系数为：人工费 $K_1=1.02$，材料费 $K_2=1.05$，机械使用费 $K_3=0.99$，其他直接费 $K_4=1.04$，综合费 $K_5=0.95$。

预算造价总修正系数 $K=6\%×1.02+55\%×1.05+6\%×0.99+3\%×$
$$1.04+30\%×0.95=1.014$$

修正后的类似工程预算造价=3 200 000×1.014=3 244 800(元)

修正后的类似工程预算单方造价=3 244 800/2 800=1 158.86(元)

由此可得，拟建办公楼概算造价=1 158.86×3 000=3 476 580(元)

例 8-4 拟建砖混结构住宅工程 3 420m²，结构形式与已建成的某工程相同，只有外墙保温贴面不同，其他部分均较为接近。类似工程外墙面为珍珠岩板保温、水泥砂浆抹面，每平方米建筑面积消耗量分别为 0.044m³、0.842m²，珍珠岩板 153.1 元/m³、水泥砂浆 8.95 元/m²；拟建工程外墙为加气混凝土保温、外贴釉面砖，每平方米建筑面积消耗量分别为 0.08m³、0.82m²，加气混凝土 185.48 元/m³、贴釉面砖 49.75 元/m²。类似工程单方直接工程费为 465 元/m²，其中人工费、材料费、机械费占单方直接工程费比例分别为 14%、78%、8%，综合费率为 20%。拟建工程与类似工程预算造价在这几方面的差异系数分别为 2.01、1.06 和 1.92。

（1）试求应用类似工程预算法确定拟建工程的单位工程概算造价。

（2）若类似工程预算中，每平方米建筑面积主要资源消耗为：人工消耗 5.08 工日，钢材 23.8 kg，水泥 205 kg，原木 0.05 m³，铝合金门窗 0.24 m²，其他材料费为主材费的 45%，机械费占直接工程费比例为 8%，拟建工程主要资源的现行预算价格分别为：人工 20.31 元/工日，钢材 3.1 元/kg，水泥 0.35 元/kg，原木 1 400 元/m³，铝合金门窗平均 350 元/m²，拟建工程综合费率为 20%。应用概算指标法，确定拟建工程的单位工程概算造价。

解

（1）首先计算直接工程费差异系数，通过直接工程费部分的价差调整进而得到直接工程费单位，再做结构差异调整，最后取费得到单位造价，计算步骤如下。

拟建工程直接工程费差异系数＝14%×2.01＋78%×1.06＋8%×1.92＝1.261 8

拟建工程概算指标（直接工程费）＝465×1.261 8＝586.74（元/m²）

结构修正概算指标（直接工程费）＝586.74＋（0.08×185.48＋0.82×49.75）－
　　　　　　　　　　　　　　　　（0.044×153.1＋0.842×8.95）＝628.10（元/m²）

拟建项目单位造价＝628.10×（1＋20%）＝753.72（元/m²）

拟建项目概算造价＝753.72×3 420＝2 577 722（元）

（2）首先，根据类似工程预算中每平方米建筑面积的主要资源消耗和现行预算价计算价格，计算拟建工程单位建筑面积的人工费、材料费、机械费。

人工费＝每平方米建筑面积人工消耗指标×现行人工工日单价
　　　＝5.08×20.31＝103.17（元）

材料费＝$\sum$（每平方米建筑面积材料消耗指标×相应材料预算价格）
　　　＝（23.8×3.1＋205×0.35＋0.05×1400＋0.24×350）×（1＋45%）＝434.32（元）

机械费＝直接工程费×机械费占直接工程费的比率
　　　＝直接工程费×8%

则直接工程费＝103.17＋434.32＋直接工程费×8%

则直接工程费＝（103.17＋434.32）/（1－8%）＝584.23（元/m²）

其次，进行结构差异调整，按照所给综合费率计算拟建单位工程概算指标、修正概算指标和概算造价。

结构修正概算指标（直接工程费）＝拟建工程概算指标＋换入结构指标－换出结构指标
　　　　　　　　　　　　　　　＝584.23＋0.08×185.48＋0.82×49.75－
　　　　　　　　　　　　　　　（0.044×153.1＋0.842×8.95）＝625.59（元/m²）

拟建项目单位造价＝结构修正概算指标×（1＋综合费率）
　　　　　　　　　＝625.59（1＋20%）＝750.71（元/m²）

拟建项目概算造价＝拟建工程单位造价×建筑面积＝750.71×3 420＝2 567 428（元）

例 8-5 某住宅楼 2 229.15 m²，其土建工程预算造价为 142.56 元/m²，土建工程总预算造价为 31.78 万元（1986 年价格水平），该住宅所在地土建工程万元定额如表 8-7 所示。

今拟在某地建类似住宅楼 2 500 m²。采用类似工程预算法，求拟建类似住宅楼 2 500 m² 土建工程概算 m² 造价和总造价。

表 8-7 某地某土建工程万元定额（1986 年）

序号	名 称	材料规格	单位	数量	万元基价		占造价比重 /%	2000 年拟建 住宅当地价
					单价/元	合价/元		
	人工费		工日	486	1.59	772	6.6	32 元/工日
1	钢 筋	φ10 以上占 60% φ10 以下占 40%	t	3.14	569.1	1 789		2 400 元/t
2	型 钢	<100×75×8 占 30% <100×75×9 占 15% 1 200×102 占 5% 钢板占 50%	t	1.88	670.12	1 260		2 500 元/t
3	木 材	二级松圆木	m³	2.82	136.5	386		640 元/m³
4	水 泥	425 号	t	15.65	53.6	839		348 元/t
5	砂 子	粗细净砂	m³	36.71	12.20	448		36 元/m³
6	石 子		m³	35.62	14.00	490		65 元/m³
7	红 砖		千块	11.97	43.10	516		177 元/千块
8	木门窗		m²	15.01	25.35	380		120 元/m²
9	其 他		元	2 200		2 200		5 500 元
	2~9 项 小计（材料费）					8 308	71.1	
10	施工机械费		元	920		920	7.8	机械台班系数 $k_3 = 1.05$
	人工费+ 材料费+ 机械费		元			10 000		
11	综合费率					1 690	14.5	拟建地综合 费率 17.5%
	合 计					11 690		

解

（1）求出工、料、机、综合费用所占造价的百分比。

人工费：772/11 690＝6.6%

材料费：8 308/11 690＝71.1%

机械使用费：920/11 690＝7.8%

综合费用：1 690/11 690＝14.5%

（2）求出工、料、机、间接费价差系数。

① 人工工资价差系数 $K_1 = 32/1.59 = 20.13$

② 材料价差系数 K_2

按万元定额及拟建工程地材料预算价格计算

钢筋：$3.14 \times 2\,400 = 7\,536$（元）

型钢：$1.88 \times 2\,500 = 4\,700$（元）

木材：$2.82 \times 640 = 1\,804.8$（元）

水泥：$15.65 \times 348 = 5\,446.2$（元）

砂子：$36.71 \times 36 = 1\,321.56$（元）

石子：$35.62 \times 65 = 2\,276.3$（元）

红砖：$11.97 \times 177 = 2\,118.69$（元）

木门窗：$15.01 \times 120 = 1\,801.2$（元）

其他：5 500 元

小计：32 543.75 元

则
$$K_2 = m_2/m_1 = 32\,543.75/8\,308 = 3.92$$

③ 求施工机械价差系数。

将主要台班费对照后，确定 $K_3 = 1.05$

④ 综合费率价差系数。

设拟建项目地区综合费率为 17.5%，则
$$K_4 = 17.5/16.9 = 1.04$$

（3）求出拟建项目综合调整系数。

$$K = K_1 \cdot a\% + K_2 \cdot b\% + K_3 \cdot c\% + K_4 \cdot d\%$$
$$= 20.13 \times 6.6\% + 3.92 \times 71.1\% + 1.05 \times 7.8\% + 1.04 \times 14.5\% = 4.35$$

（4）求拟建住宅概算造价。

① 平方米造价 $= 142.56 \times 4.35 = 620.14$（元/m²）

② 总土建概算造价 $= 620.14 \times 2\,500 = 155.04$（万元）

第9章 建设工程施工预算

9.1 概述

9.1.1 建设工程施工预算的概念和作用

1. 施工预算的概念

施工预算，是指在建设工程施工前，在施工图预算的控制下，施工企业内部根据施工图计算的分项工程量、施工定额，结合施工组织设计等资料，通过工料分析，计算和确定完成一个单位工程或其分部分项工程所需的人工、材料、机械台班消耗量及其相应费用的经济文件。施工预算一般以单位工程为编制对象。

2. 施工预算的作用

（1）施工预算是施工计划部门安排施工作业计划和组织施工的依据。施工预算确定施工中所需的人力、物力的供应量；进行劳动力、运输机械和施工机械的平衡；计算材料、构件的需要量，进行施工备料和及时组织材料；计算实物工作量和安排施工进度，并做出最佳安排。

（2）施工预算是施工单位签发施工任务单和限额领料单的依据。施工任务单上的工程计量单位、产量定额和计件单位，均需取自施工预算或施工定额。

（3）施工预算是施工企业进行经济活动分析，贯彻经济核算，对比和加强工程成本管理的基础。施工预算既反映设计图纸的要求，也考虑在现有条件下可能采取的节约人工、材料和降低成本的各项具体措施。执行施工预算，不仅可以起到控制成本、降低费用的作用，同时也为贯彻经济核算、加强工程成本管理奠定基础。

（4）施工预算是企业经营部门进行"两算"（施工图预算和施工预算）对比，研究经营决策，推行各种形式经济责任制的依据。通过对比分析，进一步落实各项增产节约的措施，以促使企业加快技术进步。施工预算是开展造价分析和经济对比的依据。

（5）施工预算是班组推行全优综合奖励制度的依据。因为施工预算中规定完成的每一个分项工程所需要的人工、材料、机械台班使用量，都是按施工定额计算的，所以在完成每一个分项工程时，其超额和节约部分就成为班组计算奖励的依据之一。

9.1.2 施工预算的内容构成

施工预算的内容，原则上应包括工程量、材料、人工和机械四项指标。一般以单位工程为对象，按分部工程计算。施工预算由编制说明及表格两大部分组成。

1. 编制说明

编制说明是以简练的文字，说明施工预算的编制依据、对施工图纸的审查意见、现场勘察的主要资料、存在的问题及处理办法等，主要包括以下内容。

（1）编制依据：采用的图纸名称和编号、采用的施工定额、采用的施工组织设计或施工方案。

（2）工程概况：工程性质、范围、建设地点及施工期限。

（3）对设计图纸的建议及现场勘察的主要资料。

（4）施工技术措施：土方调配方案、机械化施工部署、新技术或代用材料的采用、质量及安全技术等。

（5）施工关键部位的技术处理方法，施工中降低成本的措施。

（6）遗留项目或暂估项目的说明。

（7）工程中存在及尚需解决的其他问题。

2. 表格

为了减少重复计算，便于组织施工，编制施工预算常用表格来计算和整理。土建工程一般主要有以下几种表格。

（1）工程量计算表。工程量计算表可根据施工图预算的工程量计算表格来进行计算。

（2）施工预算的工料分析表。施工预算的工料分析表是施工预算中的基本表格，其编制方法与施工图预算工料分析相似，即将各项的工程量乘以施工定额重点工料用量。施工预算要求分部、分层、分段进行工料分析，并按分部汇总成表。

（3）人工汇总表。即将工料分析表中的各工种人工数字，分工种、按分部分列汇总成表。

（4）材料汇总表。即将工料分析表中的各种材料数字，分现场和外加工厂用料，按分部分列汇总成表。

（5）机械汇总表。即将工料分析表中的各种施工机具数字，分名称、按分部分列汇总成表。

（6）预制钢筋混凝土构件汇总表。预制钢筋混凝土构件汇总表包括预制钢筋混凝土构件加工一览表、预制钢筋混凝土构件钢筋明细表、预制钢筋混凝土构件预埋铁件明细表。

（7）金属构件汇总表。金属构件汇总表包括金属加工汇总表、金属结构构件加工材料明细表。

（8）门窗加工汇总表。门窗加工汇总表包括门窗加工一览表、门窗五金明细表。

（9）"两算"对比表。即将施工图预算与施工预算中的人工、材料、机械三项费用进行对比。

9.1.3　施工预算与施工图预算的区别

1. 用途及编制方法不同

施工预算用于施工企业内部核算，主要计算工料用量和直接费；而施工图预算却要确定整个单位工程造价。施工预算必须在施工图预算价值的控制下进行编制。

2. 使用定额不同

施工预算的编制依据是施工定额，施工图预算使用的是预算定额，两种定额的项目划分不同。即使是同一定额项目，在两种定额中各自的工、料、机械台班耗用数量都有一定的差别。

3. 工程项目粗细程度不同

施工预算比施工图预算的项目多、划分细，具体表现如下所述。

（1）施工预算的工程量计算要分层、分段、分工程项目计算，其项目要比施工图预算多。如砌砖基础，预算定额仅列了 1 项；而施工定额根据不同深度及砖基础墙的厚度，共划分了 6 个项目。

（2）施工定额的项目综合性小于预算定额。如现浇钢筋混凝土工程，预算定额每个项目中都包括了模板、钢筋、混凝土 3 个项目，而施工定额中模板、钢筋、混凝土则分别列项计算。

4. 计算范围不同

施工预算一般只计算工程所需工料的数量，有条件的地区可计算工程的直接费，而施工图预算要计算整个工程的直接工程费、现场经费、间接费、利润及税金等各项费用。

5. 所考虑的施工组织及施工方法不同

施工预算所考虑的施工组织及施工方法要比施工图预算细得多，如吊装机械，施工预算要考虑的是采用塔吊还是卷扬机或其他机械；而施工图预算对一般民用建筑是按塔式起重机考虑的，即使是用卷扬机作吊装机械也按塔吊计算。

6. 计量单位不同

施工预算与施工图预算的工程量计量单位也不完全一致。如门窗安装施工预算分门窗框、门窗扇安装两个项目，门窗框安装以樘为单位计算，门窗扇安装以扇为单位计算工程量；但施工图预算门窗安装包括门窗框及扇，以 m^2 计算。

9.2 施工预算的编制

9.2.1 施工预算的编制依据

1. 施工图纸及其说明书

编制施工预算需要具备全套施工图纸和有关的标准图集。施工图纸和说明书必须经过建设单位、设计单位和施工单位共同会审，并要有会审记录，未经会审的图纸不宜采用，以免因与实际施工不相符而返工。

2. 施工组织设计或施工方案

经批准的施工组织设计或施工方案所确定的施工方法、施工顺序、技术组织措施和现场平面布置等，可供施工预算具体计算时采用。

3. 现行的施工定额或劳动定额、材料消耗定额和机械台班使用定额

各省、市、自治区或地区，一般都编制颁发《建筑工程施工定额》。若没有编制或原编制的施工定额现已过时且废止使用，则可依据国家颁布的《建筑安装工程统一劳动定额》，以及各地区编制的《材料消耗定额》和《机械台班使用定额》编制施工预算。

4. 施工图预算书

由于施工图预算中的许多工程量数据可供编制施工预算时利用，因而依据施工图预算书可减少施工预算的编制工作量，提高编制效率。

5. 建筑材料手册和预算手册

根据建筑材料手册和预算手册进行材料长度、面积、体积、重量之间的换算、工程量的计算等。

6. 人工工资标准及工程实际勘察与测量资料

9.2.2 施工预算的编制方法

施工预算的编制方法分为实物法和实物金额法两种。

1. 实物法

实物法就是根据施工图纸和说明书，以及施工组织设计，按照施工定额或劳动定额的规定计算工程量，再分析并汇总人工和材料的数量。这是目前编制施工预算大多采用的方法。应用这些数量可向施工班组签发任务书和限额领料单，进行班组核算，并与施工图预算的人工、材料和机械台班数量对比，分析超支或节约的原因，进而改进和加强企业管理。

2. 实物金额法

实物金额法编制施工预算又分为以下两种：一种是根据实物法编制出人工、材料数量，再分别乘以相应的单价，求得人工费和材料费；另一种是根据施工定额的规定，计算出各分项工程量，套用其相应施工定额的单价，得出合价，再将各分项工程的合价相加，求得单位工程直接费。这种方法与施工图预算单价法的编制方法基本相同。所求得的实物量用于签发施工任务单和限额领料单，而其人工费、材料费、机械台班费可用于进行"两算"对比，以利于企业进行经济核算，提高经济效益。

9.2.3　施工预算的编制程序及步骤

1. 施工预算的编制步骤

施工预算的编制步骤与施工图预算的编制步骤基本相同，所不同的是施工预算比施工图预算的项目划分得更细，以适合施工方法的需要，有利于安排施工进度计划和编制统计报表。施工预算的编制，可按下述步骤进行。

1）熟悉基础资料

在编制施工预算前，要认真阅读经会审和交底的全套施工图纸、说明书及有关标准图集，掌握施工定额内容范围，了解经批准的施工组织设计或施工方案，为正确、顺利地编制施工预算奠定基础。

2）计算工程量

要合理划分分部分项工程项目，一般可按施工定额项目划分，并依照施工定额手册的项目顺序排列。有时为签发施工任务单方便，也可按施工方案确定的施工顺序或流水施工的分层分段排列。此外，为便于进行"两算"对比，也可按照施工图预算的项目顺序排列。为加快施工预算的编制速度，在计算工程量过程中，凡能利用的施工图预算的工程量数据可直接利用。工程量计算完毕核对无误后，根据施工定额内容和计量单位的要求，按分部分项工程的顺序或分层分段，逐项整理汇总。各类构件、钢筋、门窗、五金等也整理列成表格。

3）分析和汇总工、料、机消耗量

按所在地区或企业内部自行编制的施工定额进行套用，以分项工程的工程量乘以相应项目的人工、材料和机械台班消耗量定额，得到该项目的人工、材料和机械台班消耗量。将各分部工程（或分层分段）中同类的各种人工、材料和机械台班消耗量相加，得到每一分部工程（或分层分段）的各种人工、材料和机械台班的总消耗量，再进一步将各分部工程的人工、材料和机械总消耗量汇总，并制成表格。

4）"两算"对比

将施工图预算与施工预算中的分部工程人工、材料、机械台班消耗量或价值列出，并一一对比，算出节约差或超支额，以便反映经济效果，考核施工预算是否达到降低工程成本的目的；否则，应重新研究施工方法和技术组织措施，修正施工方案，防止亏本。

5）编写编制说明

2. 施工预算编制步骤

施工预算编制步骤如图 9-1 所示。

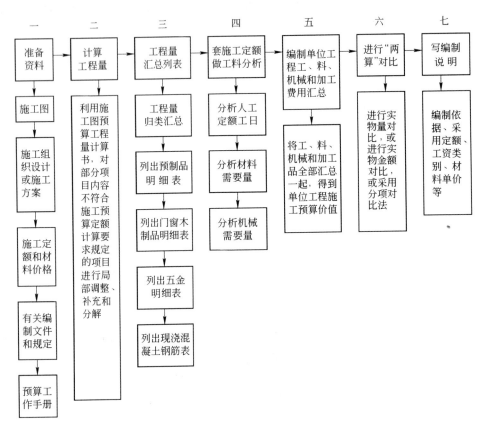

图 9-1　施工预算编制步骤

9.3　"两算"对比

9.3.1　"两算"对比的概念

　　"两算"对比是指施工预算与施工图预算的对比。施工图预算确定的是工程预算成本，施工预算确定的是工程计划成本，它们是从不同角度计算的工程成本。

　　"两算"对比是建筑企业运用经济活动分析来加强经营管理的一种重要手段。通过"两算"对比分析，可以了解施工图预算的正确与否，发现问题，及时纠正；通过"两算"对比，可以对该单位工程给施工企业带来的经济效益进行预测，使施工企业做到心中有数，事先控制不合理的开支，以免造成亏损；通过"两算"对比分析，可以预先找出节约或超支的原因，研究其解决措施，防止亏本。

9.3.2 "两算"对比的方法

"两算"对比的方法一般采用实物量对比法或实物金额对比法。

1. 实物量对比法

实物量是指分项工程所消耗的人工、材料和机械台班消耗的实物数量。对比是将"两算"中相同项目所需的人工、材料和机械台班消耗量进行比较，或者以分部工程或单位工程为对象，将"两算"的人工、材料汇总数量相比较。因"两算"各自的定额项目划分工作内容不一致，为使两者有可比性，常常需经过项目合并、换算之后才能进行对比。由于预算定额项目的综合性较施工定额项目大，故一般是合并施工预算项目的实物量，使其与预算定额项目相对应，然后再进行对比，如表 9-1 所示。

表 9-1　砖基础"两算"对比表

工程名称_____

项目名称	数量/m³		人工材料机械			
			人工/工日	砂浆/m³	砖/块	机械/台班
1 砖基础	6	施工预算	5.61	1.42	3 132	0.29
		施工图预算	7.82	1.49	3 148	0.18
1.5 砖基础	4	施工预算	3.61	0.97	2 072	0.20
		施工图预算	5.04	1.02	2 082	0.12
合计	10	施工预算	9.22	2.30	5 204	0.49
		施工图预算	12.86	2.51	5 230	0.30
		"两算"对比额	+3.64	+0.12	+26	-0.19
		"两算"对比(±%)	+28.30	+4.78	+0.50	-63.33

审核_____　计算_____　　　　　　　　　　　　年　　月　　日

2. 实物金额对比法

实物金额是指分项工程所消耗的人工、材料和机械台班的金额费用。由于施工预算只能反映完成项目所消耗的实物量，并不反映其价值，为使施工预算与施工图预算进行金额对比，就需要将施工预算中的人工、材料和机械台班的数量，乘以各自的单价，汇总成人工费、材料费和机械台班使用费，然后与施工图预算的人工费、材料费和机械台班使用费相比较，如表 9-2 所示。

表 9-2　"两算"对比表

工程名称_____

序号	项目	单位	施工图预算			施工预算			数 量 差			金 额 差		
			数量	单价/元	合价/元	数量	单价/元	合价/元	节约	超支	%	节约	超支	%
一	直接费	元			10 096.68			9 451.86				644.82		6.38

续表

序号	项目	单位	施工图预算			施工预算			数量差			金额差		
			数量	单价/元	合价/元	数量	单价/元	合价/元	节约	超支	%	节约	超支	%
	其中:													
	折合一级工	工日	617.45		971.92	560.70		882.58	56.75		9.19	89.32		9.19
	材料	元			8 590.12			8 057.54				532.58		6.2
	机械	元			534.64			511.74				22.9		4.28
二	分部													
1	土方工程				228.55			210.29				18.26		8
2	砖石工程				2 735.36			2 605.10				130.26		4.76
3	钢筋混凝土				2 239.52			2 126.84				212.68		9.49
	⋮													
三	单项													
1	板方材	m³	2.132	154	328.33	2.09	154	322.01	0.042		1.92	6.32		1.92
2	φ10以外钢筋	t	1.075	595	639.63	1.044	595	3 621.18	0.03		2.88	18.45		2.88

3. "两算"对比的一般说明

1) 人工数量

一般施工预算工日数应低于施工图预算工日数的 10%～15%，因为两者的基础不一样。比如，考虑到在正常施工组织的情况下，工序搭接及土建与水电安装之间的交叉配合所需停歇的时间，工程质量检查与隐蔽工程验收而影响的时间和施工中不可避免的少量零星用工等因素，施工图预算定额有 10% 人工幅度差。计算公式为

$$人工费节约或超支额 = 施工图预算人工费 - 施工预算人工费$$

$$计划人工费降低率 = \frac{施工图预算人工费 - 施工预算人工费}{施工图预算人工费} \times 100\%$$

计算结果为正值时，表示计划人工费节约；当结果为负值时，表示计划人工费超支。

2) 材料消耗

材料消耗方面，一般施工预算应低于施工图预算消耗量。由于定额水平不一致，有的项目会出现施工预算消耗量大于施工图预算消耗量的情况，这时要调查分析，根据实际情况调

整施工预算用量后再予对比。材料费的节约或超支额及计划材料费降低率按下式计算。

$$材料费节约或超支额＝施工图预算材料费－施工预算材料费$$

$$计划材料费降低率＝\frac{施工图预算材料费－施工预算材料费}{施工图预算材料费}\times100\%$$

3）机械台班数量及机械费

由于施工预算是根据施工组织设计或施工方案规定的实际进场的施工机械种类、型号、数量和工期编制计算机械台班，而施工图预算定额的机械台班是根据需要和合理配备来综合考虑的，多以金额表示，因此一般以"两算"的机械费相对比，且只能核算搅拌机、卷扬机、塔吊、汽车吊和履带吊等大中型机械台班费是否超过施工图预算机械费。如果机械费大量超支，没有特殊情况，应改变施工采用的机械方案，尽量做到不亏本而略有盈余。

4）脚手架工程

脚手架工程无法按实物量进行"两算"对比，只能用金额对比。因为施工预算是根据施工组织设计或施工方案规定的搭设脚手架内容编制、计算其工程量和费用的；而施工图预算定额是综合考虑，按建筑面积计算脚手架的摊销费用的。

第10章　工程结算和竣工决算

10.1　工程结算

10.1.1　工程结算概述

1. 概念

所谓工程价款结算（以下简称工程结算），是指施工企业（承包商）在工程实施过程中，依据承包合同中付款条款的规定和已经完成的工程量，按照规定的程序向建设单位（业主）收取工程价款的一项经济活动。

2. 工程结算的作用

（1）工程结算是工程进度的主要指标。在施工过程中，工程结算的依据之一就是按照已完成的工程量进行结算，也就是说，承包商完成的工程量越多，所应结算的工程价款就应越多。所以，根据累计已结算的工程价款占合同总价款的比例，能够近似地反映出工程的进度情况，有利于准确掌握工程进度。

（2）工程结算是加速资金周转的重要环节。承包商能够尽快地分阶段收回工程款，有利于偿还债务，也有利于资金的回笼，降低内部运营成本。通过加速资金周转，提高资金的使用有效性。

（3）工程结算是考核经济效益的重要指标。对于承包商来说，只有工程价款如数地结算，才意味着完成了项目，避免了经营风险，才能获得相应的利润，进而得到良好的经济效益。

10.1.2　工程价款主要结算方式及程序

1. 工程价款的主要结算方式

我国现行建筑安装工程价款的主要结算方式有以下几种。

1）按月结算

即实行旬末或月中预支、月终结算、竣工后清算的方法。跨年度竣工的工程，在年终进行工程盘点，办理年度结算。实行旬末或月中预支，月终结算办法的工程合同，应分期确认合同价款收入的实现，即：各月份终了，与发包单位进行已完工程价款结算时，确认为承包合同已完工部分的工程收入实现，本期收入额为月终结算的已完工程价款金额。

2）竣工后一次结算

建设项目或单项工程全部建筑安装工程建设期在 12 个月以内，或者工程承包合同价值在 100 万元以下的，可以实行工程价款每月月中预支、竣工后一次结算。实行合同完成后一次结算工程价款办法的工程合同，应于合同完成、承包商与发包单位进行工程合同价款计算时，确认为收入实现，实现的收入额为承发包双方结算的合同价款总额。

3）分段结算

即当年开工、当年不能竣工的单项工程或单位工程，按照工程形象进度，划分不同阶段进行结算。分段的划分标准，由各部门或省、自治区、直辖市规定，分段估算可以按月预支工程款。实行按工程形象进度划分不同阶段、分段结算工程价款办法的工程合同，应按合同规定的形象进度，分次确认已完阶段工程收益实现，即：应于完成合同规定的工程形象进度或工程阶段，与发包单位进行工程价款结算时，确认为工程收入的实现。

为简化手续起见，将房屋建筑物划分为几个形象部位，例如基础、±0.0 以上主体结构、装修、室外工程及收尾等，确定各部位完成后付总造价一定百分比的工程款。这样的结算不受月度限制，什么时候完工，什么时候结算。中小型工程常采用这种办法，结算比例一般为：工程开工后，按工程合同造价拨付30%～50%；工程基础完工后，拨付 20%；工程主体完工后，拨付 25%～45%；工程竣工验收后，拨付 5%。

实行竣工后一次结算和分段结算的工程，当年结算的工程款应与分年度完成工作量一致，年终不另清算。

4）目标结款方式

在工程合同中，将承包工程的内容分解成不同的控制界面，以业主验收控制界面作为支付工程价款的前提条件。也就是说，将合同中的工程内容分解成为不同的验收单元，当承包商完成单元工程内容并经业主（或其委托人）验收后，业主支付构成单元工程内容的工程价款。

目标结款方式下，承包商要想获得工程价款，必须按照合同约定的质量标准，完成界面内的工程内容；要想尽早获得工程价款，承包商必须充分发挥自己的组织实施能力，在保证质量的前提下，加快施工进度。这意味着承包商拖延工期时，业主推迟付款，增加承包商的财务费用、运营成本，降低承包商的收益，客观上使承包商因延迟工期而遭受损失。同样，当承包商积极组织施工，提前完成控制界面内的工程内容，则承包商可提前获得工程价款，增加承包收益，客观上承包商因提前工期而增加了有效利润。同时，承包商在界面内质量达不到合同约定的标准而业主不预收，承包商也会因此而遭受损失。目标结款方式实质上是运用合同手段、财务手段，对工程的完成进行主动控制。目标结款方式中，对控制界面的设定应明确描述，便于量化和质量控制，同时要适应项目资金的供应周期和支付频率。

5）结算双方约定并经开户银行同意的其他结算方式

2. 工程价款结算程序

在此，简单介绍按月结算建筑安装工程价款的一般程序。

我国现行建筑安装工程价款结算中，相当一部分实行按月结算。这种结算办法是按分部分项工程，即以"假定建筑安装产品"为对象，按月结算（或预支），待工程竣工后再办理竣工结算，一次结清，找补余款。

按分部分项工程结算，便于建设单位和建设银行根据工程进展情况控制分期拨款额度，"干多少活，给多少钱"；也便于承包商的施工消耗及时得到补偿，并同时实现利润，且能按月考核工程成本的执行情况。

这种结算办法的一般程序包括以下几个方面。

1）预付备料款

施工企业承包工程，一般都实行包工包料，需要有一定数量的备料周转金。在工程承包合同条款中，一般要明文规定发包单位（甲方）在开工前拨给施工单位一定数额的预付款（预付备料款），构成施工企业为该承包工程项目储备和准备主要材料、结构构件所需的流动资金。预付款还可以带有动员费的内容，以供进行施工人员的组织、完成临时设施工程等准备工作之用。支付预付款是公平合理的，因为施工企业早期使用的金额相当大。预付款相当于建设单位给施工企业的无息贷款。

预付款的有关事项，如数量、支付时间和方式、支付条件、偿（扣）还方式等，应在施工合同条款中予以规定。

（1）预付备料款的限额。备料款限额由下列主要因素决定：主要材料（包括外购构件）占施工产值的比重、材料储备期、施工工期。对于承包商常年应备的备料款限额，其计算公式为

$$备料款限额 = \frac{年度承包工程总值 \times 主要材料所占比重}{年度施工日历天数} \times 材料储备天数$$

一般建筑工程不应超过当年建筑工程量（包括水、电、暖、卫）的 30%；安装工程按年安装工程量的 10%，材料占比重较多的安装工程按年计划产值的 15% 左右拨付。

对于只包定额工日（不包材料定额，一切材料由建设单位供给）的工程项目，可以不预付备料款。

（2）备料款的扣回。发包方拨付给承包商的备料款属于预支性质，到了工程中后期，随着工程所需主要材料储备的逐步减少，应以抵充工程价款的方式陆续扣回。扣款的方法有以下两种。

① 可以从未施工工程尚需的主要材料及构件的价值相当于备料款数额时起扣，从每次结算工程价款中按材料比重扣抵工程价款，竣工前全部扣清。

② 在承包方完成金额累计达到合同总价的 10% 后，由承包商开始向发包方还款，发包方从每次应付给承包商的金额中扣回工程预付款，发包方至少在合同规定的完成工期前 3 个月将工程预付款的总计金额按逐次分摊的办法扣回。当发包方一次付给承包商的金额少于规定扣回的金额时，其差额应转入下一次支付中作为债务结转。

2）中间结算（工程进度款的支付）

承包商在工程建设工期中，按逐月完成的分部分项工程数量计算各项费用，向建设单位办理中间结算手续。

现行的中间结算办法是，承包商在旬末或月中向建设单位提出预支工程款账单，预支一旬或半月的工程款，月终再提出工程款结算账单和已完工程月报表，收取当月工程价款，并通过建设银行进行结算。

按月进行结算，要对现场已施工完毕的工程逐一进行清点，资料提出后要交建设单位审查签证。为简化手续，多年来采用的办法是以承包商提出的统计进度报表为支取工程款的凭证，即通常所称的工程进度款。工程进度款的支付步骤，见图 10-1 所示。

图 10-1　工程进度款支付步骤

3）工程保修金（尾留款）的预留

按有关规定，工程项目造价中应预留出一定的尾留款作为质量保修费用（又称保留金），待工程项目保修期结束后付款。一般保修金的扣除有两种方法：①在工程进度款拨付累计金额达到该工程合同额的一定比例（一般为95%～97%）时，停止支付，预留部分作为保修金；②从发包方向承包商第一次支付的工程进度款开始，在每次承包商应得的工程款中扣留规定的金额作为保修金，直至保修金总额达到规定的限额为止。

保修金的退还一般分为两次进行。当颁发整个工程的移交证书（竣工验收合格）时，将一半保修金退还给承包商；当工程的缺陷责任期（质保期）满时，另一半保修金由工程师开具证书付给承包商。

承包商已向发包方出具履约保函或其他保证的，可以不留保修金。

4）竣工结算

竣工结算是承包商在所承包的工程按照合同规定的内容全部完工并交工之后，向发包方进行的最终工程价款结算。在竣工结算时，若因某些条件变化，使合同工程价款发生变化，则需按规定对合同价款进行调整。

在实际工作中，当年开工、当年竣工的工程，只需办理一次性结算。跨年度工程，在年终办理一次年终结算，将未完工程转结到下一年度，此时竣工结算等于各年结算的总和。办理工程价款竣工结算的一般公式为

竣工结算工程价款＝预算（或概算）或合同价款＋施工过程中预算或合同价款调整数额－
预付及已结算工程价款

例 10-1　某建筑工程建安工程量600万元，计划2002年上半年完工，主要材料和结构

件款额占施工产值的 62.5%，工程预付款为合同金额的 25%，2002 年上半年各月实际完成施工产值如表 10-1 所示。求如何按月结算工程款。

表 10-1　实际完成施工产值　　　　　　　　　　　　　　　万元

2 月	3 月	4 月	5 月
100	140	180	180

解

(1) 预付工程款＝600×25%＝150(万元)

(2) 计算预付备料款的起扣点 T＝600－150/62.5%＝600－240＝360(万元)，即当累计结算工程款为 360 万元后，开始扣备料款。

(3) 2 月完成产值 100 万元，结算 100 万元。

(4) 3 月完成产值 140 万元，结算 140 万元，累计结算工程款 240 万元。

(5) 4 月完成产值 180 万元，可分解为两个部分：其中的 120 万元（T－240）全部结算，其余的 60 万元要扣除预付备料款 62.5%，按 60 万元的 37.5%结算。实际应结算：120＋60×(1－62.5%)＝120＋22.5＝142.5(万元)，累计结算工程款 382.5 万元。

(6) 5 月完成产值 180 万元，并已竣工，应结算：180×(1－62.5%)＝67.5(万元)，累计结算工程款 450 万元，加上预付工程款 150 万元，共结算 600 万元。

3. 设备、工器具和材料价款的支付与结算

1）国内设备、工器具和材料价款的支付与结算

(1) 国内设备、工器具的支付与结算。按照我国现行规定执行单位和个人办理结算都必须遵守的结算原则：一是恪守信用，及时付款；二是谁的钱进谁的账，由谁支配；三是银行不垫款。

建设单位对订购的设备、工器具，一般不预付定金，只对制造期在半年以上的大型专用设备和船舶的价款，按合同分期付款。

建设单位收到设备工器具后，要按合同规定及时结算付款，不应无故拖欠。如果资金不足延期付款，要支付一定的赔偿金。

(2) 国内材料价款的支付与结算。建安工程承发包双方的材料往来，可以按以下方式结算。

① 由承包单位自行采购建筑材料的，发包单位可以在双方签订工程承包合同后，按年度工作量的一定比例向承包单位预付备料资金，并应在一个月内付清。备料款的预付额度，建筑工程一般不应超过当年建筑（包括水、电、暖、卫等）工作量的 30%，大量采用预制构件及工期在 6 个月以内的工程，可以适当增加；安装工程一般不应超过当年安装工程量的 10%，安装材料用量较大的工程，可以适当增加。预付备料款，以竣工前未完工程所需材料价值相当于预付备料款额度时起，在工程价款结算时，按材料所占的比重陆续抵扣。

② 按工程承包合同规定，由承包方包工包料的，发包方将主管部门分配的材料指标交承包单位，由承包方购货付款，并收取备料款。

③ 按工程承包合同规定由发包单位供应材料的，其材料可按材料预算价格转给承包单位，材料价款在结算工程款时陆续抵扣，这部分材料承包单位不应收取备料款。凡是没有签订工程承包合同和不具备施工条件的工程，发包单位不得预付备料款，不准以备料款为名转移资金；承包单位收取备料款后两个月仍不开工或发包单位无故不按合同规定付给备料款的，开户建设银行可以根据双方工程承包合同的约定，分别从有关单位账户中收回或付出备料款。

2）进口设备、工器具和材料价款的支付与结算

对进口设备及材料费用的支付，一般利用出口信贷的形式。出口信贷根据借款的对象，分为卖方信贷和买方信贷。

卖方信贷是卖方将产品赊销给买方，规定买方在一定时期内延期或分期付款。卖方通过向本国银行申请出口信贷来填补占用的资金，其过程如图 10-2 所示。

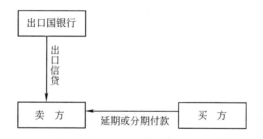

图 10-2　卖方信贷过程示意图

采用卖方信贷进行设备材料结算时，一般是在签订合同后先预付 10％定金，在最后一批货物装船后再付 10％，货物运抵目的地验收后付 5％，待质量保证期满时再付 5％，剩余的 70％货款应在全部交货后规定的若干年内一次或分期付清。

买方信贷有两种形式：一种是由产品出口国银行把出口信贷直接贷给买方，买卖双方以即期现汇成交，其过程如图 10-3 所示。例如，在进口设备材料时，买卖双方签订贸易协议

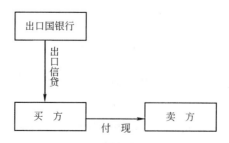

图 10-3　买方信贷过程（出口国银行直接贷款给进口商）示意图

后，买方先付 15% 左右的资金，其余贷款由卖方银行贷给，再由买方按现汇付款条件支付给卖方。此后，买方分期向卖方银行偿还贷款本息。

买方信贷的另一种形式，是由出口国银行把出口信贷提供给进口国银行，再由进口国银行转贷给买方，买方用现汇支付借款，进口国银行分期向出口国银行偿还借款本息，其过程如图 10 - 4 所示。

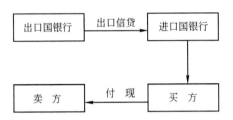

图 10 - 4　买方信贷过程（出口国银行借款给
进口国银行）示意图

进口设备材料的结算价与确定的合同价不同，结算价还要受较多因素（主要是工资、物价、贷款利率及汇率）的影响，因此在结算时要采用动态结算方式。

10.1.3　工程价款的动态结算

动态结算是指把各种动态因素渗透到结算过程中，使结算价大体能反映实际的消耗费用。工程结算时是否实行动态结算，选用什么方法调整价差，应根据施工合同规定行事。

动态结算有按实际价格结算、按调价文件结算和按调价系数结算等方法。

1. 按实际价格结算

按实际价格结算是指某些工程的施工合同规定对承包商的主要材料价格按实际价格结算的方法。

2. 按调价文件结算

按调价文件结算是指施工合同双方采用当时的预算价格进行承发包，施工合同期内按照工程造价管理部门调价文件规定的材料指导价格，用结算期内已完工程材料用量乘以价差进行材料价款调整的方法，其计算公式为

$$各项材料用量 = \sum 结算期已完工程量 \times 定额用量$$

$$调价值 = \sum 各项材料用量 \times (结算期预算指导价 - 原预算价格)$$

3. 按调价系数结算

按调价系数结算是指施工合同双方采用当时的预算价格进行承发包，在合理工期内按照工程造价部门规定的调价系数（以定额直接费或定额材料费为计算基础），在原合同造价（预算价格）的基础上，调整由于实际人工费、材料费、机械台班使用费等费用上涨及工程

变更等因素造成的价差，其计算公式为

$$结算期定额直接费＝\sum（结算期已完工程量×预算单价）$$

$$调价值＝结算期定额直接费×调价系数$$

10.1.4　竣工结算

1. 竣工结算及其作用

1）竣工结算

竣工结算，是指一个单位工程或单项建筑工程竣工，并经建设单位及有关部门验收后，承包商与建设单位之间办理的最终工程结算。工程竣工结算一般以承包商的预算部门为主，由承包商将施工建造活动中与原设计图纸规定产生的一些变化，与原施工图预算比较有增加或减少的地方，按照编制施工图预算的方法与规定，逐项进行调整计算，并经建设单位核算签署后，由承发包单位共同办理竣工结算手续，才能进行工程结算。竣工结算意味着承发包双方经济关系的最后结束，因此承发包双方的财务往来必须结清。办理工程竣工结算的一般公式为

竣工结算工程价款＝预算（或概算）或合同价款＋施工过程中预算

或合同价款调整数额－预付及已结算工程价款－保修金

2）竣工结算的作用

竣工结算的作用有以下 4 个方面。①企业所承包工程的最终造价被确定，建设单位与施工单位的经济合同关系完结。②企业所承包工程的收入被确定，企业以此为根据可考核工程成本，进行经济核算。③企业所承包的建筑安装工作量和工程实物量被核准承认，所提供的结算资料可作为建设单位编报竣工决算的基础资料依据。④可作为进行同类工程经济分析、编制概算定额和概算指标的基础资料。

2. 竣工结算的编制依据

编制工程竣工结算书的依据有以下 7 个方面的内容。①工程竣工报告及工程竣工验收单。这是编制竣工结算书的首要条件。未竣工的工程，或虽竣工但没有进行验收及验收没有通过的工程，不能进行竣工结算。②工程承包合同或施工协议书。③经建设单位及有关部门审核批准的原工程概预算及增减概预算。④施工图、设计变更图、通知书、技术洽商及现场施工记录。⑤在工程施工过程中发生的参考概预算价格差价凭据、暂估价差价凭据，以及合同、协议书中有关条文规定需持凭据进行结算的原始凭证（如工程签证、凭证、工程价款、结算凭证等）。⑥本地区现行的概预算定额、材料预算价格、费用定额及有关文件规定、解释说明等。⑦其他有关资料。

3. 竣工结算的编制方法

竣工结算书的编制，随承包方式的不同而有所差异。

① 采用施工图概预算加增减账承包方式的工程结算书，是在原工程概预算基础上，施工过程中不可避免地发生的设计变更、材料代用、施工条件的变化、经济政策的变化等影响到原施工图概预算价格的变化费用，又称为预算结算制。

② 采用施工图概预算加包干系数或每 m² 造价包干的工程结算书，一般在承包合同中已分清了承发包单位之间的义务和经济责任，不再办理施工过程中所承包内容的经济洽商，在工程结算时不再办理增减调整。工程竣工后，仍以原概预算加系数或 m² 造价的价值进行计算。只有发生在超出包干范围的工程内容时，才在工程结算中进行调整。

③ 采用投标方式承包工程结算书，原则上应按中标价格（成交价格）进行。但合同中对工期较长、内容比较复杂的工程，规定了对较大设计变更及材料调价允许调整的条文，施工单位在竣工结算时，可在中标价格基础上进行调整。当合同条文规定允许调整范围以外发生的非建筑企业原因发生中标价格以外费用时，建筑企业可以向招标单位提出签订补充合同或协议，为结算调整价格的依据。

4. 竣工结算编制程序中的重要工作

1）编制准备

编制准备包括以下 4 个方面的内容。①收集与竣工结算编制工作有关的各种资料，尤其是施工记录与设计变更资料；②了解工程开工时间、竣工时间和施工进度、施工安排与施工方法等有关内容；③掌握在施工过程中的有关文件调整与变化，并注意合同中的具体规定；④检查工程质量，校核材料供应方式与供应价格。

2）对施工图预算中不真实项目进行调整

（1）通过设计变更资料，寻找原预算中已列但实际未做的项目，并将该项目对应的预算从原预算中扣减出来。例如，某工程内墙面原设计混合砂浆材刷，并刷 106 涂料。施工时，应甲方要求不刷涂料，改用喷塑，并有甲乙双方签证的变更通知书，那么在结算时扣除原预算中的 106 涂料费用，该项为调减部分。

（2）计算实际增加项目的费用，费用构成依然为工程的直接费、间接费、利润、税金。上例中的墙面喷塑则属于增加项目，应按施工图预算要求，补充其费用。

（3）根据施工合同的有关规定，计算由于政策变化而引起的调整性费用。

在当前预结算工作中，最常见的一个问题是因文件规定的不断变化而对预结算编制工作带来的直接影响，尤其是间接费率的变化、材料系数的变化、人工工资标准的变化等。

3）计算大型机械进退场费

预结算制度明确规定，大型施工机械进退场费结算时按实计取，但招投标工程应根据招标文件和施工合同规定办理。

4）调整材料用量

引起材料用量尤其是主要材料用量变化的主要因素，一是设计变量引起的工程量的变化而导致的材料数量的增减，二是施工方法、材料类型不同而引起的材料数量变化。

5) 按实计算材差，重点是"三材"与特殊材料价差

一般情况下，建设单位委托承包商采购供应的"三材"和一些特殊材料按预算价、预算指导价或暂定价进行预算造价，而在结算时如实计取。这就要求在结算过程中，按结算确定的建筑材料实际数量和实际价格，逐项计算材差。

6) 确定建设单位供应材料部分的实际供应数量与实际需求数量

材料的供应数量与工程需求数量是两个不同的概念，对于建设单位供应材料来说，这种概念上的区别尤为重要。

供应数量是材料的实际购买数量，通常通过购买单位的财务账目反映出来，建设单位供应材料的供应数量，也就是建设单位购买材料并交给承包商使用的数量；材料的需求数量指的是依据材料分析，完成建筑工程施工所需材料的客观消耗量。如果上述两量之间存在数量差，则应如实进行处理，既不能超供也不能短缺。

7) 计算由于施工方式的改变而引起的费用变化

预算时按施工组织设计文件要求，计算有关施工过程费用，但实际施工时，施工情况、施工方式有变化，则有关费用要按合同规定和实际情况进行调整，如地下工程施工中有关的技术措施、施工机械型号选用变化、施工事故处理等有关费用。

10.2 工程竣工决算

竣工决算是反映建设项目实际造价和投资效果的文件，是竣工验收报告的重要组成部分。所有竣工验收的项目，应在办理手续之前，对所有建设项目的财产和物资进行认真清理，及时、正确地编制竣工决算。这对于总结分析建设过程中的经验教训，提高工程造价管理水平，以及积累技术经济资料等方面，有着重要意义。

10.2.1 竣工决算的内容

建设项目竣工决算应包括从筹建到竣工投产全过程的全部实际支出费用，即建筑工程费用、安装工程费用、设备工器具购置费用和其他费用等。竣工决算由竣工决算报表、竣工决算报告说明书、竣工工程平面示意图、工程造价比较分析 4 部分组成。大中型建设项目竣工决算报表一般包括竣工工程概况表、竣工财务决算表、建设项目交付使用财产总表及明细表，以及建设项目建成交付使用后的投资效益和交付使用财产明细表。

10.2.2 竣工决算的编制

1. 收集、整理、分析原始资料

从工程开始就按编制依据的要求，收集、整理有关资料，主要包括建设项目档案资料，

如设计文件、施工记录、上级批文、概预算文件、工程结算的归集整理，财务处理、财产物资的盘点核实及债权债务的清偿，做到账表相符。

2. 对照工程变动情况，重新核实各单位工程、单项工程造价

将竣工资料与原始设计图纸进行对比，必要时可实地测量，确认实际变更情况；根据经审定的施工单位竣工结算的原始资料，按照有关规定，对原概预算进行增减调整，重新核定工程造价。

3. 填写基建支出和占用项目

经审定的待摊投资、其他投资、待核销基建支出和非经营项目的转出投资，按照国家规定严格划分和核定后，分别计入相应的基建支出（占用）栏目内。

4. 编制竣工决算报告说明书

竣工决算报告说明书包括反映竣工工程建设的成果和经验，是全面考核与分析工程投资与造价的书面总结，是竣工决算报告的重要组成部分，其主要内容包括以下几方面。

1）对工程总的评价

（1）进度。主要说明开工和竣工时间，对照合理工期和要求工期，说明工程进度是提前还是延期。

（2）质量。要根据竣工验收委员会或质量监督部门的验收评定，对工程质量进行说明。

（3）安全。根据劳动工资和施工部门的记录，对有无设备和人身事故进行说明。

（4）造价。应对照概算造价，说明节约还是超支，用金额和百分比进行分析说明。

2）各项财务和技术经济指标的分析

（1）概算执行情况分析。根据实际投资完成额与概算进行对比分析。

（2）新增生产能力的效益分析。说明交付使用财产占总投资额的比例、固定资产占交付使用财产的比例、递延资产占投资总数的比例，分析有机构成和成果。

（3）基本建设投资包干情况的分析。说明投资包干数、实际支用数和节约额、投资包干节余的有机构成和包干节余的分配情况。

（4）财务分析。列出历年的资金来源和资金占用情况。

（5）工程建设的经验教训及有待解决的问题。

（6）需要说明的其他事项。

5. 编制竣工决算报表

竣工决算报表共有9个，按大、中、小型建设项目分别制定，包括建设项目竣工工程概况表、建设项目竣工财务决算总表、建设项目竣工财务决算明细表、交付使用固定资产明细表、交付使用流动资产明细表、交付使用无形资产明细表、递延资产明细表、建设项目工程造价执行情况分析表、待摊投资明细表。

6. 进行工程造价比较分析

在竣工决算报告中，必须对控制工程造价所采取的措施、效果及其动态的变化，进行认真的比较分析，总结经验教训。批准的概算是考核建设工程造价的依据，在分析时可将决算报表中所提供的实际数据和相关资料与批准的概算、预算指标进行对比，以考核竣工项目总投资控制的水平，在对比的基础上总结先进经验，找出落后的原因，提出改进措施。

为考核概算执行情况，正确核算建设工程造价，财务部门首先必须积累概算动态变化资料（如材料价差、设备价差、人工价差、费率价差等）和设计方案变化，以及对工程造价有重大影响的设计变更资料；其次，考察竣工形成的实际工程造价节约或超支的数额。

为了便于比较，可先对比整个项目的总概算，之后对比工程项目（或单项工程）的综合概算和其他工程费用概算，最后再对比单位工程概算，并分别将建筑安装工程、设备、工器具购置和其他工程费用，逐一与项目竣工决算编制的实际工程造价进行对比，找出节约或超支的具体内容和原因。

根据经审定的竣工结算等原始资料，对原概预算进行调整，重新核定各单项工程和单位工程的造价。属于增加固定资产价值的其他投资，如建设单位管理费、研究试验费、土地征用及拆迁补偿费等，应分摊于受益工程，共同构成新增固定资产价值。

7. 清理、装订好竣工图，按国家规定上报审批、存档

第11章　铁路工程概预算的编制

11.1　铁路工程概预算概述

11.1.1　概念

1. 铁路工程

铁路工程建设项目按其投资来源和建设内容分为基本建设工程和更新改造工程两类。按施工间的关系和顺序分为站前工程和站后工程两类。

（1）站前工程。主要有路基、桥涵、隧道、轨道及站场建筑设备等工程。

（2）站后工程。主有拆迁工程、一般房屋、通信、信号、电力、电力牵引供电、给排水、机务、车辆、工务、其他建筑及设备，以及大型临时设施和过渡工程等。

2. 铁路工程概预算

铁路工程概预算是初步设计概算（简称设计概算）、施工图设计投资检算（简称施工图检算，又称施工图预算）和施工预算的统称。铁路工程概预算是在施工之前，根据设计文件、图纸、施工组织设计或施工方案和国家规定的定额、指标及各种费用标准，预先计算的该工程项目从筹建到竣工投产全部费用总和，是确定工程造价的基本文件。

设计概算、施工图预算、施工预算的编制单位、编制时间、编制依据、编制深度、编制作用各不相同。

（1）设计概算。设计概算是在初步设计阶段，由设计单位根据初步设计文件、图纸，采用不同定额体系编制成的工程造价文件。"站前工程"采用铁路工程预算定额；"站后工程"采用铁路工程概算定额或概算指标（仅铁路线路和枢纽建设项目的房屋建筑工程才采用铁路房屋建筑工程概预算定额，其余房屋建筑工程皆采用工程所在省、市、自治区的地区统一定额）。

（2）施工图预算。施工图预算是施工图设计阶段，设计单位根据施工设计图纸、施工组织设计或施工方案及预算定额体系编制而成的工程造价文件。"站前工程"、"站后工程"均采用铁路工程预算定额和各项费用标准编制。

（3）施工预算。施工预算是施工单位根据审定的施工图纸、施工组织设计及有关施工文件，采用施工定额（某些费率也可采用本企业多年积累的费率）编制的工程造价文件。

3. 铁路工程概预算编制的特点

铁路工程是建设工程的一个重要组成部分，是一个工程类别较多的一项综合工程，具有工程线长、点多、投资额巨大、工期较长等特点，所以铁路工程概预算除了具备建设工程概预算的一般特征外，还具备以下特点：①铁路工程概预算在全国范围内实行统一的定额，统一的价差调整方法；②铁路工程人工费的标准，除了与工程类别有关以外，而且还与工程是新建线、营业线、基建还是更改工程有关；③铁路工程的材料数量巨大，运距较长，运杂费所占比例较大，站前工程更是如此，为了比较准确地确定与控制工程造价，将运杂费从材料费中剥离出来，按施工组织设计的供料方案，单独进行计算；④铁路工程的直接费，包含内容较多、较全。针对铁路工程施工的特定环境，包括风沙地区施工增加费、高原地区施工增加费、原始森林地区施工增加费、行车干扰施工增加费等特殊施工增加费等内容，同时更具有铁路工程施工特点，将大型临时设施和过渡工程等费用单独计列；⑤铁路工程概预算的编制方法，根据投资款源的不同，其概预算编制办法也略有不同，包括《铁路基本建设工程设计概算编制办法》、《铁路更新改造工程设计概算编制办法》、《地方铁路基本建设工程设计概算编制办法》、《铁路基本建设利用国外贷款项目设计概算编制办法》。本章将主要介绍铁路基本建设工程设计概算编制办法。

11.1.2　铁路工程概预算编制的范围和单元

铁路基本建设工程概预算的编制办法，目前采用铁道部铁建设〔2006〕113 号文发布的《铁路基本建设工程设计概预算编制办法》。该编制办法，全面修订了铁建设〔1998〕115 号文发布的《铁路基本建设工程设计概算编制办法》，自 2006 年 7 月 1 日起施行。

1. 编制层次及范围

完整的铁路工程概预算，一般由单项概预算、综合概预算、总概预算三个层次逐步完成。

1）总概预算

总概预算是用以反映整个铁路建设项目投资规模和投资构成的文件，一般应按整个建设项目的范围进行编制，不能随意划分编制范围。但遇有以下情况，应根据要求分别编制总概预算，并汇编该建设项目的总概预算汇总表。

（1）两端引入工程可根据需要单独编制总概预算。

（2）编组站、区段站、集装箱中心站应单独编制总概预算。

（3）跨越省（自治区、直辖市）或铁路局者，除应按各自所辖范围编制总概预算外，尚需以区段站为界，分别编制总概预算。

（4）分期建设的项目，应按分期建设的工程范围，分别编制总概预算。

（5）一个建设项目，如由几个设计单位共同设计，则各设计单位按各自承担的设计范围编制总概预算。总概预算汇总表由建设项目总体设计单位负责汇编。

如有其他特殊情况，可按实际需要划分总概预算的编制范围。

2）综合概预算

综合概预算是具体反映一个总概预算内的工程投资总额及构成的文件，其编制范围应与相应的总概预算一致。

3）单项概预算

单项概预算是编制综合概预算、总概预算的基础，是详细反映各工程类别和重大、特殊工点的主要概预算费用的文件。编制内容包括人工费、材料费、施工机械使用费、运杂费、价差、施工措施费、特殊施工增加费、间接费和税金。

编制单元应按总概预算的编制范围划分，并按工程类别分别编制。其中技术复杂的特大、大、中桥及高桥（墩高在 50 m 以上），4 000 m 以上的单、双线长隧道、多线隧道及地质复杂的隧道，大型房屋（如机车库、3 000 人以上的站房）以及投资较大、工程复杂的新技术工点等，应按工点分别编制个别概算。

2. 编制深度及要求

设计概预算的编制深度应与设计阶段及设计文件组成内容的深细度相一致。

（1）单项概预算结合建设项目的具体情况、编制阶段、工程难易程度，确定其编制深度。

（2）综合概预算根据单项概预算，按附录"综合概预算章节表"的顺序进行汇编，没有费用的章，在输出综合概预算表时其章号及名称应保留，各节中的细目结合具体情况可以增减。一个建设项目有几个综合概预算时，应汇编综合概预算汇总表。

（3）总概预算应根据综合概预算，分章汇编。没有费用的章，在输出综合概预算表时其章号及名称一律保留。一个建设项目有几个总概预算时，应汇编总概预算汇总表。

3. 定额的采用

根据不同设计阶段、各类工程的设计深度，采用不同的定额进行编制。

（1）初步设计概算，采用预算定额，"站后"工程可采用概算定额。

（2）施工图预算、投资检查，采用预算定额。

（3）独立建设项目的大型旅客站房的房屋工程及地方铁路中的房屋工程，可采用工程所在地的地区统一定额（含费用定额）。

（4）对于没有定额的特殊工程及尚未实践的新技术工程，设计单位在调查分析的基础上补充单价分析。

11.2　铁路工程概预算费用的构成及计算

11.2.1　铁路工程概预算费用构成

铁路工程概预算费用项目组成如图 11－1 所示。

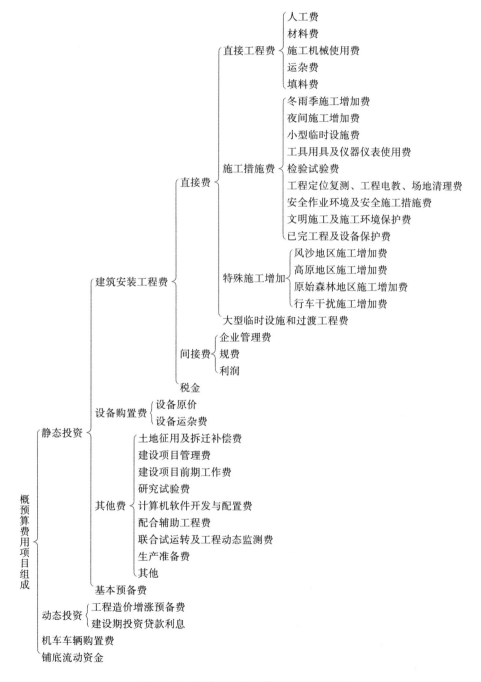

图 11-1　铁路工程概预算费用项目组成

11.2.2 建筑安装工程费

建筑工程费指路基、桥涵、隧道及明洞、轨道、通信、信号、电力、电力供电牵引、房屋、给排水、机务、车辆、站场建筑、工务、其他建筑工程等和属于建筑工程范围内的管线敷设、设备基础、工作台等,以及拆迁工程和属于建筑工程的内容的费用。

安装工程费指各种需要安装的机电设备的装配,与设备相连的工作台、梯子等的装设工程,附属于被安装设备的管线敷设,以及被安装设备的绝缘、刷油、保温和调整、试验所需要的费用。

建筑安装工程费由直接费、间接费和税金三部分组成。

1. 直接费

1) 直接工程费

与一般建筑安装工程直接工程费组成不同,铁路工程直接工程费将运杂费单列,所以直接工程费由人工费、材料费、施工机械使用费、运杂费、填料费组成。

(1) 人工费。人工费指直接从事建筑安装工程施工的生产工人开支的各项费用。

$$人工费 = \sum(定额人工消耗量 \times 综合工费标准)$$

综合工费的组成内容包括基本工资、津贴和补贴、生产工人辅助工资、职工福利费、生产工人劳动保护费。综合公费标准(铁建设〔2006〕113)见表 11-1。

表 11-1 综合工费标准

综合工费类别	工 程 类 别	综合工费标准/(元/工日)
Ⅰ类工	路基,小桥涵,房屋,给排水,站场(不包括旅客地道、天桥)等的建筑工程,取弃土(石)场处理,临时工程	20.35
Ⅱ类工	特大桥、大桥、中桥(包括旅客地道、天桥),轨道,机务、车辆、动车等的建筑工程	24.00
Ⅲ类工	隧道、通信、信号、信息、电力、电力牵引供电工程,设备安装工程	25.83
Ⅳ类工	计算机设备安装调试	43.08

注:① 本表的综合工费标准为基期综合工费标准,不包含特殊地区津贴、补贴。特殊地区津贴、补贴按国务院及其他有关部门和省(自治区、直辖市)的规定计算,按人工费价差计列。

② 独立建设项目的大型旅客站房及地方铁路中的房屋工程,采用工程所在地地区统一定额的,应采用工程所在地的房屋工程综合工费标准。

③ 隧道外一般工程短途接运运输的综合工费采用Ⅰ类工标准。

(2) 材料费。材料费指施工过程中耗用的构成工程实体的原材料、辅助材料、构配件、零件和半成品的用量以及周转材料的摊销量和相应预算价格等计算的费用。

① 材料预算价格的组成。

材料预算价格由材料原价、运杂费、采购及保管费组成。

$$材料预算价格＝（材料原价＋运杂费）×（1＋采购及保管费率）$$

其中：材料原价指材料的价格，对同一种材料，因产地、供应渠道不同而出现几种原价时，其综合原价可按其供应量的比例加权平均计算；运杂费指材料自来源地（生产厂或指定交货地点）运至工地所发生的费用，包括运输费、装卸费、及其他有关的费用；采购及保管费指材料在采购、供应和保管材料过程中所发生的各项费用，包括采购费、仓储费、工地保管费、运输损耗费、仓储损耗费以及办理托运所发生的费用（如按规定由托运单位负担的包装、捆扎、支垫等的料具损耗费，转向架租用费和托运签条）等。

② 材料预算价格的确定。

● 水泥、钢材、木材、砖、瓦、石灰、砂、石、石灰、黏土、花草苗木、土工材料、钢轨、道岔、轨枕、钢梁、钢管拱、斜拉索、钢筋混凝土梁、铁路桥梁支座、钢筋混凝土预制桩、电杆、铁塔、机柱、支柱、接触网及电力线材，光电缆线、给水排水管材等材料的基期价格采用现行的《铁路工程建设材料基期价格》，编制期价格根据设计单位实地调查分析采用，以上价格均不含来源地至工地的运杂费，来源地至工地的运杂费应单独计列。若调查价格中未含采购及保管费，要计算其按材料原价计取的采购及保管费。编制期价格与基期价格的差额按价差计列。

● 施工机械用汽油、柴油，基期价格采用现行的《铁路工程建设材料基期价格》，编制期价格根据设计单位实地调查分析采用，以上价格均不含来源地至工地的运杂费，编制期价格与基期价格的差额按价差计列（计入施工机械使用费价差中）。

● 除上述材料以外的其他材料，基期价格采用现行的《铁路工程建设材料基期价格》，编制期与基期价差按部颁材料价差系数调整。此类材料的基期价格已包含运杂费与采购及保管费，部颁材料价差系数已考虑运杂费与采购及保管费因素，编制概预算时不应另计运杂费与采购及保管费。

③ 再用轨料价格的计算规定。

修建正式工程使用的旧轨料（不包括定额规定使用废、旧轨，桥梁和平交道的护轮轨，车挡弯轨等），其价格按设计调查的价格分析确定；本工程范围内拆除后利用的，一般只计运杂费；需整修的，按相同规格型号新料价格的 10% 计算整修管理费。

（3）施工机械使用费：

$$施工机械使用费＝\sum（定额施工机械台班消耗量×施工机械台班单价）$$

① 施工机械台班费用的组成。施工机械台班费用包括折旧费、大修理费、经常修理费、安装拆卸费、人工费、燃料动力费、养路费及车船使用税等费用。

● 折旧费：指机械在规定的使用期限（耐用总台班）内，陆续收回其原值（不含贷款利息）的费用。

● 大修理费：指机械按规定的大修间隔台班进行必要的大修，以恢复其正常功能所需的费用。

● 经常修理费：指机械除大修理以外的各级技术保养，修理及临时故障排除所需的费用；为保障机械正常运行所需的替换设备、随机配备的工具与附具的摊销和维护费用；机械运转与日常保养所需的润滑、擦拭材料费用；机械停置期间的维护保养费用等。

● 安装拆卸费：指机械在施工现场进行安装、拆卸与搬运所需的人工费、材料费、机具费和试运转费用；辅助设施（基础、底座、固定锚桩、走行轨道、枕木等）的搭拆与折旧费用。

● 人工费：指机上司机和其他操作人员的人工费，以及上述人员在机械规定的年工作台班以外的人工费。

● 燃料动力费：指机械在运转施工作业中所耗用的液体燃料（汽油、柴油）、固体燃料（煤）、电和水的费用。

● 养路费及车船使用税：指按国家有关规定应交纳的养路费、车船使用税、保险费及年检费用。

② 施工机械台班单价的取定。编制设计概预算以现行的《铁路工程施工机械台班费用定额》作为计算施工机械台班单价的依据。以现行的《铁路工程施工机械台班费用定额》中的油燃料价格及本办法规定的基期综合工资标准计算出的台班单价作为基期施工机械台班价；以编制期的综合工资标准、油燃料价格、水电单价及养路费标准计算出的台班单价作为编制期施工机械台班单价。编制期与基期的施工机械台班单价的差额按价差计列。

（4）工程用水、电综合单价。

① 工程用水综合单价。工程用水基期单价为 0.38 元/吨。特殊缺水地区或取水困难的工程，可按施工组织设计确定的供水方案，另行分析工程用水单价，分析水价与基期水价的差额，按价差计列。在大中城市施工时，必须采用城市自来水的，可按当地规定的自来水价格为工程用水单价，与基期水价的差额按价差计列。

② 工程用电综合单价。工程用电基期单价为 0.55 元/kWh。编制概预算时，可根据施工组织设计所确定的供电方案，按下述工程用电单价分析办法，计算出各种供电方式的单价。

● 采用地方电源的电价算式

$$Y_{地} = Y_{基}(1+c) + f_1$$

式中：$Y_{地}$ 为采用地方电源的电价（元/kWh）；$Y_{基}$ 为地方电厂收费电价（元/kWh）；c 为变配电设备和配电线路的损耗率，7%；f_1 为变配电设备的修理、安装、拆除、设备和线路的运行维修的摊销费等（0.03 元/kWh）。

● 采用内燃发电机临时集中发电的电价算式

$$Y_{集} = \frac{Y_1 + Y_2 + Y_3 + \cdots + Y_n}{W(1-R-c)} + S + f_1$$

式中：$Y_{集}$ 为临时内燃集中发电站的电价（元/kWh）；Y_1，Y_2，Y_3，$\cdots$，Y_n 为各型发电机的台班费（元）；W 为各型发电机的总发电量（kWh），其值为 $W = (N_1 + N_2 + N_3 + \cdots + N_n) \times 8 \times B \times M$，其中：$N_1$，$N_2$，$N_3$，$\cdots$，$N_n$ 为各型发电机的额定能力（kW）；B 为台班小时的利用系数 0.8；M 为发电机的出力系数 0.8；R 为发电站的用电率 5%；S 为发电机的冷却水费 0.02 元/kWh；c、f_1 同前。

● 采用分散发电的电价算式

$$Y_分 = \frac{Y_1 + Y_2 + Y_3 + \cdots + Y_n}{(W_1 + W_2 + W_3 + \cdots + W_n)(1-c)} + S + f_1$$

式中：$Y_分$ 为分散发电的电价（元/kWh）；Y_1，Y_2，Y_3，$\cdots$，Y_n 为各型发电机的台班费（元）；W_1，W_2，W_3，$\cdots$，W_n 为各型发电机的台班产量（kWh），其值为 $W_i = 8 \times B_i \times M$。

其中 B_i 为某种型号发电机台班小时的利用系数，由设计确定，C、S、M、f_1 同前。

分析电价与基期电价的差额按价差计列。

（5）运杂费。指水泥、钢材、木材、砖、瓦、石灰、砂、石、石灰、黏土、花草苗木、土工材料、钢轨、道岔、轨枕、钢梁、钢管拱、斜拉索、钢筋混凝土梁、铁路桥梁支座、钢筋混凝土预制桩、电杆、铁塔、机柱、支柱、接触网及电力线材，光电缆线、给水排水管材等材料，自来源地运至工地所发生的有关费用，包括运输费、装卸费、其他有关运输的费用（如火车运输的取送车费用等）以及应按运输费、装卸费、其他有关运输的费用之和计取的采购及保管费用。

① 各种运输单价。

● 火车运价。火车运价分营业线火车、临管线火车、工程列车、其他铁路四种。

a. 营业线火车。按编制期《铁路货物运价规则》的有关规定计算，计算公式为

营业线火车运价（元/吨）＝$K_1 \times$（基价$_1$＋基价$_2 \times$运价里程）＋附加费运价

其中：附加费运价＝$K_2 \times$（电气化附加费费率×电气化里程＋新路新价均摊运价率×运价里程＋铁路建设基金费率×运价里程）。

计算公式中的有关因素说明如下。

第一，各种材料计算货物运价所采用的运价号、综合系数 K_1、K_2 见表 11-2。

表 11-2　铁路运价号、综合系数表

序号	项目分类名称	运价号（整车）	综合系数 K_1	综合系数 K_2
1	砖、瓦、石灰、砂、石	2	1.00	1.00
2	道碴	2	1.20	1.20
3	钢轨(≤25m)、道岔、轨枕、钢梁、电杆、机柱、钢筋混凝土管桩、接触网圆形支柱	5	1.08	1.08
4	100m 长定尺钢轨	5	1.80	1.80
5	钢筋混凝土梁	5	3.48	1.64

序号	项目分类名称	运价号（整车）	综合系数 K_1	综合系数 K_2
6	接触网方形支柱、铁塔、硬横梁	5	2.35	2.35
7	接触网及电力线材，光电缆线	5	2.00	2.00
8	其他材料	5	1.05	1.05

注：① K_1 包含了游车、超限、限速和不满载等因素；K_2 只包含了不满载及游车因素。

② 火车运土的运价号和综合系数 K_1、K_2 比照"砖、瓦、石灰、砂、石"确定。

③ 爆炸品、一级易燃液体除 K_1、K_2 外的其他加成，按编制期《铁路货物运价规则》的有关规定计算。

第二，电气化附加费按该批货物经由国家铁路正式营业线和实行统一运价的运营临管线电气化区段的运价里程合并计算。

第三，货物运价、电气化附加费费率、新路新价均摊运价率、铁路建设基金费率等按编制期《铁路货物运价规则》及铁道部的有关规定执行。

第四，计算货物运输费用的运价里程，由发料地点起算，至卸料地点止，按编制期《铁路货物运价规则》的有关规定计算。其中，区间（包括区间岔线）装卸材料的运价里程，应由发料地点的后方站起算，至卸料地点的前方站（均系指办理货运业务的营业站）止。

b. 临管线火车。临管线火车运价应执行由部批准的运价。运价中包括路基、轨道及有关建筑物和设备（包括临管用的临时工程）等的养护、维修、折旧费。运价里程应按发料地点起算，至卸料地点止，区间卸车算至区间工地。

c. 工程列车。工程列车运价包括机车、车辆的使用费，乘务员及有关行车管理人员的工资、津贴和差旅费，线路及有关建筑物和设备的养护维修费、折旧费以及有关运输的管理费用。运价里程应按发料地点起算，至卸料地点止。区间卸车算至区间工地。工程列车运价按营业线火车运价（不包括铁路建设基金、电气化附加费和超限、限速加成等）的 1.4 倍计算。

工程列车运价计算公式为

$$工程列车运价(元/吨) = 1.4 \times K_2 \times (基价_1 + 基价_2 \times 运价里程)$$

d. 其他铁路。其他铁路运价按该铁路主管部门的规定办理。

● 汽车运价。

$$汽车运价(元/吨) = 吨次费 + 公路综合运价率 \times 公路运距 + $$
$$汽车运输便道综合运价率 \times 汽车运输便道运距$$

计算公式中有关因素说明如下。

首先，吨次费：按工程所在地的调查价格计列。

其次，公路综合运价率：材料运输道路为公路时，考虑过路过桥费等因素，以建设项目所在地的汽车运输单价乘以 1.05 的系数计算。

第三，汽车运输便道综合运价率：材料运输道路为汽车运输便道时，结合地形、道路状况等因素，以当地的汽车运输单价乘以 1.2 的系数计算。

第四，公路运距：应按发料地点起算，至卸料地点止所途经的公路长度计算。

第五，汽车运输便道运距：应按发料地点起算，至卸料地点止所途经的汽车运输便道长度计算。

● 船舶运价及渡口等收费标准按建设项目所在地的标准计列。

● 材料运输过程中，因确需短途接运而采用的双（单）轮车、单轨车、大平车、轻轨斗车、轨道平车、机动翻斗车等运输单价，应按有关定额资料分析确定。

② 各种装卸费单价。

● 火车、汽车的装卸单价，按表 11 - 3 所列综合单价计算。

表 11 - 3　火车、汽车的装卸费单价　　　　　　　　　　　　　　元/t

一般材料	钢轨、道岔、接触网支柱	其他 1 t 以上的构件
3.4	12.5	8.4

注：其中装占 60%；卸占 40%。

● 水运等的装卸单价，按建设项目所在地的标准计列。

● 双（单）轮车、单轨车、大平车、轻轨斗车、轨道平车、机动翻斗车等的装卸单价，按有关定额资料分析确定。

③ 其他有关运输的费用。

● 取送车费（调车费）。用铁路机车往专用线、货物支线（包括站外出岔）或专用铁路的站外交接地点调送车辆时，核收取送车费。计算取送车费的里程，应自车站中心线起算，到交接地点或专用线最长线路终端止，里程往返合计（以公里计）。取送车费的计费标准原则上按铁道部运输主管部门的规定办理。取送车费按 0.10 元/(吨·公里) 计列。

● 汽车运输的渡船费。应按建设项目所在地的标准计列。

④ 采购及保管费。采购及保管费，指按运输费、装卸费及其他有关运输的费用之和计取的、应列入运杂费中的采购及保管费。采购及保管费率见表 11 - 4。

表 11 - 4　采购及保管费率

序号	材 料 名 称	费率/%	其中运输损耗费率/%
1	水泥	3.53	1.00
2	碎石（包括道碴及中、小卵石）	3.53	1.00
3	砂	4.55	2.00
4	砖、瓦、石灰	5.06	2.50
5	钢轨、道岔、轨枕、钢梁、钢管拱、斜拉索、钢筋混凝土梁、铁路桥梁支座、钢筋混凝土预制桩、电杆、铁塔、机柱、接触网支柱	1.00	—
6	其他材料	2.50	—

⑤ 运杂费计算的其他规定。

● 单项材料运杂费单价的编制范围，原则上应与单项概（预）算的编制单元相适应。

● 运输方式和运输距离要经过调查比选，综合分析确定。以最经济合理的并且符合工程要求的材料来源地作为计算运杂费的起运点。

● 分析各单项材料运杂费单价，应按施工组织设计所拟定的材料供应计划，对不同的材料品类及不同的运输方法分别计算平均运距。

● 各种运输方法的比例，按施工组织设计确定的运输方案确定。

● 旧轨件的运杂费，其重量应按设计轨型计算。如设计轨型未确定，可按代表性轨型的重量，其运距由调拨地点的车站起算。如未明确调拨地点者，可按以下原则编列：已明确调拨的铁路局，但未明确调拨地点者，则由该铁路局所在地的车站起算；未明确调拨的铁路局者，则按工程所在地区的铁路局所在地的车站起算。

（6）填料费。指购买不作为材料对待的土方、石方、渗水料、矿物料等填筑用料所支出的费用。

2）施工措施费

（1）冬雨季施工增加费。指建设项目的某些工程需在冬季、雨季施工，以致引起需采取的防寒、保温、防雨和防潮措施，人工与机械的工效降低以及技术作业过程的改变等，所增加的有关费用。

（2）夜间季施工增加费。指必须在夜间连续施工或在隧道内铺碴、铺轨、铺设电线、电缆、架设接触网等工程，所发生的工作效率降低、夜班津贴，以及有关照明设施（包括所需照明设施的装拆、摊销、维修及油燃料、电）等增加的有关费用。

（3）小型临时设施费。指施工企业为进行建筑安装工程施工，所必须修建的生产和生活用的一般临时建筑物、构筑物和其他小型临时设施所发生的费用。小型临时设施费用包括：小型临时设施的搭设、移拆、维修、摊销及拆除恢复等费用，因修建临时房屋及小型临时设施，而发生的租用土地、青苗补偿、拆迁补偿、复垦及其他所有与土地有关的费用等。

小型临时设施包括以下内容。

① 为施工及施工运输（包括临管）所需修建的临时生活及居住房屋，文化教育及公共房屋（如三用堂、广播室等）和生产、办公房屋（如发电站，变电站，空压机站，成品厂，材料厂、库，堆料棚，停机棚，临时站房，货运室等）。

② 为施工或施工运输而修建的小型临时设施，如通往中小桥、涵洞、牵引变电所等工程和处、段、队驻地以及料库、车库的运输便道引入线（包括汽车、马车、双轮车道），工地内运输便道、轻便轨道、龙门吊走行轨、施工便桥，由干线到工地或施工处、段、队驻地的地区通信引入线、电力线和和达不到给水干管路标准的给水管路等。

③ 为施工或维持施工运输（包括临管）而修建的临时建筑物、构筑物。如临时给水（水井、水塔、水池等），临时排水沉淀池，钻孔用泥浆池、沉淀池，临时整备设备（给煤、砂、油、清灰等设备），临时信号，临时通信（指地区线路及引入部分），临时供电，临时站

场建筑设备。

④ 其他。大型临时设施和过渡工程项目内容以外的临时设施。

（4）工具、用具及仪器、仪表使用费。指施工生产所需不属于固定资产的生产工具、检验用具及仪器、仪表的购置、摊销和维修费，以及支付给生产工人自备用具的补贴费。

（5）检验试验费。指施工企业按照规范和施工质量验收标准的要求，对建筑安装的设备、材料、构件及建筑物进行一般鉴定、检查所发生的费用，包括自设试验室进行试验所耗用的材料和化学药品费用等，以及技术革新的研究试验费。不包括应由研究试验费和科技三项费用支出的新结构、新材料的试验费；不包括应由建设单位管理费支出的建设单位要求对具有出厂合格证明的材料进行试验，对构件破坏性试验及其他特殊要求检验试验的费用；不包括设计要求的和需委托其他有资质的单位对构筑物进行检验试验的费用。

（6）工程定位复测、工程点交、场地清理费用。

（7）安全作业环境及安全施工措施费。指用于购置施工安全防护用具及设施、宣传落实安全施工措施、改善安全生产环境及条件、确保施工安全等所需的费用。

（8）文明施工及安全施工措施费。指现场文明施工费用及防噪声、防粉尘、防震动干扰、生活垃圾清运排放等费用。

（9）已完工程及设备保护费。指竣工验收前，对已完工程及设备进行保护所需的费用。

施工措施费，以各类工程的基期人工费及基期施工机械使用费之和为基数，根据施工措施费地区划分表（见表 11-5），按表 11-6 所列费率计列。

表 11-5　施工措施费地区划分表

地区编号	地 域 名 称
1	上海，江苏，河南，山东，陕西（不含榆林地区），浙江，安徽，湖北，重庆，云南，贵州（不含毕节地区），四川（不含梁山彝族自治州西昌市以西地区、甘孜藏族自治州）
2	广东，广西，海南，福建，江西，湖南
3	北京，天津，河北（不含张家口市、承德市），山西（不含大同市、朔州市、忻州地区原平以西各县），甘肃，宁夏，贵州毕节地区，四川梁山彝族自治州西昌市以西地区、甘孜藏族自治州（不含石渠县）
4	河北张家口市、承德市，山西大同市、朔州市、忻州地区原平以西各县，陕西榆林地区，辽宁
5	新疆（不含阿勒泰地区）
6	内蒙古（不含呼伦贝尔盟-图里河及以西各旗），吉林，青海（不含玉树藏族自治州曲麻莱县以西地区、海北藏族自治州祁连县、果洛藏族自治州玛多县、海西蒙古族藏族自治州格尔木市辖的唐古拉山区），西藏（不含阿里地区和那曲地区的尼玛、班戈、安多、聂荣县），四川甘孜藏族自治州石渠县
7	黑龙江（不含大兴安岭地区），新疆阿勒泰地区
8	内蒙古呼伦贝尔盟-图里河及以西各旗，青海玉树藏族自治州曲麻莱县以西地区、海北藏族自治州祁连县、果洛藏族自治州玛多县、海西蒙古族藏族自治州格尔木市辖的唐古拉山区，西藏阿里地区和那曲地区的尼玛、班戈、安多、聂荣县，黑龙江大兴安岭地区

表 11-6　施工措施费费率

类别代号	工程类别/地区编号	1	2	3	4	5	6	7	8	附注
		费率/%								
1	人力施工土石方	20.55	21.09	24.70	27.10	27.37	29.90	30.51	31.57	包括人工拆除工程、绿色防护、绿化、各类工程中单独挖填的土石方、爆破工程
2	机械施工土石方	9.42	9.98	13.83	15.22	15.51	18.21	18.86	19.98	包括机械拆除工程、填级配碎石、砂砾石、渗水土、公路路面、各类工程中单独挖填的土石方
3	汽车运输土石方采用定额"增运"部分	5.09	4.99	5.40	6.12	6.29	6.63	6.79	7.35	包括隧道出碴洞外运输
4	特大桥、大桥	10.28	9.19	12.30	13.53	14.19	14.24	14.34	14.52	不包括梁部及桥面系
5	预制混凝土梁	27.56	22.14	37.67	41.38	44.65	44.92	45.42	46.31	包括桥面系
6	现浇混凝土梁	17.24	13.89	23.50	25.97	27.99	28.16	28.46	29.02	包括梁的横向联结和湿接缝，包括分段预制后拼接的混凝土梁
7	运架混凝土简支箱梁	4.68	4.68	4.81	5.16	5.25	5.40	5.49	5.73	
8	隧道、明洞、棚洞，自采砂石	13.08	12.74	13.61	14.75	14.90	14.96	15.04	15.09	
9	路基加固防护工程	16.94	16.25	18.89	20.19	20.35	20.59	20.80	20.94	包括各类挡土墙、抗滑桩
10	框架桥、中桥、小桥、涵洞、轮渡、码头、房屋、给排水、工务、站场、其他建筑物等建筑工程	21.25	20.22	23.50	25.53	26.04	26.27	26.47	26.65	不包括梁式桥、小桥梁部及桥面系
11	铺轨、铺岔、架设混凝土梁（简支箱梁除外）、钢梁、钢管拱	27.08	26.96	27.83	29.50	30.17	32.46	34.12	40.96	包括支座安装、轨道附属工程，线路备料
12	铺碴	10.33	9.07	12.38	13.71	13.94	14.52	14.86	15.99	包括线路沉落整修、道床清筛
13	无碴道床	27.66	23.60	35.25	38.90	41.35	41.55	41.93	42.60	包括道床过渡段
14	通信、信号、信息、电力、牵引变电、供电段、机务、车辆、动车、所有安装工程	25.30	25.40	25.80	27.75	28.03	28.30	28.70	29.55	
15	接触网建筑工程	25.12	23.89	27.33	29.26	29.42	29.74	30.20	30.46	

注：① 对于设计速度≤120 km/h 的工程，其施工土石方、铺架工程的施工措施费应按表 11-7 规定的费率计算，其余工程类别的费率采用表 11-6 中的规定。

② 大型临时设施和过渡工程按表列同类正式工程的费率乘以 0.45 系数计列。

表 11 - 7　设计速度≤120 km/h 的工程施工措施费费率

工程类别/地区编号	1	2	3	4	5	6	7	8
机械施工土石方	9.03	9.59	13.44	14.38	15.12	17.82	18.47	19.59
铺轨、铺岔、架设砼梁	25.33	25.21	26.08	27.75	28.42	30.17	32.38	39.21

3）特殊施工增加费

（1）风沙地区施工增加费。指在内蒙古及西北地区的非固定沙漠地区施工时，月平均风力在四级以上的风沙季节（每年 3～5 月），进行室外建筑安装工程时，由于受风沙影响应增加的费用。

风沙地区施工增加费＝室外建筑安装工程的定额工天×编制期综合工资单价×3%

（2）高原地区施工增加费。指在海拔 2 000 米以上的高原地区施工时，由于人工和机械受气候、气压的影响而降低工作效率，所应增加的费用。根据工程所在地的不同海拔高度，不分工程类别，按下列算法计列

高原地区施工增加费＝定额工天×编制期综合工资单价×高原地区工天定额增加幅度＋
定额机械台班量×编制期机械台班单价×高原地区机械台班定额增加幅度

高原地区施工定额增加幅度见表 11 - 8。

表 11 - 8　高原地区施工定额增加幅度

海拔高度/m	定额增加幅度/%	
	工天定额	机械台班定额
2000～3000	12	20
3001～4000	22	34
4001～4500	33	54
4501～5000	40	60
5000 以上	60	90

（3）原始森林地区施工增加费。指在原始森林地区进行新建或增建二线铁路施工，由于受气候影响，其路基土方工程应增加的费用。本项费用按下列算法计列

原始森林地区施工增加费＝（路基土方工程的定额工天×编制期综合工资单价＋路基土方工程的定额机械台班量×编制期机械台班单价）×30%

（4）行车干扰施工增加费。指在不封锁的营业线上，在维持正常通车的情况下，进行建筑安装工程施工时，由于受行车影响造成局部停工或妨碍施工而降低工作效率等所需增加的费用。

① 行车干扰施工增加费的计费范围

受行车干扰的范围详见表 11 - 9。

表 11-9　行车干扰施工增加费计费范围

名称	受行车干扰范围	受行车干扰项目	包括	不包括
路基	在行车线上或在行车线中心平距 5 m 及以上	填挖土方、填石方	路基抬高落坡全部工程	路基加固防护及附属土石方工程
	在行车线的路堑内	开挖土石方的全部数量以及路堑内的挡土墙、护墙、护坡、侧沟、吊沟的全部砌筑工程数量	以邻近行车线的一股道为限	控制爆破开挖石方，路堤挡土墙、护坡
	平面跨越行车线运土石方	跨越运输的全部数量	隧道弃渣	
桥涵	在行车线上或在行车线中心平距 5 m 及以内	涵洞的主体圬工，桥梁工程的下部建筑主体圬工	桥梁的锥体护坡及桥头填土	桥涵其他附属工程及桥梁架立和桥面熄灯，框架桥、涵管的挖土、顶进，框架桥内、涵洞内的路面、排水等工程
隧道及明洞	在行车线的隧道、明洞内施工	改扩建隧道或增设通风、照明设备的全部工程数量	明洞、棚洞的挖基及衬砌工程	明洞、棚洞拱上的回填及防水层、排水沟
轨道	在行车线上或在行车线中心平距	全部数量	拆铺、改拨线路，更换钢轨、轨枕及线路整修作业	线路备料
电力牵引供电	在行车线上或在行车线两侧中心平距 5 m 及以内或在行车线的线间距≤5 m 的邻线上施工	在既有线上飞封闭线路作业的全部数量和邻线未封闭而本线封闭线路作业的全部数量		封闭线路作业的项目（邻线未封闭的除外）；牵引变电及供电段的全部工程
其他室外建筑安装及拆除	在行车线上或在行车线两侧中心平距 5 m 及以内	全部数量	靠行车线较近的基本站台、货物站台、天桥、灯桥、地道的上下楼梯，信号工程的室内安装	站台土方不跨线取土者

在封锁的营业线上施工（包括要点施工在内，封锁期间的邻线行车除外）、在未移交正式运营的线路上施工和在避难线、安全线、存车线及其他段管线上施工时，均不计列行车干扰施工增加费。

② 行车干扰施工增加费的计算

每次行车的行车干扰施工定额人工和机械台班增加幅度按 0.31% 计（接触网工程按 0.40% 计）。行车干扰施工定额增加幅度包含施工期间因行车而应做的整理和养护工作，以及在施工时为防护所需的信号工、电话工、看守工等的人工费及防护用品的维修、摊销费用在内。

行车干扰施工增加费根据每昼夜的行车次数（以现行铁路运输部门的计划运行图为准，所有计划外的小运转、轨道车、补机、加点车的运行等均不计算），按受行车干扰范围内的工程项目的工程数量，以其定额工天和机械台班量，乘以行车干扰施工增加幅度计算。

● 土石方施工及跨股道运输的行车干扰增加费，不论施工方法如何，均按下列算法计列

表 11－10 所列工天×编制期综合工资单价×受干扰土石方数量×每昼夜的行车次数×0.31%

表 11－10　土石方施工及跨股道运输计行车干扰的工天

序号	工　作　内　容	土方	石方
1	仅挖、装（爆破石方仅为装）在行车干扰范围内	20.4	8.0
2	仅卸在行车干扰范围内	4.0	5.4
3	挖、装、卸（爆破石方仅为装、卸）均在行车干扰范围内	24.4	13.4
4	双面跨越行车线运输土石方，仅跨越一股道或跨越双线、多线股道的第一股道	15.7	23.0
5	双面跨越行车线运输土石方，每增跨一股道	3.1	4.6

● 接触网工程的行车干扰施工增加费，按下列算法计列：受行车干扰范围内的工程数量×（所对应定额的应计行车干扰的工天×编制期综合工资单价＋所对应定额的应计行车干扰的机械台班量×编制期机械台班单价）×每昼夜的行车次数×0.40%。

● 其他工程的行车干扰施工增加费，按下列算法计列：受行车干扰范围内的工程数量×（所对应定额的应计行车干扰的工天×编制期综合工资单价＋所对应定额的应计行车干扰的机械台班量×编制期机械台班单价）×每昼夜的行车次数×0.31%。

4）大型临时设施和过渡工程费

大型临时设施和过渡工程费，是指施工企业为进行建筑安装工程施工及维持既有线正常运营，根据施工组织设计确定所需修建的大型临时建筑物和过渡工程所发生的费用，内容包括临时性便线、便桥和其他建筑物及设备，以及由此引起的租用土地、青苗补偿及拆迁补偿、复垦及其他所有与土地有关的费用等。

（1）大型临时设施（简称大临）。

① 铁路岔线、便桥。指通往混凝土成品预制厂、材料厂、道碴场（包括砂、石场）、轨节拼装场、长钢轨焊接基地、钢梁拼装场、制（存）梁场的岔线，机车转向用的三角线和架梁岔线，独立特大桥的吊机走行线，以及重点桥隧等工程专设的运料岔线等。

② 铁路便线、便桥。指通往混凝土成品预制厂、材料厂、道碴场（包括砂、石场）、轨节拼装场、长钢轨焊接基地、钢梁拼装场、制（存）梁场等场（厂）内为施工运料所需修建的便线、便桥。

③ 汽车运输便道。指通行汽车的运输干线及其通往隧道、特大桥、大桥和混凝土成品预制厂、材料厂、道碴场（包括砂、石场）、轨节拼装场、长钢轨焊接基地、钢梁拼装场、制（存）梁场、混凝土集中拌和站、填料集中拌和站、大型道碴存储场、换装站等的引入线，以及机械化施工的重点土石方工点的运输便道。

④ 运梁便道。指专为运架大型混凝土成品梁而修建的运输便道。

⑤ 混凝土成品预制厂、材料厂、轨节拼装场、长钢轨焊接基地、钢梁拼装场、制（存）梁场、混凝土集中拌和站、填料集中拌和站、大型道碴存储场、换装站等的场（厂）地土石方、圬工及地基处理。

⑥ 通信干线。指困难山区（起伏变化很大或比高＞80 m 的山地）铁路施工所需的临时通信干线（包括由接轨点最近的交接所为起点所修建的通信干线），不包括由干线到工地或施工地段沿线各处、段、队所在地的引入线、场内配线和地区通信线路。当采用无线通信时，其费用应控制在有线通信临时工程的费用水平内。

⑦ 集中发电站、变电站（包括升压站和降压站）。

⑧ 临时电力干线（指供电电压在 6 kV 及以上的高压输电线路）。包括临时电力干线和通往隧道、特大桥、大桥和混凝土成品预制厂、材料厂、砂石场、轨节拼装场、制（存）梁场等的引入线。

⑨ 给水干管路，指为解决工程用水而铺设的干管路（管径 100 mm 及以上或长度 2 km 及以上）。

⑩ 为施工运输服务的栈桥、缆索吊。

⑪ 渡口、码头、浮桥、吊桥、天桥、地道，指通行汽车为施工服务者。

⑫ 铁路便线、岔线、便桥和汽车运输便道的养护费。

⑬ 修建"大临"而发生的租用土地（含耕地占用税）、青苗补偿、拆迁补偿、复垦及其他所有与土地有关的费用等。

（2）过渡工程。过渡工程指由于改建既有线、增建第二线等工程施工，需要确保既有线（或车站）运营工作的安全和不间断地运行，同时为了加快建设进度，尽可能地减少运输与施工之间的相互干扰和影响，从而对部分既有工程设施必须采取的施工过渡措施。

（3）大型临时设施和过渡工程费用计算规定。

① 大型临时设施和过渡工程，根据施工组织设计确定的项目、规模及工程量，编制办法规定的各项费用标准，采用定额或分析指标，按单项概预算计算程序计算。

② 大型临时设施和过渡工程，均结合具体情况，充分考虑借用本建设项目正式工程的材料，以尽可能节约投资，其有关费用的计算规定如下。

● 借用正式工程的材料。

首先，钢轨、道岔计列一次铺设的施工损耗，钢轨配件、轨枕、电杆计列铺设和拆除各一次的施工损耗（拆除损耗与铺设同）、便桥枕木垛所用的枕木，计列一次搭设的施工损耗。

其次，借用铁道部规定的需实地调查分析材料，计列由材料堆存地点至使用地点和使用完毕由材料使用地点运至指定归还地点的运杂费，其余材料不另计运杂费。

最后，借用正式工程的材料，在概预算中一律不计折旧费，损耗率均按《铁路工程基本定额》执行。

● 使用施工企业的工程器材。

首先，使用施工企业的工程器材，按表 11-11 所列施工器材年使用费率计算使用费。

表 11 - 11　施工器材年使用费率

序号	材 料 名 称	年使用费率/%
1	钢轨、道岔	5
2	钢筋混凝土枕、钢筋混凝土电杆	8
3	钢铁构件、钢轨配件、铁横担、钢管	10
4	油枕、油浸电杆、铸铁管	12.5
5	木制构件	15
6	素枕、素材电杆、木横担	20
7	通信、信号及电力线材（不包括电杆及横担）	30

注：① 不论按摊销或折旧计算，均一律按表列费率作为编制概算的依据。其中：通信、信号及电力线材的使用年限超过 3 年时，超过部分的年使用费率按 10%计。困难山区使用的钢筋混凝土电杆，不论其使用年限多少，均按 100%摊销。

② 计算单位为季度；不足一季度的，按一季度计。

其次，以上材料、构件的运杂费，属铁道部规定的需实地调查分析材料类别的，计列由始发地点至工地的往返运杂费，其余不再另计运杂费。

● 利用旧道碴，除计运杂费外，还应计列必要的清筛费用。

● 不能倒用的材料，如圬工用料，道碴（不能倒用时），计列全部价值。

③ 铁路便线、岔线、便桥的养护费计费标准

为使铁路运输便线、岔线、便桥经常保持完好状态，其养护费按表 11 - 12 规定的标准计列。

表 11 - 12　铁路便线、岔线、便桥的养护费计费标准

项目	人工	零星材料费	道碴（立方米/（月·公里））		
			3 个月以内	3～6 个月	6 个月以上
便线、岔线	32 工日/（月·公里）	—	20	10	5
便桥	11 工日/（月百·换算米）	1.25 元（月·延长米）	—	—	—

注：① 人工费按概算综合工费标准计算。

② 便桥换算长度的计算：

钢梁桥，1 m＝1 换算米；木便桥，1 m＝1.5 换算米；圬工及钢筋混凝土梁桥，1 m＝0.3 换算米

③ 便线、岔线长度不满 100 m 者，按 100 m 计；便桥长度不满 1 m 者，按 1 m 计。计算便线、岔线长度，不扣除道岔及便桥长度。

④ 养护的期限，根据施工组织设计确定，按月计算；不足一个月者，按一个月计。

⑤ 道碴数量采用累计法计算（如：1 km 便线当其使用期为一年时，所需道碴数量＝3×20＋3×10＋6×5＝120 m³）。

⑥ 费用内包括冬季积雪清除和雨季养护等一切有关养护费用。

⑦ 架梁及存梁岔线等，均不计列养护费。

⑧ 便线、便桥、岔线，如通行工程列车或临管列车，并按有关规定计列运费者，因运价中已包括了养护费不应另列养护费；如修建的临时岔线（如运土、运岔线等）只计取装车费或机车、车辆租用费者，可计列养护费。

⑨ 营业线上施工，为保证不间断行车而修建通行正式运营列车的便线、便桥，在未办理交接前，其养护费按照表列规定加倍计算。

④ 汽车便道养护费计费标准

为使通行汽车的运输便道经常保持完好的状态,其养护费按表 11-13 规定的标准计算。

表 11-13 汽车便道养护费计费标准

项　目		人　工	碎石或粒料
		工日/(月·公里)	立方米/(月·公里)
土　路		15	—
粒料路(包括泥结碎石路面)	干　线	25	2.5
	引入线	15	1.5

注:① 人工费按编制期概算综合工费标准计算。

② 计算便道长度,不扣除便桥长度。不足 1 km 者,按 1 km 计。

③ 养护的期限,根据施工组织设计确定,按月计算;不足一个月者,按一个月计。

④ 费用内包括冬季积雪清除和雨季养护等一切有关养护费用。

⑤ 便道中的便桥不另计养护费。

2. 间接费

间接费包括企业管理费、规费和利润。

1) 费用内容

(1) 企业管理费。指建筑安装企业组织施工生产和经营管理所需的费用。其内容如下。

① 管理人员工资。是指管理人员的基本工资、津贴和补贴、辅助工资、职工福利费、劳动保护费等。

② 办公费。指管理办公用的文具、纸张、账表、印刷、邮电、书报、宣传、会议、水、电、烧水和集体取暖用煤等费用。

③ 差旅交通费。指职工因公出差、调动工作的差旅费,助勤补助费,市内交通费和误餐补助费,职工探亲路费,劳动力招募费,职工退休、退职一次性路费,工伤人员就医路费以及管理使用的交通工具的油燃料费、养路费、牌照费。

④ 固定资产使用费。指管理和试验部门及附属生产单位使用的属于固定资产的房屋、车辆、设备仪器等的折旧、大修、维修或租赁费。

⑤ 工具用具使用费。指管理使用的不属于固定资产的生产工具、器具、家具、交通工具、检验、试验、测绘、消防用具等的购置、摊销和维修费用等。

⑥ 财产保险费。指施工管理用财产、车辆保险。

⑦ 税金。指企业按规定交纳的房产税、车船使用税、土地使用税、印花税等各项税费。

⑧ 施工单位进退场及工地转移费。指施工单位根据建设任务需要,派遣人员和机具设备从基地迁往工程所在地或从一个项目迁至另一个项目所发生的往返搬迁费用及施工队伍在同一建设项目内,因工程进展需要,在本建设项目内往返转移,以及民工上、下路所发生的费用。包括:承担任务职工的调遣差旅费,调遣期间的工资,施工机械、工具、用具、周转性材料及其他施工装备的搬运费用;施工队伍在转移期间所需支付的职工工资、差旅费、交

通费、转移津贴等；民工上、下路所需车船费、途中食宿补贴及行李运费等。

⑨ 劳动保险费。指由企业支付离退休职工的易地安家补助费、职工退休金、6 个月以上病假人员工资、职工死亡丧葬补助费、抚恤费以及按规定支付给离退休干部的各项经费等。

⑩ 工会经费。指企业按照职工工资总额提取的工会经费。

⑪ 职工教育经费。指企业为职工学习技术和提高文化水平，按职工工资总额计提的费用。

⑫ 财务费用。指企业为筹集资金而发生的各项费用，包括企业经营期间发生的短期贷款利息净支出、金融机构手续费，以及其他财务费用。

⑬ 其他。包括技术转让费、技术开发费、业务招待费、绿化费、广告费、咨询费、无形资产摊销费、定额测定费、审计费、公证费、投标费等。

（2）规费。指政府和有关部门规定必须缴纳的费用（简称规费）。其内容如下。

① 社会保障费。是指企业按规定缴纳的基本养老保险费、失业保险费、基本医疗保险费、工伤保险费、生育保险费。

② 住房公积金。是指企业按规定缴纳的住房公积金。

③ 工程排污费。是指施工现场按规定缴纳的排污费。

（3）利润。指施工企业完成所承包的工程获得的盈利。

2）费用计算

间接费用以基期人工费和基期施工机械使用费之和为计算基数，按不同工程类别，采用表 11 - 14 所规定费率计列。

表 11 - 14　间接费率

类别代号	工程类别	费率/%	附　注
1	人力施工土石方	59.7	包括人工拆除工程、绿色防护、绿化、各类工程中单独挖填的土石方、爆破工程
2	机械施工土石方	19.5	包括机械拆除工程、填级配碎石、砂砾石、渗水土、公路路面、各类工程中单独挖填的土石方
3	汽车运输土石方采用定额"增运"部分	9.8	包括隧道出碴洞外运输
4	特大桥、大桥	23.8	不包括梁部及桥面系
5	预制混凝土梁	67.6	包括桥面系
6	现浇混凝土梁	38.7	包括梁的横向联结和湿接缝，包括分段预制后拼接的混凝土梁
7	运架混凝土简支箱梁	24.5	
8	隧道、明洞、棚洞、自采砂石	29.6	

类别代号	工程类别	费率/%	附　注
9	路基加固防护工程	36.5	包括各类挡土墙、抗滑桩
10	框架桥、中桥、小桥、涵洞、轮渡、码头、房屋、给排水、工务、站场、其他建筑物等建筑工程	52.1	不包括梁式桥、小桥梁部及桥面系
11	铺轨、铺岔、架设混凝土梁（简支箱梁除外）、钢梁、钢管拱	97.4	包括支座安装、轨道附属工程，线路备料
12	铺碴	32.5	包括线路沉落整修、道床清筛
13	无碴道床	73.5	包括道床过渡段
14	通信、信号、信息、电力、牵引变电、供电段、机务、车辆、动车、所有安装工程	78.9	
15	接触网建筑工程	69.5	

注：大型临时设施和过渡工程按表列同类正式工程的费率乘以 0.8 的系数计列。

3. 税金

根据国家规定，税金计列标准如下。

（1）营业税按营业额的 3% 计列。

（2）城市维护建设税以营业税税额作为计税基数。其税率随纳税人所在地不同而异，即市区按 7%，县城、镇按 5%，不在市区、县城或镇者按 1% 计列。

（3）教育费附加按营业税的 3% 计列。

为简化概算编制，税金统一按建筑安装工程费（不含税金）的 3.35% 计列。

11.2.3　设备购置费

设备购置费，指一切需要安装与不需要安装的生产、动力、弱电、起重、运输等设备（包括备品备件）的购置费。

1. 设备购置费的内容

（1）设备原价。指设计单位根据生产厂家的出厂价格及国家机电产品市场价格目录和设备信息价等资料综合确定的设备原价。内容包括按专业标准规定的保证在运输过程中不受损失的一般包装费，以及按产品设计规定配带的工具、附具和易损件的费用。非标准设备原价（包括材料费、加工费及加工厂的管理费等），可按厂家加工订货等价格资料，并结合设备信息价格，经分析认证后确定。

（2）设备运杂费。指设备自生产厂家（来源地）运至施工工地料库（或安装地点）所发生的运输费、装卸费、供销部门手续费、采购及保管费等费用。

2. 设备购置费的计算规定

（1）设备原价。编制设计概（预）算时，采用现行的《铁路工程建设设备预算价格》中的设备原价，作为基期设备原价。编制期设备原价由设计单位根据调查资料确定。编制期与基期设备原价的差额按价差处理，直接列入设备购置费中。缺项设备由设计单位进行补充。

（2）运杂费。为简化概（预）算编制工作，设备运杂费以基期设备原价作为计算基数，一般地区按 6.1%，新疆、西藏按 7.8%计列。

11.2.4 其他费

其他费，指根据有关规定，应由基本建设投资支付并列入建设项目总概预算内，除建筑安装工程费、设备购置费以外的有关费用。包括土地征用及拆迁补偿费、建设项目管理费、建设项目前期工作费、研究试验费、计算机软件开发与购置费、配合辅助工程费、联合试运转及工程动态检测费、生产准备费及其他。

1. 土地征用及拆迁补偿费

指按照《中华人民共和国土地管理法》规定，为进行铁路建设需征用土地所应支付的土地征用及拆迁补偿费。其内容如下。

1）费用内容

（1）土地征用补偿费：土地补偿费、安置补助费、被征用土地地上、地下附着物及青苗补偿费，征用城市郊区菜地缴纳的菜地开发建设基金，征用耕地缴纳的耕地开垦费、耕地占用税等。

（2）拆迁补偿费：被征用土地上的房屋及附属构筑物、城市公共设施等迁建补偿费等。

（3）土地征用、拆迁建筑物手续费：在办理征地拆迁过程中，发生的相关人员的工作经费及土地登记管理费等。

（4）用地勘界费：委托有资质的土地勘界机构对铁路建设用地界进行勘定所发生的费用。

2）费用计算

（1）土地征用补偿费、拆迁补偿费应根据设计提出的建设用地面积和补偿动迁工程数量，按工程所在地区的省（直辖市、自治区）人民政府颁发的各项规定和标准计列。

（2）土地征用、拆迁建筑物手续费按土地补偿费与土地安置补助费的 0.4%计列。

（3）用地勘界费按工程所在地区的省（直辖市、自治区）人民政府颁发的有关规定计列。

2. 建设项目管理费

1）建设单位管理费

建设单位管理费，指建设单位从筹建之日起到办理竣工财务决算之日止发生的管理性质开支。

内容包括：工作人员的基本工资、基本养老保险费、基本医疗保险费、失业保险费、工伤保险费、生育保险费、住房公积金、办公费、差旅交通费、劳动保护费、办公费、工具用具使用费、固定资产使用费、零星固定资产购置费、招募生产工人费、技术图书资料费、印花税、业务招待费、施工现场津贴、竣工验收费和其他管理性质的开支。

建设单位管理费以概算表中第二～第十章费用总额为计算基数，按表 11 - 15 所列规定费率采用累进法计列。

表 11 - 15　建设单位管理费率

第二～第十章费用总额/万元	费率/%	算例/万元	
		基数	建设单位管理费
500 及以内	1.74	500	500×1.74%=8.7
501～1 000	1.64	1 000	8.7+500×1.64%=16.9
1 001～5 000	1.35	5 000	16.9+4 000×1.35%=70.9
5 001～10 000	1.10	10 000	70.9+5 000×1.10%=125.9
10 001～50 000	0.87	50 000	125.9+40 000×0.87%=473.9
50 001～100 000	0.48	100 000	473.9+50 000×0.48%=713.9
100 001～200 000	0.20	200 000	713.9+100 000×0.20%=913.9
200 001 以上	0.10	300 000	913.9+100 000×0.20%=1 013.9

2）建设管理其他费

建设管理其他费包括：建设期交通工具购置费、建设单位前期工作费、建设单位招标工作费、审计（查）费、合同公证费、经济合同仲裁费、法律顾问费、工程总结费、宣传费、按合同规定应缴纳的税费，以及要求施工单位对具有出厂合格证明的材料进行试验、对构件破坏性试验及其他特殊要求检验试验的费用等。

建设期交通工具购置费按表 11 - 16 所列的标准计列，其他费用按概算表中第二～第十章费用总额的 0.05% 计列。

表 11 - 16　建设期交通工具购置标准

线路长度（正线公里）	交通工具配置情况		价格/万元/台
	数量/台		
	平原丘陵区	山　区	
100 及以内	3	4	20～40
101～300	4	5	
301～700	6	7	
700 以上	8	9	

注：① 平原丘陵区指起伏小或比高≤80 m 的地区；山区指起伏大或比高>80 m 的山地。

② 工期 4 年及以上的工程，在计算建设期交通工具购置费时，均按 100% 摊销；工期小于 4 年的工程，在计算建设期交通工具购置费时，按每年 25% 摊销。

③ 海拔 4 000 m 以上的工程，交通工具价格另行分析确定。

3）建设项目管理信息系统购建费

建设项目管理信息系统购建费，指为利用现代化信息技术，实现建设项目管理信息化需购建项目管理信息系统所发生的费用，包括有关设备购置与安装、软件购置与开发等。该项费用按铁道部有关规定计列。

4）工程监理与咨询服务费

工程监理与咨询服务费，指由建设单位委托具有相应资质的单位，在铁路建设项目的招投标、勘察、设计、施工、设备采购监造（包括设备联合调试）等阶段实施监理与咨询的费用（设计概预算中每项监理与咨询的费用应列出详细细目）。

费用内容包括招投标咨询服务费、勘察监理与咨询服务费、设计监理与咨询服务费、设备采购监造监理与咨询服务费、施工监理与咨询服务费。其中，招投标咨询服务费、勘察监理与咨询服务费、设计监理与咨询服务费、设备采购监造监理与咨询服务费按铁道部有关规定计列，施工监理费以概预算表中第二～九章建筑安装工程费用总额为基数，按表 11 - 17 费率采用内插法计列，施工咨询服务费按国家和铁道部有关规定计列。

表 11 - 17 施工监理费率

第二～九章建筑安装工程费用总额 M/万元	费率 b/%		
	新建单线、独立工程、增建二线、电气化改造工程		新建双线
$M \leqslant 500$	2.5		
$500 < M \leqslant 1\ 000$	$2.5 > b \geqslant 2.0$		
$1\ 000 < M \leqslant 5\ 000$	$2.0 > b \geqslant 1.7$		
$5\ 000 < M \leqslant 10\ 000$	$1.7 > b \geqslant 1.4$		0.7
$10\ 000 < M \leqslant 50\ 000$	$1.4 > b \geqslant 1.1$		
$50\ 000 < M \leqslant 100\ 000$	$1.1 > b \geqslant 0.8$		
$M > 100\ 000$	0.8		

5）工程质量检测费

工程质量检测费，指为保证工程质量，根据铁道部规定由建设单位委托具有相应资质的单位对工程进行检测所需要的费用。本项费用按铁道部有关规定计列。

6）工程质量安全监督费

工程质量安全监督费，指按国家有关规定实行工程质量安全监督所需的费用。本项费用按第二～第十章费用总额的 0.02%～0.07% 计列。

7）工程定额测定费

工程定额测定费，指为制定铁路工程定额和计价标准，实现对铁路工程造价的动态管理而发生的费用。本项费用按第二～第九章费用总额的 0.01%～0.05% 计列。

8）施工图审查费

施工图审查费，指建设主管部门认定的施工图审查机构按照有关法律、法规，对施工图涉及公共利益、公共安全和工程建设强制性标准的内容进行审查所需要的费用。本项费用按铁道部有关规定计列。

9）环境保护专项监理费

环境保护专项监理费，指为保证铁路施工对环境及水土保持不造成破坏，而从环保的角度对铁路施工进行专项检测、监督、检查所发生的费用。本项费用按国家有关部委及建设项目所经地区省（直辖市、自治区）环保监理部门的有关规定计列。

10）营业线施工配合费

营业线施工配合费，指施工单位在营业线上进行建筑安装工程施工时，需要运营单位在施工期间参与配合工作所发生的费用（含安全监督检查费用）。本项费用按不同工程类别的计算范围，以编制期人工费与编制期施工机械使用费之和为基数，乘以表 11 - 18 所列费率计列。

表 11 - 18　营业线施工配合费费率表

工程类别	费率/%	计算范围	说　　明
一、路基			
1. 石方爆破开挖	0.5	既有线改建、既有线增建二线需要封锁线路作业的爆破	不含石方装运卸及压实、码砌
2. 路基基床加固	0.9	挤密桩等既有线基床加固及基床换填	仅限于行车线路基、不含土石方装运卸
二、桥涵			
1. 架梁	9.1	既有线改建、既有线增建二线拆除和架设成品梁	增建二线限于线间距 10 m 以内
2. 既有线桥涵改造	2.7	既有桥梁墩台、基础的改建、加固，既有桥梁部加固；既有涵洞接长、加固、改建	
3. 顶进框架桥、涵	1.4	行车线加固及防护，行车线范围内主体的开挖及顶进	不包括主体预制、工作坑、引道、土方外运及框架桥、涵洞内的路面、排水工程
三、隧道及明洞	4.1	需要封锁线路作业的既有隧道及明、棚洞的改建、加固、整修	
四、轨道			
1. 正线铺轨	3.5	既有轨道拆除、起落、重铺及拨移；换铺无缝线路	仅限于行车线
2. 铺岔	5.5	既有道岔拆除、起落、重铺及拨移	仅限于行车线
3. 道床	2.4	既有道床扒除、清筛、回填或换铺、补碴及沉落整修	仅限于行车线
五、通信、信息	2.0	通信、信息改建建安工程	
六、信号	24.4	信号改建建安工程	

续表

工程类别	费率/%	计算范围	说　明
七、电力	1.1	电力改建建安工程	
八、接触网	2.0	既有线增建电气化接触网建安工程和既有线改造电气化接触网建安工程	已含牵引变电所、供电段等工程的施工配合费
九、给排水	0.5	全部建安工程	

3. 建设项目前期工作费

（1）项目筹融资费。指为筹措项目建设资金而支付的各项费用。主要包括向银行借款的手续费以及为发行股票、债券而支付的各项发行费用等。本项费用根据项目融资情况，按国家和铁道部的有关规定计列。

（2）可行性研究费。指编制和评估项目建议书（或预可行性研究报告）、可行性研究报告所需的费用。本项费用按国家和铁道部的有关规定计列。

（3）环境影响报告编制与评估费。指按照有关规定编制与评估建设项目环境影响报告所发生的费用。本项费用按国家和铁道部的有关规定计列。

（4）水土保持方案报告编制与评估费。指按照有关规定编制与评估建设项目水土保持方案报告所发生的费用。本项费用按国家和铁道部的有关规定计列。

（5）地质灾害危险性评估费。指按照有关规定对建设项目所在地区的地质灾害危险性进行评估所发生的费用。本项费用按国家有关规定计列。

（6）地震安全性评估费。指按照有关规定对建设项目所在地区的地震安全性进行评估所发生的费用。本项费用按国家有关规定计列。

（7）洪水影响评价报告编制费。指按照有关规定就洪水对建设项目可能产生的影响和建设项目对防洪可能产生的影响作出评价，并编制洪水影响评价报告所发生的费用。本项费用按国家有关规定计列。

（8）压覆矿藏评估费。指按照有关规定对建设项目压覆矿藏进行评估所发生的费用。本项费用按国家有关规定计列。

（9）文物保护费。指按照有关规定对受建设项目影响的文物进行原址保护、迁移、拆除所发生的费用。本项费用按国家有关规定计列。

（10）森林植被恢复费。指按照有关规定缴纳的所征用林地的森林植被恢复费。本项费用按国家有关规定计列。

（11）勘察设计费。

① 勘察费。指勘察单位根据国家有关规定，按承担任务的工作量应收取的勘察费用。本项费用按国家主管部门颁发的工程勘察收费标准和铁道部有关规定计列。

② 设计费。指设计单位根据国家有关规定，按承担任务的工作量应收取的设计费用。本项费用按国家主管部门颁发的工程设计收费标准和铁道部有关规定计列。

③ 标准设计费。指采用铁路工程建设标准图所需支付的费用。本项费用按国家主管部门颁发的工程设计收费标准和铁道部有关规定计列。

4. 研究试验费

研究试验费，指为本建设项目提供或验证设计数据、资料和结合本建设项目在设计和施工过程中进行必要的研究试验以及按照设计规定在施工中必须进行的试验、验证所需的费用。

研究试验费中不包括：应由科技三项费用（即新产品试制费、中间试验费和重要科学研究补助费）开支的项目；应由试验检验费开支的施工企业对建筑材料、设备、构件和建筑物等进行一般鉴定、检查所发生的费用及技术革新的研究试验费；应由勘察设计费开支的项目。

研究试验费应根据设计提出的研究试验内容和要求，经建设主管单位批准后按有关规定计列。

5. 计算机软件开发与购置费

计算机软件开发与购置费，是指购买计算机硬件设备时所附带单独计价的软件，或需另行开发与购置的软件所需的费用。不包括项目建设、设计、施工、监理、咨询工作所需软件。本项费用应根据设计提出的开发与购置计划，经建设主管单位批准后按有关规定计列。

6. 配合辅助工程费

配合辅助工程费，是指在该建设项目中，凡全部或部分投资由铁路基本建设投资支付修建的工程，而修建后的产权不属铁路部门所有者，其费用应按协议额或具体设计工程量，按规定计算完整的概预算报表中的第一～第十一章概预算费用。

7. 联合试运转及工程动态检测费

联合试运转及工程动态检测费，是指铁路建设项目在施工全面完成后至运营部门全面接收前，对整个系统进行负荷或无负荷联合试运转或进行工程动态检测所发生的费用。具体包括所需人工、原料、燃料、油料和动力的费用，机械及仪器、仪表使用费，低值易耗品及其他物品的购置费用等。

本项费用的计算方法如下。

（1）需要临管运营的，按 0.15 万元/正线公里计列。

（2）不需要临管运营而直接交付运营部门的，按下列指标计列：①新建单线铁路，3.0 万元/正线公里；②新建双线铁路，5.0 万元/正线公里。

（3）时速 200 km 及以上客运专线铁路联合试运转费用另行分析确定。

8. 生产准备费

（1）生产职工培训费。指新建和改扩建铁路工程，在交验投产以前对运营部门生产职工培训所必需的费用。内容包括：培训人员的工资、津贴和补贴、职工的福利费、差旅交通费、劳动保护费、培训及教学实习费等。本项费用按表 11－19 所规定的标准计列。

表 11 - 19　生产职工培训费标准　　　　　　　　　　元/正线公里

线路类别/铁路类别	非电气化铁路	电气化铁路
新建单线	7 500	11 200
新建双线	11 300	16 000
增建二线	5 000	6 400
既有线增建电气化	—	3 200

注：时速 200 km 及以上客运专线铁路的生产职工培训费用另行分析确定。

（2）办公和生活家具购置费。指为保证新建、改扩建项目初期正常生产、使用和管理，所必须购置的办公和生活家具、用具的费用。范围包括：行政、生产部门的办公室、会议室、资料档案室、文娱室、食堂、浴室、单身宿舍、行车公寓等的家具用具；不包括应由企业管理费、奖励基金或行政开支的改扩建项目所需的办公和生活用家具购置费。

本项费用按表 11 - 20 所规定的标准计列。

表 11 - 20　办公和生活家具购置费标准　　　　　　　元/正线公里

线路类别/铁路类别	非电气化铁路	电气化铁路
新建单线	6 000	7 000
新建双线	9 000	10 000
增建二线	3 500	4 000
既有线增建电气化	—	2 000

注：时速 200 km 及以上客运专线铁路的办公和生活家具购置费另行分析确定。

（3）工器具及生产家具购置费。指新建、改建项目和扩建项目的新建车间，交验后为满足初期正常运营必须购置的第一套不构成固定资产的设备、仪器、仪表、工卡模具、器具、工作台（框、架、柜）等的费用。不包括：构成固定资产的设备、工器具和备品、备件；已列入设备购置费中的专用工具和备品、备件。

本项费用按表 11 - 21 所规定的标准计列。

表 11 - 21　工器具及生产家具购置费标准　　　　　　元/正线公里

线路类别/铁路类别	非电气化铁路	电气化铁路
新建单线	12 000	14 000
新建双线	18 000	20 000
增建二线	7 000	8 000
既有线增建电气化	—	4 000

注：时速 200 km 及以上客运专线铁路的工器具及生产家具购置费另行分析确定。

9. 其他

指以上费用之外，经铁道部批准或国家和部委及工程所在省（自治区、直辖市）规定应纳入设计概预算的费用。

11.2.5　基本预备费

1. 基本预备费主要用途

（1）在进行设计和施工过程中，在批准的设计范围内，必须增加的工程和按规定需要增加的费用。本项费用不含 I 类变更设计增加的费用。

（2）在建设过程中，未投保工程遭受一般自然灾害所造成的损失和为预防自然灾害所采取的措施费用，以及为了避免风险而投保全部或部分工程的建筑、安装工程一切险和第三者责任险的费用。

（3）验收委员会（或小组）为鉴定工程质量，必须开挖和修复隐蔽工程的费用。

（4）由于设计变更所引起的废弃工程，但不包括施工质量不符合设计要求而造成的返工费用和废弃工程。

（5）征地、拆迁的价差。

2. 基本预备费计费标准

基本预备费按第一～第十一章费用总额为基数，初步设计概算按 5% 计列。施工图预算、投资检算按 3% 计列。

11.2.6　动态投资、机车车辆购置费及铺底流动资金

1. 工程造价增涨预留费

工程造价增涨预留费，是指为正确反映铁路基本建设工程项目的概算总额，在设计概算编制年度到项目建设竣工的整个期限内，因形成工程造价诸因素的正常变动（如材料、设备价格的上涨，人工费及其他有关费用标准的调整等），导致必须对该建设项目所需的总投资额进行合理的核定和调整，而需预留的费用。

工程造价增涨预留费，根据建设项目施工组织设计安排，以其分年度投资额及不同年限，按国家及铁道部公布的工程造价年增长指数计算。公式计算为

$$E = \sum_{n=1}^{N} F_n \left[(1+p)^{c+n} - 1 \right]$$

式中：E 为工程造价增涨预留费；N 为施工总工期（年）；F_n 为施工期第 n 年的分年度投资额；C 为编制年至开工年年限（年）；n 为开工年至结（决）算年年限（年）；p 为工程造价年增长率。

2. 建设期投资贷款利息

建设期投资贷款利息，是指建设项目中分年度使用国内贷款，在建设期内应归还的贷款利息。建设期投资贷款利息的计算公式为

建设期投资贷款利息＝$\sum$（年初付息贷款本金累计＋本年度付息贷款额÷2）×年利率

即：

$$S = \sum_{n=1}^{N} \left(\sum_{m=1}^{n} F_m \times b_m - F_n \times b_n \div 2 \right) \times i$$

式中：S 为建设期投资贷款利息；N 为建设总工期（年）；n 为施工年度；m 为还息年度；F_n、F_m 为在建设的第 n、m 年的分年度资金供应量；b_n、b_m 为在建设的第 n、m 年份还息贷款占当年投资比例；i 为建设期贷款年利率。

3. 机车车辆购置费

机车车辆购置费是根据铁道部铁路机车、客车投资有偿占用有关规定，在新建铁路、增建二线和电气化技术改造等基建大中型项目总概预算中计列按初期运量所需要的新增机车车辆的购置费。按设计确定的初期运量所需要的新增机车车辆的型号数量及编制期机车车辆购置价格计算。

4. 铺底流动资金

铺底流动资金是为保证新建铁路项目投产初期正常运营所需流动资金有可靠来源，而计列本项费用。主要用于购买原材料、燃料、动力，支付职工工资和其他有关费用。

铺底流动资金费用按下列指标计列。

（1）地方铁路

新建 I 级地方铁路，6 万元/正线公里；新建 II 级地方铁路，4.5 万元/正线公里。

既有线改扩建、增建二线以及电气化改造工程不计列铺底流动资金。

新建双线：12 万元/正线公里。

（2）其他铁路

新建单线 I 级铁路，8 万元/正线公里；新建单线 II 级铁路，6 万元/正线公里。

如初期运量较小，上述指标可酌情核减。

既有线改扩建、增建二线以及电气化改造工程不计列铺底流动资金。

11.3 铁路工程概预算编制

11.3.1 铁路工程概预算编制的依据

（1）国家和主管部门颁布的概预算编制办法及其配套的概预算定额和取费标准，工程所在地的省、自治区、直辖市政府部门制定的政策性取费内容和标准；铁道部颁布的设计概算

编制办法。

(2) 设计文件、设计图纸和工程数量清单，以及上级主管部门的审查鉴订意见和设计过程中有关各方签定的涉及费用的协议、纪要。

(3) 经审定的施工组织设计：①施工方法、施工程序、工程进度及工期；②土石方调配计划；③临时工程的项目、数量及场地布置；④材料供用计划及其运输方案；⑤工程用水、用电方案；⑥特定工程、重点工程的施工方法及进度安排；⑦特殊条件下的施工安排。

(4) 调查核实及收集概预算基础资料。概预算基础资料指计算概预算中各种费用所需要的基本单价、系数和计算依据，它需要通过查询有关文件、法规和到工程所在地调查了解获得。调查概预算基础资料的内容有：①工程所在地的工资区及其津贴标准；②工程所在地的材料区及当地建筑材料的品种、质量、单价、可供数量、供应方法、运输条件及其运价；③材料、构件、设备的供应方式，价格及运输方法、运输距离，及其运杂费单价；④工程用水、用电方案及其分析单价；⑤工程所在地区的自然特征，包括温度区、月平均气温及计费期限，雨量区、月平均降雨量及计费期限，月平均风力超过四级的施工区段及年内月平均风力超过四级的时间，工程所处的海拔高度及其分段里程，工程处于原始森林地区的工程量；⑥与既有线的平面关系和既有线的行车密度；⑦工程所经省界、局界的分界里程，各种计费不同标准的分界里程；⑧当地政府（省、市、自治区）对征用土地、租用土地、拆迁赔偿的有关规定；⑨国家及上级主管部门对概预算有关政策性调整（含铁道部每年颁布的材料价差调整）及各项税、费的有关规定。

11.3.2 铁路工程概预算编制的方法及程序

1. 铁路工程概预算编制的步骤

1）制定编制原则

划分总概预算的编制范围和单项概预算的编制单元，选用与编制办法相匹配的概预算定额，补充缺项的定额单价分析。并根据编制办法的有关规定和调查核实及收集概预算基础资料，确定铁路工程综合工费、材料费、工程用水、用电的单价，机械台班费和运杂费单价；确定各类费用的计算费率和标准。

2）编制单项概预算

按单项概预算的编制单元，计算工程数量，并将工程数量按概预算定额的工作细目内容和计算单位的要求，进行归类整理；分工程细目选套概预算定额；按表 11-22 的计算程序计算各项费用，完成个别概算表。

3）编制综合概预算

编制概预算应采用统一的章节表。《铁路基本建设工程设计概算编制办法》中规定的"综合概算章节表"划分如下。

表 11-22　建筑安装工程个别概预算计算程序及算式

序号	名　称			计　算　式
(1)			基期人工费	按设计工程量和基期价格水平计列
(2)			基期材料费	注：(1)+(2)+(3) 称为定额直接工程费
(3)			基期施工机械使用费	
(4)			运杂费	按施工组织设计材料供应方案及本办法的规定计算
(5)	直接费	直接工程费	价差·人工费价差	
(6)			价差·材料费价差	基期至编制期价差按有关规定计列
(7)			价差·施工机械使用费价差	
(8)			填料费	按设计数量和购买价计算
(9)			小　计	(1)+(2)+(3)+(4)+(5)+(6)+(7)+(8)
(10)		施工措施费		[(1)+(3)]×费率
(11)		特殊施工增加费		(编制期人工费+编制期施工机械使用费)×费率 或编制期人工费×费率
(12)		合　计		(9)+(10)+(11)
(13)		间接费		[(1)+(3)]×费率
(14)		税　金		[(12)+(13)]×费率
(15)		单项概预算价值		(12)+(13)+(14)

注：表中未含大型临时设施和过渡工程费，大型临时设施和过渡工程费需要单独编制个别概预算，其计算程序见规定。

编制综合概预算时，将总概预算编制范围内的所有单项概预算按综合概预算章节顺序进行汇总（第一章～第九章）；大临和过渡工程需单独编制个别概预算，并将其汇总于第十章；计算第十一章的其他费用和以上各章合计，并汇总全部工料机数量，填写汇总表。之后计算第十二章到第十六章的内容，汇总出概算总额。一个建设项目有几个综合概预算时，应汇编综合概预算汇总表。

4）编制总概预算表

根据综合概预算，分章汇编，计算技术经济指标。一个建设项目有几个总概预算时，应汇编总概预算汇总表。最后编写概预算说明书。

2. 铁路工程概预算文件组成内容

铁路工程概预算文件组成内容包括概预算说明书和概预算表两部分。

1）概预算说明书

（1）编制范围。建设项目名称、起讫点、里程（或枢纽范围）、全长正线公里（或正、站线铺轨里程）以及建设单位。

（2）编制的依据：说明编制依据的规章、办法、协议、纪要及公文等。

（3）采用定额及单价的标准。

采用定额；工资及各项工资性的津贴标准及依据；材料预算单价、砂、石、道碴、砖、瓦、石灰料价的依据；施工机械台班预算单价，水、电单价及取费的依据；采用各种运输单价、装卸费单价及其依据；设备单价及其依据。

（4）采用各项费用费率标准。

（5）各项费用编制的说明。例如，拆迁工程资料的来源及分析指标情况；各类工程编制单元的划分和运杂费分析以及采用类似工程指标的来源；各项价差计算的依据；工程造价增涨预备费计算时其分年度投资计划的依据等。

（6）概预算总额及技术经济指标分析。对一些偏高、偏低的费用和指标，以及影响概预算总额高低的，应当说明原因。

（7）有待进一步解决的问题及下一阶段应注意的事项。

（8）有关协议、机要及公文的副本或复印件。

2）概预算表

根据编制阶段、编制范围的不同，铁路工程概预算表稍有差异，主要有以下概预算表格：

① 总概预算汇总表、总概预算汇总对照表、总概预算表；

② 综合概预算汇总表、综合概预算汇总对照表；

③ 单项概预算表、单项概预算费用汇总表；

④主要材料平均运杂费单价分析表；

⑤ 补充单价分析汇总表、补充单价分析表、补充材料单价表；

⑥ 主要材料预算价格表、设备单价汇总表；

⑦ 技术经济指标统计表。

11.3.3　铁路工程价差调整规定

1. 价差调整

价差调整是指基期至概算编制期、工程结（决）算期间，对基期价格所做的合理调整。

2. 价差调整的阶段划分

铁路工程造价价差调整的阶段，分为基期至设计概算编制期和设计概算编制期至工程结（决）算期两个阶段。

（1）基期至设计概预算编制期所发生的各项价差，由设计单位在编制概预算时，按本办法规定的价差调整方法计算，列入单项概预算。

（2）设计概预算编制期至工程结（决）算期所发生的各项价差，应符合国家有关政策，充分体现市场价格机制，按合同约定办理。

3. 人工费、材料费、施工机械使用费、设备费等主要项目基期至设计概预算编制期价差调整方法

1）人工费价差的调整

按定额统计的人工消耗量（不包括施工机械台班中的人工）乘以编制期综合工费单价与基期综合工费单价的差额计算。

2）材料费价差调整方法

（1）水泥、钢材、木材、砖、瓦、石灰、砂、石、石灰、黏土、花草苗木、土工材料、钢轨、道岔、轨枕、钢梁、钢管拱、斜拉索、钢筋混凝土梁、铁路桥梁支座、钢筋混凝土预制桩、电杆、铁塔、机柱、支柱、接触网及电力线材，光电缆线、给水排水管材等材料的价差，按定额统计的消耗量乘以编制期价格与基期价格之间的差额计算。

（2）水、电价差（不包括施工机械台班消耗的水、电），按定额统计的消耗量乘以编制期价格与基期价格之间的差额计算。

（3）其他材料的价差以定额消耗材料的基期价格为基数，按部颁材料价差系数调整，系数中不含施工机械台班中的油燃料价差。

3）施工机械使用费价差调整方法

按定额统计的机械台班消耗量，乘以编制期施工机械台班单价（按编制期综合工费标准、油燃料单价、水、电单价及养路费标准计算）与基期施工机械台班单价的差额计算。

4）设备费的价差处理

编制设计概（预）算时，以现行的《铁路工程建设设备预算价格》中设备原价作为基期设备原价。编制期设备原价由设计单位按照国家或主管部门发布的信息价和生产厂家规定的现行出厂价分析确定。基期至编制期设备原价的差额，按价差处理，不计取运杂费。

第 12 章　公路工程概预算

12.1　公路工程概预算概述

12.1.1　公路工程概预算的分类

公路工程概预算可分为总概算、修正概算和施工图预算。分别在初步设计、技术设计和施工图设计阶段编制。设计概算和施工图预算的费用组成、各类费用取值、计算程序、表格和文件组成等均相同，最大的区别仍然是采用的定额不同，前者采用概算定额，后者采用预算定额。在以后有关编制方法的介绍中，将不对它们进行区别，统称概预算。

12.1.2　公路工程概预算的编制依据

概算（或修正概算）编制依据：①国家发布的有关法律、法规、规章、规程等；②现行的《公路工程概算定额》（JTG/T B06—01）、《公路工程预算定额》（JTG/T B06—02）、《公路工程机械台班费用定额》（JTG/T B06—3）及《公路工程基本建设项目概算预算编制办法》（JTG B06—2007）；③工程所在地省级交通主管部门发布的补充计价依据；④批准的可行性研究报告、初步设计文件或技术设计文件等有关资料；⑤初步设计、技术设计或施工图纸等设计文件；⑥工程所在地的人工、材料、机械及设备预算价格等；⑦工程所在地的自然、技术、经济条件等资料；⑧工程施工组织设计及施工方案；⑨有关合同协议等；⑩其他有关资料。

12.1.3　公路工程概预算费用构成

公路工程概预算费用组成，详见图 12-1。

以上各类费用与一般建筑安装工程费用的内容和含义基本一致，但是由于公路工程的建设特点，则在下列费用的列取和计算方面与建筑工程费用有所不同。

（1）材料预算价格。由于公路工程的施工特点，其所使用的建筑材料除工业产品、地方性材料之外，还有一部分自采材料，即由施工单位自行开采加工的砂、石、粘土等材料，其自采材料的供应价格根据工程沿线开采条件，按照定额计算的开采单价加辅助生产间接费计算，若开采的料场需要开挖盖山土石方，可将其综合分摊在料场价格内，发生的料场征地补

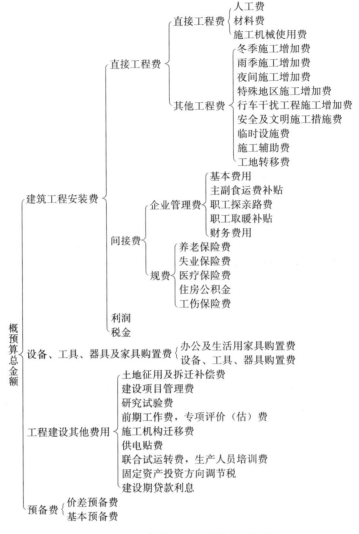

图 12-1　公路工程概预算费用构成

偿费和复垦费计入征地补偿费中。

（2）其他工程费。指除直接工程费外施工过程中发生的直接用于工程的费用。公路工程中的水、电费及因场地狭小等特殊情况而发生的材料二次搬运等其他工程费已包括在定额中，不另计算。其中，冬雨季施工增加费的计算方法是根据各类工程的特点，规定各气温区、雨量区和雨季期的取费标准。为简化计算，采用全年平均摊销的方法，即不论是否在冬雨季施工，均按对顶的取费标准计算冬雨季施工增加费。一条路线通过两个以上气温区、雨量区和雨季期时，可分段计算或按各区的工程量比例求得全线的平均增加率，计算冬雨季施工增加费。特殊地区施工增加费包括高原地区、风沙地区和沿海地区施工增加费。一条路线通过两个以上不同的特殊地区时，应分别计算各自施工增加费或按工程量比例求得平均增加率，来计算特殊地区施工增加费。施工辅助费包括生产工具用具使用费、检验试验费和工程定位复测、工程点交、场地清理等费用。工地迁移费指施工企业根据建设任务的需要，由已竣工的工地或后方基地迁至新工地的搬迁费用。

（3）辅助生产间接费。指由施工单位自行开采加工的砂、石等自采材料及施工单位自办的人工装卸和运输的间接费。该费用并入材料预算单价内构成材料费的一部分，不再单独列项。

（4）回收金额。概预算所列材料一般不计回收，只对按全部材料计价的一些临时工程项目和由于工程规模或工期限制达不到规定周转次数的拱盔、支架及施工金属设备计算回收金额。

（5）其他工程费、间接费取费标准。公路工程其他工程费、间接费的取费标准按工程类别和施工地区的不同采用不同的费率。工程类别划分如下：①人工土方；②机械土方；③汽车运输；④人工石方；⑤机械石方；⑥高级路面；⑦其他路面；⑧构造物Ⅰ（指无夜间施工的桥涵、防护及其他工程等）；⑨构造物Ⅱ（指有夜间施工的桥梁工程）；⑩构造物Ⅲ；⑪技术复杂的大桥；⑫隧道；⑬钢材及钢结构。

12.1.4　公路工程概预算文件组成

公路工程概预算文件由封面、目录、概（预）算编制说明及全部概（预）算计算表格组成。

1. 封面及目录

概（预）算文件的封面和扉页应按《公路基本建设项目概算预算编制办法》中的规定制作，扉页上应有建设项目名称、编制单位、编制、复核人员姓名，并加盖执业（从业）资格印章，编制日期及第几册共几册等内容。目录须按概（预）算表的表号顺序编排。

2. 概（预）算编制说明

概预算编制完成后，应写出编制说明，文字力求简明扼要。应叙述的内容一般有：①建设项目设计资料的依据及有关文号，如建设项目可行性研究报告批准文件号、初步设计和概算批准文号（编修正概算及预算时），以及根据何时的测设资料及比选方案立行编制的等；②采用的定额、费用标准，人工、材料、机械台班单价的依据或来源，补充定额，编制依据的详细说明；③与概（预）算有关的委托书、协议书、会议纪要的主要内容（或将抄件附后）；④总概（预）算金额，人工、钢材、水泥、木料、沥青的总需要量情况，各设计方案的经济比较，以及编制中存在的问题；⑤其他与概（预）算有关但不能在表格中反映的事项。

3. 概（预）算文件表格

公路工程概（预）算应按统一的概（预）算表格计算。其中，概算与预算的表式相同，在印制表格时，应将概算表与预算表分别印制。按照不同的要求，概（预）算文件表格分为甲、乙组文件。

甲组文件为各项费用计算表，乙组文件为建筑安装工程费用各项基础数据计算表，只供审批使用。

概（预）算应按一个建设项目（如一条路线，或一座独立大、中桥、隧道）进行编制。当一个编制项目需要分段或分部编制时，应根据需要分别编制，但必须汇总编制"总概（预）算汇总表"。

4. 甲组文件与乙组文件

1）甲组文件

● 编制说明；

● 总概（预）算汇总表（01－1表）；

● 总概（预）算人工、主要材料、机械台班数量汇总表（02－1表）；

● 总概（预）算（01表）；

● 人工、主要材料、机械台班数量汇总表（02表）；

● 建筑安装工程费计算表（03表）；

● 其他工程费及间接费综合费率计算表（04表）；

● 设备、工具、器具购置费计算表（05表）；

● 工程建设其他费用及回收金额计算表（06表）；

● 人工、材料、机械台班单价汇总表（07表）。

2）乙组文件

● 建筑安装工程费计算数据表（08－1表）；

● 分项工程概（预）算表（08－2表）；

● 材料预算单价计算表（09）；

● 自采材料料场价格计算表（10表）；

● 机械台班单价计算表（11表）；

● 辅助生产工、料、机械台班单位数量表（12表）。

5. 概预算各种表格间的关系

人工、材料、机械台班单价及其他各项费用的计算都应通过规定的表格进行，正是这些表格构成了以上概预算文件的主要内容。各种表格的计算顺序和相互之间的关系如图12－2所示。

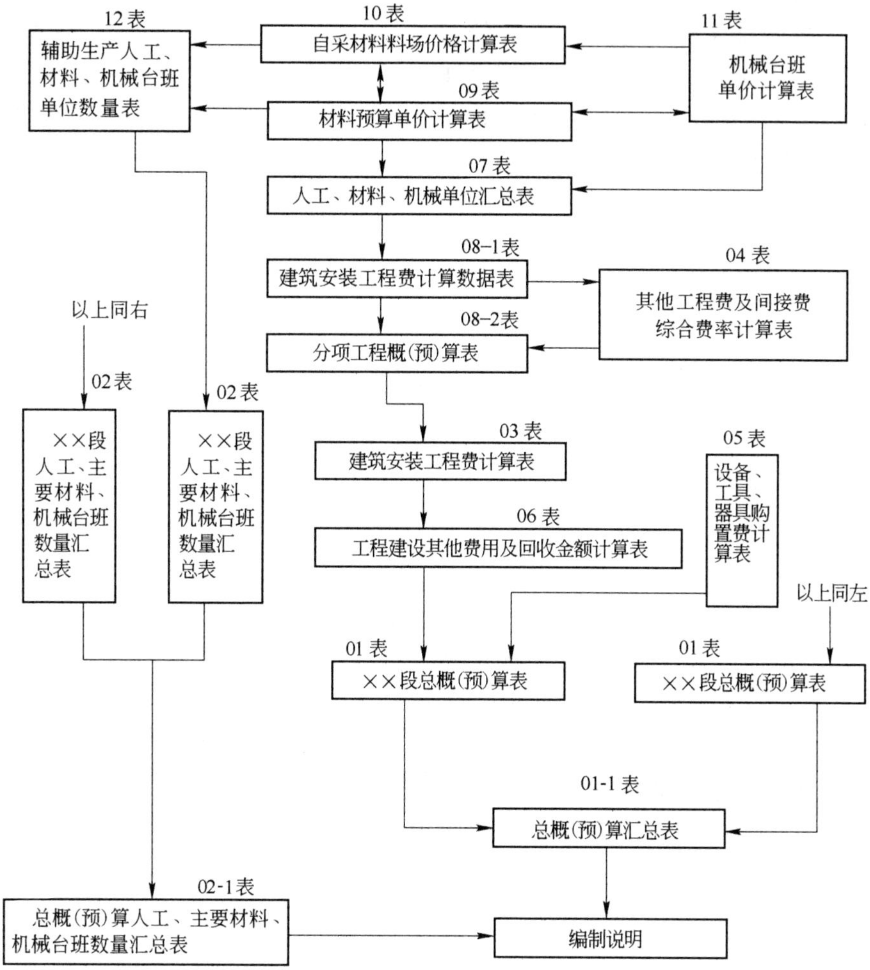

图 12-2 各种表格的计算顺序和相互关系

12.1.5 公路工程概预算项目组成

公路工程是由相当数量的分项工程组成的庞大复杂的综合体，直接计算出其全部人工、材料和机械台班的消耗量及价值，是一项极为困难的工作。为了准确无误地计算和确定公路工程建筑与安装的造价，必须对公路工程项目进行科学的分析与分解。

同时，也是为了便于同类工程之间进行比较和对不同分项工程进行技术经济分析，便于编制概、预算项目时不重不漏，保证质量，必须对概、预算项目的划分、排列顺序及内容作出统一规定，这就形成了公路工程概预算项目表。

概预算项目应严格按项目表的序列及内容编制，不得随意划分。如果实际出现的工程和费用项目与项目表的内容不完全相符时，一、二、三部分和"项"的序号应保留不变，"目"、"节"、"细目"依次排列，不保留缺少的"目"、"节"、"细目"的序号。如第二部分，设备、工具、器具购置费在该项工程中不发生时，第三部分工程建设其他费用仍为第三部分。同样，路线工程第一部分第六项为隧道工程，第七项为公路设施及预埋管线工程，若路线中无隧道工程项目，但其序号仍保留，公路设施及预埋管线工程仍为第七项。但如"目"、"节"或"细目"发生这样情况时，可依次增补改变序号。路线建设项目中的互通式立体交叉、辅道、支线，如工程规模较大时，也可按概预算项目表单独编制建筑安装工程，然后将其概预算建筑安装工程总金额列入路线的总概预算表中相应项目内。

概预算项目主要包括以下内容：

第一部分　建筑安装工程

第一项　临时工程	第五项　交叉工程
第二项　路基工程	第六项　隧道工程
第三项　路面工程	第七项　公路设施及预埋管线工程
第四项　桥梁涵洞工程	第八项　绿化及环境保护工程
	第九项　管理、养护及服务房屋

第二部分　设备及工具、器具购置费

第三部分　工程建设其他费用

12.2　公路工程概预算的编制

根据公路工程建设实践，概预算的编制过程大体可分为前后两大部分：一部分是概预算编制前的准备工作，它是编制概预算的基础；另一部分是概预算具体编制运作环节。

12.2.1　编制前的准备工作

（1）熟悉设计图纸资料、核对主要工程量。对初步设计、技术设计和施工图设计内容进行检查和整理，认真阅读和核对设计图纸及有关表格，如工程一览表、工程量清单等，认真阅读图纸说明。了解设计意图和工程全貌；同时，为确保概预算的编制质量，对主要工程量进行认真计算和核对也是十分必要的。

（2）准备概预算资料。在编制概预算前，应将有关文件如《公路工程基本建设项目设计文件编制办法》、《公路基本建设项目概算预算编制办法》、地方和国家的有关文件准备好；同时，也应将定额如《公路工程概算定额》、《公路工程预算定额》及各类补充定额准备齐全。

（3）进行外业调查和资料搜集。外业调查与资料搜集是为计算人工、材料、征地拆迁单价等提供依据，也是为编制概预算提供原始资料。外业调查与资料搜集的内容主要有：施工队伍，施工时间与期限，工资标准，材料设备费（沿线料场及有无自采材料），材料运输方式及运距，运费标准，占用土地的补偿费、安置费及拆迁补偿费标准，沿线可利用房屋及劳动力供应情况等。

除上述各项调查内容外，根据工程实际，还需进行临时占地数量、临时电力电讯设施数量、临时汽车便道便桥数量、大型专用机械设备购置的数量和单价，以及沿线气象资料，如气温、雨量、积雪、冰冻深度等方面的调查。

（4）分析施工方案。施工方案确定了各项工程内容的施工方法和采用的施工机械，要针对施工方案正确选用工程定额。同时，由于施工方案直接影响到概预算金额的高低，因此，在编制概预算时应对其可行性、合理性和经济性进行认真分析。

（5）分项。公路工程概预算是以分项工程概预算表为基础计算和汇总而来的，所以工程分项是概预算工作中的一项重要基础工作。一般公路工程分项时必须满足以下三方面的要求：①按照概预算项目表的要求分项；②符合定额项目表的要求；③符合费率的要求。其他直接费、现场经费和间接费都是按不同工程类别确定的费用定额，因此所分项目应满足其要求。

（6）根据概预算定额、指标的要求正确计算工程量。概预算定额对每一分项工程的工作内容和计量单位都作了明确的规定，根据设计图纸和文字说明计算工程量时，应与概预算定额的分项工程相对应，计量单位和计算规则应一致，并做到不重不漏。

（7）编制补充定额。当设计中某项工程采用新材料、新工艺、新结构等，而现行的定额又无其近似的可以套用或按规定可以抽换的内容时，可以编制补充定额作为计价的依据。补充定额的内容和形式必须与现行的同类定额标准一致，并写出定额编制说明，抄送当地公路工程定额站备查。

12.2.2 概预算具体编制步骤

（1）计算工程量。在编制概预算时，应对各分项工程量按工程量计算规则进行计算。一是对原设计文件中的工程量进行核对，二是对设计文件中缺少的工程量进行补充计算。

（2）套用定额，填制分项工程概预算表。根据分项所得的工程细目（分项）工程即可从定额中查出相应的人工、材料、机械名称、单位及消耗量定额值，查出各分项工程的定额基价，将工程量乘以各资源的消耗量和定额基价，得出分项工程资源消耗量和工程单价。

（3）编制人工、材料、机械台班预算价格。

（4）计算各项费率。

（5）计算其他工程费和间接费。

（6）计算建筑安装工程费。

（7）计算设备、工具、器具购置费。

（8）按规定计算工程建设其他费用和回收金额。

（9）根据工程所在地区及道路等级，计算冬、雨、夜施工增加量及临时设施用工量，并将其与人工、材料、机械台班的数量进行汇总。

（10）编制总概预算表。

（11）分段汇总。

（12）编写概预算编制说明书。

概预算编制计算程序如表 12-1 所示。

表 12-1　公路工程各项费用的计算程序及计算方式

代号	项　目	说明及计算式
(1)	直接工程费（即工、料、机费）	按编制年工程所在地的预算价格计算
(2)	其他工程费	(1)×其他工程费综合费率或各类工程人工费和机械费之和×其他工程费综合费率
(3)	直接费	(1)＋(2)
(4)	间接费	各类工程人工费×规费综合费率＋(3)×企业管理费综合费率
(5)	利润	[(3)＋(4)－规费]×利润率
(6)	税金	[(3)＋(4)＋(5)]×综合税率
(7)	建筑安装工程费	(3)＋(4)＋(5)＋(6)
(8)	设备、工具、器具购置费（包括备品备件）	$\sum$（设备、工具、器具购置数量×单价＋运杂费）×(1＋采购保管费率)
	办公和生活用家具购置费	按有关定额计算
(9)	工程建设其他费用	
	土地征用及拆迁补偿费	按有关规定计算
	建设单位管理费	(7)×费率
	工程质量监督费	(7)×费率
	工程监理费	(7)×费率
	工程定额测定费	(7)×费率
	设计文件审查费	(7)×费率
	竣（交）工验收试验检测费	按有关规定计算
	研究试验费	按批准的计划编制
	前期工作费	按有关规定计算
	施工机构迁移费	按实计算
	供电贴费	按有关规定计算
	联合试运转费	(7)×费率

续表

代号	项　目	说明及计算式
	生产人员培训费	按有关规定计算
	固定资产投资方向调节税	按有关规定计算
	建设期贷款利息	按实际贷款数及利息计算
(10)	预备费	包括价差预备费和基本预备费两项
	价差预备费	按规定的公式计算
	基本预备费	[(17)＋(18)＋(19)－固定资产投资方向调节税－建设期贷款利息]×费率
	预备费中施工图预算包干系数	[(3)＋(4)]×费率
(11)	建设项目总费用	(17)＋(18)＋(19)＋(10)

第13章 应用计算机编制建设工程施工图预算

13.1 概述

13.1.1 计算机编制建设工程施工图预算的特点

1. 应用计算机编制建设工程施工图预算的优点

建设工程施工图预算的编制是一项相当烦琐的计算工作，其计算时间长、耗用人力多。传统的手工编制施工图预算，不但速度慢、工效低，而且易出差错，往往因此而赶不上预算工作的需要。应用计算机编制工程预算，是提高工效、改善管理的重要手段，也是建筑企业实现现代化管理的主要环节之一。应用计算机编制工程预算具有以下优点。

(1) 编制预算速度快，工作效率高。实践表明，应用计算机编制工程预算，比手算至少可提高工效2～5倍，甚至更高。计算机在工程预算中的应用，可以改变预算赶不上施工需要的局面。

(2) 计算准确，标准一致。预算软件由于统一编制计算程序，工程量计算公式和套用的定额都可事先规定，只需将工程原始数据输入计算机，并确认无误，就可保证计算结果的准确性。

(3) 预算成果项目齐全、完整。应用计算机编制预算，除完成预算文件本身的编制外，还可以获取分层分段工程的工料分析、单位面积各种工料消耗指标、各项费用的组成比例等丰富的技术资料，为备料、施工计划、经济核算提供大量可靠的数据。

(4) 预算修改、调整方便。计算机运算速度快，在编制预算过程中，由于图纸变更等因素引起的变动，需对预算进行调整时，仅需对其中的一些原始数据进行修改，重新运算一次，即完成了预算的调整，而不像手工编制预算那样，对整个预算过程进行调整。

(5) 人机对话、操作简单，有利于培训新的预算技术人员。计算机编制预算，一般只要是能够熟悉施工图纸、合理地选用定额和根据对话框要求输入工程原始数据的人员，就能独立地完成工程预算的编制工作。

2. 应用计算机编制施工图预算的步骤

应用计算机编制施工图预算的方法与手算的方法基本相似，也分为计算工程量、钢筋抽料、套定额、工料分析、材料找差、计算造价及各项技术经济指标等过程。计算机编制施工图预算需做下列准备工作：①根据预算过程的工作要求和规则，用计算机高级语言编制成通用的计算程序，存放在计算机内部；②将定额数据存储在计算机内，即建立定额库；③设计一套计算工程量的模式及程序；④编制预算软件操作说明书。

　　预算人员每次编制预算时，只要根据施工图纸和操作说明，边上机边输入工程数据。在具体编制施工图预算时，可按下列步骤进行：熟悉操作说明书→熟悉施工图纸→输入图形同时完成套定额工作→执行运算→输出打印报表。

3. 预算软件的一般功能

　　目前使用的预算软件，一般都提供了工程项目管理、定额管理、预算编制及费用管理四大功能，供操作选择。

　　(1) 工程项目管理功能。同实际工程一样，每一个具体的项目都有一个项目代号和名称，以便于识别和管理。也就是说在编制预算之前，要给每个实际的工程以相应的代号和名称，这就是项目管理。项目管理可以对项目进行新建、查询、选择、修改、删除、复制、备份、恢复等操作。项目管理库的作用在于：每项工程在编制预算前把各种基本特征数据输入该库，并在预算结束后把各种造价分析数据补充在该工程记录内，以便调用。该库的基本内容包括项目代号、工程名称、建设单位名称、施工单位名称、工程结构类型、取费类别、建筑面积等。

　　(2) 定额管理功能。主要是对已存入计算机内的定额库进行管理，可以对定额库进行查询、修改、补充等操作。

　　(3) 预算编制功能。主要是原始数据输入、补充、运算，对所输数据做出修改，对预算文件进行浏览，打印出完整的工程预算文件（可根据需要选择或全部打印工程量计算表、直接费计算表、取费表、材料分析表、材料汇总表、材料找差表、编制说明、预算书封面等）等功能。

　　(4) 费用管理功能。这是对预算项目及取费标准进行查询、修改、补充等操作。不同工程类别的建设工程，其预算取费不同，因此根据预算特点，把不同工程类别及不同结构形式的取费标准存入费用数据库内，以备预算时调用。

13.1.2　计算机编制施工图预算软件的开发思路

1. 预算软件开发方案

　　编制工程预算主要解决三个问题：一是工程量计算，二是钢筋用量计算（即钢筋抽料），三是套定额并根据取费标准计算工程造价。这三个问题对应着相对独立的软件子系统，即工程量计算软件、钢筋抽料软件和预算软件。

　　工程量计算软件目前有 4 种模式：公式计算法、图形输入法、CAD 法和扫描输入法。

　　1) 公式计算法

　　公式计算法的特点是直观、简单，类似于人工操作。此法可设置公共变量，简化输入，任意编辑、增删、调整数据，编辑结果可打印成工程量计算书。

　　公式计算法的另一种表现形式是填表法。根据预算工程量计算规则及施工图纸输入工程量计算的基础数据，填写专门设计的初始数据表，包括套用的定额编号及工程量计算原始数据、相应的计算公式等，由计算机自动运算生成预算书。

在目前的预算软件中，公式计算法往往作为一种辅助的输入方法，此法虽然直观、易掌握，但不足之处是预算人员输入数据量很大。

在公式计算法中，不少人采用直接输入人工计算好的工程量计算结果，由计算机自动套用单价生成预算表。

2）图形输入法

图形输入法是采用统筹法原理、以预算知识库为基础编制的工程量计算软件。此法是把施工图按一定规则在计算机上画一遍，运算后生成工程量、套用定额和生成工程量计算书。此法的优点是预算人员将建筑物平面图形输入计算机内，就能自动计算工程量和套用定额。目前有一批优秀预算软件就应用这类方法。由于计算机语言的发展及计算机功能的强大，图形输入法软件不断完善，近几年得到了普遍的推广和应用。

3）CAD法

CAD法计算工程量是指CAD出图时直接得出工程量，这是计算机辅助设计与预算相结合的系统。在采用计算机辅助设计时，对各分项工程图形进行属性定义，设计完毕，同类分项工程量自动相加，套用定额编制预算书。这种方法编制预算，能彻底解决工程量数据输入问题，能根据预算书及时分析设计的合理性。

4）扫描输入法

由计算机直接读图、算出工程量，是人们向往已久的事。但由于设计图纸的不规范，此想法一直未能实现，目前不少软件已开始应用此法计算工程量和钢筋用量，但完全实现任何一类工程项目的预算尚需时日。

应用计算机编制预算的核心是工程量计算软件。一般工程量计算软件在计算工程量的同时就套好了定额，但要在读回预算软件中进行换算和调整。如果工程量已经求得，直接选用预算软件套取定额即可。

预算软件名目繁多，如广联达预算软件、鹏业建筑工程预算软件、飞龙预算软件等。不同软件的功能和性能层次差别极大，开发平台和开发工具也各不相同，但一般来说，大多采用16位的数据库、VB等软件开发，其优点是开发周期短，见效快。但开发水平较高的软件，目前采用C++开发。

2. 计算机编制施工图预算的程序

1）定额库管理

所谓定额库，是指把现行的预算定额存储于计算机内，为预算做准备。

根据定额中条款的规定及预算工作需要，定额管理分为7项进行，即定额库（单价表），子目人、材、机消耗库，基本材料预算价格库，综合材料配合比库，机械台班预算价格库，人工单价库，综合材料预算价格库，其程序框图如图13-1所示。在每一个数据库中，设置有查找、修改、删除、增加、退出功能。

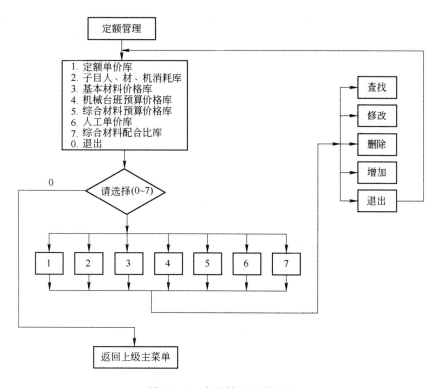

图 13-1　定额管理程序框图

另外，对于各种不同的预算，如概算、施工图预算、施工预算等，应分别编制建立不同的定额库以供标准程序使用。这些定额库内数据并非一成不变，应随着生产的发展、生产率的提高及价格变化等做出相应的调整。

（1）材料预算价格文件。材料预算价格文件是最重要和修改较为频繁的一个文件。

现行预算管理，采用"动态管理价格、静态管理消耗"的管理模式。而价格管理主要是通过对主要材料进行找差，对预算进行调整。因此，在预算定额库中，价格文件除了建立材料定额预算价格文件外，还应建立一定时期的材料市场预算价格文件。应用材料预算价格文件，结合工料文件，由一定的程序控制，可迅速求出定额的材料费及材料差价。

材料价格文件的结构，包括材料代码及现行单价两个基本数据项。在这个文件中，应该拥有在工料文件中出现的全部材料价格。

在实际工程中，存在着不同时期使用不同材料价格的情况，这在调整价差时会经常发生。因此，在建立材料价格文件时，要很好地区别这些文件。

（2）补充定额文件。当编制预算时，如要选用定额库中没有选用的定额，就要补充定额。补充定额子目一般有两种方法：其一是补充子目，利用定额单价库中的"增加"功能，追加到原定额库中，这时需注意新增子目代码与原有子目的区别；其二是设立一个补充定额库。

（3）取费标准文件。取费标准文件是为了取费方便，对不同性质、不同工程类别的工程，按照取费标准的规定建立的取费文件。它的基本组成包括取费类别号、工程项目类型、取费基数、各项取费项目及标准等数据。

应当注意，当一项工程的部分内容要特别采用与整体工程不同的取费标准时，可利用取费文件库中的"插入"功能进行处理。

2）工程量管理

工程量管理主要是对系统中动态数据的管理，其中包括工程量的输入、工程量计算、工程量排序、工程量转换及工程量打印，图13-2为图形输入法工程量管理操作流程图。

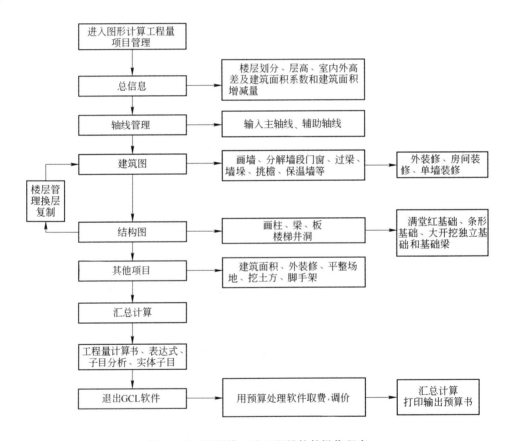

图13-2 图形输入法工程量软件操作程序

（1）工程量输入。工程量输入是指由图纸直接读入几何尺寸（包括开间、进深、层高、构件尺寸等），计算机自动生成图形，为工程量计算提供基础数据。

（2）工程量计算。图形输入完成后，执行"汇总计算"功能，软件自动生成各层及整个工程的工程量清单、表达式、子目分析、实体子目等，可进行浏览打印。

（3）工程量转换。工程量转换是指工程量所对应定额编号的处理。CAD 图形输入软件在进行工程量输入时，将同时完成工程量所对应定额子目的套用。

（4）工程量排序。工程量排序是指软件将计算的工程量按其分部顺序排序，以便进行系统处理。

3）计算程序管理

该程序具有两项功能：一是计算工程造价，二是计算人工、材料及机械的消耗量。

利用工程量计算软件完成工程量计算后，将计算结果读入到预算管理系统中，经调整后选择对应的取费标准及现行材料预算价格，执行"运算"功能将完成工程造价的计算，人工、材料及机械用量的分析，生成完整的预算书。

4）工程预算报表打印管理

本功能主要完成各类现行规定的预算报表的打印，一般包括取费表、工程量预算书、材料差价表、材料分析表、材料汇总表、预算书封面、编制说明，其程序框图如图 13 - 3 所示。

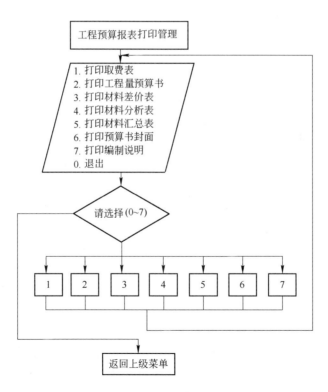

图 13 - 3　预算报表打印管理程序框图

13.2　计算机软件编制施工图预算应用示例

本节主要以"鹏业建筑工程软件"为实例，介绍计算机软件编制施工图预算的应用。

13.2.1　软件系统使用简介及安装

1. 软件简介

鹏业建筑工程预算软件包括鹏业工程量计算软件和鹏业计价软件等几部分。

1）鹏业工程量计算软件

鹏业工程量计算软件是基于 Windows 平台的全新工程量计算和钢筋抽筋计算软件，可以解决建筑工程从基础到主体的所有计算工作，并能与其他预算软件紧密结合，将数据直接传输到预算软件，使几种预算软件有机地结合在一起。根据绘制平面图自动计算工程量，并在绘图过程中可任意添加轴线和移动、缩放窗口，允许自定义计算规则并根据各地情况加以调整，能自动生成定额号并完成单位换算；同时配有钢筋工程量计算，可以使工程量计算更加完善。

2）鹏业计价软件

鹏业计价软件是鹏业软件公司继成功开发出工程量计算软件后，在 Windows 下又一次成功的突破。它改变了人适应计算机的传统模式，让计算机适应人的工作模式，最大限度地贴近预算人员。鹏业计价软件具有如下特点。

（1）直接在计价表中进行数据操作，包括录入定额号、工程量；进行定额换算、材料调整、调价；无需再做专门计算，立即得到全部结果。

（2）修改定额、工程量或配合比后，汇总结果、取费、调价相应改变，配合换算时自动修改定额名称，非常直观。

（3）灵活的换算功能，支持人、机、材、基价的增减和系数调整，无限次的定额运算，支持配合换算、水泥标号换算，随时改动，随时产生新的结果，换算后的定额可以直接保存为补充定额。提供创新的定额录入代理功能，系统可自动记录对定额所做的修改，以后录入定额时自动完成修改。

（4）直接选择或修改材料名称，系统自动为其编码，支持材料耗量的增减和系数调整。装饰和安装工程中可任意增删定额材料，增加定额用量时，相应的材料自动合并。

（5）一个工程可以设定数个子项工程，软件能设定子项工程的最大个数随软件版本的不同而调整，目前版本的鹏业计价软件能设定 10 个子项工程。子项工程不限类型。一个子项工程可以有 3 张独立调价表。系统调价表和费用表数目不限，均以名称操作。

（6）直观的打印预览功能，能随时查看打印效果，允许调整页面边距、纸张大小和表格打印比例，能输出各种标准表格，并能打印汇总封面、汇总费用表、汇总"三材"表、汇总材料表。

（7）计价表中提供自动分类和手工分类两种方式。允许自定义分类方式，不受分部限制，可任意定义分类条件；利用拖动功能可任意调整分部位置、定额位置和材料顺序。

（8）允许自定义费用表，能在费用表中对分部计取费用，修改后的费用表可保存为系统表。

（9）允许设定地区取费信息、施工单位取费证数据，结合工程级类，能自动完成全部取费。

（10）工程模板保存了一个工程的全部信息，包括子项工程设置、定额列项和分类、费用表、调价表设定等。预定义工程模块提供了常见工程的各种设置，并允许用户根据具体情况建立工程模板。在建新工程时利用工程模板，自动完成工程设定工作。

该软件除用计算式录入工程量外，还可与鹏业工程量计算软件接口，自动完成定额录入和工程量的计算工作。

2. 运行环境与基本配置

1）硬件环境

（1）主机：386 以上机型，建议使用 486 以上。

（2）内存：大于等于 4 MB，建议使用 8 MB 以上。

（3）硬盘：至少 15 MB 的硬盘空间，建议 25 MB 以上的硬盘空间，供工程量计算软件的工程使用。

（4）配备鼠标，需要配置一个 3.5 英寸软盘驱动器。

（5）视频系统：与 Windows 3.x 兼容的图形显示器，建议采用 800×600 显示模式。

2）软件环境

Windows 环境：Microsoft Windows 3.x，Windows 95 及以上配有中文环境的版本。

13.2.2　软件功能

13.2.2.1　鹏业计价软件

1. 鹏业计价软件的软件基础

1）鹏业计价软件的工作窗口

鹏业计价软件的工作窗口（见图 13-4）分为 4 个区域，即菜单栏、工具栏（图标按钮）、编辑栏和工作表窗口（文档窗口）。在工作表窗口的上方，列有一行工作表标签，显示表格名称（计价表、费用表、单项调差等），工作表的内容包含一个子项工程的各类数据信息。

2）工具栏图标按钮

在软件主菜单的下面一行（即工具栏）中列有一些图标按钮，使用这些按钮可以快速执

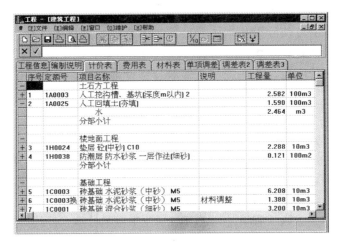

图 13-4　工作窗口

行菜单上的命令和功能，如图 13-5 所示。在图中列出的图标按钮，自左至右分别代表：新建工程、打开工程、保存工程、打印报表、打印预览、打印全部表格、插入、删除行、取消定额换算、计价表单位切换、工程总信息、定额重排序和定额排序合并功能。在使用软件时，当光标指向菜单某一个图标按钮时，其下方会出现中文提示该按钮所具有的功能。按钮凹进即可执行按钮功能。

图 13-5　工具栏中的图标按钮

3）编辑栏

工具栏图标按钮的下面一行，被称为编辑栏，如图 13-6 所示。

图 13-6　编辑栏

⊠ 代表"取消"功能。✓代表"确认"功能，不能对编辑栏进行操作时，编辑栏颜色变灰。当在活动单元格中输入数据或文字时，键入的内容同时也会出现在编辑栏中供修改。

4）子项工程

一个预算工程文件（JDS 文件）可以容纳 10 个子项工程，子项工程不限类型，可容纳土建、装饰工程、安装工程、市政、维修工程或者机械土石方、人工土石方、给水燃气、承包定额用工、签证用工等工程，它们构成一个完整的工程。

一个工作表窗口（文档窗口）用来容纳一个子项工程，每个子项工程有各自不同的工程数据和信息，这些内容分别列在数张工作表中。

图 13-7　窗口
下拉菜单

一个工程文件包含几个子项工程，可在主菜单【窗口】的下拉菜单上看到。例如，通过图 13-7 所示【窗口】的下拉菜单，得知当前预算工程中包含两个子项工程，分别是土建工程和装饰工程。名称前有"√"的表示当前屏幕所列出的子项工程，而其余子项工程暂时隐藏。除非在此菜单中，单击另一子项工程名称，则此名称的子项工程将列于当前屏幕，而刚才列于屏幕中的子项工程又暂时隐藏。要同时看到几个子项工程，应该用到该菜单上的层列和平列功能。

（1）子项工程的建立和删除。在主菜单的【文件】栏中，有两项功能【新建子项】和【删除子项】与子项工程有关。选择【新建子项】功能是指在一个已打开或新建立的工程中添加新的子项工程，选择【删除子项】功能是指删除当前操作的子项工程，即删除主菜单的【窗口】栏中子项工程名前带"√"的子项工程。

（2）子项工程的转换。一个工程一般都包含不止一个子项工程，例如在进行"土建"子项的计算后，要进入另一子项"装饰"（事先已建立好）中去，则在主菜单的【窗口】项的下拉菜单中，用鼠标单击一次需要的子项工程名，即将该子项工程作为当前编辑对象。

（3）子项工程的复制及粘贴。在做工程时，有时会遇到将一个工程中的子项复制到另外一个工程中去，可单击【编辑】菜单，选择【拷贝子项工程】，打开即将接受【粘贴】的工程，选择【编辑】菜单中的【粘贴子项】，子项工程即被粘贴至该工程中。

（4）合并子项工程。在做工程时，有时会遇到将两个子项进行合并的情况，此时可单击【文件】菜单，选择【合并子项工程】，在弹出的对话框中选择将要和当前子项工程合并的子项工程，确认以后，当前子项工程和选中的子项工程之间的合并即可完成。

5）工作表

一个子项工程可以包含数张工作表，包括该子项工程信息、编制说明、计价表、费用表、材料表、单项调差表等内容，一个子项工程可以有三张独立的调价表。

工作表的全部内容构成一个完整的子项工程。在工作表的上方，是工作表标签，分别对应各张工作表。单击任一标签，出现虚框并与工作表贯通的一项表示当前工作表。

6）工程模板

工程模板保存了一个工程的全部信息，包括子项工程设置、定额列项和分类、费用表、调价表设定等。预定义工程模块提供了常见工程的各种设置，并允许用户根据具体情况建立工程模板。在建新工程时，利用工程模板可自动完成工程设定工作。

在主菜单的【维护】菜单中，提供了【保存工程模板】的功能，用户可根据实际情况建立实用的工程模板。

2. 工程文件管理

1）新建工程

软件用一个 JDS 文件来保存一个工程（含子项工程）的数据。

　　要建立一个新文件，应在主菜单【文件】栏选"新建工程"，或单击"新文件"工具按钮 ⬜。若要依据一定的工程模板建立新工程，而又不必去改变缺省模板设置，则可在主菜单【文件】栏选"按模板新建工程"，此时会弹出一个【选用工程模板】窗口提供已有模板及模板说明以供选择。根据上述不同的情况，可建立不同的新工程。

　　2）打开旧工程

　　要调出原有的旧工程文件则单击工具条的 📂【打开】按钮或在主菜单【文件】栏选择【打开工程】功能，在屏幕正中将弹出一个【工程管理】对话框（见图13-8），列出当前目录下已有的工程文件供选择。选好需打开的工程后，单击【确认】按钮或双击，即调入选中的工程数据以供修改添加。

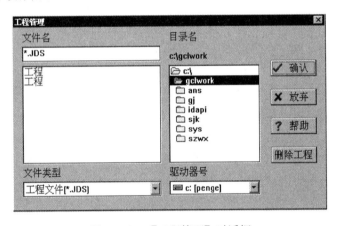

图13-8　　【工程管理】对话框

　　3）保存和另存工程

　　单击工具条的 💾【保存】按钮，或选【文件】菜单中的【保存工程】，以完成保存功能。对于新文件的第一次保存，则要求为文件命名，这时选择保存功能系统将弹出如图13-9所示的对话框。

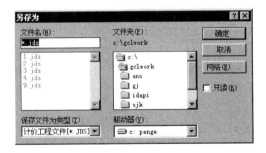

图13-9　　【另存为】对话框

　　在【文件名】处输入文件名，文件的后缀名为.jds，新工程第一次保存后，其写入磁盘的工程名（*.jds）已经确定，但其工程总信息中的"工程名称"还需定义，这样才能更好地和其他工程相区分。单击【编辑】菜单中的【工程总信息】或工具栏中的▣完成其名称定义。选取主菜单的【文件】栏下的【另存工程】功能，将弹出一另存窗口，可对工程进行新的命名，同样也应使用【编辑】菜单中的【工程总信息】功能改变工程名称。

4）形成汇总表

（1）工程汇总表的形成。对于某些需要大型工程项目汇总表的地区，鹏业计价软件为其提供了一项"形成工程汇总表"的功能。选择【文件】菜单中的【形成工程汇总表】，系统会弹出【工程管理】对话框，列出当前目录下的所有工程，单击其中一个工程名，经确认后，系统自动将当前目录下所列的全部工程进行汇总，并生成一张【工程汇总表】，如图 13-10所示。

图 13-10　【工程汇总表】对话框

工程汇总表包括工程日期、建设单位、施工单位、建筑面积、工程造价及编制人等内容。在对话框下方有【打印】按钮、【预览】按钮，可对该表进行打印。

（2）子项工程汇总表形成。子项工程汇总表与工程汇总表是不一样的，工程汇总表汇总的是一段时间内所做工程的汇总，而子项工程汇总表汇总的是一个工程所含子项及其各项目说明。单击【文件】菜单，选择【子项汇总明细表】，这时程序会在打印预览窗口中显示当前工程的【子项汇总明细表】，该表包括该工程各子项的分项工程名称、工程造价、平米造价、三材指标等，单击【打印】按钮可对该表进行打印。

5）关闭工程

单击菜单栏中的【文件】，便会出现一个下拉菜单，选择【关闭工程】可将当前工程关闭。

3. 工程制作

1）综述

在 Windows 98 下的鹏业计价软件中，做工程没有任何严格的步骤限制，录入定额、工程量，调价，取费等都可以在整个预算过程中穿插进行。当录入第一个数据时，其结果也相应生成，继续录入数据，结果自动变化，无需专门计算，结果随时都在眼前。

工作表是鹏业计价软件的主工作区，用户预算工作的成果就显示在工作表中，而且一个工程各子项工程的工作表形式都是一样的，因此熟练掌握各工作表的操作是用本软件进行工作的关键（图 13－11 是对各工作栏目的说明）。

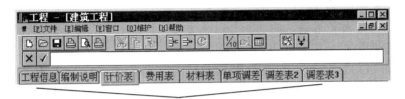

图 13－11　工作栏

图 13－11 中各工作表主要内容说明如下。

（1）计价表，如何录入定额及数据，如何添加补充定额，如何进行各种换算；

（2）费用表，如何调入费用表、调整费率，如何对费用项目进行增删；

（3）调价表，如何调整材料价差、如何增加所需调价的材料；

（4）材料表，如何对材料进行类型设置及清除类型、如何进行各种折算及建立折算表；

（5）工程信息表，如何选用价表，如何定义工程类型、类别及所建子项工程的名称；

（6）编制说明表，必要的内容输入。

在下面的章节中，将介绍做一个工程的完整过程。

2）准备工作

（1）初始设置。在做预算工程之前，可先进行一些准备工作。换言之，即对计算规则、计算模式及分部信息提前做一些定义，使其尽可能地符合最常用的预算方式。一旦定义，系统会保留这些信息，做工程时便会提供一些方便。

在主菜单的【维护】菜单中，包括【维护系统参数】、【维护价差表】、【维护材料表】、【维护补充定额】等功能。做工程前，可先到这些维护功能中去，看看这些系统设置符不符合要求。

（2）建立一个预算工程（方法同"新建工程"）。

（3）定义工程总体信息。新建一个工程后，一般需要定义该工程的整体信息，单击主菜单【编辑】栏的【工程总信息】选项或工具栏中工程总信息图标▦，即可进行整个工程的工程总信息定义和编制说明的编写，如图 13－12 和图 13－13 所示。

（4）各子项工程信息表（即子项工程的类型及定义表）。对一个新建立的子项工程而言，应该为其定义工程类型、类别、名称及选用何种价格表等内容；对已有的子项工程，也可对上述内容进行修改。

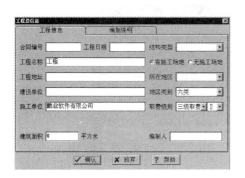

图 13-12 【工程信息】选项卡　　　　　　　　图 13-13 【编制说明】选项卡

工作表的最左边一张【工程信息】，提供了定义或修改子项工程信息的环境，如图 13-14所示。

图 13-14 工程信息定义和修改

其中，分项工程、工程类型、类别、选用价表及有无施工场地在该表中定义，而表中一些不可选择项目，如工程名称、工程地址、建设单位、结构类型等取决于工程总信息中的定义，此处不能修改；若要改动，请单击工具栏中的【工程总信息】按钮，或选择【编辑】菜单中的【工程总信息】选项。在【分项工程】处填写新建的子项工程的名称，【选用价表】后面所选用的三张价表分别对应【单项调差】、【调差表 2】和【调差表 3】。

3）计价表

（1）计价表中定额项的操作。在计价表中，录入数据是最重要的一环。工作人员可直接在计价表中进行数据操作，包括录入定额号、工程量，进行定额换算、材料调整和调价。在录入一个定额数据（定额号和工程量）的同时，计算出结果。同样，在计价表中修改定额、工程量或配合比后，汇总结果及取费、调价相应改变，配合换算时能自动修改定额名称（见图 13-15）。

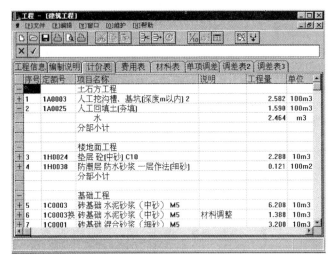

图 13-15 【计价表】选项卡 1

① 定额数据录入。在计价表中，定额数据的输入有两种方法。

一是读入定额（需配合鹏业工程量计算软件）。利用【文件】下拉菜单中的【读入土建定额】和【读入装饰定额】，可完成将工程量自动计算软件生成的定额读入鹏业计价软件的工作表中。

二是录入定额。在计价表中，录入定额的方法归纳起来大致有三类：直接录入法、选择录入法、鼠标右键录入法。

● 直接录入法：在"定额号"一列中的任何空白活动单元格处均可直接录入定额号，所录入的定额能自动按分部名称分类设定去分类并计算出分部小计。

● 选择录入法：在"分部小计"行的"定额号"列的空白单元格处，双击将弹出一【选择定额号】窗口，如图 13-16 所示。

图 13-16 【选择定额号】窗口

● 鼠标右键录入法：在活动单元格处单击鼠标右键弹出如图 13 - 17 菜单，将光标移到【插入定额】项，单击。系统弹出【选择定额号】窗口提供所有定额供选择。在此处添加的定额将自动按分部名称的设定排列到其应属分部，并自动计算其分部小计。

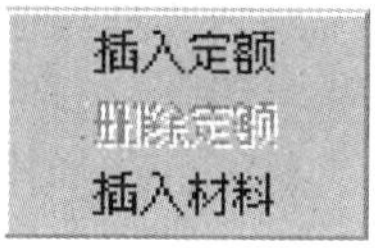

不论是用上述三种方法中的哪一种方法录入定额后，活动单元格均会自动移至所添定额的工程量栏，以便用户录入工程量的数据。

图 13 - 17　鼠标右键弹出的菜单

② 设定分部名称和添加分部，详见如下所述。

第一，设定分部名称。在分部名称行、分部小计行及合计行的活动单元格，使用鼠标右键弹出的功能菜单中均有一项【设定分部名称】，该功能确定计价表中的定额以何种方式分类。选择此项弹出【设置分部名称】对话框，如图 13 - 18 所示。

窗口中各行的分部名称和定额号条件一一对应。例如，图示对话框中的第一行，分部名称为"土石方工程"，定额号条件为"1A"，所表示的意思就是在自动分类过程中，凡以 1A 开头的定额都归于土石方工程一类。

对于一个未依据任何模板建立的新工程，此对话框在最初打开时没有任何内容，可单击窗口下方的【调入…】按钮，系统会弹出一【打开】对话框，列出已编辑好的几种分部分类定义文件（ * . fbf）供参考，如图 13 - 19 所示。选择其中一种 fbf 文件，单击【确定】按钮，即可将该文件的内容调入【设置分部名称】对话框中。

图 13 - 18　【设置分部名称】对话框

图 13 - 19　【打开】对话框

第二，添加分部。在计价表中，分部的形成可以是自动生成，也可以是人为添加。

在用直接录入法和鼠标右键录入法录入定额的同时，系统可以自动完成分部分类，并且计算出分部小计，无需再作添加。而用另外几种方法录入定额后，定额都被归于活动单元格所在分部，若定额与分部不统一而该定额又没有相对应的分部，则可添加一个分部，在分部名称行和合计行的活动单元格，通过单击鼠标右键，弹出的菜单中均有【插入分部】功能。添加分部后，修改分部名称，再把该定额调整过去即可。

③ 修改和删除定额，具体如下所述。

第一，直接修改。将欲修改的定额号栏置为活动单元格，通过单击即可直接在定额号栏或编辑栏进行修改。

第二，选择修改。将光标定位于计价表的某一定额号单元格，通过双击将弹出【选择定额号】窗口（见图13-16），录入定额数据，在该窗口中选择新的定额号后，通过双击或按回车键即完成修改，工程量需移至工程量栏直接进行修改。

删除定额可依靠工具栏或单击鼠标右键，选择【删除】功能完成。

④ 定额的补充。在实际工程中，可能会遇到在预算定额中没有的定额，这时，选择维护补充定额库功能，将看到图13-20对话框。

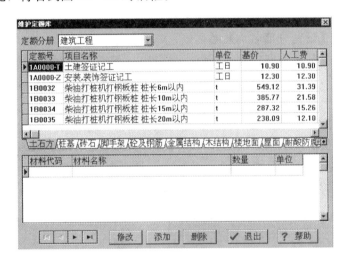

图 13-20 【维护定额库】对话框

第一，选择定额。在【定额分册】处可选择改变定额分册（定额分册指的是各种工程类型的定额，如建筑工程、装饰工程等）。对话框中，上栏列出该定额分册的所有补充定额。可通过 PgUp、PgDn 上下翻页，或单击右侧的垂直滚动条的向上、向下按钮来选择定额。

第二，修改定额。修改定额有以下三种方法。

其一，直接找到需要修改的定额，将光标移至需修改项，单击或按回车键，在闪烁小光标处直接修改。

其二，选定需修改的定额，单击对话框下方的【修改】按钮，将弹出【添加/修改定额】对话框，如图13-21所示。对话框将当前定额的所有内容都一一列出，包括定额号、项目名称、单位、基价、材料费、人工费、机械费，以及材料代码、材料名称、数量、单位等。除基价不能改动外，其余可在相应项进行修改删除操作。

其三，单击弹出的菜单中的【修改定额】功能，方法与第二种方法完全一样。

第三，添加定额。在定额号栏，单击对话框中的【添加】按钮，将弹出如图13-21所示对话框。所不同的是，添加定额时，系统将自动将当前定额号列为参考定额号，并为新定额编号为"当前定额号-1",将参考定额号的内容全部复制到新定额供修改。在完成对参考定额的全部修改后,单击【确认】按钮,程序即将修改后的内容保留为一个补充定额。

图 13-21 【添加/修改定额】对话框

第四,修改和添加材料。对话框下栏是光标所示补充定额对应的材料。材料的修改可以将光标移至材料栏直接修改,也可在修改定额时弹出的【添加/修改定额】窗口中进行修改。光标移至需修改项时通过双击,将弹出【选择材料】对话框,在其中选择材料替换当前材料。材料的添加可在修改或添加定额时弹出的对话框中进行。

⑤ 计价表分部、定额的调整,如下所述。

一是任意调整。可以利用光标将某一分部中的定额向上、向下拖至任意位置,调整定额排列顺序也可以跨分部进行位置调整。同理,也可对整个分部顺序进行调整,将光标移至分部名称行或分部小计行,拖行即可。

二是顺序调整。顺序调整就是对计价表的各个分部按所选用的分类进行排列,对分部中的定额号则按从小到大的顺序进行排序,实现这一功能只需单击工具栏中的 "定额重排序"和 "定额排序合并"这两个按钮中的任意一个即可。

(2)计价表中的各种换算。

① 材料换算。在计价表中,在"序号"列的左边还有一列形如"+"、"-"的符号,它们被称为展开隐藏标志。"+"号表示可继续展开,"-"号表示不能继续展开,在定额行的"+"、"-"标志表示展开或隐藏该定额的材料;在分部名称行的"+"、"-"标志表示展开或隐藏该分部下的定额。

要对某一定额的材料进行换算,就得先将该定额的材料展开,继而进行材料换算。下面举例说明定额材料的换算。

图 13-22 所示序号 6 的定额号 1C 0003 已经进行了材料换算,其换算过程如下所述。

1C 0003 定额在未经过材料换算前,展开其材料可看到有一项"水泥♯325",现在准备将其换成小厂水泥,方法有下列两种。

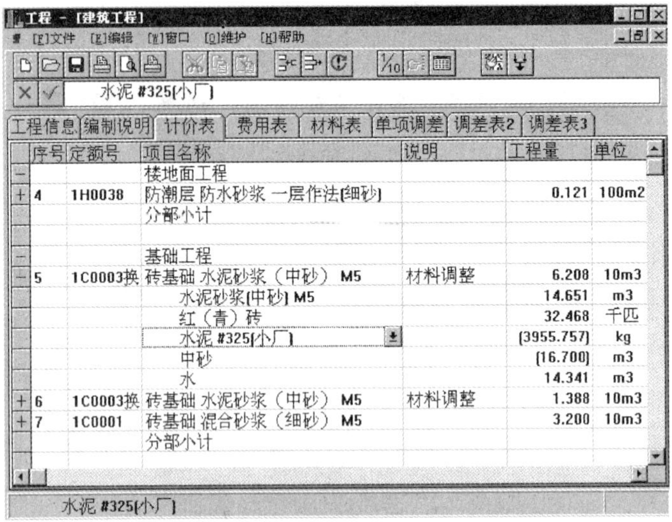

图 13-22 【计价表】选项卡 2

其一，将该项材料栏定为活动单元格，在单元格的右方就会出现一向下箭头按钮，单击此按钮，将弹出下拉菜单，显示与该材料相关的一些材料供选择。选择"水泥♯325（小厂）"后，定额号栏自动变为"1C 0003 换"，说明栏将注明"材料调整"，表示此定额已经作了材料换算。

其二，将该项材料栏定为活动单元格，通过双击，将弹出【选择材料】对话框列出所有材料，如图 13-23 所示。

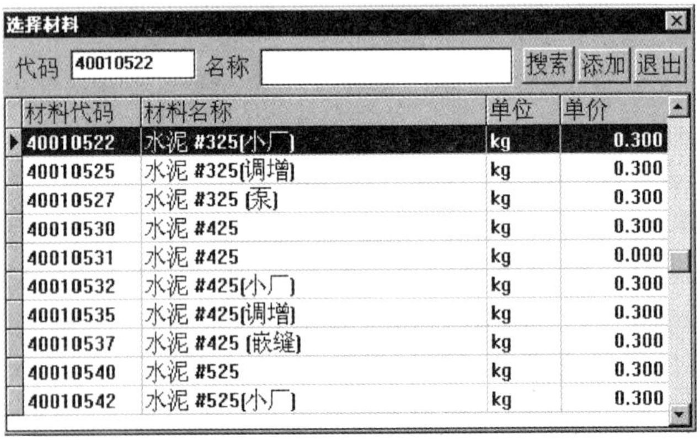

图 13-23 【选择材料】对话框

可在图 13-23 对话框所列材料中进行选择，对话框上方的代码输入栏和名称输入栏提供查询功能。可在其中输入查询条件，单击对话框右上方的【搜索】按钮，即可很快找到符合查询条件的材料。在两个查询栏均输入条件，则表示所查找的材料应同时满足两个条件。

如果在图 13-23 所弹出的下拉菜单中没有所需材料，可以直接修改或直接在【选择材料】对话框中添加。同理，在【选择材料】对话框中，也可对某项材料进行删除。

② 人、机、材、基价增减和系数调整。软件支持人工单价、机械单价、材料单价的加（＋）、减（－）、乘（＊）、除（/）运算，而对定额单价（即基价）只支持乘（＊）、除（/）运算。

在定额行的以上相关栏内，可以利用这些运算进行定额换算。例如，在某一定额的人工单价栏中键入"＊1.2"，在其机械单价栏中键入"＋10"，在说明栏中就会出现"R＊1.2，J＋10"，这表示人工费乘以系数 1.2，机械费增加 10 元。又如，在某一定额的单价栏（基价）内键入"＊1.5"，在说明栏中会出现"Q＊1.5"，这表示基价乘以系数 1.5。当然这些也可以不进入"人工单价"栏、"机械单价"栏或"基价"栏内，而只在说明栏内输入"R＊1.2"、"J＋10"或"Q＊1.5"就可完成相应的操作。若在说明栏内同时具有以上几个说明内容而又要取消其中之一时，必须将光标移入相应单价的单元活动格，通过单击，单元格中会显示出相应的调整计算式，利用 Del 键删除其调整即可。

在计价表中将一个定额展开，在展开的材料中有的材料有自己的相关材料（相关材料的工程量均用方括号 [　] 括住），如水泥砂浆、混凝土等，其名称是不能进行改动的。在该定额中，这些材料一旦发生变化，它们的相关材料也随即作相应的变化，无须再对这些材料作调整。如"混凝土（中砂）C10"的用量乘以系数 1.2，则它的相关材料的用量均会自动乘以系数 1.2。

③ 配合比换算。在定额行和材料行中通过单击鼠标右键弹出的功能菜单中有一项"配合换算"功能，若该项定额可以进行配合换算，在定额行选择此功能后会弹出【选择配合号】对话框；也可以展开定额材料，选择该定额可进行配合换算的材料名称，通过双击，也将弹出如图 13-24 所示的【选择配合号】对话框。

图 13-24　【选择配合号】对话框

在弹出的对话框中，光标自动停留在该定额需换下的配合号上，再选择换上配合号，通过双击鼠标左键返回到工作对话框。此时说明栏便会出现相应的换算信息，例如说明栏的"P447－P448"表示将定额中原来使用的7B 0447号配合换为7B 0448号。

进行配合换算后，定额名称和材料名称中与配合号有关的内容都自动地作相应的改变。

④ 定额运算。在定额行和材料行中通过鼠标右键弹出的功能菜单中，有一项【运算定额】功能，选择此功能将弹出【选择定额号】对话框。在该对话框中，选择某一定额后按回车键，系统将弹出【定额系数】对话框。在此对话框的系数输入栏内输入数字（若定额相减则需要录入一个负数），确认后说明栏会显示运算信息。例如对于某一定额（如1A 0028），使用运算定额功能，在【选择定额号】对话框选择1A 0029，在定额系数窗口中输入20，则说明栏中出现"D 20＊1A 0029"，表示当前定额加上20个1A 0029号定额，最终结果为：工程量＊（1A 0028＋20＊1A 0029）。

⑤ 增加定额用量。增加定额用量主要是指对于同一定额项目，某些材料规格需作调整，而工程量又汇总在一起，套用同一定额项目且在录入工程量时需要分开录入。比如在1E 0329中，钢筋的工程量须作拆分。根据图算量，φ10以内的圆钢有5t，φ10以上的圆钢有10t，冷拔丝有4t，二级螺纹钢有20t。则在录入工程量时，先提出该定额项目，然后录入工程量，接着将定额的材料展开，将"钢筋综合"改为"圆钢φ10以内"，再通过鼠标右键选择【增加定额用量】，系统弹出对话框（见图13－25）。

图13－25 【添加定额工程量】对话框

在工程量栏内输入"10"，然后确定。此时定额材料栏中会再出现"钢筋综合"的材料，再将此材料改为"圆钢10以上"。以下的改动同理通过类似处理即可得到。至做完最后一项时，工程量栏内自动计算为39。

⑥ 水泥标号换算。先展开定额显示出定额材料，单击【水泥处】，系统显示出一下拉按钮，选择拉出的相关材料，此时选择欲换成的水泥标号即可；也可以通过单击鼠标右键，选择要调整的水泥标号。

⑦ 定额分类。在计价表中，可对定额指定增值税分类方式（木门窗制作、预制构件制作、金属构件制作），指定方法仍然是通过单击鼠标右键弹出的功能菜单，其中就有上述三种分类

方式的选项。选择不同的分类方式，定额前的序号就会加上一定的字母代号来代表不同的分类方式。要取消某些已设定分类方式的定额，选择功能菜单中的【取消定额分类】即可。

4）费用表

费用表的工作和后面的调差表的工作可以穿插进行，没有严格的先后之分。

(1) 费用表的生成。费用表的生成有以下两种情况。

① 在做一个工程时，如果它是依据一些现成的工程模板建立起来的，那么在计价表的数据录入完毕后，费用表同时也能生成，这是因为工程模板已经为它指定了现成的费用表依据。

② 如果一个工程没有依据任何工程模板去建立或新建子项，那么当在计价表中录入数据完毕后，费用表为空。在该种情况下，应该使用【调入费用表】功能，而对前一种情况，则仅在需要更换费用表时才会用到此项功能，即在进入费用表页后，【维护】菜单中才有【调入费用表】功能。选择该功能，将弹出如图13-26所示的对话框。

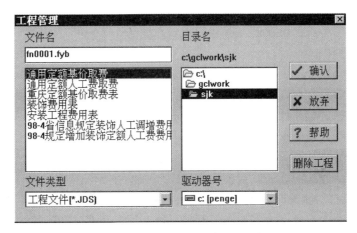

图13-26　【调入费用表】对话框

(2) 费用表的修改。在【维护】菜单栏有一项【允许修改系统表】开关功能，若该功能前有"√"符号，表示允许进行修改，即能对费用表进行自定义，以及增删修改；若无"√"符号，则表示不能进行任意修改，仅能对允许修改的费率、金额或费用名称进行修改。可通过鼠标选择来改变此项设置。

若不允许修改费用表，则通过鼠标右键弹出的菜单中仅有【按级类取费】功能，选择此功能，系统给出如图13-27所示的对话框。对话框中的费用系数依据施工单位取费级别、工程类别、地区信息和用户取费证信息而定。当工程总信息中的取费级别和子项工程信息工作表中的工程类别有所变化时，该对话框中的费用系数也有所不同，确认后就能按照新的费用系数重新取费。在该对话框中，还能增添和删除费用系数。在增添时需注意，该对话框中的费用名称必须和费用表中的费用名称完全一致。

若允许修改系统表，整个费用表的单元格均为可修改项。在费用表中，通过单击鼠标右键弹出的功能菜单有如图13-28所示的内容。

修改费用		
费用名称	费用系数	➔ 删除
其它直接费	4.88	
临时设施费	2.6	
现场管理费	3.02	
企业管理费	6.06	✓ 确认
远地施工增加费	0.2	
施工队伍迁移费	0.4	✗ 放弃
财务费用	0.92	
劳动保险费	2	? 帮助
计划利润	5	

图 13-27 【修改费用】对话框　　　　图 13-28 【修改费用】菜单

① 插入与添加取费项目。在生成的费用表中，有可能会没有用户想要的某一项费用，此时就必须在费用表中插入项目。插入的方法是：将光标放在需要插入项目的一行上，通过单击鼠标右键弹出菜单，单击【插入取费用项目】或单击工具栏中的 ➔ （增加一行），于是在费用表中的光标处出现一空行。

值得注意的是，在费用表中计算公式栏仅是一种显示方式，而真正影响取费的则是金额栏对应的计算式。如将光标移至金额栏的某项目上，编辑栏会显示该金额的具体计算式，对该金额的修改必须通过对此计算式的修改来完成。

添加取费项目后，也必须在金额栏添加相应的计算式；否则，所插入的取费项目的金额是不能进入总造价的。

添加取费项目的方法同插入取费项目做法。

② 删除取费项目。删除取费项目的方法有两种：通过工具栏中的【删除一行】选项或通过鼠标右键删除选项完成，也可双击所删项目，利用 Del 键进行删除。

5）调价表

在计价表录入定额数据后，系统自动生成材料表。根据子项工程的【工程信息】工作表，在【选用价表】处编制材料调价表。

当从标签中选择【单项调差】，出现如图 13-29 所示内容。在此表中，调整价和单价差两列均可输入数据，并能以公式方式表示。

在该工作表的任一位置单击鼠标右键，将弹出如图 13-30 菜单，可完成材料的添加、删除，显示相关定额，更新系统价格库，应用价格库的价格等功能。

材料调价表的调整价是根据选定的价格表生成的，用户可以根据实际情况进行材料的添加、调整价的改动等。选择菜单中的【更新价格库】功能，将其保存到在【工程信息】工作表中【选用价表】处所选定的价格表中。

如果在【工程信息】工作表中改动了【选定价表】，程序并不会立即根据价格库修改单项调差表，应在选用【应用价格库】功能后才做实际调整。

序号	材料名称	数量	单位	基价	调整价	单价差	复价差	备注
1	水泥 #425	6992.906	kg	0.300	0.398	0.098	685.30	
2	水泥 #525	1624.931	kg	0.300	0.450	0.150	243.74	
3	红（青）砖	85.539	千匹	140.000	167.000	27.000	2309.56	
4	中砂	46.636	m3	38.000	50.940	12.940	603.47	
5	细砂	8.448	m3	30.000	45.890	15.890	134.24	
6	细砂	0.260	m3	26.000	42.000	16.000	4.16	
7	砾石 5-40	21.805	m3	40.000	45.450	5.450	118.84	
8	白石子(方解石)	2247.135	kg	0.160	0.259	0.099	222.47	
9	脚手架钢材	5.086	kg	3.800	3.835	0.035	0.18	
10	摊销钢模板	0.037	t	3960.000	4119.000	159.000	5.88	
11	临时设施杉原木	0.123	m3	500.000	932.600	432.600	53.21	

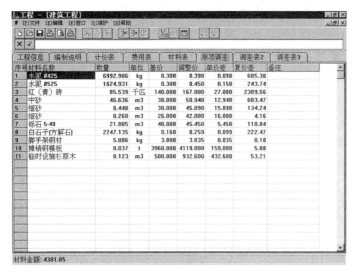

图 13－29　【单项调差】选项卡

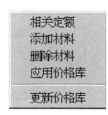

图 13－30　通过鼠标右键弹出的菜单

6）材料表

材料表中列出的是本子项工程所有的材料，当【允许修改系统表】选项打开时，在材料表中通过使用鼠标右键可完成图 13－31 菜单所示功能。

图 13－31　材料表选项

(1)【价格调整】功能是指将当前选定材料添加至【单项调差】表中进行价格调整，若单项调差表中有此材料，则无需使用该功能。

(2)【整理材料表】是指清除材料表中的空白项。

(3)【删除材料】功能只能删除临设、摊销一类的材料，以及定额已被删除、但其材料仍未从材料表中清除的那类材料。

(4) 选择【相关定额】功能，对话框显示子项工程中含有当前材料的所有定额，如图 13－32 所示。

(5)【类型清除】是清除某项材料已设定的材料类型。

序号	定额号	项目名称	工程量	单位	材料用量
1	1H0024	垫层 砼[中砂] C10	2.288	10m3	12.241
2	1C0003	砖基础 水泥砂浆（中砂） M5	6.208	10m3	16.700
3	1C0003换	砖基础 水泥砂浆（中砂） M5[材料调	1.388	10m3	3.734
4	1C0011换	砖墙 混合砂浆（中砂） M2.5[P446-4	2.612	10m3	6.669
5	1C0012换	砖墙 混合砂浆（中砂） M5[P447-442	0.063	10m3	0.155
6	1K0015	水泥砂浆 砖墙、砼墙 普通[中砂]	0.042	100m2	0.111
7	1K0103	水刷白石子面 砖墙面[中砂]	1.420	100m2	2.798
8	1E0084	现浇梁 C20[中砂]	0.063	10m3	0.293

图 13－32　【使用材料定额】对话框

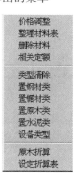

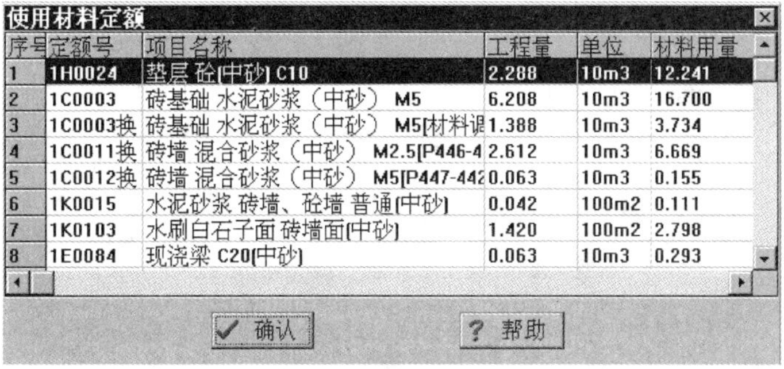

（6）【置钢材类】、【置锯材类】、【置原木类】、【置水泥类】是指选定材料的三材料分类方式。

（7）【设备类型】则是指定未计价材料为设备或主材。

（8）【原木折算】：选中需折算的木材，在单击鼠标右键弹出的菜单中选择【原木折算】，在弹出的【折算系数】对话框中输入折算系数（默认系数为1.563）后单击【确认】按钮。此时，系统在材料表最后一行自动添加折算出的原木。

（9）【设定折算表】：如果对多项木材同时进行折算，则直接在材料表中单击鼠标右键，在弹出的菜单中选择【设定折算表】，这时将弹出【设置材料折算】对话框。单击【调入】按钮，选择需折算的材料折算定义文件后选择【确认】，可在调入的折算表中进行材料的增删、折算系数的修改等操作。

当【允许修改系统表】选项关掉时，通过单击鼠标右键弹出的菜单不能指定选定材料的三材料分类方式，但能指定未计价材料为设备或主材，也能将已设定的类型清除。

7）保存工程模板

工程模板可以保存一个工程的全部信息。一旦保存，在建新工程时利用它自动完成工程设定工作，为使用者提供许多方便。计价软件虽然提供了一些工程模板，但在做工程的过程中，可以根据实际情况建立新的工程模板，或在原有的模板基础上扩充内容后，另外命名保存。

4. 系统维护系统

主菜单的【维护】栏为用户提供了非常强大的系统维护功能，可以满足用户各自不同的要求和对程序可靠性的要求，包括维护系统参数、维护价差表、维护材料表、维护系统定额库、维护补充定额库等内容。

1）维护系统参数

维护系统参数提供了丰富的系统设置功能，选择该功能后，进入图13-33所示【系统

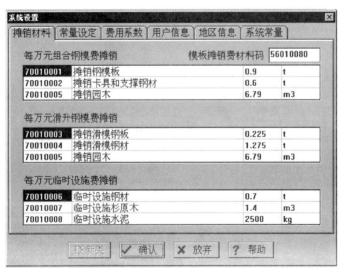

图13-33 【系统设置】对话框

设置】对话框。该窗口的标题栏下方是标签栏，分别代表 6 类不同的参数设置。它们是【摊销材料】、【常量设定】、【费用系数】、【用户信息】、【地区信息】、【系统常量】，与窗口下方贯通的一项表示当前项。

（1）摊销材料。可在相应项下实现对每万元组合钢模费摊销、每万元滑升钢模费摊销、每万元临时设施费摊销及模板摊销费材料码的设定。

（2）常量设定。允许对部分特殊地区输入水泥和砂石的调增百分比，允许选择系统默认工程模板，对【材料类型自动同步】、【材料价格自动同步】、【定额分类自动同步】、【打印表格满页】、【自动应用价格表】、【自动使用换算代理】、【自动更新换算代理】的设置，可利用复选框选择其有无，还可利用复选框选择【全部打印】需打印的报表。

（3）费用系数。如图 13 - 34 所示，在左上方有一项下拉菜单式选择输入框，列有各种工程类型，选择其中一种时，在其右侧的输入框中即出现相应类型名称。在此处能建立新的工程类型，单击输入框下方的【新类】按钮，则在下拉菜单式选择输入框中出现【新类型】，在右边的输入框中填入新类型名称，然后填写费用系数相应项，单击【确认】按钮后，系统将认同此新的工程类型，并能在工程信息工作表中调用。

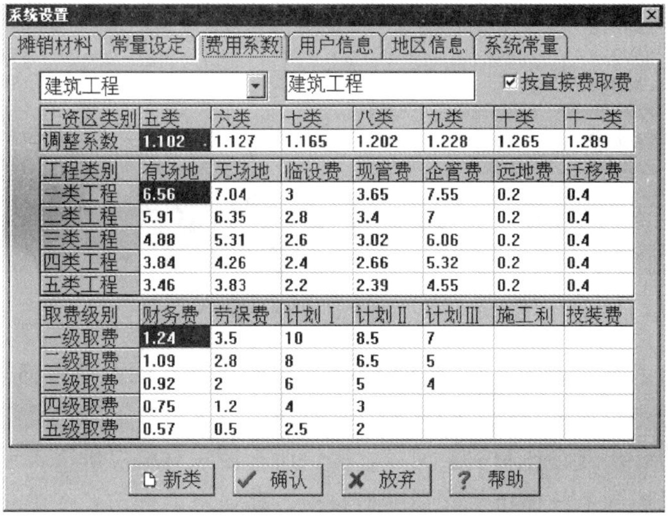

工资区类别	五类	六类	七类	八类	九类	十类	十一类
调整系数	1.102	1.127	1.165	1.202	1.228	1.265	1.289

工程类别	有场地	无场地	临设费	现管费	企管费	远地费	迁移费
一类工程	6.56	7.04	3	3.65	7.55	0.2	0.4
二类工程	5.91	6.35	2.8	3.4	7	0.2	0.4
三类工程	4.88	5.31	2.6	3.02	6.06	0.2	0.4
四类工程	3.84	4.26	2.4	2.66	5.32	0.2	0.4
五类工程	3.46	3.83	2.2	2.39	4.55	0.2	0.4

取费级别	财务费	劳保费	计划Ⅰ	计划Ⅱ	计划Ⅲ	施工利	技装费
一级取费	1.24	3.5	10	8.5	7		
二级取费	1.09	2.8	8	6.5	5		
三级取费	0.92	2	6	5	4		
四级取费	0.75	1.2	4	3			
五级取费	0.57	0.5	2.5	2			

图 13 - 34　【费用系数】选项卡

（4）用户信息。在【用户信息】设定中，可指定用户名称、企业取费级别、用户类型（施工单位、建设单位、设计单位、审计单位），按直接费取费或按人工费取费的财务费用、劳保费、计划利润系数，并确定是否"自动进入费用"。

（5）地区信息。在【地区信息】工作表中，可指定不同地区所使用的调价表（可指定 4 张调价表类型）及取费时的地区人工费增加和地区综合调整系数，在该表中，也可新添地区信息，输入新地区名称，然后选定新添地区所使用的调价表，输入其地区人工费增加系数和地区综合调整系数。保存新添地区信息，可在工程总信息中进行调用。

（6）系统常量。【系统常量】中列出一些常量设定，如指定 325♯、425♯、525♯、625♯ 水泥的材料代码，脚手架钢材和脚手架锯材的材料代码，以及调价表 1～3 分别对应的工作表名称等。

2）维护价差表

维护价差表可对系统中所有价格表进行材料项目、材料价格调整，其所定义的价格表一经确认，在做工程的过程中将作为材料调差（价）的依据，选择该功能将弹出如图 13-35 所示的对话框。

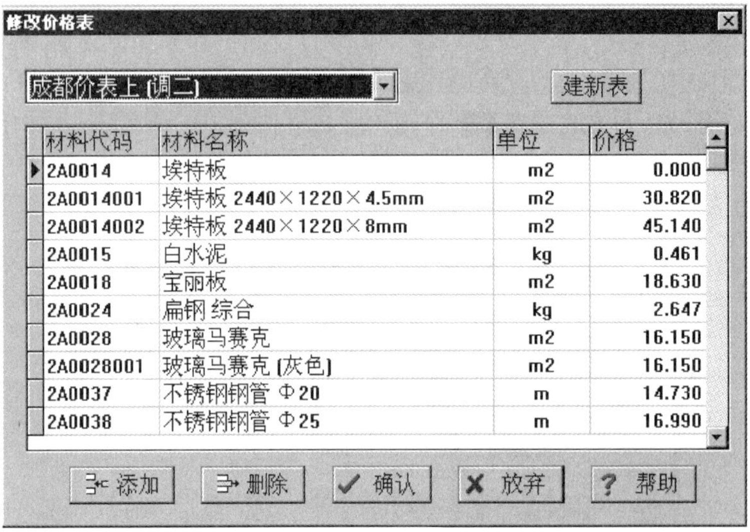

材料代码	材料名称	单位	价格
2A0014	埃特板	m2	0.000
2A0014001	埃特板 2440×1220×4.5mm	m2	30.820
2A0014002	埃特板 2440×1220×8mm	m2	45.140
2A0015	白水泥	kg	0.461
2A0018	宝丽板	m2	18.630
2A0024	扁钢 综合	kg	2.647
2A0028	玻璃马赛克	m2	16.150
2A0028001	玻璃马赛克 [灰色]	m2	16.150
2A0037	不锈钢钢管 Φ20	m	14.730
2A0038	不锈钢钢管 Φ25	m	16.990

图 13-35 【修改价格表】对话框

在对话框上方的下拉菜单式选择输入框中列出的是现有的全部价格表，选择其中一项，窗口中就显示出选定价格表所包含的材料及其价格。单击窗口下方的【添加】按钮用以添加新的材料，系统将弹出【选择材料】窗口，提供所有定额材料供价格表选择。

窗口下方的【删除】按钮可删除当前材料项。在该对话框中，除了对已有价格表进行修改调整外，还可以建立新的价格表。

3）维护材料表

维护材料表是对所有定额材料的维护，在如图 13-36 所示的对话框中进行。在该对话框中，可添加和删除材料，修改材料代码、材料名称及单位和单价，可设置条件进行材料查询。

4）维护系统定额库

系统定额库的维护需要输入口令才能进行，在选择该功能时系统就会提示输入口令。系统定额库的内容一般不做修改。建议由专人掌握系统定额库的口令，以免造成不必要的损失。

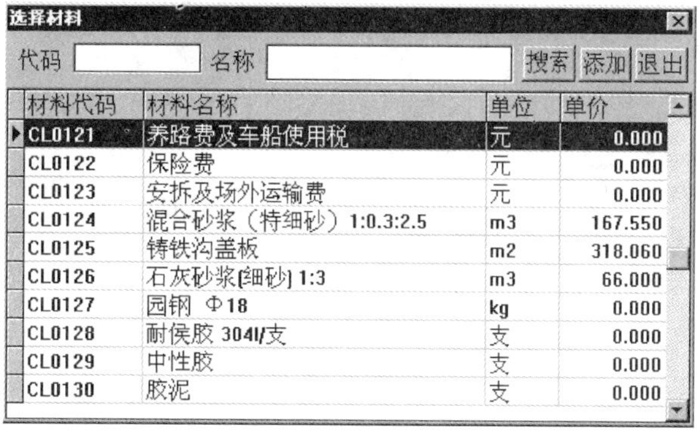

图 13-36　【选择材料】对话框

5. 打印报表

选择主菜单的【文件】栏的【打印】功能,将打印输出如图 13-37 所示的一些报表。

图 13-37 中的预算表 2、预算表 3、预算表 4 所提供的表格形式是不一样的。预算表 2 所提供的形式主要包括人工费、机械费的单、合价,而定额用到的材料列在表的尾部;预算表 3 所提供的形式主要包括人工费、材料费的单、合价,而定额用到的材料列在表的尾部;预算表 4 所提供的形式是将定额的人工费、机械费、材料费全都列出来,而定额用到的材料直接列在定额的下面。用户可以根据自己的需要选择预算表。

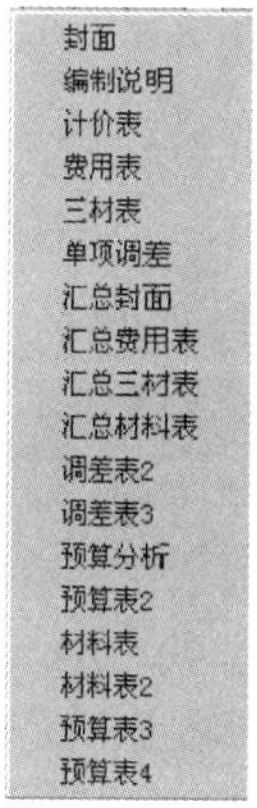

13.2.2.2　鹏业工程量计算软件

图形操作是工程量计算的基础,正确的参数定义和平面简图绘制是准确计算工程量的保障。以下主要介绍有关工程量计算软件的参数定义、绘制图形及工程量计算等方面的内容。

图 13-37
打印菜单

1. 参数定义及绘制图形

参数定义中的尺寸均使用 mm 为单位,面积增减以 m^2 为单位,体积增减以 m^3 为单位,层高、外地坪高以 m 为单位,最终单位以屏幕上的自动提示为准(将光标在输入位置稍作停留即可看到)。

1)定义及绘制轴网

(1)定义主轴网。建立一个新文件,首先定义主轴网。定义主轴网有两种方式。

① 普通方式。在主菜单【数据】栏选【定义主轴网】,屏幕正中出现如图 13-38 所示的【输入轴网数据】对话框,在其中定义水平和垂直方向的轴线间距。

② 表格方式。在菜单栏中单击【编辑】,选择【主轴网表格方式】,出现如图 13-39 所示的【输入轴网数据】输入框。用户在表格中填写主轴网数据,生成的主轴网如图 13-40 所示(图以普通方式输入的数据为准)。

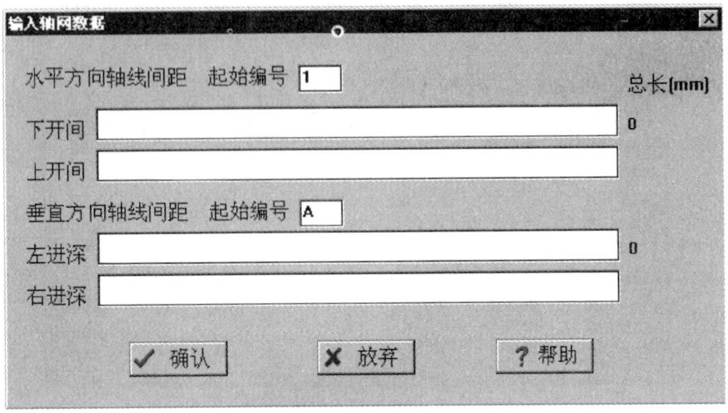

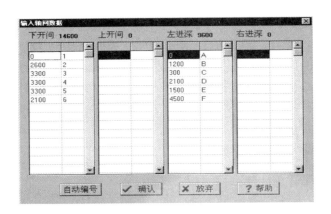

图 13-38　【输入轴网数据】对话框

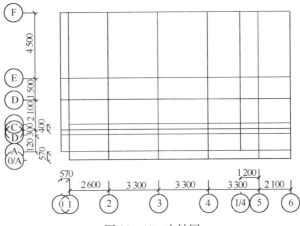

图 13-39　【输入轴网数据】输入框

图 13-40　主轴网

（2）主轴线的移动。定义主轴网后，对轴线可随心所欲地进行处理。例如，移动已有轴线、添加三种辅助轴线等。需要注意的是：主轴网中一旦绘制有其他图形（如基础、墙体等），则不要轻易改动主轴网数据，否则可能会造成轴网和图形错位的情况；如果必须调整，需使用主轴线移动功能。

在移动主轴线之前，必须确定当前状态为【图形添加方式】，即必须先打开工具条的【添加图形】按钮 ✐。

（3）辅助轴线的绘制。在绘制辅助轴线之前，必须先打开工具条的【添加图形】按钮。此时屏幕右上方弹出一绘图工具对话框，窗口中以图形按钮方式指明添加图形的 4 种方式，依次为矩形/直线、小弧弓形、三点弧、多边形方式。

① 辅助轴网的绘制。单击【数据】菜单，选择【添加辅助轴网】，这时将会弹出一个【输入辅助轴网数据】对话框，可添加的辅助轴网有两种——矩形轴网和扇形轴网。

一是矩形轴网的添加。在弹出的窗口表格中，输入要添加轴网的上下开间数据和轴线号，再输入左右进深数据和轴线号，每个轴线号所对应的数据表示该轴线与上一条轴线之间的距离。单击对话框右方的【预览轴网】按钮，可对定义的辅助轴网进行预览，单击【确认】按钮，即可完成矩形辅助轴网的添加，如图 13-41 所示。

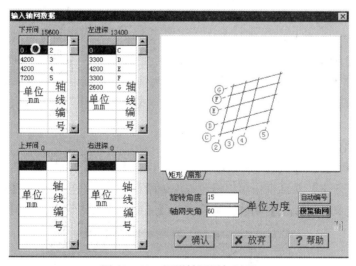

图 13-41　矩形轴网添加过程

二是扇形轴网的添加。单击图形预览区左下角的【扇形】标签，如图 13-42 所示，完成扇形辅助轴网的添加。

② 辅助直线型轴线的绘制。辅助直线的绘制通常有两种方法：绘制任意方向的轴线，采用绘图工具绘制；绘制与主轴平行且等长的轴线，可以采用复制主轴的方式绘制。

③ 辅助圆弧形轴线的绘制。在单击【添加图形】按钮后，在以图形按钮方式显示绘制方式的绘图工具对话框中，用鼠标单击 ⌒ 或 ⌓ 按钮绘制。

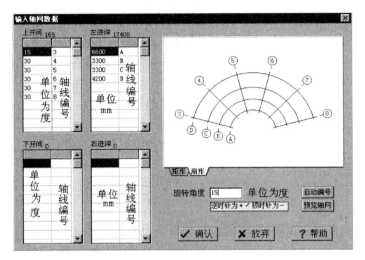

图 13-42　扇形轴网的添加

2）绘制平面简图

在创建一个新工程文件时，屏幕下方有一行绘图页面标签，具体为轴线、基础、柱、墙、门、窗、梁、圈梁、过梁、预制板、现浇板、洞、天棚、楼地面、面积及其他。可用鼠标选取其中任一项，绘制基础，绘制墙体，绘制柱、梁等各个绘图页面下的图形。

不论打开一个旧文件还是创建一个新文件，绘图页面标签都开始于轴线方式，因为要完成基础、柱、墙体等的定义，必须以轴线的定义为前提。而绘制每种平面简图又要进行一定的参数定义，下面所讲述的便是各种图形的绘制方式及参数定义方法。

绘制图形前，必须先打开【添加图形】。

（1）绘制基础。

① 定义基础断面。断面参数的定义是在主菜单的【数据】栏的【定义基础断面】功能中完成的，在【基础定义】对话框中可以修改或添加断面数据。在主菜单的【数据】栏下拉出的菜单中，单击【定义基础断面】功能，屏幕弹出【基础定义】对话框，如图 13-43 所示。

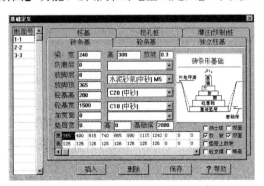

图 13-43　【基础定义】对话框

该软件支持 6 种常用的基础断面，在窗口的右方列出了这 6 种基础类型的简图，分别为砖条基、混凝土条基、独立柱基、杯基、挖孔桩，灌注（预制）桩。

对话框左方列出的每一种断面号对应一个基础断面。当单击某一个断面号时，该断面对应的基础数据及其简图在左方各输入栏中显示。如果没有所需的断面号，可添加新的断面号，方法是：单击窗口左方断面号栏的任一空项，在该空白栏中输入新断面号名，如 1 - 1，2 - 2 等；然后在对话框上方单击某一项基础名选中，则该断面号对应此基础，再在窗口中输入适当的参数即可。

修改某一已有断面的方法也需选中窗口左方的相应断面号，选中后对话框中列出当前断面号对应的基础类型及参数供修改。

② 绘制基础。选中屏幕下方的绘图页面标签中的【基础】，然后单击工具条的【参数定义】按钮或在主菜单的数据栏中选择【参数定义】，屏幕正中弹出如图 13 - 44 所示的【基础参数】对话框。

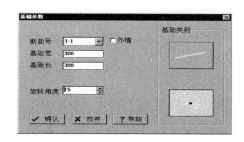

图 13 - 44　【基础参数】对话框

单击断面号输入框右侧的 ▣ 按钮，使其弹出一下拉菜单显示所有已定义的断面号，选中某一断面号后，对于条基，自动生成基础宽；对于独立柱基，自动生成基础宽和基础长。不能在此处自行输入，若要改变断面号的参数或新添断面号，则只能在【定义基础断面】功能中完成。

（2）绘制柱、墙。绘制柱或墙时，首先要将绘图页面标签的当前状态定为【柱】或【墙】，然后单击【参数定义】按钮，屏幕正中弹出【定义柱参数】或【墙体参数】的对话框，如图 13 - 45 和图13 - 46所示。其中柱有 6 种类型：矩形柱、圆形柱、多边形柱、T 形柱、十字形柱和 L 形柱。这 6 种类型的柱以图形按钮方式出现在窗口右方，选中其中任一种，可输入其参数值。柱的参数定义包括基本数据和装饰数据两部分，因此在窗口的上方有两项输入选择：【参数】和【装饰】。

参数定义后，选择【添加图形】按钮，将十字状光标移至某一交叉点，单击后，在定位点上将绘出根据所定义的参数尺寸形成的柱或墙的平面图。

（3）绘制门、窗。绘制门、窗是以墙为基础，绘制过程中，门、窗必须绘在墙上。

选中当前绘图页面标签状态为【门】或【窗】，然后打开参数定义按钮，屏幕正中弹出参数定义对话框（见图 13 - 47 和图 13 - 48）。通过此对话框，绘门、窗。

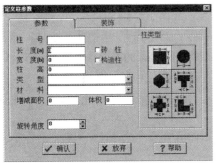

图 13-45 【定义柱参数】对话框

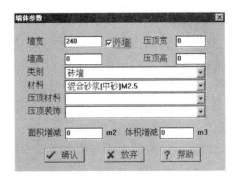

图 13-46 【墙体参数】对话框

图 13-47 【门参数】对话框

图 13-48 【窗参数】对话框

同理，采用参数定义可以绘制梁、圈梁、过梁、各种板等图形，此外还可以根据实际情况，按各类参数定义输入各装饰工程、面积等内容。

2. 工程量计算

工程量计算软件的核心在于工程量的正确计算，上面所讲的输入平面简图及参数定义都是为工程量的计算做准备工作，只要正确绘制出平面简图，工程量的计算便简单易算。

1）计算器功能

选中一项或多项所需计算的图形，单击工具条上的【计算工程量】按钮，工程量的计算式将显示在屏幕下方状态栏的左侧。

如对于基础的工程量计算，在单击工具条的【计算工程量】按钮后，将弹出一【基础信息】对话框（见图 13-49），显示选中基础的明细计算项目。如果一次选中多个基础或选中全部基础，则窗口中将依次出现每个基础的明细信息。

2）单层工程量计算

在主菜单的【计算】栏选【单层工程量计算】功能，屏幕正中将弹出一窗口，显示计算工作的进度，只对当前工程的从基础到主体部分进行全部工程量计算并汇总。待窗口消失后，计算完毕。

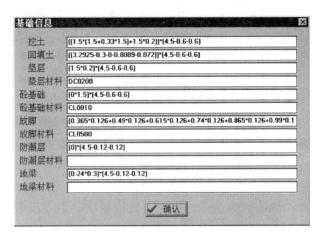

图 13-49　【基础信息】对话框

3）全部层汇总计算

在主菜单的【计算】栏选【全部层汇总计算】功能，屏幕正中将弹出一窗口，显示计算工作的进度，对已打开的所有工程进行全部工程量计算并全部汇总。

4）查看计算书

在主菜单的【计算】栏选【查看计算书】功能，屏幕正中将弹出一【计算书】窗口（见图 13-50），显示最近一次计算出的结果。

5）查看汇总结果

在主菜单的【计算】栏选【查看汇总结果】功能，屏幕正中将弹出一【计算书】窗口（见图 13-51），显示最近一次汇总的结果。

图 13-50　【计算书】窗口　　　　　图 13-51　【计算书】汇总结果窗口

13.2.2.3　钢筋工程软件

1. 构件钢筋录入方法

为最大限度地利用工程量计算中已绘制构件的参数，使用户能在绘制平面简图中同时完成钢筋数据的录入，最佳的方法是在已绘制的图形上直接定义钢筋数据。软件中已预先为条基、柱基、墙、柱、梁（含小梁）及现浇板定义了典型配筋图，可直接使用。如果个别构件没有绘制平面简图，此时可以采用另一种方法，即首先定义构件列表，再为此种构件定义钢筋。

1）在平面简图上定义钢筋

在平面简图上定义钢筋前应首先进行以下工作：①若处在绘图状态则应将绘图工具板关闭；②从页面标签中选择欲定义的钢筋页面，如梁、柱；③按下钢筋定义按钮⬚。此时仅需单击【构件】，则会显示出该构件的典型配筋图（见图13－52）。

图中共有三个区域，即构件参数、钢筋模板图和钢筋列表。

构件参数为被计算构件的数量、截面尺寸及长度参数，钢筋模板图显示出了此类构件的典型配筋图，其列出的钢筋种类包含了大多数情况，钢筋列表用于显示已定义的钢筋数据。

可以注意到，此时构件参数表中已将绘制构件的尺寸参数自动调入，而模板图也根据构件绘图时的定义自动选取好构件截面形式，剩下的工作仅是在图中选择钢筋，所以对图的任何修改均会自动反映到钢筋参数中，而保护层、支座宽则由用户定义。因而不要试图修改结构参数，修改结果仅会在修改时临时有效，在最终计算时会重新调入图形中的数据，参数修改应在钢筋参数表中进行。

定义钢筋参数有两种方法：一是双击模板图中的钢筋代号；二是在钢筋参数表中任意添加。

双击模板图中钢筋代号，程序自动弹出钢筋参数表，如图13－53所示。

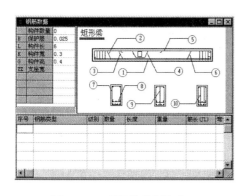

图13－52　【钢筋数据】窗口

图13－53　钢筋参数表

选择钢筋形状、序号、级别、筋长、弯钩、数量、搭接长等参数，程序已自动为大多数参数自动选取了计算方式，一般不需更改，而空白处的参数则应由用户按实际情况填入，没发生的参数（如搭接长、加密长度、加密间距）可以不填。

搭接长度几乎是所有种类钢筋均有的一个参数，用于对构件钢筋长度进行调整。在程序中，所有原始长度均依照绘图尺寸和保护层厚度数据，按单独构件考虑，钢筋调整长度可直接输入，也可以公式形式输入。弯钩长度一样，可直接引用变量 D，如 30 倍直径，则输入 $30 * D$。定义完所需参数后，单击【确认】按钮保存。

对于模板图上未定义的钢筋，可采取自由添加的方式，单击钢筋参数表的空白处，或在钢筋参数表中单击鼠标右键选取添加钢筋，此时出现图 13 - 54。与图 13 - 53 比较，可以发现钢筋参数中提供有限的项需用户自定义，但钢筋种类则可从全部种类中任意选择。

2）独立构件钢筋定义

对于没有在平面简图上绘制的构件，可以在单独的钢筋页面上定义钢筋，与在构件图形上定义钢筋不同，必须首先定义构件表。为保持与绘制其他图形方法相同，构件表的绘制一般按以下步骤进行：①单击【绘制】按钮✎，打开绘图工具板；②定义构件名称类型等参数；③单击选取构件名称显示位置。

钢筋构件的参数如图 13 - 55 所示。

用鼠标按下拉键可以从全部类型中选择构件类别，参数表右边会根据选中类别自动显示构件钢筋模板图。

图 13 - 54　添加钢筋参考图

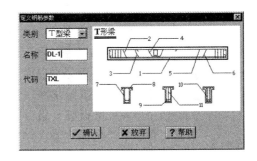

图 13 - 55　钢筋构件参数图

3）构件钢筋数据的修改及统计

对已定义好的钢筋需要修改时，可在钢筋列表上用鼠标双击欲修改的钢筋，系统弹出钢筋参数表供修改。

从弹出菜单中选添加钢筋，可增加一条新的钢筋，与从模板图中双击钢筋号不同，此时能从全部钢筋类型中选择，但具体参数必须自己定义。

从弹出菜单中选择【钢筋重量】，可以统计该构件全部钢筋的重量。

此外，系统还是有【删除钢筋】的功能。

4）检查钢筋定义情况

在使用过程中，常常有需要检查构件钢筋是否有定义的情况。对单一构件，可以用定义钢筋相同的方式操作；对全部构件检查，可依照如下步骤操作：①选择欲检查的页面，如梁、柱等；②按下【钢筋】按钮；③按下参数显示按钮 123。

此时，系统会在定义过钢筋构件处以“n＊m”的形式显示出构件定义情况，其中 n 为定义的同类构件数(0 代表定义构件数为 1)，m 为构件定义的钢筋根数。

5）钢筋参数的复制

在编辑状态，虽然可以在构件钢筋参数中定义相同构件的数量，但仍需要钢筋参数的复制。在【绘图】按钮未处于打开状态时，用鼠标选中被复制的构件单击鼠标右键，选择【复制参数】，然后用任意方法选择复制到的构件，如用 Ctrl 键＋鼠标左键复选、用鼠标框选、查找图形等，选择好后，单击鼠标右键弹出菜单，选择复制钢筋参数。

2. 计算结果输出

计算结果有两种方式输出：①在选择单层工程量计算或全部层汇总计算时，自动计入工程量汇总结果和计算书中，并以现浇钢筋分类；②从文件菜单中选择打印预览钢筋，以钢筋表的形式打印出明细计算书（见图 13－56）。

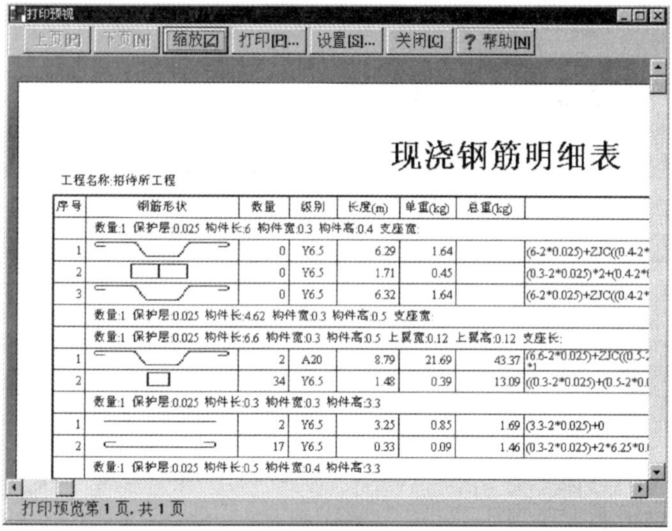

现浇钢筋明细表

工程名称:招待所工程

序号	钢筋形状	数量	级别	长度(m)	单重(kg)	总重(kg)	
	数量:1 保护层:0.025 构件长:6 构件宽:0.3 构件高:0.4 支座宽:						
1		0	Y6.5	6.29	1.64		(6-2*0.025)+ZJC((0.4-2*
2		0	Y6.5	1.71	0.45		(0.3-2*0.025)*2+(0.4-2*
3		0	Y6.5	6.32	1.64		(6-2*0.025)+ZJC((0.4-2*
	数量:1 保护层:0.025 构件长:4.62 构件宽:0.3 构件高:0.5 支座宽:						
	数量:1 保护层:0.025 构件长:6.6 构件宽:0.3 构件高:0.5 上翼宽:0.12 上翼高:0.12 支座长:						
1		2	A20	8.79	21.69	43.37	(6.6-2*0.025)+ZJC((0.5-2 *1
2		34	Y6.5	1.48	0.39	13.09	((0.3-2*0.025)+(0.5-2*0.
	数量:1 保护层:0.025 构件长:0.3 构件宽:0.3 构件高:3.3						
1		2	Y6.5	3.25	0.85	1.69	(3.3-2*0.025)+0
2		17	Y6.5	0.33	0.09	1.46	(0.3-2*0.025)+2*6.25*0.
	数量:1 保护层:0.025 构件长:0.5 构件宽:0.4 构件高:3.3						

图 13－56 【打印预视】窗口

3. 计算参数调整

在系统设定菜单中，选择【系统参数维护】，并选择【钢筋常量】，除可以注册钢筋软件外，还可以指定是否自动计算钢筋搭接长度，以及搭接长度和搭接个数与钢筋直径及长度的关系，如图 13－57 所示。在系统设定菜单中，选择修改钢筋规格表，系统弹出如下对话框，允许用户修改和自行定义钢筋的规格和单重；按删除按钮可删除当前行数据，按添加按钮则允许增加新的钢筋种类；在添加或修改代码栏时，不允许出现重复的代码，如图 13－58 所示。

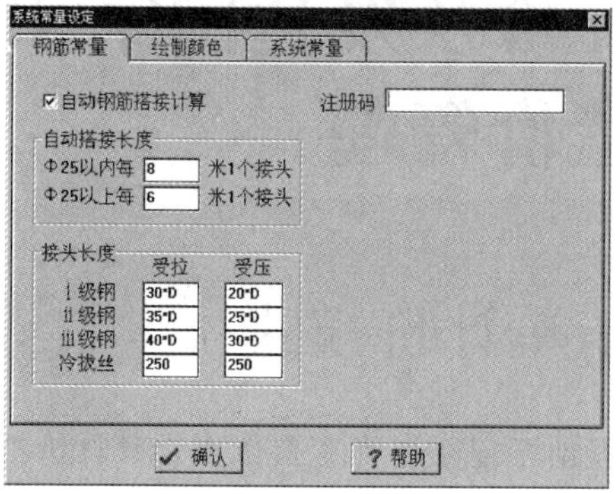

图 13-57 【系统常量设定】对话框

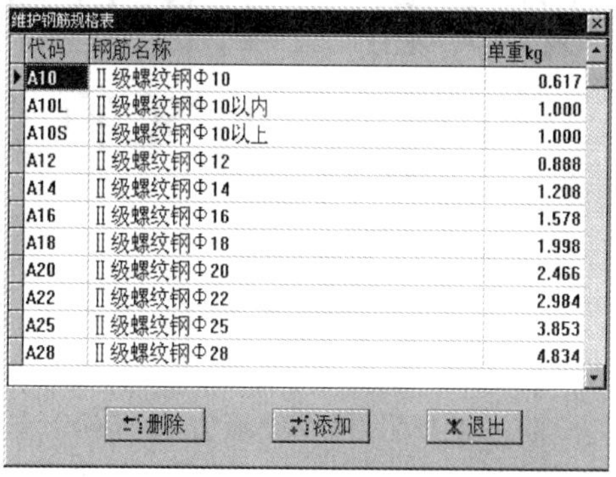

图 13-58 【维护钢筋规格表】对话框

第4篇　工程量清单计价及发达国家和地区的工程造价管理

第14章　工程量清单计价模式

长期以来，我国工程承发包计价、定价以工程预算定额作为主要依据，其计价特点是生产消耗是法定计划的，所用价格也是计划的。为了适应建设市场改革的要求，提出了"控制量、指导价、竞争费"的改革措施，控制量即由国家根据有关规范、标准及社会的平均水平控制预算定额中的人工、材料、机械的消耗量，指导价就是要逐步走向市场形成价格，这一措施对在我国实行社会主义市场经济初期起到了积极的作用。随着建设市场化进程的发展，由于国家控制的消耗量不能全面地体现企业技术装备水平、管理水平和劳动生产率，不能充分体现市场公平竞争，上述做法仍然难以改变工程预算定额中国家指令性的状况，难以满足招标投标和评标的要求。一种全新的符合市场经济特点的工程计价模式应运而生，即工程量清单计价模式，改变了以工程预算定额为计价依据的计价模式，推行政府宏观调控、企业自主报价、市场竞争形成价格、社会全面监督的工程造价管理思路。

14.1　工程量清单计价简介

14.1.1　工程量清单计价及其作用

工程量清单计价方法，是指在建设工程招标投标中，招标人按照国家统一的《建设工程工程量清单计价规范》（GB 50500—2008）的要求编制和提供工程量清单，投标人依据工程量清单、拟建工程的施工方案，结合自身实际情况并考虑风险后自主报价的工程造价计价模式。

工程量清单计价是市场形成工程造价的主要形式。实行工程量清单计价的作用主要体现在以下方面。

（1）有利于规范建设市场计价行为，规范建设市场秩序。工程量清单计价是市场形成工程造价的主要形式，有利于发挥企业自主报价的能力，实现政府定价到市场定价的转变；有利于规范业主在招标中的行为，有效改变招标单位在招标中盲目压价的行为。淡化了标底的作用。定额作为指导性依据不再是指令性标准，标底则起参考性作用。由于实现了量价分离，标底审查这一环节可以被取消，甚至可以不设标底，避免了泄露和探听标底等不良现象的发生，从程序上规范了招标运作和建筑市场秩序，从而真正体现公开、公平、公正的原则，反映市场经济规律。

（2）促进建设市场有序竞争和企业健康发展。实行工程量清单计价，招标人和投标人的市场风险得以合理分担。招标人确定量，承担工程量误差的风险，投标人确定价，一定程度上承担涨价的风险。由于工程量清单是公开的，避免了工程招标中弄虚作假、暗箱操作等不规范行为；所有投标单位均在统一量的基础上，结合工程具体情况和企业实力，并充分考虑各种市场风险因素，自主报价。为企业提供了平等的竞争平台，是企业综合实力和管理水平的真正较量。改变了过去过分依赖国家发布定额的状况，企业可以根据自身的条件编制出自己的企业定额。

（3）适应我国建设市场对外开放的需要。随着我国改革开放的进一步加快，特别是我国加入世界贸易组织（WTO）后，建设市场将进一步对外开放。为了适应这种对外开放建设市场的形势，就必须与国际通行的计价方法相适应。工程量清单计价是国际通行的计价做法。在我国实行工程量清单计价，有利于提高国内建设各方主体参与国际化竞争的能力，有利于提高工程建设的管理水平。

（4）有利于工程款的拨付和工程造价的最终确定。合同签订后，工程量清单的报价就成了合同价的基础，在合同执行过程中，以清单报价作为拨付工程款的依据。工程竣工后，再根据设计变更、工程量的增减乘以清单报价或经协商的单价，确定工程造价。

（5）有利于业主投资控制。采用工程量清单计价，业主能随时掌握设计变更、工程量增减引起的工程造价变化，从而根据投资情况决定是否变更或对方案进行比较，能有效降低工程造价。

14.1.2　建设工程工程量清单计价规范

为了指导工程量清单计价方法的全面实施，住房和城乡建设部发布《建设工程工程量清单计价规范》（GB 50500—2008）（以下简称《计价规范》），于 2008 年 12 月 1 日起在全国范围内全面实施。该《计价规范》是根据《中华人民共和国建筑法》、《中华人民共和国合同法》、《中华人民共和国招投标法》等法律，按照我国工程造价管理的总体目标，本着国家宏观调控、市场竞争形成价格的原则制定的。是统一工程量清单编制、规范工程量清单计价的国家标准，共包括 5 章和 6 个附录。第 1 章总则，第 2 章术语，第 3 章工程量清单编制，第 4 章工程量清单计价，第 5 章工程量清单计价表格。附录分别为建筑工程、装饰装修工程、安装工程、市政工程、园林绿化工程和矿山工程工程量清单项目及计算规则。附录表格中包括项目编码、项目名称、计量单位、工程量计算规则和工程内容，要求招标人在编制清单时必须执行。表 14-1 为《计价规范》附录 A 混凝土桩中预制钢筋混凝土桩清单项目的示意，附录中其他项目的形式与其类似。

表 14-1 混 凝 土 桩

项目编码	项目名称	项目特征	计量单位	工程量计算规则	工程内容
010201001	预制钢筋混凝土桩	1. 土壤级别 2. 单桩长度、根数 3. 桩截面 4. 板桩面积 5. 管桩填充材料种类 6. 桩倾斜度 7. 混凝土强度等级 8. 防护材料种类	m（根）	按设计图示尺寸以桩长（包括桩尖）或根数计算	1. 桩制作、运输 2. 打桩、试验桩、斜桩 3. 送桩 4. 管桩填充材料、刷防护材料 5. 清理、运输

14.2　工程量清单计价的基本内容和方法

《计价规范》规定，全部使用国有资产投资或国有资产投资为主的工程建设项目，必须采用工程量清单计价。

工程量清单计价的基本过程可以总结为：招标人在统一的工程量清单计算规则的基础上，按照统一的工程量清单计价表格、统一的工程量清单项目设置规则，根据具体工程的施工图纸编制工程量清单，计算出各个清单项目的工程量，编制工程量清单；投标人根据各种渠道所获得的工程造价信息和经验数据，结合企业定额计算编制工程投标报价。所以其编制过程分为两个阶段：工程量清单编制和工程量清单计价过程。

14.2.1　工程量清单编制

工程量清单是表示建设工程的分部分项工程项目、措施项目、其他项目、规费项目和税金项目的名称和相应数量等的明细清单。是由招标人或受其委托的工程造价咨询机构按照《计价规范》附录中统一的项目编码、项目名称、项目特征、计量单位和工程量计算规则，结合施工设计文件、施工现场情况、工程特点、常规施工方案和招投文件中的有关要求等进行编制。包括分部分项工程清单、措施项目清单、其他项目清单、规范项目清单、税金项目清单组成。它是由招标方提供的一种技术文件，是招标文件的组成部分，一经中标签订合同，即成为合同的组成部分。工程量清单的描述对象是拟建工程，其内容涉及清单项目的性质、数量等，并以表格为主要表现形式。

1. 分部分项工程量清单

在编制分部分项工程量清单时，应根据附录规定的项目编码、项目名称、项目特征、计量单位和工程量计算规则进行编制。

（1）项目编码。项目编码以五级编码设置，用 12 位阿拉伯数字表示，前 9 位为全国统一编码，编制分部分项工程量清单时不得变动，其中 1、2 位为附录顺序码，3、4 位为专业工程顺序码，5、6 位为分部工程顺序码，7、8、9 位为分项工程项目名称顺序码。后 3 位为清单项目名称顺序编码，由编制人根据设置的清单项目编制。项目编码结构如下（以建筑工程为例）。

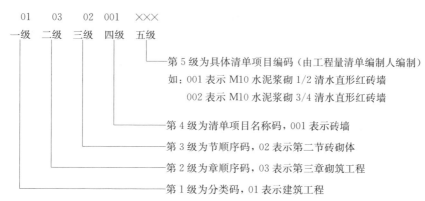

（2）项目名称。分部分项工程清单项目名称的设置，原则上按形成的工程实体设置，实体是由多个项目综合而成的，在清单编制中项目名称的设置，可按《计价规范》附录中的项目名称为主体，考虑该项目的规格、型号、材质等特殊要求，结合拟建工程的实际情况而命名。在《计价规范》附录中清单项目的表现形式，是由主体项目和辅助项目（或称组合项目）构成（主体项目即《计价规范》中的项目名称，辅助项目即《计价规范》中的工程内容）。《计价规范》对各清单项目可能发生的辅助项目均做了提示，列在"工程内容"一栏内，供工程量清单编制人根据拟建工程实际情况有选择地对项目名称描述时参考和投标人确定报价时参考。如果发生了在《计价规范》附录中没有列出的工程内容，在清单项目设置中应予以补充。项目名称如有缺项，招标人可按相应的原则进行补充，并报当地工程造价管理部门备案。

（3）项目特征。项目特征应按照附录中规定的有关项目特征的要求，结合拟建工程项目的实际、技术规范、标准图集、施工图纸，按照工程结构、使用材质及规格或安装位置等，予以详细而准确的表述和说明，要能满足确定综合单价的需要。若采用标准图集或施工图纸能够全部或部分满足项目特征描述的要求，项目特征描述可直接采用详见××图集或××图号的方式。对不能满足项目特征描述要求的部分，仍应用文字描述。

（4）计量单位。计量单位采用基本单位，按照《计价规范》附录中各项目规定的单位确定。

（5）工程数量。除另有说明外，所有清单项目的工程量应以实体工程量为准，并以完成后的净值计算；投标人报价时，应在单价中考虑施工中的各种损耗和需要增加的工程量。工程量计算规则应按照《计价规范》附录中给定的规则计算。

2. 措施项目清单

措施项目指为完成工程施工，发生于该工程施工前和施工过程中技术、生活、安全等方面的非工程实体项目。措施项目清单的编制除考虑工程的实际情况外，还涉及水文、气象、环境、安全等和施工企业的实际情况列项，其中，通用措施项目可参考《计价规范》提供的"通用措施项目一览表"（见表14-2）列项，各专业工程的措施项目可按附录中规定的项目选择列项。若出现规范中未列的项目，可根据工程实际情况补充。

表14-2　通用措施项目一览表

序　号	项目名称
1	安全文明施工（含环境保护、文明施工、安全施工、临时设施）
2	夜间施工
3	二次搬运
4	冬雨季施工
5	大型机械设备进出场及安拆
6	施工排水
7	施工降水
8	地上、地下设施、建筑物的临时保护设施
9	已完工程及设备保护

3. 其他项目清单

其他项目清单应根据拟建工程的具体情况列项。《计价规范》提供了4项作为列项参考，不足部分可补充。

（1）暂列金额。因一些不能预见、不能确定的因素的价格调整而设立。暂列金额由招标人根据工程特点，按有关计价规定进行估算确定。编制竣工结算的时候，变更和索赔项目应列一个总的调整，签证和索赔项目在暂列金额中处理。暂列金额的余额归招标人。

（2）暂估价。是指招标阶段直至签订合同协议时，招标人在招标文件中提供的用于支付必然要发生但暂时不能确定价格的材料以及需另行发包的专业工程金额。包括材料暂估价和专业工程暂估价。

（3）计日工。在施工过程中，完成发包人提出的施工图纸以外的零星项目或工作，按合同中约定的综合单价计价。计日工是为了解决现场发生的对零星工作的计价而设立的。零星工作一般是指合同约定之外的或因变更而产生的、工程量清单中没有相应项目的额外工作，尤其是那些时间不允许事先商定价格的额外工作。

（4）总承包服务费。总承包服务费是总承包人为配合协调发包人而进行的工程分包自行采购的设备、材料等进行管理、服务以及施工现场管理、竣工资料汇总整理等服务所需的费用。

4. 规费项目清单

根据省级政府或省级有关权力部门规定必须缴纳的，应计入建筑安装工程造价的费用。《计价规范》提供了以下5项作为列项参考，不足部分可根据省级政府或省级有关权利部门的规定列项：

(1) 工程排污费；

(2) 工程定额测定费；

(3) 社会保障费，包括养老保险费、失业保险费、医疗保险费；

(4) 住房公积金；

(5) 危险作业意外伤害保险。

5. 税金项目清单

《计价规范》提供了 3 项作为列项参考，不足部分可根据税务部门的规定列项。

(1) 营业税；

(2) 城市维护建设税；

(3) 教育费附加。

14.2.2　工程量清单计价

工程量清单计价适用于编制招标控制价、招标标底、投标价、合同价款的约定、工程量计量与价款支付、索赔与现场签证、工程价款调整、竣工结算和工程计价争议处理等。采用工程量清单计价，建设工程造价由分部分项工程费、措施项目费、其他项目费、规费和税金组成。工程量清单计价采用综合单价计价。综合单价是有别于现行定额工料单价计价的一种单价计价方式，包括完成规定计量单位合格产品所需的人工费、材料费、机械使用费、企业管理费、利润，并考虑一定范围内的风险金。即包括除规费、税金以外的全部费用。综合单价适用于分部分项工程量清单、措施项目清单。

1. 招标控制价的编制

国有资金投资的工程应实行工程量清单招标，招标人应编制招标控制价。招标控制价超过批准的概算时，招标人应报原概算审批部门审核。投标人的投标报价高于招标控制价的，其投标应予拒绝。招标控制价应在招标文件中公布，不应上调或下浮，同时将招标控制价的明细表报工程所在地工程造价管理机构备查。招标控制价应依据下列内容编制。①《计价规范》；②国家或省级、行业建设主管部门颁发的计价定额和计价办法；③建设工程设计文件及相关资料；④招标文件中的工程量清单及有关要求；⑤与建设项目相关的标准、规范、技术资料；⑥工程造价管理机构发布的工程造价信息，工程造价信息没有发布的按市场价；⑦其他的相关资料。

2. 投标价

投标价由投标人自主确定，但不得低于成本。投标人应按招标人提供的工程量清单填报价格。填写的项目编码、项目名称、项目特征、计量单位、工程量必须与招标人提供的一致。投标价的应根据下列依据编制：①《计价规范》；②国家或省级、行业建设主管部门颁发的计价办法；③企业定额，国家或省级、行业建设主管部门颁发的计价定额；④招标文件、工程量清单及其补充通知、答疑纪要；⑤建设工程设计文件及相关资料；⑥施工现场情况、工程特点及拟定的投标施工组织设计或施工方案；⑦与建设项目相关的标准、规范等技术资料；⑧市场价格信息或工程造价管理机构发布的工程造价信息；⑨其他的相关资料。

投标价计价过程如下。

1）分部分项工程费

分部分项工程量清单的综合单价按招标文件中分部分项工程量清单项目的特征描述确定。综合单价中除包括完成分部分项工程项目所需人、材、机、企业管理费和利润外，还包括招标文件中要求投标人应承担的风险费用。分部分项工程费报价最重要依据之一是该项目的特征描述，投标人应依据招标文件中分部分项工程量清单项目的特征描述确定清单项目的综合单价，当出现招标文件中分部分项工程量清单项目的特征描述与设计图纸不符时，应以工程量清单项目的特征描述为准；当施工中施工图纸或设计变更与工程量清单项目的特征描述不一致时，发、承包双方应按实际施工的项目特征，依据合同约定重新确定综合单价。

在投标报价时，对招标人给定了暂估单价的材料，应按暂估的单价计入分部分项工程综合单价中。投标人在自主决定投标报价时，还应考虑招标文件中要求投标人承担的风险内容及其范围（幅度）以及相应的风险费用。投标人应完全承担的风险是技术风险和管理风险，如管理费和利润；应有限度承担的是市场风险，如材料价格涨价幅度在5%以内，施工机械使用费涨价在10%以内的风险由承包人承担，超过者在结算时双方协商予以调整；应完全不承担的是法律、法规、规章和政策变化的风险。如税金、规费等，应按照当地造价管理机构发布的文件按实调整。根据我国目前工程建设的实际情况，各省、市建设行政主管部门均根据当地劳动行政主管部门的有关规定发布人工成本信息，对此关系职工切身利益的人工费不宜纳入风险。在施工过程中，当出现的风险内容及其范围（幅度）在招标文件规定的范围内时，综合单价不得变更，工程价款不做调整。

$$分部分项工程费 = \sum(分部分项工程量 \times 分部分项工程综合单价)$$

2）措施项目费

措施项目清单的金额，投标人投标时应根据拟建工程的实际情况，结合自身编制的投标施工组织设计（或施工方案）确定措施项目，参照《计价规范》规定的综合单价组成自主确定，并可对招标人提供的措施项目进行调整，但应通过评标委员会的评审。措施项目费的计算包括以下内容。

（1）措施项目清单费的计价方式应根据招标文件的规定，凡可以精确计量的措施清单项目如模板、脚手架费用，采用综合单价方式报价，不宜计算工程量的项目，如大型机械进出场费等，采用以"项"为计量单位的方式报价。

（2）措施项目清单费的确定原则是由投标人自主确定，但其中安全文明施工费应按国家或省级、行业建设主管部门的规定确定。

投标时，编制人没有计算或少计算费用，视为此费用已包括在其他费用内，额外的费用除招标文件和合同约定外，不予支付。

$$措施项目费 = \sum(措施项目工程量 \times 措施项目综合单价)$$

3）其他项目费

其他项目清单的金额，宜按照下列内容列项和计算。

（1）暂列金额按招标人在其他项目清单中列出的金额填写；只有按照合同约定程序实际发生后，暂列金额才能成为中标人的应得金额，纳入合同结算价款中。扣除实际发生价款后的余额仍属于招标人所有。

（2）暂估价中的材料暂估价按招标人在其他项目清单中列出的单价计入投标人相应清单的综合单价，其他项目费合计中不包含，只是列项；专业工程暂估价按招标人在其他项目清单中列出的金额填写，按项列支。如塑钢门窗、玻璃幕墙、防水等，价格中包含除规费、税金外的所有费用，并计入其他项目费合计中。

（3）计日工按招标人在其他项目清单中列出的项目和数量，由投标人自主确定综合单价计算总价，并入其他项目费总额中。

（4）总承包服务费根据招标文件中列出的分包专业工程内容和供应材料、设备情况，按照招标人提出协调、配合与服务要求和施工现场管理需要由投标人自主确定。招标人一定要在招标文件中说明总包的范围，以减少后期不必要的纠纷。总承包服务费参考计算标准如下：

招标人仅要求对分包的专业工程进行总承包管理和协调时，按分包的专业工程估算造价的 1.5％计算；招标人要求对分包的专业工程进行总承包管理和协调并同时要求提供配合服务时，根据招标文件中列出的配合服务内容和提出的要求按分包的专业工程估算造价的 3％～5％计算；招标人自行供应材料的，按招标人供应材料价值的 1％计算。

$$其他项目费 = 暂列金额 + 专业工程暂估价 + 计日工费 + 总承包服务费$$

4）规费

规费作为政府和有关权力部门规定必须缴纳的费用，政府和有关权力部门可根据形势发展的需要，对规费项目进行调整。

5）税金

包括营业税、城市建设维护税及教育费附加。如国家税法发生变化增加了税种，应对税金项目清单进行补充。

规费和税金应按国家或省级、行业建设主管部门的规定计算，不得作为竞争性费用。

6）单位工程报价

$$单位工程报价 = 分部分项工程费 + 措施项目费 + 其他项目费 + 规费 + 税金$$

7）单项工程报价

$$单项工程报价 = \sum 单位工程报价$$

8）工程项目总报价

$$工程项目总报价 = \sum 单项工程报价$$

3. 工程合同价款的约定

实行招标的工程合同价款应在中标通知书发出之日起 30 日内，由承发、包双方依据招标文件和中标人的投标文件在书面合同中约定。不实行招标的工程合同价款，在发、承包双方认可的工程价款基础上，由发、承包双方在合同中约定。实行招标的工程，合同约定不得违背招、投标文件中关于工期、造价、质量等方面的实质性内容。招标文件与中标人投标文件不一致的地方，以投标文件为准。

工程量清单计价适用于工程招投标、工程施工、竣工结算等各阶段的工程计价工作，因而涉及编制工程量清单、招标控制价、投标报价，合同价款的约定、工程计量与价款支付、工程价款调整、索赔、竣工结算、工程计价争议处理等多方面的内容。其他相关内容在本章第 5 节有所涉及，在此不再赘述。

14.3 工程量清单计价的程序与步骤

14.3.1 工程量清单计价的步骤

（1）熟悉工程量清单。工程量清单是计算工程造价最重要的依据，在计价时必须全面了解每一个清单项目的特征描述，熟悉其所包括的工程内容，以便在计价时不漏项，不重复计算。

（2）研究招标文件。工程招标文件的有关条款、要求和合同条件，是工程计价的重要依据。在招标文件中对有关承发包工程范围、内容、期限、工程材料、设备采购供应办法等都有具体规定，只有按规定计价，才能保证计价的有效性。因此，投标人应根据招标文件的要求，对照图纸，对招标文件提供的工程量清单进行复查或复核，其内容主要包括以下 3 个方面。

① 分专业对施工图进行工程量审核。招标文件中对投标人审核工程量清单提出了要求，如投标人发现由招标人提供的工程量清单有误，招标人可对清单进行修改。如果投标人不予审核，则不能发现招标人清单编制中存在的问题，也就不能充分利用招标人给予投标人澄清问题的机会，由此产生的后果则由投标人自行负责。

② 根据图纸说明和各种选用规范对工程量清单项目进行审查。主要是指根据规范和技术要求，审查清单项目是否漏项，如电气设备中有许多调试工作（母线系统调试、低压供电系统调试等），是否在工程量清单中被漏项。

③ 根据技术要求和招标文件的具体要求，对工程需要增加的内容进行审查。认真研究招标文件是投标人争取中标的第一要素。招标项目的特殊要求，都会在招标文件中反映出来，投标人应仔细研究工程量清单要求增加的内容、技术要求，与招标文件是否一致，只有通过审查和澄清才能统一起来。

（3）熟悉施工图纸。全面、系统地阅读图纸，是准确计算工程造价的重要工作。阅读图纸时应注意以下几点：①按设计要求，收集图纸选用的标准图、大样图；②认真阅读设计说明，掌握安装构件的部位和尺寸，安装施工要求及特点；③了解本专业施工与其他专业施工工序之间的关系；④对图纸中的错、漏算以及表示不清楚的地方予以记录，以便在招标答疑会上询问解决。

（4）了解施工组织设计。施工组织设计或施工方案是施工单位的技术部门针对具体工程编制的施工作业的指导性文件，其中对施工技术措施、安全措施、施工机械配置、是否增加辅助项目等，都应在工程计价的过程中予以注意。施工组织设计所涉及的费用主要属于措施项目费。

（5）熟悉加工订货的有关情况。明确建设、施工单位双方在加工订货方面的分工。对需要进行委托加工定货的设备、材料、零件等，提出委托加工计划，并落实加工单位及加工产品的价格。

（6）明确主材和设备的来源情况。主材和设备的型号、规格、重量、材质、品牌等对工程计价影响很大，因此主材和设备的范围及有关内容需要招标人予以明确，必要时注明产地和厂家。

（7）计算工程量。清单计价的工程量计算主要有两部分内容：一是核算工程量清单所提供清单项目工程量是否准确；二是计算每一个清单主体项目所组合的辅助项目工程量，以便计算综合单价。清单计价时，辅助项目随主体项目计算，将不同工程内容发生的辅助项目组合在一起，计算出主体项目的综合单价。

（8）确定措施项目清单内容。措施项目清单的内容必须结合项目的施工方案或施工组织设计的具体情况填写，因此在确定措施项目清单内容时，一定要根据自己的施工方案或施工组织设计加以修改。

（9）计算综合单价。将工程量清单主体项目及其组合的辅助项目汇总，填入分部分项工程综合单价计算表。如采用消耗量定额分析综合单价的，则应按照定额的计量单位，选套相应定额，计算出各项的管理费和利润，汇总为清单项目费合价，计算出综合单价。投标人可以使用企业定额；或者使用建设行政主管部门颁发的计价定额，也可以在统一的计价定额的基础上根据本企业的技术水平调整消耗量来计价。

（10）计算措施项目费、其他项目费、规费、税金等。

（11）将分部分项工程项目费、措施项目费、其他项目费和规费、税金汇总、合并、计算出工程造价。

例 14-1　某基础工程，基础为 C25 混凝土带形基础，垫层为 C15 混凝土垫层，垫层底宽度为 1 400 mm，挖土深度为 1 800 mm，基础总长为 220 m。室外设计地坪以下基础的体积为 227 m³，垫层体积为 31 m³。用清单计价法计算挖基础土方的分部分项工程项目综合单价。已知当地人工单价为 30 元/工日，8 吨自卸汽车台班单价为 385 元/台班。管理费按人工费加机械费的 15％计取，利润按人工费的 30％计取。

解　工程量清单计价采用综合单价模式，即综合了工料机费、管理费和利润。综合单价中的人工单价、材料单价、机械台班单价，可由企业根据自己的价格资料以及市场价格自主确定，也可结合企业定额或建设主管部门颁发的计价定额确定。此例结合统一的计价定额确定消耗量，与当地市场价格结合确定综合单价。

1）清单工程量（业主根据施工图按照《计价规范》中的工程量计算规则计算）

《计价规范》中挖基础土方的工程量计算规则：按设计图示尺寸以基础垫层底面积乘以挖土深度计算。

$$基础土方挖方总量＝1.4×1.8×220＝554（m^3）$$

2）投标人报价计算

（1）按照《计价规范》中挖基础土方的工程内容，找到与挖基础土方主体项目对应的辅助项目，可组合的内容包括人工挖土方、人工装自卸汽车运卸土方，运距 3 km。

（2）结合施工图纸，计算各辅助项目的工程量。

按照计价定额中的工程量计算规则计算各辅助项目的工程量。

① 人工挖土方（三类土，挖深 2 m 以内）

根据施工组织设计要求，需在垫层底面增加操作工作面，其宽度每边 0.3 m。并且需从垫层底面放坡，放坡系数为 0.33。

$$基础土方挖方总量＝(1.4＋2×0.3＋0.33×1.8)×1.8×220＝1\ 027（m^3）$$

② 人工装自卸汽车运卸土方

采用人工挖土方量为 1 027 m³，基础回填＝人工挖土方量－基础体积－垫层体积＝1 027－227－31＝769（m³），剩余弃土为 1 027－769＝258（m³），由人工装自卸汽车运卸，运距 3 km。

3）综合单价计算

① 人工挖土方（三类土，挖深 2 m 以内）

计价定额中该项人工消耗量为 53.51 工日/100 m³，材料和机械消耗量为 0。

人工费：53.51/100×30×1 027/100＝16 486.43（元）

材料和机械费为 0。

小计：16 486.43 元

② 人工装自卸汽车运卸弃土 3 km

计价定额中该项人工消耗量为 11.32 工日/100 m³，材料消耗量为 0，机械台班消耗量为 2.45 台班/100 m³

人工费：11.32/100 m³×30×258/100＝876.17（元）

　　　　材料费为 0；

机械费：2.45/100 m³×385×258/100＝2 433.59（元）

小计：3 309.76 元

③ 综合单价

工料机费合计：16 486.43＋3 309.76＝19 796.19（元）

管理费：（人工费＋机械费）×15％＝（16 486.43＋876.17＋2 433.59）×15％＝2 969.43（元）

利润：人工费×30％＝（16 486.43＋876.17）×30％＝5 208.78（元）

总计：19 796.19＋2 969.43＋5 208.78＝27 974.4(元)

综合单价：27 974.4/554＝50.5(元/m³)

14.3.2　工程量清单计价的程序

根据《计价规范》的规定，工程量清单计价程序可用表 14-3 表示。

表 14-3　工程量清单计价程序

序　　号	名　　　称	计算办法
1	分部分项工程费	$\sum$（分部分项清单工程量×综合单价）
2	措施项目费	按规定计算
3	其他项目费	按招标文件规定计算
4	规费	按直接费、人工费或人工费与机械费的合计为基数计算
5	不含税工程造价	1＋2＋3＋4
6	税金	5×税率
7	含税工程造价	5＋6

14.3.3　工程量清单统一格式

工程量清单计价应采用统一格式，由招标人编制，并随招标文件发至投标人，由投标人填报。投标人填报的工程量清单格式主要包括下列内容。

1. 封面（表 14-4）

由投标人或投标人按规定的内容填写、签字、盖章。

表 14-4　封　　面

<table>
<tr><td colspan="2">_____工程</td></tr>
<tr><td colspan="2" align="center">工程量清单</td></tr>
<tr><td></td><td>工 程 造 价</td></tr>
<tr><td>投　标　人：_____
　　　　　（单位盖章）</td><td>咨 询 人：_____
　　　　（单位资质专用章）</td></tr>
<tr><td>法定代表人
或其授权人：_____
　　　　　（签字或盖章）</td><td>法定代表人
或其授权人：_____
　　　　（签字或盖章）</td></tr>
<tr><td>编　制　人：_____
　　　（造价人员签字盖专用章）</td><td>复　核　人：_____
　　　（造价工程师签字盖专用章）</td></tr>
<tr><td>编 制 时 间：</td><td>复 核 时 间：</td></tr>
</table>

_____工程

招标控制价

招标控制价(小写): _____

(大写): _____

投 标 人: _____ 工程造价咨询人: _____

(单位盖章) (单位资质专用章)

法定代表人 法定代表人

或其授权人: _____ 或其授权人: _____

(签字或盖章) (签字或盖章)

编 制 人: _____ 复 核 人: _____

(造价人员签字盖专用章) (造价工程师签字盖专用章)

编 制 时 间: 复 核 时 间:

2. 投标总价（表 14－5）

投标报价应按工程项目投标报价汇总表合计金额填写。

表 14－5 投 标 总 价

投标总价

招 标 人: _____

工程名称: _____

投标总价(小写): _____

(大写): _____

投 标 人: _____

(单位盖章)

法定代表人

或其授权人: _____

(签字或盖章)

编 制 人: _____

(造价人员签字盖专用章)

编制时间:

3. 工程项目投标报价汇总表（表 14－6）

单项工程名称按照单项工程投标报价汇总表（表 14－7）的工程名称填写；金额按照单项工程投标报价汇总表（表 14－7）的合计金额填写。

表 14-6　工程项目投标报价汇总表

工程名称：　　　　　　　　　　　　　　　　　　　　　　　　　　　第　页　共　页

序号	单项工程名称	金额/元	其　中		
			暂估价	安全文明施工费	规费
合　计					

4. 单项工程投标报价汇总表（表 14-7）

单位工程名称按照单位工程投标报价汇总表（表 14-8）的工程名称填写；金额按照单位工程投标报价汇总表（表 14-8）的合计金额填写。

表 14-7　单项工程投标报价汇总表

工程名称：　　　　　　　　　　　　　　　　　　　　　　　　　　　第　页　共　页

序号	单位工程名称	金额/元	其　中		
			暂估价	安全文明施工费	规费
合　计					

5. 单位工程投标报价汇总表（表 14-8）

金额应分别按照分部分项工程量清单计价表（表 14-9）、措施项目清单计价表（表 14-10）、其他项目清单计价表（表 14-11）、规费、税金项目清单计价表的合计金额计算。

表 14-8　单位工程投标报价汇总表

工程名称：　　　　　　　　标段：　　　　　　　　　　　　第　页　共　页

序号	项目名称	金额/元	其中：暂估价
1	分部分项工程		
2	措施项目		
3	其他项目		
4	规费		
5	税金		
合　计			

6. 分部分项工程量清单与计价表（表 14-9）

表 14-9 分部分项工程量清单与计价表

工程名称： 标段： 第 页 共 页

序号	项目编码	项目名称	项目特征描述	计量单位	工程量	金额/元		
						综合单价	合价	其中：暂估价
本页小计								
合　计								

7. 措施项目清单与计价表（表 14-10）

投标人可根据施工组织设计采取的措施增加项目。

表 14-10 措施项目清单与计价表

工程名称： 标段： 第 页 共 页

序号	项目名称	计算基础	费率/%	金额/元
1	安全文明施工（含环境保护、文明施工、安全施工、临时设施）			
2	夜间施工			
3	二次搬运			
4	冬雨季施工			
5	大型机械设备进出场及安拆			
6	施工排水			
7	施工降水			
8	地上、地下设施、建筑物的临时保护设施			
9	已完工程及设备保护			
10	各专业工程的措施项目			
合　计				

注：本表适用于以"项"为计价的措施项目。以综合单价形式计价的措施项目表格形式同分部分项工程量清单计价表。

8. 其他项目清单与计价汇总表（表 14-11）

表 14-11 其他项目清单与计价汇总表

工程名称： 标段： 第 页 共 页

序号	项目名称	计量单位	金额/元	备注
1	暂列金额			
2	暂估价			
3	计日工			
4	总承包服务费			
小　计				
合　计				

9. 规费、税金项目清单与计价表（表 14 - 12）

表 14 - 12　规费、税金项目清单与计价表

工程名称：　　　　　　　　　　　　　标段：　　　　　　　　　　　　第 页 共 页

序号	项目名称	计算基础	费率/%	金额/元
1	规费			
1.1	工程排污费			
1.2	社会保障费			
(1)	养老保险费			
(2)	失业保险费			
(3)	医疗保险费			
1.3	住房公积金			
1.4	危险作业意外伤害保险			
1.5	工程定额测定费			
2	税金	分部分项工程费＋措施项目费＋其他项目费＋规费		
合　计				

14.3.4　工程量清单计价与定额计价的异同

自《计价规范》颁布后，我国建设工程计价逐渐转向以工程量清单计价为主、定额计价为辅的模式。由于我国地域辽阔，各地的经济发展状况不一致，市场经济的程度存在差异，将定额计价立即转变为清单计价还存在一定困难，定额计价模式在一定时期内还有其发挥作用的市场。以下对清单计价和定额计价两种计价模式做一比较，如表 14 - 13 所示。

表 14 - 13　两种计价模式的比较

内　容	定额计价	清单计价
项目设置	定额的项目一般是按施工工序、工艺进行设置的，定额项目包括的工程内容一般是单一的	工程量清单项目的设置是以一个"综合实体"考虑的，"综合项目"一般包括多个子目工程内容
定价原则	按工程造价管理机构发布的有关规定及定额中的基价计价	按照清单的要求，企业自主报价，反映的是市场决定价格
计价价款构成	定额计价价款包括直接工程费、措施费、规费、企业管理费、利润和税金。而分部分项工程费中的子目基价是指完成定额分部分项工程项目所需的人工费、材料费、机械费。它没有反映企业的真正水平和没有考虑风险的因素	工程量清单计价价款是指完成招标文件规定的工程量清单项目所需的全部费用。即包括：分部分项工程费、措施项目费、其他项目费、规费和税金；完成每分项工程所含全部工程内容的费用；完成每项工程内容所需的全部费用（规费、税金除外）；工程量清单中没有体现的，施工中又必须发生的工程内容所需的费用；考虑风险因素而增加的费用

续表

内　容	定额计价	清单计价
单价构成	定额计价采用定额子目基价，定额子目基价只包括定额编制时期的人工费、材料费、机械费，并不包括各种风险因素带来的影响	工程量清单采用综合单价。综合单价包括人工费、材料费、机械费、管理费和利润，且各项费用均由投标人根据企业自身情况和考虑各种风险因素自行编制
价差调整	按工程承发包双方约定的价格与定额价对比，调整价差	按工程承发包双方约定的价格直接计算，除招标文件规定外，不存在价差调整的问题
计价过程	招标方只负责编写招标文件，不设置工程项目内容，也不计算工程量。工程计价的子目和相应的工程量是由投标方根据设计文件确定。项目设置、工程量计算、工程计价等工作在一个阶段内完成	招标方必须设置清单项目并计算清单工程量，同时在清单中对清单项目的特征和包括的工程内容必须清晰、完整地告诉投标人，以便投标人报价。故清单计价模式由两个阶段组成： ① 由招标方编制工程量清单； ② 投标方拿到工程量清单后根据清单报价
人工、材料、机械消耗量	定额计价的人工、材料、机械消耗量按定额标准计算，定额一般是按社会平均水平编制的	工程量清单计价的人工、材料、机械消耗量由投标人根据企业的自身情况或《企业定额》自定。它真正反映企业的自身水平
工程量计算规则	按定额工程量计算规则	按清单工程量计算规则
计价方法	根据施工工序计价，即将相同施工工序的工程量相加汇总，选套定额，计算出一个子项的定额直接工程费，每一个项目独立计价	按一个综合实体计价，即子项目随主体项目计价，由于主体项目与组合项目是不同的施工工序，所以往往要计算多个子项才能完成一个清单项目的分部分项工程综合单价，每一个项目组合计价
价格表现形式	只表示工程总价，分部分项直接工程费不具有单独存在的意义	主要为分部分项工程综合单价，是投标、评标、结算的依据，单价一般不调整
适用范围	编审标底，设计概算，工程造价鉴定	全部使用国有资金投资或国有资金投资为主的大中型建设工程和需招标的小型工程
工程风险	工程量由投标人计算和确定，价差一般可调整，故投标人一般只承担工程量计算风险。不承担材料价格风险	招标人编制工程量清单，计算工程量，数量不准会被投标人发现并利用，招标人要承担差量的风险。投标人报价应考虑多种因素，由于单价通常不调整，故投标人要承担组成价格的全部因素风险

　　另外，我国发包与承包价计算方法中的综合单价法与工程量清单计价的综合单价有所不同，前者中的综合单价为全费用单价，其内容包括直接工程费、间接费、利润和税金，综合单价形成的过程也不同于清单计价中的综合单价。

第 15 章　发达国家和地区的工程造价管理

15.1　美国工程造价管理

在美国，政府并不发布详细的工程量计算规则或工程定额。政府对全社会的工程造价也不进行直接的监督管理，只是由其有关部门对自己主管的项目进行直接管理，或者通过公布工程造价指南、发布各种标准来间接影响工程造价或对整个建筑市场进行宏观调控。在工程估价中，估价人员一般选用专业协会、大型工程咨询顾问公司、政府有关部门出版的大量商业出版物进行估价，美国各地政府也在对上述资料综合分析的基础上，定时发布工程成本材料指南，供社会参考。

15.1.1　工程估价文件和估价方法

在美国，工程的计价一般称为估价。根据项目进展的阶段不同，工程的估价大致分为 5 级：第 1 级，数量级估算，精度为 $-30\% \sim +50\%$；第 2 级，概念估算，精度为 $-15\% \sim +30\%$；第 3 级，初步估算，精度为 $-10\% \sim +20\%$；第 4 级，详细估算，精度为 $-5\% \sim +15\%$；第 5 级，完全详细估算，精度为 $-5\% \sim +5\%$。

按照采用的估价方法的数学性质，估价方法分为随机的（在推测的成本关系和统计分析的基础上）和确定的（在最后的、确定的成本关系的基础上）两种，或是这两种方法的一些结合。在工程估价条目中，随机的方法时常被称作参数估价法，一般业主使用得较为广泛；确定的方法时常被称作详细单位成本或组合单位成本法，由承包商使用的机会较多。

参数估价法是在已知某因素成本的基础上，根据大量统计资料表明的已知因素和未知因素的数学关系，确定未知因素成本，从而推算出总成本的一种估价方法，其已知因素一般为设备投资或价格、已建项目投资等。在实际使用中，参数法可演化成设备因子法、规模因子法及其他参数法（如参数单位成本模型法、复合参数成本模型法、比例因子法、总单位因子法等）。参数法的最大特点是其估价结果建立在对大量统计资料的分析之上，而不是基于本工程的实际构造进行详细成本估算，故估价结果不够准确。参数估价法适用于业主在投资决策阶段对投资的估算上，相当于我国投资估算的计算思路。

详细单位成本或组合单位成本法类似于我国的概预算编制方法，根据编制深度的不同，又可以分为详细单位成本法和组合单位成本法两种，这两种方法估价精度最高，常用于项目的成本控制预算、承包商的投标报价及变更估价。其中，详细单位成本法与我国的预算编制法基本类似，该方法实际上就是针对最具体的分部分项工程进行直接的估价。在该方法下，估价人员首先需要详细划分估价条目，对估价条目进行准确计量，然后查找相应的单位工时、人工单价、单位材料消耗额、单位设备消耗额等，将其代入工程量，进行相应的算术运算，即可求得每一行项目的成本合计。组合单位成本法又称固定成本模型法，与我国的概算编制法有一定的相似之处，它与详细单位成本法的唯一区别就是它在后者的基础上对行式项目进行了适当组合，可以节约大量的计算时间。通过计算机成本估价系统，这些组合能够预先构建并保存在电子数据库中，以后作为一个单独的行式项目使用，而不用进一步考虑条目要素。如果有要求，在估价完成后，组合的行式项目能够在估价报告中分解回它的构成要素，以满足详细的成本管理的需要。

一般来讲，业主与承包商的估价过程有很大不同，这是因为他们有不同的观点、概念、交易管理风险、介入深度、估价所需的准确性，以及使用的估价方法有所不同。

业主的估价一般在项目的研究和发展阶段进行，当其进行一个新项目的可行性研究时，需要考虑工艺技术及应用风险、投资策略、场地选择、市场影响、装船、操作、后勤及合同管理策略等一系列的问题，其中每一项都会影响项目成本，以致对投资的估算具有较大的不确定性，所以采用的估价方法一般为参数法。

相对业主来讲，承包商的考虑范围要小一些。因为承包商一般均在项目的中期和后期才开始介入，此时业主的意图已经清晰，已经对多个方案进行了研究，并对其进行了较为充分的比较、选择，项目的范围和轮廓一般已相当清晰。承包商只需根据业主给出的初始条件来设计、建设一个设施，承包商采用的估价方法一般为详细单位成本或组合单位成本法。

15.1.2 工程细目划分

在美国的工程估价体系中，有一个非常重要的组成要素，即有一套前后连贯统一的工程成本编码。所谓工程成本编码，就是将一般工程按其工艺特点细分为若干分部分项工程，并给每个分部分项工程编一个专用的号码，作为该分部分项工程的代码，以便在工程管理和成本核算中区分建筑工程的各个分部分项工程。在以上所述的详细单位成本法估价中，首先要对工程项目进行分解，以便详细划分估价条目，这时就要用到工程细目划分（WBS）编码系统。

美国建筑标准协会（CSI）发布过两套编码系统，分别叫作标准格式（MASTER FORMAT）和部位单价格式（UNIT-IN-PLACE），这两套系统应用于几乎所有的建筑物工程和一般的承包工程。其中，标准格式用于项目运行期的项目控制，部位单价格式用于前段的项目分析，其工作细目的划分及代码分别如下所述。

1. 标准格式的工作细目划分

标准格式的工作细目划分较为详细，其特点是按照工程类型、结构类型、施工方法、建筑材料的不同进行划分，与我国的概预算定额的章节划分较为类似。

1）一级代码

标准格式一级代码见表 15-1。

表 15 - 1 标准格式一级代码表

CSI 代码	说　明	CSI 代码	说　明
01	总 体 要 求	09	装 饰 工 程
02	现 场 工 作	10	特 殊 产 品
03	混 凝 土 工 程	11	设　备
04	砖 石 工 程	12	室 内 用 品
05	金 属 工 程	13	特 殊 结 构
06	木材及塑料工程	14	运 输 系 统
07	隔热防潮工程	15	机 械 工 程
08	门 窗 工 程	16	电 气 工 程

2）二级代码

二级代码是对一级代码内容的进一步细化，与我国的概预算定额的分项子目划分较为类似。如对于 03 混凝土工程，可划分为下列二级代码：

03050　基础混凝土材料和方法

03100　混凝土模板及附件

03200　混凝土钢筋

03300　现场浇注混凝土

03400　预制混凝土

03500　水泥胶结屋面板和垫层

03600　水泥浆

03700　混凝土修复和清理

2. 部位单价格式的工作细目划分

部位单价格式的工作细目划分较标准格式粗略，它是按照工程建设的各个部位进行划分。

1）一级代码

部位单价格式一级代码见表 15 - 2。

表 15 - 2 部位单价格式一级代码表

CSI 代码	说　明	CSI 代码	说　明
分单元 1	基　础	分单元 7	传 输 部 分
分单元 2	下 层 结 构	分单元 8	机 械 部 分
分单元 3	主 体 结 构	分单元 9	电 器 部 分
分单元 4	外　檐	分单元 10	一 般 条 件
分单元 5	屋　顶	分单元 11	特 殊 结 构
分单元 6	内 部 结 构	分单元 12	现 场 作 业

2）二级代码

以分单元1——基础为例，二级代码编排为：

地基和基础

1.1-120	扩展基础	1.1-210	现浇基础墙混凝土
1.1-140	带状基础	1.1-292	防水地基

挖方和回填

        1.9-100　建筑挖方及回填

3. 工业项目的工作细目划分

对于工业项目，由于它们所需的是对设备、管道系统、仪器及其他在此类工程中占支配地位的项目，此时一般都使用下面的编码体系或在此基础上稍作修改。

典型的工业工程编码

1. 现场/土木	5. 管道系统	9. 仪器/工艺控制
2. 混凝土/基础	6. 设备	10. 油漆/涂层
3. 结构/钢制品	7. 导管	11. 绝热
4. 建筑物/建筑学	8. 电气	

15.1.3　工程估价所用数据资料及来源

工程估价中需要用到的资料主要为各种成本要素的数值，美国工程估价所使用的成本要素资料主要有三个类型：一是出版的参考手册，承包商可以从第一手的历史成本资料中获得；二是从工程标准设计中开发得出的单位成本模型的估价；三是通过对历史成本的回归分析得出的成本资料。这些资料包括工时因子、材料单位成本、分包商、其他单位成本、工资标准等详细单位成本估价所用资料，也包括各种比例因子、已建立的参数计算规则等参数法所用资料，还包括各种计算方法使用的调整因子等。以上数据资料的来源一般有下列三种情况。

1）大型承包商自己建立的估价系统或数据库

美国的大型承包商都有自己的一套估价系统，同时把其单价视为商业秘密，其惯例是不向业主及社会公开其价格信息。

2）正式出版物

如表15-3所示。

3）各种协会、学会、专业组织、机构发布的估价标准等

如国家电气承包商协会（NECA）出版的关于电气工作《人工单价手册》（及其他商业出版物）、来自劳务中介商的劳动协定、保存在承包商和业主公司的图书馆中的估价标准、来自专业学会（如 Morgantown，WV 的 AACE 国际组织、Wheaton，MD 的美国职业工程师协会或 Arlington，VA 的成本估价与分析协会）的大量的可用出版物等。

表 15 - 3 工程成本估价数据的商业出版物

名　　称	来　　源	地　点
关于施工设备的联合设备供应商的零租费率	联合设备供应商	奥卡布鲁克，LL
奥斯汀（Austin）建筑成本明细	奥斯汀（Austin）公司	克利夫兰，OH
Boeckh（几种出版物）	美国估价协会	密尔沃基，WI
劳工统计局（几种出版物）	劳工统计局，美国劳工部	华盛顿，D. C.
化学工程师	MnGree－Hill 有限公司	纽约，NY
工程师新闻报道（几种出版物和索引）	MnGree－Hill 有限公司	纽约，NY
富勒（Fuller）建筑物成本索引	乔治·A·富勒公司	纽约，NY
公用建筑成本的汉蒂-惠特曼（Handy－Whitman）索引	惠特曼、理查德（Whitman，Requardt）及其同事	巴尔的摩，MD
马歇尔和瑞特（Marshall and Swift）（几种出版物/索引）	马歇尔和瑞特（Marshall and Swift）	洛杉矶，CA
明思（Means）建筑成本数据	R·A·明思（Means）公司	休斯敦，MA
理查森（Richardson）加工厂估价标准	理查森（Richardson）工程服务有限公司	美萨，AZ
史密斯、哈吉姆、瑞里斯成本索引	史密斯、哈吉姆、瑞里斯有限公司	底特律，MI
特恩（Turner）建筑物成本索引	特恩（Turner）建筑公司	纽约，NY
美国联邦公路管理局（FHWA）公路建筑价格索引	美国联邦公路管理局	华盛顿，D. C.
美国商业部复合材料建筑成本索引	美国商业部	华盛顿，D. C.
沃克（Walker's）建筑物估价人员参考手册	富兰克·R·沃克（Frank R. Walker）公司	莱尔，IL

15.1.4 利用 RS. MEANS 公司成本数据库进行工程估价的方法简介

RS. MEANS 公司的建筑成本数据是工程估价中经常借鉴使用的估价资料之一。RS. MEANS 公司是 CMD 集团下属的有限公司，CMD 集团是一个在世界范围内提供建筑信息的公司，由三个互相协作的公司组成。RS. MEANS 公司不仅在北美提供较权威的建筑成本数据，还出版大量的建筑工业领域的参考书籍，项目包括建筑估价和项目、业务管理，以及暖通、屋顶修建、水管装置、有害废弃物处理等特殊项目。

RS. MEANS公司的估价资料主要应用在以下三种估价方法之中。

1）平方英尺和立方英尺估价法

平方英尺和立方英尺估价法，最适合在分析和确立预算参数、计划准备和初步绘图之前做出。平方英尺成本的最好来源是估价师自己的类似项目的成本记录，根据新项目的参数进行调整，精确度是上下增减15%。

例如，RS. MEANS平方英尺单位成本手册中对民居项目列举了4个等级、7种建筑类型的平方英尺成本。成本按不同的外墙材料及建筑面积排列，对于侧厅及侧楼，有一个带修正表的成本表，非标准项目可以很方便地加到标准结构上来。图14-1列举了一个中等建筑标准、3层民居的平方英尺成本表，从中可以看出简单的平方英尺估价法的估价过程。

2）部位单价法估价法

部位单价法估价法最适合于当一个项目的计划阶段作为一个预算工具后情况。部位单价法是一个逻辑的、有序的方法，反映出一个建筑是如何建设的。估价时，首先按照CSI协会的12个组成单元，把建筑分成几个主要的部分，然后计算建筑物每一组成部分的价格，加上一定的毛利，得出完整结构的价格。估价是从具有类似特征的样本建筑物的项目同部位单价表中的项目中取定成本单价，与本工程数量相结合计算一个完整结构的成本。系统估价一个最大的优点是估价师可以在设计开发期间用一个系统替代另一个系统，从而快速地确定成本差，雇主就会在最终的细节和尺寸建立前预估出准确的预算需求，其预计精确度为±10%。

3）单价估价法

单价估价法是按照标准格式的划分进行的，因此，也需要耗费最多的时间来完成。估价师必须依据详细的工程图和说明书，按照标准格式的分项，详细计算工程量，套用成本数据库中的单价或净成本单价（不含管理费、利润、税收），计算每个行式项目的价格，加上总承包管理费，用城市成本系数或地区因子将价格调整为当地价格。单价估价法的计算思路与我国的施工图预算比较相似。要很好地完成单价估价需要大量的时间和费用，单价估价适合建筑招投标，预期准确度为上下增减5%。

15.2 日本工程造价管理

在日本，采用的工程造价计算方法为工程积算法，是一套独特的量价分离的计价模式。日本的工程造价管理类似于我国的定额取费方式，建设省制定一整套工程计价标准，称为"建筑工程积算基准"，其工程计价的前提是确定工程量。工程量的计算，按照标准的工程量计算规则，该规则是由建筑积算研究会编制的《建筑数量积算基准》。该基准被政府公共工程和民间（私人）工程广泛采用。在计价中将整个工程分为不同的种目（即建筑工程、电气设备工程和机械设备工程），每一种目又分为不同的科目，每一科目再细分到各个细目，每

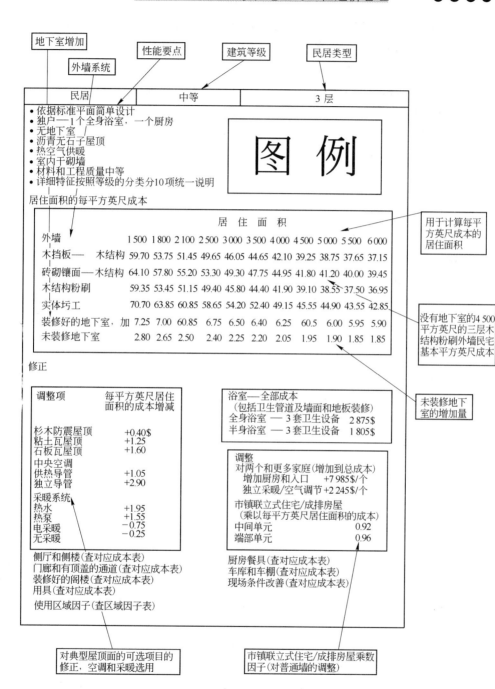

图 15-1　某民居平方英尺成本表

一细目相当于单位工程。工程量计算以设计图及设计书为基础，对工程数量进行调查、记录和合计，计量、计算构成建筑物的各部分。由公共建筑协会组织编制的《建设省建筑工程积算基准》中有一套"建筑工程标准定额"，对于每一细目（单位工程）以列表的形式列明单位工程的劳务、材料、机械的消耗量及其他经费（如分包经费），其计量单位为"一套"（一揽子）——Lumpsum。通过对其结果进行分类、汇总，编制详细清单，这样就可以根据材料、劳务、机械器具的市场价格计算出细目的费用，进而可算出整个工程的纯工程费。这些工作占整个积算业务的 60%～70%，是积算技术的基础。

15.2.1　工程费用的构成

在日本，整个项目的工程费按直接工程费、共通费和消费税等分别计算。直接工程费根据设计图纸划分为建筑工程、电气设备和机械设备工程等；共通费分为共通临时设施费、现场管理费和一般管理费等，一般按实际成本计算，或根据过去的经验按对直接工程费的比率予以计算。工程费的构成如图 15-2 所示。

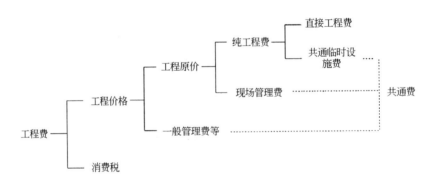

图 15-2　工程费用构成

1. 直接工程费

直接工程费是指建造工程所需的直接的必要费用，包括直接临时设施费用，按工程种目进行积算。积算是指在材料价格及机器类价格上乘以各自数量，或者是将材料价格、劳务费、机械器具费及临时设施材料费作为复合费用，依据《建筑工程标准定额》在复合单价或市场单价上乘以各施工单位的数量。若很难依据此种方法，可参考物价资料上的登载价格、专业承包商的报价等来确定。当工程中产生的残材还有利用价值时，应减去残材数量乘以残材价格的数额。计算直接工程费时所使用的数量，若是建筑工程应依据《建筑数量积算基准》中规定的方法，若是电气设备工程及机械设备工程应使用《建筑设备数量积算基准》中规定的方法。

（1）材料价格及机器类价格。原则上为投标时的现场成交价、参考物价资料等的登载价格，制造商的报价，合作社或专营者的商品目录、定价表或估价表上的单价，类似工程的单价实例等，并考虑数量的多少、施工条件等予以确定。

（2）劳务费。依据《公共工程设计劳务单价》，但是，对于基本作业时间外的作业，如特殊作业等，可根据作业时间及条件来增加劳务单价。对于偏远地区等的工程，可根据实际情况另外确定。

（3）机械器具费及临时设施材料费。根据《承包工程机械经费积算要领》的机械器具租赁费及临时设施材料费而确定，若很难依据上述方法确定时，应参考物价资料等登载的租赁费确定。

（4）搬运费。指将材料及机器等搬运至施工现场所需的费用，通常包含在价格中。对于需要在工程现场外加工的、从临时场地搬运时发生的费用；对于临时材料及为了临时的机械器具而所需的往返费用，应依据《货物汽车运输业法》中的运费进行必要的积算。

2. 共通费

共通费是指对以下各项依据《建筑工程共通费积算基准》进行计算。

（1）共通临时设施费，是指在不止一个工程项目中共同使用的临时设施的费用。

（2）现场管理费，是指在工程施工时，为了工程的实施所必需的经费，它是共通临时设施费以外的经费。

（3）一般管理费，是指在工程施工时，承包方为了继续运营而必需的费用，它由一般管理费和附加利润构成。

3. 其他

（1）本建设所用的电力、自来水和下水道等的负担额有必要包含在工程价格中时，要和其他工程项目区分计入。

（2）变更设计的工程费，计算变更部分工程的直接工程费，并加上与变更有关的共通费，再乘以"当初的承包金额减去消费税后所得金额与当初预算价格明细表中记载的工程价格的比率"，最后再加上消费税。

15.2.2　工程工程量清单标准格式

建筑积算是以设计图纸为基础，计量、计算构成建筑物的各部分，对其结果进行分类、汇总，对工程价格予以事先预测的技术。将分类、汇总的内容编制成文件，这就是建筑工程已标价的工程量清单（以下简称清单）。

在本格式中，规定工种别工程量格式和部分别工程量格式两种标准格式，在实际操作上，可按相关协议选定格式，需要时相应部分可以采用其他方式。

（1）工种别工程量清单标准格式。它是以工种、材料为对象，按工程顺序的方式来计算各部分的价额，将传统的积算方式进行格式化。关于直接工程费的科目，是以工种为基准进行分类，即从基础到主体、装修工程，按工程顺序进行排列。

（2）部分别工程量清单标准格式，是对工种别方式的进一步发展，即累计各个部分、部位的价额，算出积算价额的方式。

表 15-4　工程量清单标准格式的分类

工种别工程量清单标准格式	部分别工程量清单标准格式
总额书	总额书
种目清单	种目清单
科目清单	大科目清单
细目清单	中科目清单
	小科目清单
·	细目清单

工程量清单标准格式的分类如表 15-4 所示。将工程成本进行分类、汇总的积算清单，构成了积算价额的总额书及种目清单。在这种情况下，工种别格式与部分别格式是相同的，两种格式的实际差异在于科目清单和细目清单。另外，该格式还可以作为承包者向发包者提交的估算清单（工程估价单），或者作为在承包合同签订后提交的支付清单的标准格式。

工种别工程量清单标准格式和部分别工程量清单标准格式积算价额构成图，分别如图 15-3 和图 15-4 所示。

15.2.3　建筑数量积算基准

日本建筑数量积算基准是根据"标准格式"中细目数量的积算而制定的计量、计算基准，相当于我国的建筑工程量计算规则，它是在建筑工业经营研究会对英国的"建筑工程标准计量方法"（Standard Method of Measurement of Building Works）进行翻译研究的基础上，由建筑积算研究会于 1970 年接受建设大臣办公厅政府建筑设施部部长关于工程量计算统一化的要求，花费了近 10 年时间汇总而成的。自从该基准制定以来，建筑积算研究会不断地进行调查研究，修改并补充新的内容，以适应建筑市场及环境的不断变化，以及适应建筑材料、构造、施工工艺等的显著变化，目前的最新版本为 1993 年修订完成的《建筑数量积算基准·解说》（第 6 版）。

为了统一建筑积算的最终工程量清单的格式，建筑积算研究会随同"建筑数量积算基准"制定了"建筑工程工程量清单标准格式"，如上文所述。

"数量基准"的内容包括：总则、土方工程与基础处理工程、主体工程、装修工程。除总则以外，每部分又有各自的计量、计算规则。

1. 总则

规定计量、计算的总的原理，度量的基本单位和基本规则。

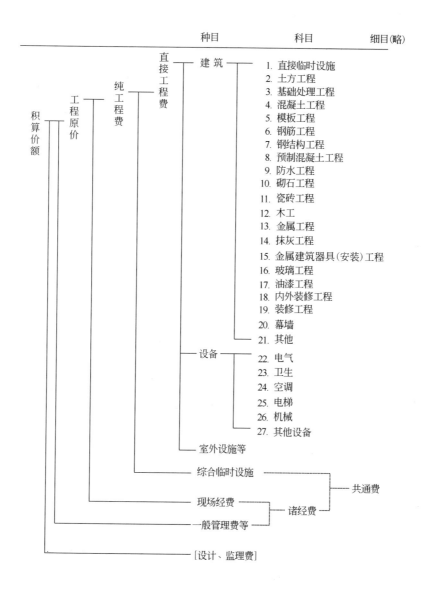

图 15 - 3　工种别格式的积算价额构成图

2. 土方工程与基础处理工程

（1）土方工程：计量、计算内容包括平整场地、挖基槽、回填土、填土、剩土处理、采石碾压基础、挡土墙、排水等工程。

（2）基础处理工程：内容包括预制桩工程、现场打桩和特殊基础工程。

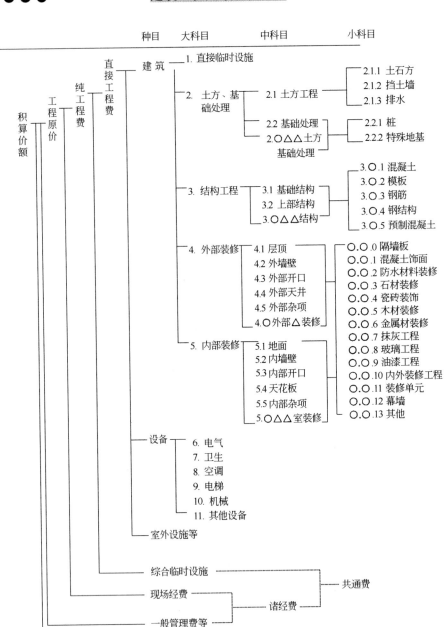

種目　　　大科目　　　中科目　　　小科目

図 15-4　部分別格式的积算价额构成图

3. 主体工程

内容包括混凝土工程（混凝土、模板）、钢筋工程和钢结构工程。每部分基本上再细分为基础（独立基础、条形基础、基础梁、底板）、柱、梁（大梁、小梁）、地板、墙、楼梯及其他工程。

4. 主体工程（壁式结构）

内容包括混凝土工程（混凝土、模板）、钢筋工程。每部分基本上再细分为基础（独立基础、条形基础、基础梁、底板）、地板、墙、楼梯及其他工程。

5. 装修工程

内容包括内、外装修工程。每部分分别对混凝土材料、预制混凝土材料、防水材料、石材、瓷砖、砖材、木材、金属材料、抹灰材料、木制门窗、金属门窗、玻璃材料、涂料、装修配套工程、幕壁及其他的计量进行明确的规定。

15.2.4　建筑工程标准定额

日本建设省制定并颁布的《建筑工程标准定额》，相当于我国建设部批准并发布的《全国统一建筑工程基础定额》，将建筑工程分为不同的种类（分项工程），再将其细化成单位工程，以列表的形式列出单位工程劳务，材料、机械的消耗量及分包经费。其中，分包经费是以"一套"为单位，属于经验数据。

确立建筑工程标准定额的目的是为了计算建筑工程的工程费，将必要的每单位工程量的劳务、材料、机械器具的标准所需量以数值表示，为建筑工程投标报价提供数量消耗的计算依据。建筑工程标准定额的内容包括：①材料数量，通常包括发生的切割损耗在内的数量；②材料单价，即运抵现场的价格；③机械器具折旧，以《建设机械等折旧算定表》为标准；④搬运车辆运费，以《一般货物汽车运送车辆运费》为标准；⑤劳务单价，是指三省联络协议会确定的公共工程设计劳务单价；⑥其他，指分包经费等。

日本是一个发达的经济大国，其市场化程度高，法制健全，市场规范，建筑市场亦非常巨大。隶属于日本官方机构的"经济调查会"和"建设物价调查会"，专门负责调查各种相关经济数据和指标。与建筑工程造价有关的有：《建设物价》、《积算资料》、《土木施工单价》、《建筑施工单价》、《物价版》及《积算资料袖珍版》等定期刊物资料，另外还有在因特网上通过提供一套《物价版》而登载的资料。调查会还受托对政府使用的积算基准进行调查，即调查有关土木、建筑、电气、设备工程等的定额及各种经费的实际情况，报告市场各种建筑材料的工程价、材料价、印刷费、运输费和劳务费，按都、道、府排列。价格的资料来源是各地商社、建材店、货场或工地实地调查所得。每种材料都标明由工厂运至工地，或由库房、商店运至工地的差别，并标明各月的升降情况。利用这种方法编制的工程预算比较符合实际，体现了市场定价的原则，而且不同地区不同价，有利于在同等条件下投标报价。

15.2.5 工程费积算流程

日本的工程积算是由积算人员在规定的"建筑工程工程量清单标准格式"要求下，按照"建筑数量积算基准"计算分项工程工程量，套算"建筑工程标准定额"，分步计算构成工程成本的各项费用，汇总为总造价即积算价额的过程。工程费积算流程如图 15-5 所示。

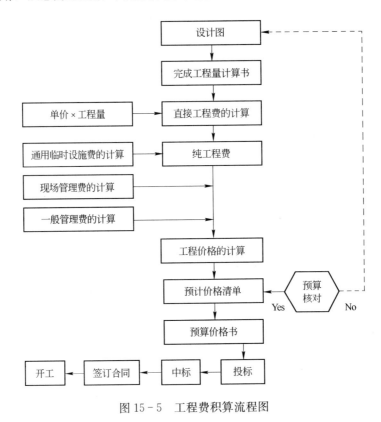

图 15-5 工程费积算流程图

15.3 中国香港特别行政区工程造价管理

中国香港特别行政区建筑市场的承包工程分两大类：一类是政府工程，另一类是私人工程（包括政府工程私人化）。政府工程由工务局下属的各专业署组织实施，实行统一管理、统一建设。如政府投资的所有房屋工程，包括办公楼、学校、医院、会堂等公用设施，均由建筑署统管统建，一律采取招标投标、竞争承包。私人工程，必须通过业主和顾问公司或测量师的介绍，才能拿到标书，一般采用邀请招标和议标的方式。

香港特别行政区的工程计价一般先确定工程量，遵循的工程量计算规则是《香港建筑工程工程量计算规则》（Hong Kong Standard Method of Measurement）（第 3 版）（SMMⅢ），它由香港测量师根据英国皇家测量师学会编制的《英国建筑工程量计算规则》（SMM）编译而成。一般而言，所有招标工程均已由工料测量师计算出了工程量，并在招标文件中附有工程量清单，承包商无须再计算或复核。针对已有的工程量清单，应由承包商自主报价。报价的基础是承包商积累的估价资料，而且整个估价过程是考虑价格变化和市场行情的动态过程。

15.3.1　工程计价文件和计价方法

1. 工程计价文件类型

在香港特别行政区，业主与承包商对工程的估价虽然都由工料测量师来完成，但估价的内容与方式不尽相同。业主的估价是从建设前期开始，内容包括：在可行性研究阶段，参照以往的工程实例，制定初步估算；在方案设计阶段，采用比例法或系数法估算建筑物的分项造价；在初步设计阶段，根据已完成的图纸进行工料测量，制定成本分项初步概算；在详细设计阶段，根据设计图纸及《香港建筑工程工程量计算规则》的规定，计算工程量，参照近期同类工程的分项工程价格，或在市场上索取材料价格，经分析计算出详尽的预算，作为甲方的预算或标底基础。

2. 工程计价方法

在香港特别行政区，不论是政府工程还是私人工程，一般都采用招标投标的承包方式，完全把建筑产品视为商品，按商品经济规律办事。工程招标报价一般都采用自由价格。尽管香港特别行政区政府也公布一些指针，如"临时和维修建筑工程预算指针"，但仅作为参考。各咨询顾问机构也没有一套固定的预算定额，而是借鉴各自积累的工程实例资料，采用比较法或系数法确定造价。

在投标时，对于基本项目（实质就是工程开办费或工程预备费），主要有：保证金、承包商临时设施费、施工现场水电费、脚手架费、工地保安措施及保卫人员费、地盘测量费、承包商职工交通费、试验费、图纸及文件纸张办公费、施工照相费、施工机构设备费、顾问公司驻现场工程师办公室和实验室费、样板房费、现场招牌费、工作训练和防尘费、现场边界围板费等。以上项目，不一定全部发生，视工程和现场情况在标书中确定。投标者按列出的项目分别报价，一次包死，以后不再做调整。

投标报价时，承包商必须按标书列出的项目进行估价，每个工程项目单价的确定，测量师或承包商都有自己的经验标准，主要是参考以往同类型项目的单价，结合当前市场材料价格与劳工工资水平的变化调整而定。承包商一般是把标书的分部工程找几家"判头"（即包工头）或分包商报价，然后分析和对比他们的报价情况，了解他们的施工方法、价钱是如何确定的，最后得出一个合理的价格进行投标报价。

每个项目的单价均为完全单价，即包括人工费、物料费、机械费、利润和风险费等。投标总价是各工程量价格的总和，加上本企业的管理费和利润，还应考虑价格上的因素。

在工程项目划分上，香港特别行政区与国际上的通用办法一致，如混凝土工程的钢筋、模板和混凝土是分列的，因而在标书里，钢筋按部位、直径、长度、品种列出；模板按部位和规格列出；混凝土单价中不含钢筋和模板的价值。

在香港特别行政区也有投资估算指标或概算指标，但没有统一的定额，而是各测量师根据各自的经验资料编制，供自己作预算之用。如利比测量师事务所编制有分部工程造价指标，使用时用同类型建筑物的造价，按性质、数量及价格水平的不同比例方法，估算建筑分项造价，汇总后成总造价，作为提供业主投资控制或概算估算之用。

15.3.2 工程造价费用组成

按 SMMⅢ规定，香港特别行政区工程项目划分为 17 项，加上开办费共 18 项，工程费用标准内容如下所述。

（1）开办费（即临时设施和临时管理费）。

① 保险金：为防止承包商施工中途违约，签约时业主要求承包商必须出具一定的保险金或出具银行的保证书，工程完成后退回承包商，金额由标书规定，一般为 5%～20%。银行或保险公司出具保证金时，收取一定费用，一般为保证金费用的 10% 乘以年数。

② 保险费：建筑工程一切保险、安装工程一切保险、第三者保险、劳工保险。

③ 承包商临时设施费（搭建临时办公室、仓库，现场管理人员工资、办公用费）。

④ 施工用电费。

⑤ 施工用水费。

⑥ 排山脚手架费。

⑦ 现场看更费。

⑧ 现场测量费。

⑨ 承包商职工交通费。

⑩ 材料检验试验费、图纸文件纸张费。

⑪ 施工照相费。

⑫ 施工机械设备费。

⑬ 顾问公司驻现场工程师办公室费用。

⑭ 顾问公司驻现场工程师实验室费用。

⑮ 现场招牌费。

⑯ 工作训练税和防尘税。

⑰ 现场围护费。

以上项目不一定都发生，发生时才计取，不发生的不计取。

（2）泥工工程（即土石方工程）。

（3）混凝土工程。

（4）砌砖工程。

（5）地渠工程（即排水工程）。

（6）沥青工程。

（7）砌石工程。

（8）屋面工程。

（9）粗木工程。

（10）细木工程。

（11）小五金工程。

（12）铁及金属工程。

（13）批挡工程（即抹灰工程）。

（14）水喉工程（即管道工程）。

（15）玻璃工程。

（16）油漆工程。

（17）电力工程。

（18）其他工程（如空调、电梯、消防）。

15.3.3　工程量计算规则

1. 建筑工程工程量计算规则

香港特别行政区建筑工程工程量的标准计算规则（SMM）是香港地区建筑工程的工程量计算法规。无论是政府工程还是私人工程，都必须遵照该规则进行工程量计算，作为法定性文件。经过三次修订，现在执行的是 1979 年修订的第 3 版，即 SMM Ⅲ，它的基本内容有如下几点。

（1）基本原理。包括工程量清单、量度的原理、量度的基本单位、成本项目划分等内容。

（2）内容。包括总则、一般条款与初步项目、土石方工程、打桩与沉箱、挖掘、混凝土工程、瓦工、排水工程、沥青工、砌石工、屋面工、粗木工、细木工、建筑五金、钢铁工、抹灰工、管道工、玻璃工、油漆工。

工程量表是按工种分类列出所有项目的名称、工作内容、数量和计算单位。工程项目分类一般为：土方、混凝土、砌砖、沥青、排水、屋面、抹灰、电、管道及其他工程（如空调、电梯、消防等），SMM Ⅲ对每一项目如何计算工程量都有明确规定。

2. 香港特别行政区建筑服务设施安装工程工程量计量标准方法

该计量标准方法是香港特别行政区安装工程的工程量计算法规，目前执行的 1993 年的第 1 版，基本内容如下。

（1）总则。包括工程量清单、计量原则、计量单位、图纸与说明书、制表单位、成本计算等内容。

（2）一般条款。包括合同条件、一般事宜等。

（3）在有关各类安装工程的计算规则中，所包括的电力安装工程、机械安装工程、物业管理系统、安全系统和通信系统安装工程等。

15.3.4　工程造价动态管理

香港特别行政区的私人工程一般采用固定价格形式，投标者必须对施工过程中的价格变动进行预计，在投标价中把价格浮动因素考虑在内。而政府工程投标均为可浮动价格，投标价中只需考虑当时价格水平，同时浮动费针对工程出现的不同情况。标书中浮动费计算有以下三种形式。

（1）标书中有工程量表。由承包商自行定价时，浮动费按承包商填写的浮动比例表计算。

（2）标书中有工程量表。并给出主要材料和人工单价，浮动费由承包商根据上述价格以浮动总价形式计算。

（3）标书中工程量不全或只有主要工程量，但已给出主要材料和人工单价时，由投标者自行确定单价调整百分比，此形式多用于维修工程。

当市场价格浮动超过一定限度后，允许对政府工程标价进行调整。在香港特别行政区政府的建筑工程标准合同中规定，当材料价格浮动超过5％、人工费超过10％时，损失方可申请对价差进行补偿。人工费价差以每月政府统计处颁布的工资标准和建造商会汇总公布的平均指数计算；材料价差则按政府统计处每月公布的材料价格指数计算，主要含六种材料价格，即砂、石、钢筋、水泥、石灰和砖。

15.3.5　工程造价信息

在香港特别行政区，建筑市场价格信息无论对业主或是承包商都是必不可少的，它是建筑工程估价和结算的重要依据，是建筑市场价格的指示灯。

工程造价信息的发布往往采取价格指数的形式。按照指数的内涵，香港特别行政区发布的主要工程造价指数可分为两类，即成本指数和价格指数，分别依据建造成本和建造价格的变化趋势而编制。建造成本主要包括工料等费用支出，它们占总成本的80％以上，其余的支出包括经常性开支（Over - heads）及使用资本财产（Capital Goods）等费用；建造价格中除包括建造成本之外，还有承包商赚取的利润，一般以投标价格来反映其发展趋势。

1. 成本指数

1）三种建造成本指数

在香港特别行政区，最有影响的成本指数是由建筑署发布的建筑工料综合成本指数、劳工指数和建材价格指数，它们均以 1970 年为基期编制。

劳工指数和大部分政府指数一样，是根据一系列不同工种的建筑劳工的平均日薪，以不同的权重结合而成。各类建筑工人的每月平均日薪由统计处和建造商会提供，其计算方法是以建筑商每类建筑劳工的总开支（包括工资及额外的福利开支）除以该类工人的工作日数，计算所用原始资料均以问卷调查方式得到。劳工指数为固定比重加权指数。

建筑署制定的建材价格指数同样为固定比重加权指数，其指数成分多达 60 种以上。这些比重反映建材真正平均比重的程度很难测定，但由于指数成分较多，故只要所用的比重与真实水平相差不是很远，由此引起的指数误差便不会很大。

建筑工料综合成本指数实际上是劳工指数和建筑材料指数的加权平均数，比重分别定为 45％和 55％。由于建筑物的设计具有独特性，不同工程会有不同的建材和劳工组合，因此工料指数不一定能够反映个别承建商的成本变化，但却反映了大部分香港承建商（或整个建造行业）的平均成本变化。

2）路政署建造成本指数

路政署设备指数在 1989 年 1 月改称为路政署建造成本指数。这项指数由路政署每月编订一次，以便把道路工程成本的现时价格与 1975 年 11 月的价格作比较。路政署建造成本指数由统计处每月发表的平均材料指数和劳工指数组成；前者占 60％，后者占 40％。

3）土木工程指数

土木工程指数由土木工程署每月编订一次，以便把土木工程成本的现时价格与 1980 年的价格作对照。这一指数以统计处每月发布的劳工及各类材料成本指数作为依据。所采用的加权因子，则在全面研究 1984—1987 年的 350 多份政府土木工程合约后确定的。

4）屋宇设备投标价格指数

屋宇设备投标价格指数反映建筑署新建工程的屋宇设备投标价位，包括了机电工程合约在内，正好与投标价格指数相辅相成。该指数在 1989 年第四季首次编订，以该时点为定基点，其后各季的数值均以该季为基准，以指数形式表示。

5）政府工程的价格信息

香港特别行政区政府定期发布政府工程的价格信息，以帮助政府控制投资，也便于承包商掌握政府工程的相关价格信息。这些价格信息主要是政府合约所采用的工资及一些特选材料的成本指数。

2. 投标价格指数

投标价格指数的编制依据，主要是中标的承包商在报价时所列出的主要项目单价。目前香港特别行政区最权威的投标价格指数有三种，分别由建筑署及两家最具规模的工料测量行（利比测量师事务所和威宁谢有限公司）编制，反映了公营部门和私营部门的投标价格变化。两所测量行的投标价格指数均以一份自行编制的"概念报价单"为基础，同属固定比重加权指数；而建筑署投标报价指数则是抽取编制期内中标合约中分量较重的项目，各项目权重以合约内的实际比重为准，因此属于活比重形式。两种民间部门的投标指数在过去 20 年间的变化趋势一直不谋而合，由于这两种指数是分别编制的，因而就大大增加了指数的可靠性。而政府部门指数的增长速度相对较低，这是由于政府工程和私人工程不同的合约性质所致。

3. 其他工程造价信息

香港特别行政区政府和社会咨询服务机构除定期发布工程造价指数之外，还编制建筑市场价格走势分析。香港特别行政区政府统计处和建造商会每月都要公布材料和劳工工资平均价格信息，除可调价部分外，还包括市场价格变动较大或常用的材料、人工单价。这些价格资料来源于承包商每月的报送。

参 考 文 献

[1] 武育泰，李景云. 建筑工程定额与预算. 重庆：重庆大学出版社，1998.

[2] 戎贤. 土木工程概预算. 北京：中国建材工业出版社，2001.

[3] 陈俊起. 建设工程预算. 济南：山东大学出版社，2002.

[4] 李宏扬. 建筑工程预算：识图、工程量计算及定额应用. 北京：中国建材工业出版社，2002.

[5] 周国藩. 给排水、暖通、空调、燃气及防腐绝热工程概预算编制典型实例手册. 北京：机械工业出版社，2001.

[6] 刘长滨. 土木工程概（预）算. 武汉：武汉大学出版社，2002.

[7] 张建平. 工程概预算. 重庆：重庆大学出版社，2001.

[8] 张铁成. 公路工程造价与快捷编标. 北京：人民交通出版社，2001.

[9] 楮振文. 建筑工程定额与预算. 合肥：中国科学技术大学出版社，1996.

[10] 张毅. 工程建设计量规则. 上海：同济大学出版社，2001.

[11] 黄汉江，邱元拔. 建设工程与预算. 上海：同济大学出版社，1996.

[12] 全国造价工程师考试培训教材编写委员会. 工程造价的确定与控制. 北京：中国计划出版社，2001.

[13] 郝建新，蔡绍荣，李小林，等. 美国工程造价管理. 天津：南开大学出版社，2002.

[14] 尹贻林，申立银. 中国内地与香港工程造价管理比较. 天津：南开大学出版社，2002.

[15] 王振强，夏立明，吴松，等. 日本工程造价管理. 天津：南开大学出版社，2002.

[16] 刘钟莹. 工程估价. 南京：东南大学出版社，2002.

[17] 代学灵. 建筑工程概预算. 武汉：武汉大学出版社，2000.

[18] 姜瑞富. 建筑工程定额与预算. 成都：四川大学出版社，1998.

[19] 段小晨. 工程造价计算原理. 北京：中国铁道出版社，2000.

[20] 铁道部建设司工程定额所. 铁路基本建设工程设计概算编制办法. 北京：中国铁道出版社，1998.

[21] 铁道部建设司工程定额所. 铁路基本建设利用国外贷款项目设计概算编制办法. 北京：中国铁道出版社，2000.